化工原理

秦正龙　龙洲洋　陈国建　刘　飒等　编

科学出版社

北　京

内 容 简 介

本书涵盖动量传递、热量传递和质量传递的基本内容，重点介绍化工单元操作的基本原理、典型设备及计算。全书包括绪论、流体流动、流体输送机械、机械分离、传热、蒸发、吸收、蒸馏、干燥，书末有附录。本书强化基本概念和基本原理，淡化烦琐的推导过程，强调知识应用、设备选型，致力于解决工程实际问题。为了便于学生理解并掌握单元操作基本原理和计算方法，培养其分析和解决问题的能力，本书列举了较多典型的例题，同时每章配有适量的习题。

本书可作为高等学校化工类及相关专业化工原理或化工基础课程教材，也可供轻工、石油、制药、食品、环境、材料等专业选用及有关部门从事科研、设计的工程技术人员参考。

图书在版编目(CIP)数据

化工原理/秦正龙等编. —北京：科学出版社，2022.8
ISBN 978-7-03-072535-6

Ⅰ. ①化…　Ⅱ. ①秦…　Ⅲ. ①化工原理–高等学校–教材　Ⅳ. ①TQ02

中国版本图书馆 CIP 数据核字(2022)第 102265 号

责任编辑：丁　里　李丽娇/责任校对：杨　赛
责任印制：赵　博/封面设计：迷底书装

科学出版社出版
北京东黄城根北街 16 号
邮政编码：100717
http://www.sciencep.com
北京中石油彩色印刷有限责任公司印刷
科学出版社发行　各地新华书店经销
*
2022 年 8 月第　一　版　开本：787×1092　1/16
2025 年 1 月第四次印刷　印张：19 3/4
字数：502 000

定价：79.00 元

(如有印装质量问题，我社负责调换)

前 言

化工原理是化工类及相关专业一门重要的工程技术基础课程，主要讲述化工生产过程中单元操作的原理、特点和典型设备的结构、操作性能及设计计算等。江苏师范大学化工原理课程于 2018 年入选国家精品在线开放课程，2020 年又入选首批国家级一流本科课程，本书就是国家级一流本科课程建设的配套教材。

在众多学校教学学时数不断减少的教改背景下，教学内容贯彻“少而精”的理念，本书精选各相关单元操作的主要内容，重点介绍了化工单元操作的基本原理、计算方法及相应设备，淡化公式的推导，注重公式的应用，着重培养学生以工程观念观察、发现、分析和解决实际工程技术问题的能力。本书遵循学科发展和认识规律，由浅入深，循序渐进，力求知识结构合理，层次分明，便于学生学习。

全书包括绪论、流体流动、流体输送机械、机械分离、传热、蒸发、吸收、蒸馏、干燥和附录等，其中第 0 章、第 3 章和附录由秦正龙编写，第 1 章由陈国建编写，第 2 章由朱平编写，第 4 章由龙洲洋编写，第 5 章、第 8 章由刘飒编写，第 6 章由童敏曼编写，第 7 章由黄芳敏编写。秦正龙负责最后的统编定稿。读者可登录“中国大学 MOOC”，搜索“化工原理秦正龙”，进入课程学习，并获取丰富的教学资源。

在本书编写过程中，编者的领导、同事给予了大力支持和无私帮助，科学出版社丁里编辑对书稿提出了宝贵的修改意见；本书的出版得到了江苏高校品牌专业建设工程项目的资助；本书的编写广泛参考了国内外同类教材，在此一并表示衷心的感谢。

由于编者水平有限，书中难免有不妥之处，敬请读者指正。

编 者

2022 年 3 月

目　录

第 0 章　绪　　论

0.1　化工原理课程的性质和内容

化工原理是综合运用数学、物理、化学和计算机技术等基础知识，用自然科学中的基本原理(质量守恒、能量守恒及平衡关系等)来研究化工生产中内在的共同规律，讨论化工生产过程中各单元操作的基本原理、典型设备结构、工艺尺寸设计和设备的选型以及计算方法的一门工程学科。化工原理是化工类及相关专业学生必修的一门基础技术课程，在基础课与专业课之间起着承上启下、从“化学”到“化工”、由“理”及“工”的桥梁作用，是自然科学领域的基础课向工程科学的专业课过渡的入门课程。

化工生产是指对原料进行物理加工和化学处理，使其成为生产资料和生活资料的过程。由于原料、产品的多样性及生产过程的复杂性，形成了数以万计的化工生产工艺。尽管各种产品的生产工艺各不相同，但都要经过“原料—前处理—化学反应—后处理—产品”这一过程。其中，化学反应是化工生产的核心，前、后处理多数是物理过程，如粉碎、沉降、过滤、蒸发、冷冻、蒸馏、吸收、萃取、干燥等，为化学反应提供适宜的反应条件并将反应产物分离提纯而获得最终产品。

即使在一个现代化的大型工厂中，反应器的数目也并不多，绝大多数设备和过程都用来进行各种前、后处理操作。前、后处理工序占用企业的大部分设备投资和操作费用。可见，前、后处理过程在化工生产中占有重要地位。

化学工业中将具有同样的物理变化，遵循共同的物理规律，使用相似的设备，具有相同功能的基本物理操作称为单元操作。

化工生产中常用的单元操作列于表 0-1。

表 0-1　化工常用单元操作

单元操作	目的	物态	原理	传递过程
流体输送	输送	液或气	输入机械能	动量传递
搅拌	混合或分离	气-液、液-液、固-液	输入机械能	动量传递
过滤	非均相混合物分离	液-固、气-固	尺度不同的截留	动量传递
沉降	非均相混合物分离	液-固、气-固	密度差引起的沉降运动	动量传递
加热、冷却	升温、降温，改变相态	气或液	利用温度差而传入或移出热量	热量传递
蒸发	溶剂与不挥发性溶质的分离	液	供热以气化溶剂	热量传递
气体吸收	均相混合物分离	气	各组分在溶剂中的溶解度不同	质量传递
液体精馏	均相混合物分离	液	各组分的挥发度不同	质量传递
萃取	均相混合物分离	液	各组分在溶剂中的溶解度不同	质量传递
干燥	去湿	固	供热气化	热、质同时传递
吸附	均相混合物分离	液或气	各组分在吸附剂中的吸附能力不同	质量传递

随着高新技术产业的发展，特别是新材料、生物工程和中药等现代化生产的发展，出现了许多新产品、新工艺，对物理加工过程提出了特殊要求，出现了新的单元操作和新的化工技术，如膜分离、超临界流体技术、超重力场分离技术、电磁分离等。另外，为了提高效率、降低能耗和实现绿色化工生产，将各单元操作互相耦合，产生了许多新技术，如反应精馏、萃取精馏、加盐萃取、反应膜分离、超临界结晶、超临界吸附等。

各单元操作中所发生的过程虽然多种多样，但是从物理本质而言只有三种，即动量传递、热量传递和质量传递。

动量传递是研究动量在运动的介质中所发生的变化规律，如流体流动、沉降和混合等操作中的传递；热量传递是研究热量由一个地方到另一个地方的传递，如传热、干燥、蒸发、蒸馏等操作中存在这种传递；质量传递涉及物质由一相转移到另一不同的相，在气相、液相和固相中，其传递机理都是一样的，如蒸馏、吸收、萃取等操作中存在这种传递。表 0-1 所列各单元操作均归属传递过程。

0.2 化工原理课程的研究方法

在化工生产中遇到的问题，除了极少数简单的问题可以通过理论分析解决以外，其余都需要依靠实验研究解决。化工研究的任务和目的是通过小型实验发现过程规律，然后应用研究结果指导生产实际，进行实际生产过程与设备的设计与改进。化工原理是一门实践性很强的工程课程，在其长期的发展过程中形成了两种基本的研究方法：实验研究方法和数学模型方法。

(1) 实验研究方法即经验的方法。该方法一般以量纲分析和相似论为指导，依靠实验确定过程变量之间的关系。通常用无量纲的数群(或称准数)构成的关系来表达。实验研究方法避免了数学方程的建立，是一种工程上通用的基本方法，至今仍然是一种重要的研究方法。

(2) 数学模型方法即半理论、半经验的方法。该方法通过对实际复杂过程机理的深入分析，在抓住过程本质的前提下，做出某些合理简化，进行数学描述，建立数学模型，通过实验确定模型参数。由于数学模型在影响过程的主要因素之间建立了联系，因此能较好地反映过程的真实情况，目前正日益获得广泛应用。

0.3 化工原理重要基本概念

在研究各种单元操作时，为了掌握过程始末和过程中各股物料的数量、组成之间的关系，计算过程中吸收或释放的能量，必须做物料衡算及能量衡算。此外，为了计算所需设备的工艺尺寸，必须依据平衡关系，了解过程进行的方向与极限，根据速率关系分析过程进行的快慢。因此，平衡关系和速率关系也是研究各种单元操作原理的基本内容。

1. 物料衡算

物料衡算是化工计算中最基本也是最重要的内容之一，它是能量衡算的基础。一般在物料衡算之后，才能计算所需要提供或移走的能量。物料衡算通常有两种情况，一种是对已有的生产设备或装置，利用实际测定的数据，算出另一些不能直接测定的物料量，用此计算结果对生产情况进行分析、做出判断、提出改进措施；另一种是设计一种新的设备或装置，根据设计任务，先做物料衡算，求出进、出各设备的物料量，再做能量衡算，求出设备或过程的热负荷，从而确定设备尺寸及整个工艺流程。

物料衡算也称为质量衡算，其依据是质量守恒定律。它反映一个过程中原料、产物、副产物等之间的关系，即进入体系的物料总量必等于从体系排出的物料总量和过程中积累的物料量之和。

输入体系的物料总量 = 排出体系的物料总量 + 体系积累的物料量

物料衡算可按下列步骤进行：

(1) 根据研究过程的实际情况绘制出简明流程示意图，并标明设备、各股物料的数量、单位及流向。

(2) 明确衡算范围。可以是单个设备或若干个设备串联而成的生产过程，也可以是设备的一部分，视实际情况而定。

(3) 规定衡算基准。一般来说，连续操作中常以单位时间为基准，间歇操作中则以一批参与过程的物料为基准。

(4) 列出衡算式，求解未知量。

2. 能量衡算

能量衡算的依据是能量守恒定律。在化工生产操作中，始终贯穿着能量的使用是否完善的问题。提高输入体系能量的有效利用率和尽量减少能量的损失，在很大程度上关系着产品成本和生产的经济效益。在任何一个化工过程中，向体系输入的能量必等于从该体系输出的能量和能量损失之和。

输入体系的总能量 = 输出体系的总能量 + 体系损失的总能量

由于在单元操作和化工过程中主要涉及物料的温度和热量的变化，因此化工计算中最常见的是热量衡算。

能量衡算的计算步骤与物料衡算相似。由于能量与温度有关，因此能量衡算时必须选择一个基准温度。基准温度习惯选 0℃，并规定 0℃时的液体焓为零。

3. 平衡关系

平衡关系是在一定条件下，过程按照进行的方向所能达到的最大限度，也就是通常所说的达到平衡状态。例如传热过程，如果空间两处流体的温度不同，即温度不平衡，热量就会从高温流体处向低温流体处传递，直到两处流体温度相等为止，此时传热过程达到平衡。从宏观上来说，两处没有热量传递。因此，过程的平衡关系可以判断物理或化学变化过程进行的方向以及可能达到的极限。上述传热过程进行的方向是由高温处向低温处，以两处温度相同作为传热过程极限。

当条件改变时，原有的平衡被打破，直至达到新的平衡。在生产过程中常用改变平衡条件的方法，使反应向有利于生成目标产物的方向进行。

4. 过程速率

过程速率是指物理或化学变化过程进行的快慢，一般用单位时间过程进行的变化量来表示。例如，传热过程速率用单位时间传递的热量或单位时间单位面积传递的热量表示；传质过程速率用单位时间单位面积传递的质量表示。过程进行的速率决定设备的生产能力，速率越大，设备的生产能力也越大，或在相同产量时所需要的设备尺寸越小。在工程上，过程速率问题往往比物系平衡问题更重要。

过程的速率受多种因素影响，因此目前还不能用一个简单的数学式表示一切化工过程的速率与其影响因素之间的关系，通常将其归纳成下述普遍式：

$$\text{过程速率}=\frac{\text{过程推动力}}{\text{过程阻力}}$$

过程速率与过程推动力成正比，与过程阻力成反比，这三者的关系类似于电学中的欧姆定律。过程进行的推动力是过程在瞬间偏离平衡的距离。例如，流体流动过程的推动力为势能差，传热过程的推动力为温度差，传质过程的推动力为实际浓度与平衡时的浓度差。过程的阻力是与过程推动力相对应的，它与过程的操作条件和物性有关。从以上基本关系可以看出，要提高过程速率，可以通过增大过程推动力来实现。

0.4 单位制与单位换算

任何一个物理量的大小都是用数字和单位联合表达的，二者缺一不可。

1. 单位制

物理量的单位一般是可任选的，但由于各个物理量之间存在客观联系，所以不必对每种物理量的单位都单独进行任意选择，而可通过某些物理量的单位来度量另一些物理量。因此，单位有基本单位和导出单位两种。在描述单元操作的众多物理量中，独立的物理量称为基本量，其单位称为基本单位，如时间、长度、质量等；由基本量导出的物理量称为导出物理量，其单位称为导出单位，如速度、加速度、密度等。

基本单位和导出单位构成一个完整的体系，称为单位制。

由于历史和地区的原因及学科领域的不同，出现了对基本量及其单位的不同选择，因而产生了不同的单位制。常用的单位制有以下几种。

1) 厘米·克·秒制

厘米·克·秒制简称 CGS 制，又称物理单位制。其基本量为长度、质量和时间，它们的单位为基本单位，其中长度单位是厘米，质量单位是克，时间单位是秒。力是导出量，力的单位由牛顿第二定律 $F = ma$ 导出，其单位为(g·cm)/s^2，称为达因(dyne)。在过去的科学实验和物理化学数据手册中常用这种单位制。

2) 工程单位制

工程单位制又称重力单位制。工程单位制选用长度、力和时间为基本量，其基本单位分别为米、千克力和秒。质量是导出量。工程单位制中力的单位千克力相当于真空中质量为 1kg 的物体在重力加速度为 $9.81m/s^2$ 下所受的重力。质量的单位相应为$(kgf\cdot s^2)/m$，并无专门名称。

3) 国际单位制

国际单位制简称 SI 制。国际单位制共规定了七个基本量和两个辅助量，如表 0-2 所示。

表 0-2　SI 制基本单位和辅助单位

项目	基本单位							辅助单位	
物理量	长度	质量	时间	电流	热力学温度	物质的量	发光强度	平面角	立体角
单位名称	米	千克	秒	安培	开尔文	摩尔	坎德拉	弧度	球面度
单位符号	m	kg	s	A	K	mol	cd	rad	sr

自然科学与工程技术领域的一切单位都可以由 SI 制中的七个基本单位导出，所以 SI 制通用于所有科学部门，这就是其通用性；在 SI 制中任何一个导出单位由基本单位相乘或相除而导出时，都不引入比例常数，或者说其比例常数都等于 1，从而使运算简便，不易发生错漏，这就是其一贯性。SI 制“通用性”和“一贯性”的优点，使其在国际上迅速得到推广。

SI 制中还规定了一套词冠(单位词头)来表示十进倍数或分数，如百万(兆，M)=10^6，千(k)=10^3，千分之一(毫，m)=10^{-3}，百万分之一(微，μ)=10^{-6}，十亿分之一(纳，n)=10^{-9}。

我国目前使用的是以 SI 制为基础的法定计量单位，它是根据我国国情，在 SI 制单位的基础上适当增加一些其他单位构成的。例如，体积的单位升(L)，质量的单位吨(t)，时间的单位分(min)、时(h)、日(d)、年(a)仍可使用。

当前，各学科领域都有采用国际单位制的趋势。本书采用法定计量单位，但在实际应用中仍可能遇到非法定计量单位，这就需要掌握不同单位制之间的换算方法。

2. 单位换算

同一物理量，若采用不同的单位，其数值就不同。例如，国际单位制中长度单位为 m，精馏塔直径(D)为 2m；在 CGS 制中，长度单位为 cm，精馏塔直径为 200cm。它们之间的换算关系为：$D = 2m = 200cm$。如果是一个复杂的单位，若查不到其单位换算关系，可以将这个复杂的单位分解成简单的单位逐一换算。

化工计算中常遇到经验公式，它是根据实际数据整理而成的公式，式中各物理量的单位由经验公式指定。当所给物理量的单位与经验公式中指定的单位不同时，需要进行单位换算。换算方法主要有两种，一种是将各物理量的数据换算成经验公式中指定单位的数据后，再分别代入经验公式进行运算；另一种是经验公式需经常使用，对大量的数据进行单位换算很烦琐，则可将经验公式加以变换，使公式中各物理量统一为所希望的单位制。

0.5　量 纲 分 析

量纲与单位不是一个概念，如长度的单位有米、厘米、毫米等。为了明确长度的特性，可用量纲 L 表示。人们规定，用一个符号表示一个基本量，这个符号连同它的指数称为基本量纲。基本量纲的组合称为导出量纲。基本量纲和导出量纲统称量纲。各物理量均可以用量纲表示，如长度用 L、质量用 M、时间用 θ、温度用 T、密度用 M/L^3 等。

在过程工业中，由于一些物理过程十分复杂，建立理论模型颇为困难。如果过程的影响因素已经明了，作为影响因素的物理量的相互关系可进行某种程度的预测，这种预测方法称为量纲分析。量纲分析的基础是量纲一致性原则和 π 定理。量纲一致性原则是指任何一个物理方程的两边，不仅数值相等，而且量纲也必然相等。π 定理是指任何一个物理方程都可以转变为无量纲数群的形式，即以无量纲数群代替物理方程，无量纲数群的个数等于变量数减去基本量纲数。

若能找出过程的影响因素，使用量纲分析的方法将其归纳为无量纲数群表示的经验模型，用实验确定模型的系数和指数，这在化工原理上是可行的。这样的经验模型不仅关联式简单，而且可减少实验的工作量。

第1章　流 体 流 动

液体和气体统称为流体。静止流体不能承受剪应力和张力，在外力的作用下，流体内部会发生相对运动，使流体变形，这种连续不断的变形就形成了流动，即流体具有流动性。

在研究流体流动时，常将流体视为由无数分子集团所组成的连续介质。每个分子集团称为质点，其大小与容器或管路相比微不足道。质点在流体内部相互紧挨，它们之间没有任何空隙，即可认为流体充满其所占据的空间。把流体视为连续介质，其目的是摆脱复杂的分子运动，从宏观的角度研究流体的流动规律。但是，并不是在任何情况下都可以把流体视为连续介质，在高度真空下的气体就不能再视为连续介质了。

在化工生产中涉及的物料大部分是流体，流体流动问题在化工过程中占有极其重要的地位。根据生产要求，往往需要将特定流体按照生产安排从一个设备输送到另一个设备。在化工厂中，管路纵横排列，与各种类型的设备连接，进而完成流体输送的任务。除流体输送外，化工生产中的传热、传质过程以及化学反应也大多是在流体流动下进行的。流体流动状态对这些单元操作有很大影响。为了深入理解这些单元操作的原理，必须掌握流体流动的基本原理。因此，流体流动的基本原理是化工原理课程的重要基础。

本章着重讨论流体流动过程的基本原理及流体在管内的流动规律，并运用这些原理与规律分析和计算流体的输送问题。

1.1　流体静力学

流体静力学主要研究流体在外力作用下达到平衡时各物理量的变化规律。在实际的工程中，流体的平衡规律应用很广，如流体在设备或管道内压强的变化与测量、液体在储罐内液位的测量、设备的液封等均以这一规律为依据。

1.1.1　流体的密度

1. 密度

流体的密度是指单位体积流体具有的质量，以符号 ρ 表示，其表达式为

$$\rho = \frac{m}{V} \tag{1-1}$$

式中，ρ 为流体的密度(kg/m^3)；m 为流体的质量(kg)；V 为流体的体积(m^3)。

不同流体的密度不同。对于一定的流体，密度 ρ 是压强 p 和温度 T 的函数。液体的密度随压强和温度变化很小，在研究流体的流动时，若压强和温度变化不大，可认为液体的密度为常数。密度为常数的流体称为不可压缩流体。

流体的密度一般可在物理化学手册或有关资料中查得，本书附录中也列出了某些常见气

体和液体的密度数值。

2. 气体的密度

气体是可压缩的流体，其密度随压强和温度而变化。因此，气体的密度必须标明其状态。从有关手册中查得的气体密度往往是某一指定条件下的数值，这就涉及如何将查得的密度换算为操作条件下的密度。在压强和温度变化很小的情况下，也可以将气体当作不可压缩流体处理。

对于一定质量的理想气体，其体积、压强和温度之间的变化关系为

$$\frac{pV}{T}=\frac{p'V'}{T'}$$

将密度的定义式代入并整理得

$$\rho=\rho'\frac{T'p}{Tp'} \tag{1-2}$$

式中，p 为气体的压强(Pa)；ρ 为气体的密度(kg/m^3)；V 为气体的体积(m^3)；T 为气体的热力学温度(K)；上标“$'$”表示手册中指定的条件。

一般当压强不太高、温度不太低时，可近似按下式计算密度：

$$\rho=\frac{pM}{RT} \tag{1-3a}$$

或

$$\rho=\frac{M}{22.4}\frac{T_0 p}{Tp_0}=\rho_0\frac{T_0 p}{Tp_0} \tag{1-3b}$$

式中，p 为气体的绝对压强(kPa 或 kN/m^2)；M 为气体的摩尔质量(kg/kmol)；T 为气体的热力学温度(K)；R 为摩尔气体常量，8.314kJ/(kmol·K)；下标“0”表示标准状态(T_0 = 273K，p_0 = 101.3kPa)。

3. 混合物的密度

在化工生产中遇到的流体往往是含有几个组分的混合物。通常手册中所列的为纯物质的密度，所以混合物的平均密度 ρ_m 需通过计算求得。

(1) 液体混合物：各组分的浓度常用质量分数表示。若混合前后各组分的体积不变，则1kg 液体混合物的体积等于各组分单独存在时的体积之和。液体混合物的平均密度 ρ_m 为

$$\frac{1}{\rho_m}=\frac{x_{wA}}{\rho_A}+\frac{x_{wB}}{\rho_B}+\cdots+\frac{x_{wn}}{\rho_n} \tag{1-4}$$

式中，ρ_A、ρ_B、…、ρ_n 为液体混合物中各纯组分的密度(kg/m^3)；x_{wA}、x_{wB}、…、x_{wn} 为液体混合物中各组分的质量分数。

(2) 气体混合物：各组分的浓度常用体积分数表示。若混合前后各组分的质量不变，则1m^3 气体混合物的质量等于各组分质量之和，即

$$\rho_m=\rho_A x_{VA}+\rho_B x_{VB}+\cdots+\rho_n x_{Vn} \tag{1-5}$$

式中，x_{VA}、x_{VB}、…、x_{Vn} 为气体混合物中各组分的体积分数。

气体混合物的平均密度 ρ_m 也可按式(1-3a)计算，此时应以气体混合物的平均摩尔质量

M_m代替式中的气体摩尔质量 M。气体混合物的平均摩尔质量 M_m 可按下式求算：

$$M_m = M_A y_A + M_B y_B + \cdots + M_n y_n \tag{1-6}$$

式中，M_A、M_B、…、M_n 为气体混合物中各组分的摩尔质量(kg/kmol)；y_A、y_B、…、y_n 为气体混合物中各组分的摩尔分数。

1.1.2　流体的静压强

1. 静压强

流体垂直作用于单位面积上的力称为压强，或称为静压强，其表达式为

$$p = \frac{F_v}{A} \tag{1-7}$$

式中，p 为流体的静压强(Pa)；F_v 为垂直作用于流体表面上的力(N)；A 为作用面的面积(m^2)。

2. 静压强的单位

在国际单位制(SI 制)中，压强的单位是 Pa，称为帕斯卡。在习惯上还采用其他单位，如 atm(标准大气压)、某流体柱高度、bar(巴)或 kgf/cm^2 等，它们之间的换算关系为

$$1\text{atm} = 1.033\text{kgf/cm}^2 = 760\text{mmHg} = 10.33\text{mH}_2\text{O} = 1.0133\text{bar} = 1.0133\times10^5\text{Pa} = 0.10133\text{MPa}$$

工程上为了使用和换算方便，常将 1kgf/cm^2 近似地作为 1 个大气压，称为 1 工程大气压(at)。

$$1\text{at} = 1\text{kgf/cm}^2 = 735.6\text{mmHg} = 10\text{mH}_2\text{O} = 0.9807\text{bar} = 9.807\times10^4\text{Pa} = 0.09807\text{MPa}$$

3. 静压强的表示方法

流体的压强除用不同的单位计量外，还可以用不同的方法表示。

以绝对零压为起点计算的压强称为绝对压强，是流体的真实压强。流体的压强可以用测压仪测量。当被测流体的绝对压强大于外界大气压强时，所用的测压仪称为压强表。压强表上直接测量的读数表示被测流体的绝对压强高于大气压强的数值，称为表压强，即

表压强 = 绝对压强 − 大气压强

当被测流体的绝对压强小于外界大气压强时，所用的测压仪称为真空表。真空表上直接测量的读数表示被测流体的绝对压强低于大气压强的数值，称为真空度，即

真空度 = 大气压强 − 绝对压强

显然，设备内的绝对压强越低，则它的真空度越高。

大气压强、绝对压强、表压强或真空度之间的关系可用图 1-1 表示。

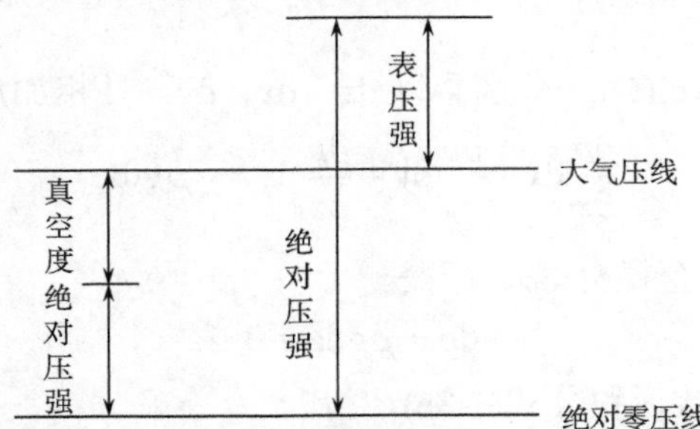

图 1-1　大气压强、绝对压强、表压强或真空度之间的关系

1.1.3　流体静力学基本方程

流体静力学基本方程是用于描述静止流体内部，流体在重力和压力作用下的平衡规律。重力可看成不变的，发生变化的是压力，所以实际上它是描述静止流体内部压力(压强)变化的规律。这一规律的数学表达式称为流体静力学基本方程，可通过下述方法推导而得。

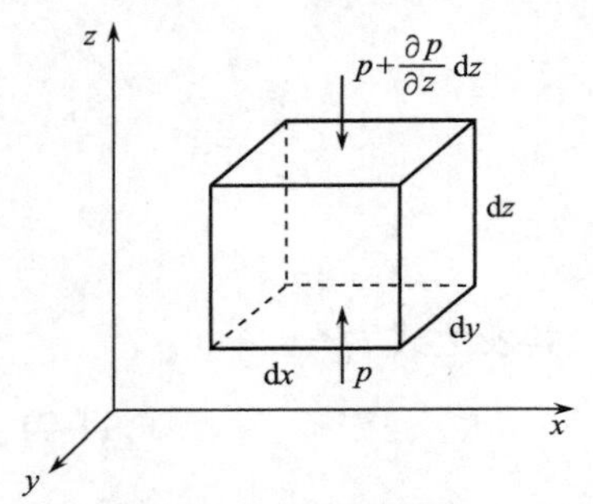

图 1-2　微元流体的静力平衡

在密度为 ρ 的静止流体中，任意划出一微元立方体，其边长分别为 dx、dy、dz，它们分别与 x、y、z 轴平行，如图 1-2 所示。

由于流体处于静止状态，因此所有作用于该立方体上的力在坐标轴上的投影的代数和应等于零。

对于 z 轴，作用于该立方体上的力有：

(1) 作用于下底面的压力为 $p\mathrm{d}x\mathrm{d}y$。

(2) 作用于上底面的压力为 $-\left(p+\dfrac{\partial p}{\partial z}\mathrm{d}z\right)\mathrm{d}x\mathrm{d}y$。

(3) 作用于整个立方体的重力为 $-\rho g\mathrm{d}x\mathrm{d}y\mathrm{d}z$。

z 轴方向力的平衡式可写成

$$p\mathrm{d}x\mathrm{d}y-\left(p+\frac{\partial p}{\partial z}\mathrm{d}z\right)\mathrm{d}x\mathrm{d}y-\rho g\mathrm{d}x\mathrm{d}y\mathrm{d}z=0$$

即

$$-\frac{\partial p}{\partial z}\mathrm{d}x\mathrm{d}y\mathrm{d}z-\rho g\mathrm{d}x\mathrm{d}y\mathrm{d}z=0$$

上式各项除以 dxdydz，则 z 轴方向力的平衡式可简化为

$$-\frac{\partial p}{\partial z}-\rho g=0 \tag{1-8a}$$

对于 x、y 轴，作用于该立方体的力仅有压力，可写出其相应的力的平衡式，简化后得

x 轴
$$-\frac{\partial p}{\partial x}=0 \tag{1-8b}$$

y 轴
$$-\frac{\partial p}{\partial y}=0 \tag{1-8c}$$

式(1-8a)、式(1-8b)和式(1-8c)称为流体平衡微分方程，积分该微分方程组可得到流体静力学基本方程。

将式(1-8a)、式(1-8b)和式(1-8c)分别乘以 dz、dx、dy，并相加后得

$$\frac{\partial p}{\partial x}\mathrm{d}x+\frac{\partial p}{\partial y}\mathrm{d}y+\frac{\partial p}{\partial z}\mathrm{d}z=-\rho g\mathrm{d}z \tag{1-8d}$$

上式中等号左侧即为压强的全微分 dp，于是

$$\mathrm{d}p+\rho g\mathrm{d}z=0 \tag{1-8e}$$

对于不可压缩流体，ρ=常数，积分式(1-8e)，得

$$\frac{p}{\rho}+gz=常数 \tag{1-8f}$$

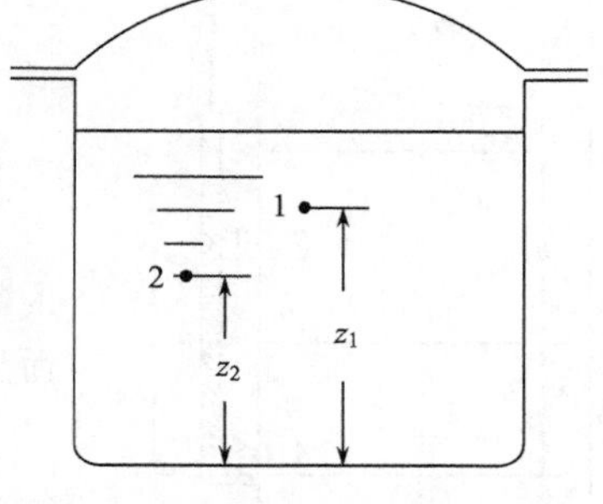

图 1-3　静止液体内的压强分布

液体可视为不可压缩的流体，在静止液体中取任意两点，如图 1-3 所示，则有

$$\frac{p_1}{\rho}+gz_1=\frac{p_2}{\rho}+gz_2 \tag{1-9a}$$

或

$$p_2=p_1+\rho g(z_1-z_2) \tag{1-9b}$$

为了讨论方便，对式(1-9b)进行适当的变换，即使点 1 处于容器的液面上，设液面上方的压强为 p_0，距液面 h 处的点 2 压强为 p，式(1-9b)可改写为

$$p=p_0+\rho gh \tag{1-9c}$$

式(1-9a)、式(1-9b)及式(1-9c)称为流体静力学基本方程，说明在重力场作用下静止液体内部压强的变化规律。由式(1-9c)可见：

(1) 当容器液面上方的压强 p_0 一定时，静止液体内部任一点压强 p 的大小与液体本身的密度 ρ 和该点距液面的深度 h 有关。因此，静止的、连续的同一液体内，处于同一水平面上各点的压强都相等。

(2) 当液面上方的压强 p_0 改变时，液体内部各点的压强 p 也发生同等的改变。

(3) 式(1-9c)可改写为 $\frac{p-p_0}{\rho g}=h$。该公式说明，压强差的大小可以用一定高度的液体柱表示。用液体高度表示压强或压强差时，式中密度 ρ 影响其结果，因此必须注明是何种液体，否则就失去了意义。

(4) 式(1-8f)中 gz 项可以看作 mgz/m，其中 m 为质量。这样，gz 项实质上是单位质量液体具有的位能。p/ρ 相应的就是单位质量液体具有的静压能。位能和静压能都是势能，式(1-8f)表明，静止流体存在两种形式的势能——位能和静压能，在同一种静止流体中处于不同位置的流体的位能和静压能各不相同，但其总势能保持不变。若以符号 E_p/ρ 表示单位质量流体的总势能，则式(1-8f)可改写为

$$\frac{E_p}{\rho}=\frac{p}{\rho}+gz=常数$$

即

$$E_p=p+\rho gz$$

E_p 单位与压强单位相同，可理解为一种虚拟的压强，其大小与密度 ρ 有关。

虽然流体静力学基本方程是用液体进行推导的，液体的密度可视为常数，而气体密度则随压强而改变，但考虑到气体密度随容器高低变化很小，一般也可视为常数，故流体静力学基本方程也适用于气体。

【例 1-1】　本题附图所示的开口容器内盛有油和水。油层高度 $h_1=0.7\text{m}$、密度 $\rho_1=800\text{kg/m}^3$，水层高度 $h_2=0.6\text{m}$、密度 $\rho_2=1000\text{kg/m}^3$。

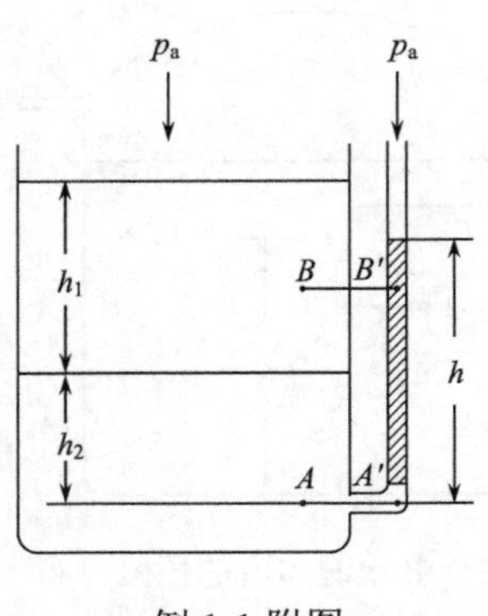

例 1-1 附图

(1) 判断下列关系是否成立，即

$$p_A = p_{A'}, \quad p_B = p_{B'}$$

(2) 计算水在玻璃管内的高度 h。

解 (1) 判断给定两个关系式是否成立。$p_A = p_{A'}$ 的关系成立。因为 A 与 A' 两点在静止的、连通着的同一流体内，并在同一水平面上，所以截面 A-A' 称为等压面。

$p_B = p_{B'}$ 的关系不成立。因为 B 及 B' 两点虽在静止流体的同一水平面上，但不是连通着的同一种流体，即截面 B-B' 不是等压面。

(2) 计算玻璃管内水的高度 h。由上面的讨论知，$p_A = p_{A'}$，p_A 和 $p_{A'}$ 都可以用流体静力学基本方程计算，即

$$p_A = p_a + \rho_1 g h_1 + \rho_2 g h_2$$

$$p_{A'} = p_a + \rho_2 g h$$

于是

$$p_a + \rho_1 g h_1 + \rho_2 g h_2 = p_a + \rho_2 g h$$

简化上式并将已知值代入，得

$$800 \times 0.7 + 1000 \times 0.6 = 1000h$$

解得

$$h = 1.16\text{m}$$

1.1.4　流体静力学基本方程的应用

1. 压强与压强差的测量

测量压强的仪表很多，现仅介绍以流体静力学基本方程为依据的测压仪器。这种测压仪器统称为液柱压差计，可用来测量流体的压强或压强差。常见的液柱压差计有以下几种。

(1) U 形压差计。U 形压差计结构如图 1-4 所示，U 形管内装有液体作为指示液。指示液要求与被测液体不互溶，不发生化学反应，且其密度 ρ_A 大于被测流体的密度 ρ。

当测量管道中 A、B 两截面处流体的压强差时，可将 U 形压差计的两端分别与 A、B 两截面测压口相连。由于两截面的压强 p_A 和 p_B 不相等，因此在 U 形管的两侧出现指示液液面的高度差 R。因 U 形管内的指示液处于静止状态，故位于同一水平面 1、2 两点压强相等，即 $p_1 = p_2$。根据流体静力学基本方程可得

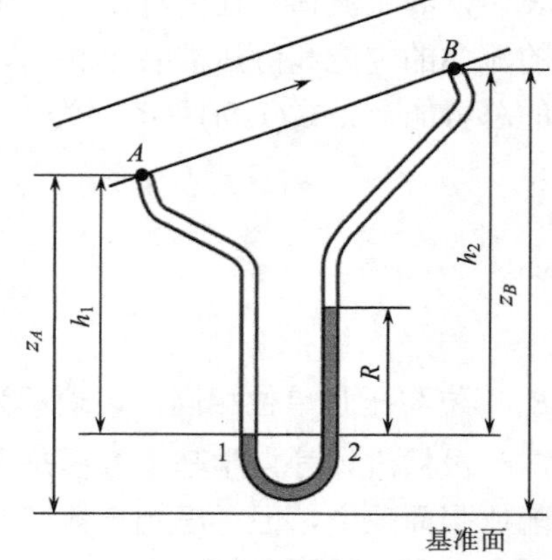

图 1-4　U 形压差计

$$p_1 = p_A + \rho g h_1$$

$$p_2 = p_B + \rho g (h_2 - R) + \rho_A g R$$

于是

$$(p_A + \rho g z_A) - (p_B + \rho g z_B) = Rg(\rho_A - \rho)$$

或

$$E_{p1}-E_{p2}=Rg(\rho_{\mathrm{A}}-\rho) \tag{1-10}$$

式(1-10)表明，当压差计两端流体相同时，U 形压差计直接测得的读数 R 实际上并不是真正的压差，而是 1、2 两截面的虚拟压强之差 ΔE_p。

只有两测压口处于等高面上，$z_A=z_B$(被测管道水平放置)时，U 形压差计才能直接测得两点的压差。

$$p_A-p_B=(\rho_{\mathrm{A}}-\rho)gR$$

同样的压差，用 U 形压差计测量的读数 R 与密度差($\rho_{\mathrm{A}}-\rho$)有关，故应合理选择指示液的密度 ρ_{A}，使读数 R 在适宜的范围内。

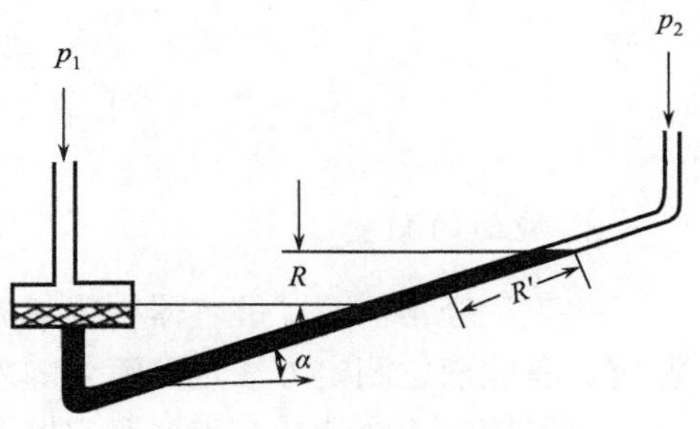

图 1-5　斜管压差计

(2) 斜管压差计。当被测量的流体的压差不大时，U 形压差计的读数 R 必然很小，为了得到精确的读数，可采用如图 1-5 所示的斜管压差计。此压差计的读数 R' 与 R 的关系为

$$R'=R/\sin\alpha \tag{1-11}$$

式中，α 为倾斜角，其值越小，将 R 值放大为 R' 的倍数越大。

(3) 微差压差计。若所测得的压强差很小，为了把读数 R 放大，除选用指示液时尽可能地使其密度 ρ_{A} 与被测流体密度 ρ 接近外，还可采用如图 1-6 所示的微差压差计。其特点是：

(i) 压差计内装有两种密度接近且不互溶的指示液 A 和 C，而指示液 C 与被测流体 B 也不互溶。

(ii) 为了读数方便，U 形管的两侧臂顶端各装有扩大室，俗称“水库”。扩大室内径与 U 形管内径之比应大于 10。这样，扩大室的截面积比 U 形管的截面积大很多，即使 U 形管内指示液 A 的液面差 R 很大，而扩大室内的指示液 C 的液面变化仍很微小，可以认为维持等高。于是压强差 p_1-p_2 可用下式计算，即

$$p_1-p_2=(\rho_{\mathrm{A}}-\rho_{\mathrm{C}})gR \tag{1-12}$$

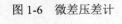

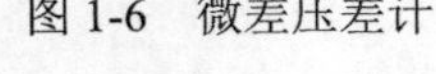
图 1-6　微差压差计

注意，式(1-12)中的 $(\rho_{\mathrm{A}}-\rho_{\mathrm{C}})$ 是两种指示液的密度差，不是指示液与被测流体的密度差。

【例 1-2】　如本题附图所示，管路中流体为水，在异径水平管段两截面(1-1′、2-2′)连一倒置 U 形压差计，压差计读数 $R=200\text{mm}$。试求两截面间的压强差。

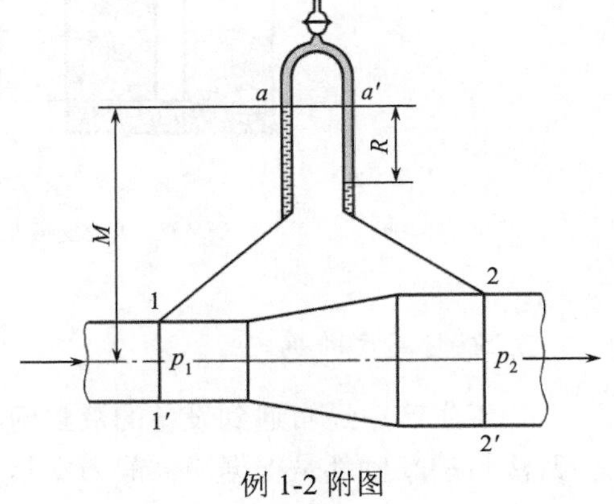

例 1-2 附图

解　设空气和水的密度分别为 ρ_{g} 和 ρ，根据流体静力学基本原理，截面 a-a' 为等压面，则

$$p_a=p_{a'}$$

又由流体静力学基本方程可得

$$p_a=p_1-\rho gM$$

$$p_{a'}=p_2-\rho g(M-R)-\rho_{\mathrm{g}}gR$$

联立以上三式，并整理得

$$p_1 - p_2 = (\rho - \rho_g)gR$$

由于 $\rho_g \ll \rho$，上式可简化为

$$p_1 - p_2 \approx \rho gR$$

所以

$$p_1 - p_2 \approx 1000 \times 9.81 \times 0.2 = 1962(\text{Pa})$$

2. 液面的测量

化工厂经常需要了解容器中物料的储存量，或者控制设备中的液面，因此要对液面进行测定。有些液位测定方法是以流体静力学基本方程为依据的。

最原始的液面计是在容器底部器壁及液面上方器壁处各开一个小孔，两孔间用短管、管件及玻璃管相连。玻璃管内液面高度即为容器内的液面高度。这种液面计结构简单，但易破损，而且不便于远处观测。

图 1-7 是远距离液面计装置。自管口通压缩空气(若储槽内液体为易燃易爆液体，则用压缩氮气)，用调节阀调节流量，使其缓慢地通过鼓泡观察气瓶后通入储槽。因通气管内压缩空气流速很小，可以认为储槽内通气管出口处截面 a 与通气管上 U 形压差计上截面 b 的压强近似相等，即 $p_a \approx p_b$。若 p_a 与 p_b 均用表压强表示，根据流体静力学基本方程得

$$p_a = \rho gh \qquad p_b = \rho_A gR$$

所以

$$h = \frac{\rho_A}{\rho}R \tag{1-13}$$

式中，ρ_A 和 ρ 分别为 U 形压差计指示液和容器内液体的密度(kg/m^3)；R 为 U 形压差计指示液读数(m)；h 为容器内液面离通气管出口的高度(m)。

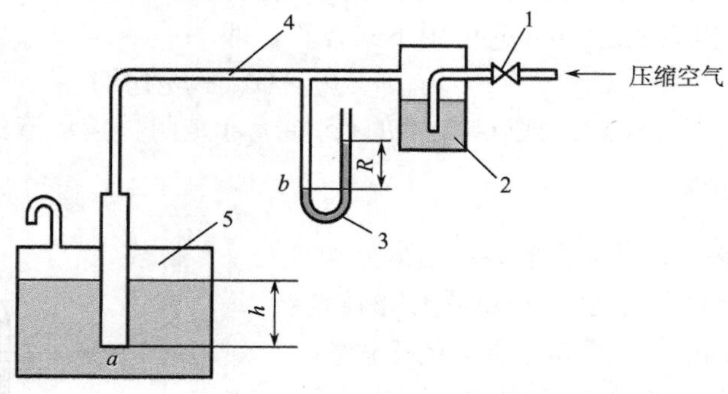

图 1-7 远距离液面计装置

1. 调节阀；2. 鼓泡观察气瓶；3. U 形压差计；4. 通气管；5. 储槽

3. 液封高度的确定

化工生产中经常遇到设备的液封问题。设备内操作条件不同，采用液封的目的也不同，但其液封的高度都是根据流体静力学基本方程确定的。

如图 1-8 所示，为了控制乙炔发生炉内的压强不超过规定的数值，炉外装有安全液封。其作用是当炉内压强超过规定值时，气体从液封管排出，以确保设备操作的安全。若设备要求压强不超过 p_c(表压)，按流体静力学基本方程，液封管插入液面下的深度 h 为

$$h = \frac{p_c}{\rho_{H_2O} g} \tag{1-14}$$

真空蒸发产生的水蒸气往往送入如图 1-9 所示的混合冷凝器中与冷水直接接触而真空冷凝。为了维持操作的真空度，冷凝器上方与真空泵相通，不时将冷凝器内的不凝性气体(空气)抽走。同时，为了防止外界空气进入，在气压管出口装有液封。若真空表读数为 p，液封高度为 h，则根据流体静力学基本方程可得

$$h = \frac{p}{\rho_{H_2O} g} \tag{1-15}$$

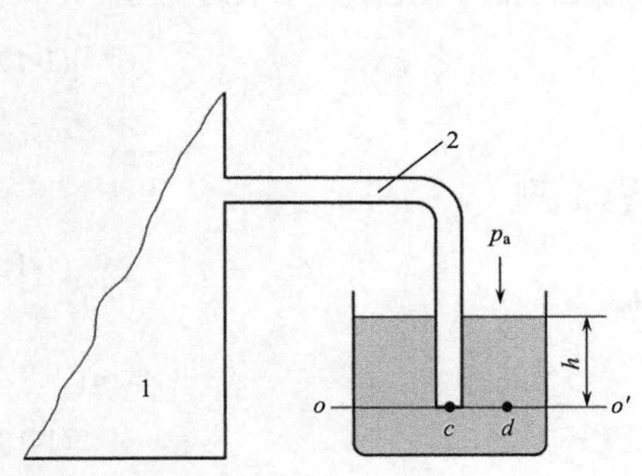

图 1-8　安全液封

1. 乙炔发生炉；2. 液封管

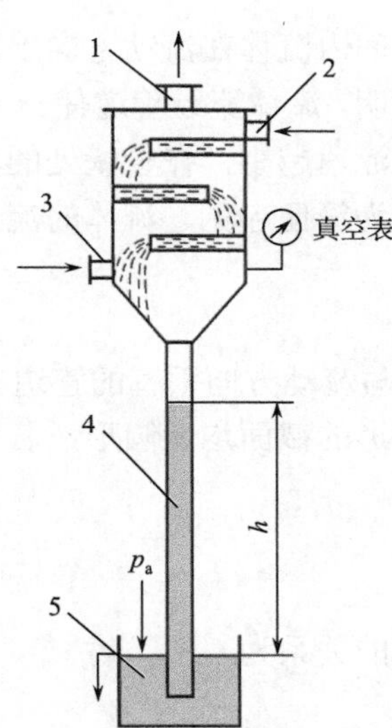

图 1-9　真空蒸发的混合冷凝器

1. 与真空泵相通的不凝性气体出口；2. 冷水进口；3. 水蒸气进口；4. 气压管；5. 液封槽

1.2　流体流动的基本方程

化工厂中流体大多是沿密闭的管道流动，液体从低位流到高位或从低压流到高压，需要输送设备对液体提供能量；从高位槽向设备输送一定量的料液时，高位槽所需的安装高度等问题，都是在流体输送过程中经常遇到的。要解决这些问题，必须找出流体在管内的流动规律。反映流体流动规律的数学表达式有：连续性方程与伯努利方程。

1.2.1　流量与流速

1. 流量

单位时间内流过管道任一截面的流体量称为流量。若流体量用体积来计量，称为体积流量，以 V_s 表示，其单位为 m^3/s；若流体量用质量来计量，则称为质量流量，以 w_s 表示，其单位为 kg/s。

体积流量与质量流量的关系为

$$w_s = V_s \rho \tag{1-16}$$

式中，ρ 为流体的密度(kg/m^3)。

2. 流速

单位时间内流体在流动方向上流经的距离称为流速，以 u 表示，其单位为 m/s。

实验表明，流体流经管道任一截面上各点的流速沿管径而变化，即在管截面中心处最大，越靠近管壁流速越小，在管壁处的流速为零。流体在管截面上的速度分布规律较为复杂，在工程计算中为简便起见，流体的流速通常指整个管截面上的平均流速，其表达式为

$$u = \frac{V_s}{A} \tag{1-17}$$

式中，A 为与流动方向垂直的管道截面积(m^2)。

一般管道的截面均为圆形，若以 d 表示管道内径，则

$$u = \frac{V_s}{\frac{\pi}{4}d^2} \tag{1-18}$$

流量与流速的关系为

$$w_s = V_s \rho = uA\rho \tag{1-19}$$

由于气体的体积流量随温度和压强而变化，气体的流速也会随之而变，因此气体采用质量流速较为方便。质量流速是单位时间内流体流过管路单位截面积的质量，以 G 表示，其表达式为

$$G = \frac{w_s}{A} = \frac{V_s \rho}{A} = u\rho \tag{1-20}$$

式中，G 为质量流速，也称质量通量[$kg/(m^2 \cdot s)$]。

需要指出的是，任何一个平均值都不能全面代表一个物理量的分布。式(1-17)表示的平均流速在流量方面与实际的速度分布是等效的，但在其他方面则并不等效。

1.2.2　稳定流动与不稳定流动

在流动系统中，若各截面上流体的流速、压强、密度等有关物理量仅随位置而变化，不随时间而变，这种流动称为稳定流动；若流体在各截面上的有关物理量既随位置而变，又随时间而变，则称为不稳定流动。

如图 1-10 所示，水箱中不断有水从进水管注入，而从排水管不断排出。进水量大于排水量，多余的水由溢流管溢出，使水位维持恒定。在此流动系统中任一截面上的流速及压强不随时间而变化，故属于稳定流动。若将进水管阀门关闭，水仍由排水管排出，则水箱水位逐渐下降，各截面上水的流速与压强也随之降低，这种流动属于不稳定流动。化工生产中，流体流动大多为稳定流动，故除非特别指出，一般讨论的均为稳定流动。

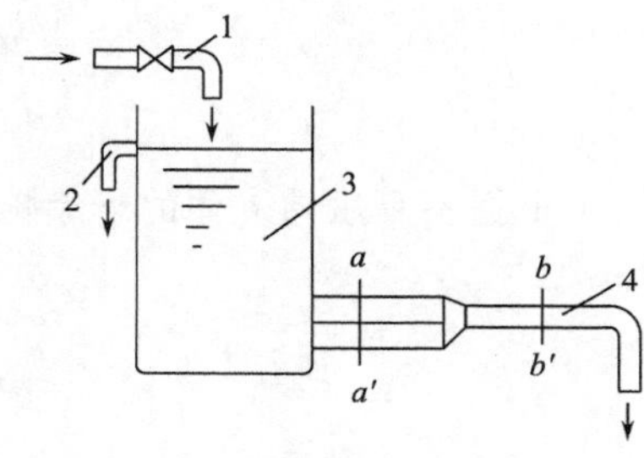

图 1-10　流动情况示意图

1. 进水管；2. 溢流管；3. 水箱；4. 排水管

1.2.3　连续性方程

设流体在如图 1-11 所示的管道中做连续稳定流动，从截面 1-1 流入，从截面 2-2 流出，若在管道两截面之间流体无漏损，根据质量守恒定律，从截面 1-1 进入的流体质量流量 w_{s1} 应等于从 2-2 截面流出的流体质量流量 w_{s2}，即

$$w_{s1} = w_{s2}$$

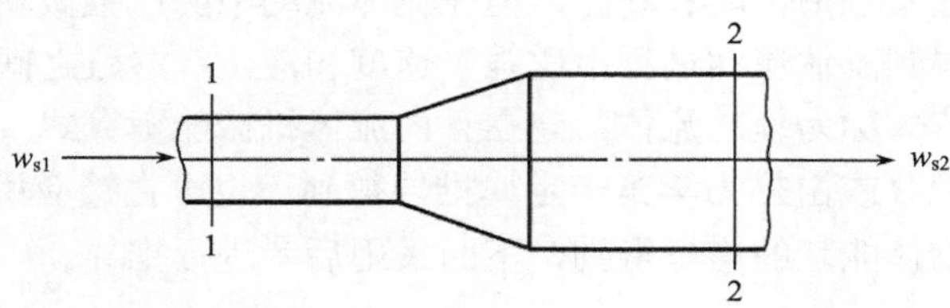

图 1-11　连续性方程的推导

由式(1-19)得

$$u_1 A_1 \rho_1 = u_2 A_2 \rho_2 \tag{1-21a}$$

此关系可推广到管道的任一截面，即

$$w_s = u_1 A_1 \rho_1 = u_2 A_2 \rho_2 = \cdots = uA\rho = 常数 \tag{1-21b}$$

式(1-21b)称为连续性方程。若流体不可压缩，ρ =常数，则式(1-21b)可简化为

$$V_s = u_1 A_1 = u_2 A_2 = \cdots = uA = 常数 \tag{1-21c}$$

式(1-21c)说明不可压缩流体不仅流经各截面的质量流量相等，它们的体积流量也相等。

式(1-21a)～式(1-21c)都称为管内稳定流动的连续性方程。它们反映了在稳定流动中，流量一定时，管路各截面上流速的变化规律。

由于管道截面大多为圆形，故式(1-21c)又可改写成

$$\frac{u_1}{u_2} = \left(\frac{d_2}{d_1}\right)^2 \tag{1-21d}$$

式(1-21d)表明，管内不同截面流速之比与其相应管径的平方成反比。

【例 1-3】 在稳定流动系统中，水连续从粗管流入细管。粗管内径 $d_1 = 12\text{cm}$，细管内径 $d_2 = 6\text{cm}$，当流量为 $3\times10^{-3}\text{m}^3/\text{s}$ 时，求粗管和细管内水的流速。

解　根据式(1-18)，有

$$u_1=\frac{V_s}{A_1}=\frac{3\times10^{-3}}{\frac{\pi}{4}\times0.12^2}=0.265(\mathrm{m/s})$$

根据不可压缩流体的连续性方程：

$$u_1A_1=u_2A_2$$

得

$$\frac{u_2}{u_1}=\left(\frac{d_1}{d_2}\right)^2=\left(\frac{12}{6}\right)^2=4$$

$$u_2=4u_1=4\times0.265=1.06(\mathrm{m/s})$$

1.2.4 伯努利方程

在流体做一维流动的系统中，若不发生或不考虑内能的变化、无传热过程、无外功加入、不计黏性摩擦和流体不可压缩等，此时机械能是主要的能量形式。伯努利方程是管内流体机械能衡算式，机械能通常包括位能和动能，但在流体流动中静压强做功普遍存在，对管内进行机械能衡算，可以得到流体流动过程中压强、速度和液位等参数之间的关系。

通常把无黏性的流体称为理想流体，建立管内流体机械能衡算式，可通过理想流体运动方程，在一定条件下积分或由热力学第一定律推导得到，也可直接应用物理学原理——外力对物体所做的功等于物体能量的增量得到，下面采用后者进行推导。

1. 理想流体的伯努利方程

如图 1-12 所示，取任意一段管道 1-2，压强、速度、截面积和距离基准面高度分别为 p、u、A、Z。经历瞬时 dt，该段流体流动至新的位置 1′-2′，由于时间间隔很小，流动距离很短，1 与 1′、2 与 2′处的速度、压强、截面积变化均可忽略不计。

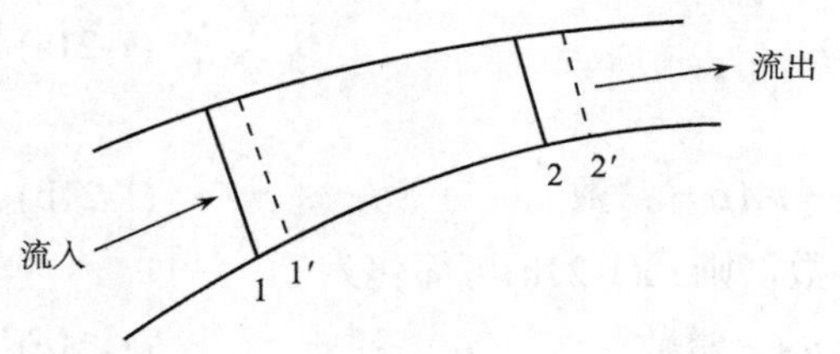

图 1-12 能量衡算系统示意图

1-2 段流体分别受到旁侧流体的推力 F_1、阻力 F_2，前者与运动方向相同，后者与运动方向相反，且

$$F_1=p_1A_1，F_2=p_2A_2$$

这对力在流体段 1-2 运动至 1′-2′ 过程中所做的功为

$$W=F_1u_1t-F_2u_2t=p_1A_1u_1t-p_2A_2u_2t$$

由连续性方程得

$$V_s=A_1u_1=A_2u_2$$

时间 dt 内流过的流体体积为

$$\overline{V}=V_st=A_1u_1t=A_2u_2t$$

因此

$$W=p_1\overline{V}-p_2\overline{V} \tag{1-22}$$

式中，$p\overline{V}$ 称为流动功，也称静压能。

该段流体的流动过程相当于将流体从 1-1′移至 2-2′，由于这两部分流体的速度和高度不等，动能和位能也不相等。1-1′和 2-2′处的位能和动能之和分别为

$$E_1 = mgZ_1 + \frac{1}{2}mu_1^2$$

$$E_2 = mgZ_2 + \frac{1}{2}mu_2^2$$

能量的变化

$$\Delta E = E_2 - E_1 = \left(mgZ_2 + \frac{1}{2}mu_2^2\right) - \left(mgZ_1 + \frac{1}{2}mu_1^2\right) \tag{1-23a}$$

式中，m 为质量。根据系统内能的增量等于外力所做的功，即

$$\Delta E = W$$

$$\left(mgZ_2 + \frac{1}{2}mu_2^2\right) - \left(mgZ_1 + \frac{1}{2}mu_1^2\right) = p_1\overline{V} - p_2\overline{V}$$

$$mgZ_1 + \frac{1}{2}mu_1^2 + p_1\overline{V} = mgZ_2 + \frac{1}{2}mu_2^2 + p_2\overline{V}$$

由于 1、2 两个截面是任意选取的，因此对管段任一截面的一般式为

$$mgZ + \frac{1}{2}mu^2 + p\overline{V} = 常数 \tag{1-23b}$$

对不可压缩流体，ρ 为常数，将 $m = \rho\overline{V}$ 代入式(1-23b)得

$$gZ + \frac{1}{2}u^2 + \frac{p}{\rho} = 常数 \tag{1-24}$$

式(1-24)称为理想流体的伯努利方程。

2. 实际流体的机械能衡算

实际流体有黏性，管截面的速度分布是不均匀的，近壁处速度小，管中心处速度最大。因此，将伯努利方程推广到实际流体时，要取管截面上的平均流速。实际流体在管道内流动时会使一部分机械能转化为热能，引起机械能的损失，称为能量损失。能量损失是由流体的内摩擦引起的，也常称阻力损失。因此，必须在机械能衡算时加入能量损失项。外界也常向流体输送机械功，以补偿两截面处的总能量之差及流体流动时的能量损失。这样，对截面 1-1 与 2-2 间做机械能衡算可得

$$gZ_1 + \frac{u_1^2}{2} + \frac{p_1}{\rho} + W_e = gZ_2 + \frac{u_2^2}{2} + \frac{p_2}{\rho} + \sum h_f \tag{1-25a}$$

式中，W_e 为截面 1 至截面 2 之间输送设备对单位质量流体所做的有效功(J/kg)；$\sum h_f$ 为单位质量流体由截面 1 流至截面 2 的能量损失(J/kg)。

3. 伯努利方程的物理意义

(1) 式(1-24)表示理想流体在管道内做稳定流动而又没有外功加入时，在任一截面上的单

位质量流体所具有的位能、动能、静压能之和为常数，称为总机械能，其单位为 J/kg，即单位质量流体在各截面上所具有的总机械能相等，但每种形式的机械能不一定相等，这意味着各种形式的机械能可以相互转换，但其和保持不变。

(2) 如果系统的流体是静止的，则 $u = 0$，没有运动就无阻力，也无外功，即 $\sum h_f = 0$，$W_e = 0$，于是式(1-24)变为

$$gZ_1 + \frac{p_1}{\rho} = gZ_2 + \frac{p_2}{\rho}$$

上式即为流体静力学基本方程。

(3) 式(1-25a)中各项单位为 J/kg，表示单位质量流体具有的能量。应注意 gZ、$\frac{u^2}{2}$、$\frac{p}{\rho}$ 与 W_e、$\sum h_f$ 的区别。前三项是指在某截面上流体本身具有的能量，后两项是指流体在两截面之间获得和消耗的能量。其中，W_e 是决定流体输送设备的重要数据。单位时间输送设备所做的有效功称为有效功率，以 N_e 表示，即

$$N_e = W_e w_s \tag{1-26}$$

式中，w_s 为流体的质量流量，所以 N_e 的单位为 J/s 或 W。

(4) 对于可压缩流体的流动，若两截面间的绝对压强变化小于原来绝对压强的 20% $\left(\frac{p_1 - p_2}{p_1} < 20\%\right)$ 时，伯努利方程仍适用，计算时流体密度 ρ 应采用两截面间流体的平均密度 ρ_m。

对于非定态流动系统的任一瞬间，伯努利方程仍成立。

(5) 如果流体的衡算基准不同，式(1-25a)可写成不同形式。

(i) 以单位重量流体为衡算基准。将式(1-25a)各项除以 g，则得

$$Z_1 + \frac{u_1^2}{2g} + \frac{p_1}{\rho g} + \frac{W_e}{g} = Z_2 + \frac{u_2^2}{2g} + \frac{p_2}{\rho g} + \frac{\sum h_f}{g}$$

令

$$H_e = \frac{W_e}{g}, \quad H_f = \frac{\sum h_f}{g}$$

则

$$Z_1 + \frac{u_1^2}{2g} + \frac{p_1}{\rho g} + H_e = Z_2 + \frac{u_2^2}{2g} + \frac{p_2}{\rho g} + H_f \tag{1-25b}$$

上式各项的单位为 $\frac{\text{N} \cdot \text{m}}{\text{kg} \cdot \frac{\text{m}}{\text{s}^2}} = \text{N} \cdot \text{m/N} = \text{m}$，表示单位重量的流体具有的能量。常把 Z、$\frac{u^2}{2g}$、$\frac{p}{\rho g}$ 与 H_f 分别称为位压头、动压头、静压头与压头损失，H_e 则称为输送设备对流体提供的有效压头。

(ii) 以单位体积流体为衡算基准。将式(1-25a)各项乘以流体密度 ρ，则得

$$\rho g Z_1 + \frac{\rho u_1^2}{2} + p_1 + W_e \rho = \rho g Z_2 + \frac{\rho u_2^2}{2} + p_2 + \rho \sum h_f \tag{1-25c}$$

上式各项的单位为 $\frac{\text{N}\cdot\text{m}}{\text{kg}}\cdot\frac{\text{kg}}{\text{m}^3}=\text{N/m}^2=\text{Pa}$，表示单位体积流体具有的能量，简化后即为压强的单位。

采用不同衡算基准的伯努利方程式(1-25b)与式(1-25c)，对第 2 章“流体输送机械”中相关计算很重要。

1.2.5　伯努利方程的应用

伯努利方程是流体流动的基本方程，结合连续性方程，可用于计算流体流动过程中流体的流速、流量、流体输送所需功率等。

应用伯努利方程解题时需要注意以下几点：

(1) 作图与确定衡算范围。根据题意画出流动系统的示意图，并指明流体的流动方向。定出上、下游截面，以明确流动系统的衡算范围。

(2) 截面的选取。两截面均应与流动方向垂直，并且在两截面间的流体必须是连续的。所求的未知量应在截面上或在两截面之间，且截面上的 Z、u、p 等有关物理量，除所需求取的未知量外，都应该是已知的或能通过其他关系计算出来的。两截面上的 u、p、Z 与两截面间的 $\sum h_{\text{f}}$ 都应相互对应一致。

(3) 基准水平面的选取。选取基准水平面的目的是确定流体位能的大小，实际上在伯努利方程中反映的是位能差($\Delta Z=Z_2-Z_1$)的数值。因此，基准水平面可以任意选取，但必须与地面平行。Z 值是指截面中心点与基准水平面间的垂直距离。为了计算方便，通常取基准水平面通过衡算范围的两个截面中的任一个截面。若该截面与地面平行，则基准水平面与该截面重合，$Z=0$；若衡算系统为水平管道，则基准水平面通过管道的中心线，$\Delta Z=0$。

(4) 单位必须一致。在用伯努利方程之前，应把有关物理量换算成一致的单位。两截面的压强除要求单位一致外，还要求表示方法(基准)一致，即只能同时用表压强表示，或同时使用绝对压强表示，不能混合使用。

下面举例说明伯努利方程的应用。

1. 确定设备间的相对位置

【例 1-4】　将高位槽内料液向塔内加料。高位槽和塔内的压强均为大气压。要求料液在管内以 0.5m/s 的速度流动。设料液在管内压头损失为 1.2m(不包括出口压头损失)，则高位槽的液面应该比塔入口处高出多少米？

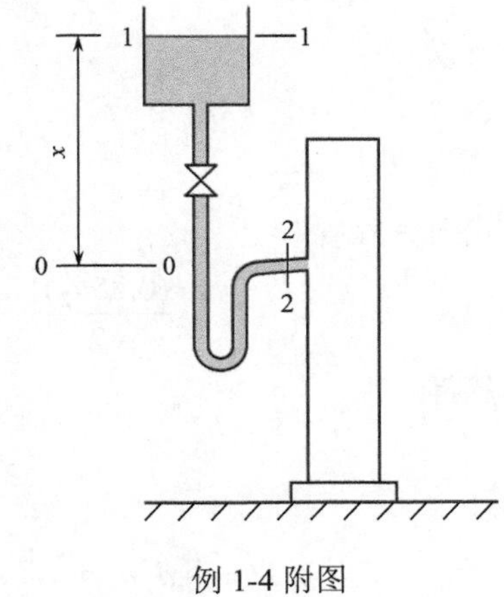

例 1-4 附图

解　取管出口高度的 0-0 为基准面，高位槽的液面为 1-1 截面，因为要求计算高位槽的液面比塔入口处高出多少米，所以把 1-1 截面选在此处就可以直接算出所求的高度 x，同时在此液面处的 u_1 及 p_1 均为已知值。2-2 截面选在管出口处。在 1-1 及 2-2 截面间列伯努利方程：

$$gZ_1+\frac{u_1^2}{2}+\frac{p_1}{\rho}+W_{\text{e}}=gZ_2+\frac{u_2^2}{2}+\frac{p_2}{\rho}+\sum h_{\text{f}}$$

式中，$p_1=0$(表压)，高位槽截面与管截面相差很大，故高位槽截面的流速与管内流速相比其值很小，即 $u_1\approx 0$。$Z_1=x$，$p_2=0$(表压)，$u_2=0.5\text{m/s}$，$Z_2=0$，$\sum h_f=1.2\times 9.81\text{J/kg}$，将上述各项数值代入，则

$$9.81x=\frac{(0.5)^2}{2}+1.2\times 9.81$$
$$x=1.2\text{m}$$

计算结果表明，动能项数值很小，流体位能的降低主要用于克服管路阻力。

2. 确定管道中流体的流量

【例 1-5】 水在本题附图所示的管道内由下向上自粗管内流入细管，粗管内径为 300mm，细管内径为 150mm。已测得图中 1-1′及 2-2′面上的静压强分别为 $1.69\times 10^5\text{Pa}$ 及 $1.4\times 10^5\text{Pa}$(均为表压)，两测压口的垂直距离为 1.5m，流体流过两测压点的阻力损失为 10.6J/kg，则水在管道中的质量流量为多少(kg/h)？

例 1-5 附图(单位：mm)

解 取 1-1′ 面为基准面，在 1-1′ 及 2-2′ 面间列伯努利方程：

$$gZ_1+\frac{u_1^2}{2}+\frac{p_1}{\rho}+W_e=gZ_2+\frac{u_2^2}{2}+\frac{p_2}{\rho}+\sum h_f$$

由于 1-1′ 与 2-2′ 截面间无外功加入，故 $W_e=0$。

取 1-1′ 面为基准面，所以 $Z_1=0$。

将 $Z_2=1.5\text{m}$，$p_1=1.69\times 10^5\text{Pa}$，$p_2=1.4\times 10^5\text{Pa}$，$\sum h_f=10.6\text{J/kg}$ 代入上式中，取水的密度 $\rho=1000\text{kg/m}^3$，得

$$\frac{u_1^2}{2}+\frac{1.69\times 10^5}{1000}=1.5\times 9.81+\frac{u_2^2}{2}+\frac{1.4\times 10^5}{1000}+10.6$$

u_1、u_2 均未知，从连续性方程可得，不可压缩流体在圆管内做稳态流动时，流速与管径的平方成反比，即

$$\frac{u_1}{u_2}=\left(\frac{d_2}{d_1}\right)^2$$

所以

$$u_1=u_2\left(\frac{d_2}{d_1}\right)^2=\left(\frac{150}{300}\right)^2 u_2=0.25u_2$$

代入方程得

$$\frac{(0.25u_2)^2}{2}+\frac{1.69\times 10^5}{1000}=1.5\times 9.81+\frac{u_2^2}{2}+\frac{1.4\times 10^5}{1000}+10.6$$

解得

$$u_2=2.80\text{m/s}$$

则

$$W=\frac{\pi}{4}d_2^2u_2\rho=\frac{\pi}{4}\times 0.15^2\times 2.80\times 1000=49.46(\text{kg/s})=1.78\times 10^5(\text{kg/h})$$

3. 确定管路中流体的压强

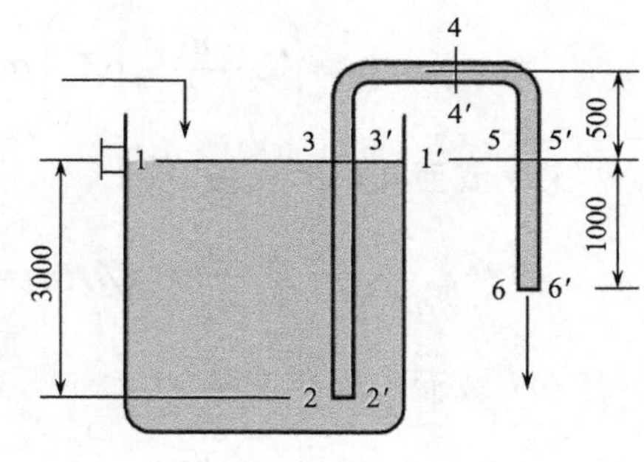

例 1-6 附图

【例 1-6】 水在本题附图所示的虹吸管内做定态流动，管路直径没有变化，水流经管路的能量损失可以忽略不计，试计算管内截面 2-2′、3-3′、4-4′和 5-5′处的压强。大气压强为 101.33kPa。图中所标注的尺寸均以毫米(mm)计。

解 为计算管内各截面的压强，应首先计算管内水的流速。先在储槽水面 1-1′及管出口内侧截面 6-6′间列伯努利方程，并以截面 6-6′为基准水平面。由于管路的能量损失忽略不计，即 $\sum h_f = 0$，故伯努利方程可写为

$$gZ_1 + \frac{u_1^2}{2} + \frac{p_1}{\rho} = gZ_6 + \frac{u_6^2}{2} + \frac{p_6}{\rho}$$

式中，$Z_1 = 1\text{m}$，$Z_6 = 0$，$p_1 = 0$(表压)，$p_6 = 0$(表压)，$u_1 \approx 0$。将以上数值代入上式，经简化得

$$9.81 \times 1 = \frac{u_6^2}{2}$$

解得

$$u_6 = 4.43\text{m/s}$$

由于管路直径无变化，因此管路各截面积相等。根据连续性方程有 $V_s = Au =$ 常数，故管内各截面的流速不变，即

$$u_2 = u_3 = u_4 = u_5 = u_6 = 4.43\text{m/s}$$

$$\frac{u_2^2}{2} = \frac{u_3^2}{2} = \frac{u_4^2}{2} = \frac{u_5^2}{2} = \frac{u_6^2}{2} = 9.81\text{J/kg}$$

因流动系统的能量损失可忽略不计，故水可视为理想流体，则系统内各截面上流体的总机械能 E 相等，即

$$E = gZ + \frac{u^2}{2} + \frac{p}{\rho} = \text{常数}$$

总机械能可以用系统内任何截面计算，但根据本题的条件，以储槽水面 1-1′处的总机械能计算较为简便。现取截面 2-2′为基准水平面，则上式中 $Z = 3\text{m}$，$p = 101.33\text{kPa}$，$u \approx 0$，所以总机械能为

$$E = 9.81 \times 3 + \frac{101330}{1000} = 130.8(\text{J/kg})$$

计算各截面的压强时，也应以截面 2-2′为基准水平面，则 $Z_2 = 0$，$Z_3 = 3\text{m}$，$Z_4 = 3.5\text{m}$，$Z_5 = 3\text{m}$。

(1) 截面 2-2′的压强

$$p_2 = \left(E - \frac{u_2^2}{2} - gZ_2\right)\rho = (130.8 - 9.81) \times 1000 = 120.99(\text{kPa})$$

(2) 截面 3-3′的压强

$$p_3 = \left(E - \frac{u_3^2}{2} - gZ_3\right)\rho = (130.8 - 9.81 - 9.81 \times 3) \times 1000 = 91.56(\text{kPa})$$

(3) 截面 4-4′的压强

$$p_4 = \left(E - \frac{u_4^2}{2} - gZ_4\right)\rho = (130.8 - 9.81 - 9.81 \times 3.5) \times 1000 = 86.66(\text{kPa})$$

(4) 截面 5-5′的压强

$$p_5 = \left(E - \frac{u_5^2}{2} - gZ_5\right)\rho = (130.8 - 9.81 - 9.81 \times 3) \times 1000 = 91.56(\text{kPa})$$

从以上结果可以看出，从截面 2-2′到 5-5′压强不断变化，这是位能与静压强反复转换的结果。

4. 确定输送设备的有效功率

【例 1-7】 用泵将储槽中密度为 1200kg/m^3 的溶液送到蒸发器内，储槽内液面维持恒定，其上方压强为 101.33kPa，蒸发器上部的蒸发室内操作压强为 26.67kPa(真空度)，蒸发器进料口高于储槽内液面 15m，进料量为 $20\text{m}^3/\text{h}$，溶液流经全部管路的能量损失为 120J/kg，管路直径为 60mm，求泵的有效功率。

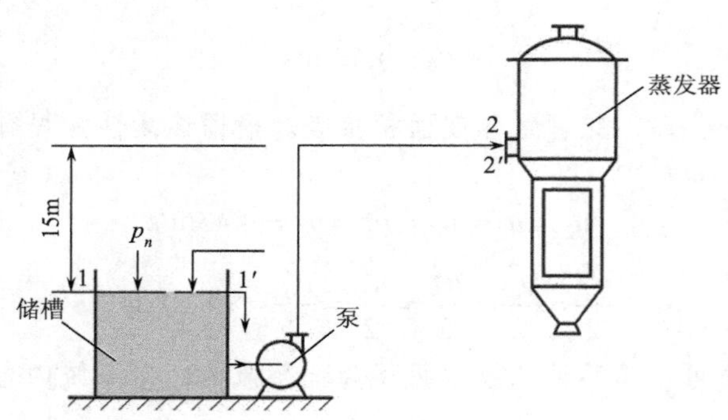

例 1-7 附图

解 取储槽液面为 1-1′截面，管路出口内侧为 2-2′截面，并以 1-1′截面为基准水平面，在两截面间列伯努利方程：

$$gZ_1 + \frac{u_1^2}{2} + \frac{p_1}{\rho} + W_e = gZ_2 + \frac{u_2^2}{2} + \frac{p_2}{\rho} + \sum h_f$$

式中，$Z_1 = 0$，$Z_2 = 15\text{m}$，$p_1 = 0$(表压)，$p_2 = -26670\text{Pa}$(表压)，$u_1 = 0$。

$$u_2 = \frac{\frac{20}{3600}}{0.785 \times 0.06^2} = 1.97(\text{m/s})$$

$$\sum h_f = 120\text{J/kg}$$

将上述各项数值代入，则

$$W_e = 15 \times 9.81 + \frac{1.97^2}{2} + 120 - \frac{26670}{1200} = 246.9(\text{J/kg})$$

泵的有效功率 N_e 为

$$N_e = W_e w_s$$

式中

$$w_s = V_s \rho = \frac{20 \times 1200}{3600} = 6.67(\text{kg/s})$$

$$N_e = 246.9 \times 6.67 = 1647(\text{W}) = 1.65(\text{kW})$$

实际上泵所做的功并不是全部有效的，因此要考虑泵的效率 η，泵实际消耗的功率称为轴功率(N)，N_e 与 η 之间的关系用下列方程表示：

$$N = \frac{N_e}{\eta}$$

设本题泵的效率为 0.65，则泵的轴功率为

$$N = \frac{1.65}{0.65} = 2.54(\text{kW})$$

1.3　流体流动现象

1.2 节叙述了流体流动过程的连续性方程与伯努利方程。应用这些方程可以预测和计算有关流体流动过程运动参数的变化规律。但前面的讨论并没有涉及流体流动中内部质点的运动规律。流体质点的运动方式影响流体的速度分布、流体阻力的计算以及流体中的热量传递和质量传递过程。流动现象非常复杂，涉及面很广，本节仅作简要的介绍。

1.3.1　黏度

1. 牛顿黏性定律

流体流动时产生内摩擦力的性质称为黏性。流体黏性越大，其流动性越小。放完一桶甘油比放完一桶水慢得多，这是甘油流动时内摩擦力比水大的缘故。

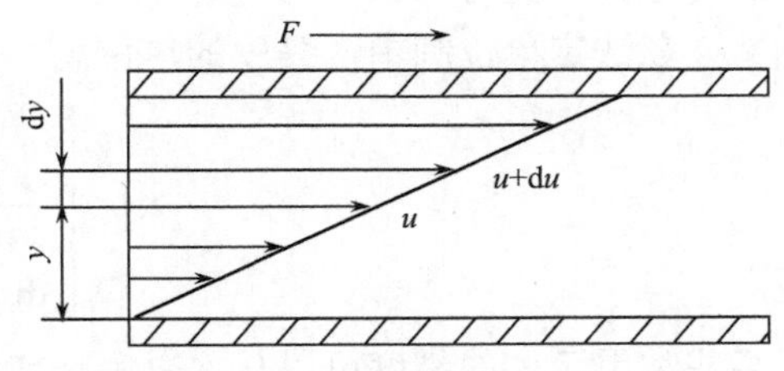

图 1-13　平板间流体速度分布

设有上下两块平行放置、面积很大而相距很近的平板，两板间充满静止的液体，如图 1-13 所示。若将下板固定，对上板施加一恒定的外力，使上板做平行于下板的等速直线运动。此时，紧靠上层平板的液体因附着在板面上，具有与平板相同的速度，而紧靠下层板面的液体也因附着于下板面而静止不动。在两平板间的液体可看成许多平行于平板的流体层，层与层之间存在速度差，即各液体层之间存在相对运动。速度快的液体层对其相邻的速度较慢的液体层产生了一个推动其向运动方向前进的力，同时速度慢的液体层对速度快的液体层也有一个大小相等、方向相反的作用力，从而阻碍较快液体层向前运动。这种运动的流体内部相邻两流体层之间的相互作用力称为流体的内摩擦力或黏滞力。

流体运动时内摩擦力的大小体现了流体黏性的大小。

实验证明，对于一定的液体，内摩擦力 F 与两流体层的速度差 Δu 成正比，与两层之间的垂直距离 Δy 成反比，与两层间的接触面积 S 成正比，即

$$F \propto \frac{\Delta u}{\Delta y} S$$

引入比例系数 μ，把上式写成等式：

$$F = \mu \frac{\Delta u}{\Delta y} S$$

单位面积上的内摩擦力称为剪应力，以 τ 表示；当流体在管内流动，径向速度变化不是直线关系时，则

$$\tau = \frac{F}{S} = \mu \frac{\mathrm{d}u}{\mathrm{d}y} \tag{1-27}$$

式中，$\frac{\mathrm{d}u}{\mathrm{d}y}$ 为速度梯度，即在与流动方向垂直的 y 方向上流体速度的变化率；μ 为比例系数，称为黏性系数或动力黏度，简称黏度。式(1-27)显示的关系称为牛顿黏性定律。

2. 流体的黏度

将式(1-27)改写为

$$\mu = \frac{\tau}{\frac{\mathrm{d}u}{\mathrm{d}y}}$$

黏度的物理意义是促使流体流动产生单位速度梯度时剪应力的大小。由上式可知，速度梯度最大处剪应力也最大，速度梯度为零处剪应力也为零。黏度总是与速度梯度相联系，只有在运动时才显现出来。分析静止流体的规律时就不用考虑黏度这个因素。

黏度是流体的重要物理性质之一，其值由实验测定。随着温度的升高，液体的黏度减小，气体的黏度增大。压强对液体黏度的影响很小，可忽略不计；气体的黏度，除非在极高或极低的压强下，可以认为与压强无关。

在法定单位制中，黏度的单位为

$$[\mu] = \left[\frac{\tau}{\frac{\mathrm{d}u}{\mathrm{d}y}}\right] = \frac{\mathrm{N/m^2}}{\frac{\mathrm{m/s}}{\mathrm{m}}} = \frac{\mathrm{N \cdot s}}{\mathrm{m^2}} = \mathrm{Pa \cdot s}$$

某些常用流体的黏度可以从本书附录或有关手册中查得，但查到的数据常用其他单位制表示，如在手册中黏度单位常用 cP(厘泊)表示。P(泊)是黏度在物理单位制中的导出单位，即

$$[\mu] = \left[\frac{\tau}{\frac{\mathrm{d}u}{\mathrm{d}y}}\right] = \frac{\mathrm{dyn/cm^2}}{\frac{\mathrm{cm/s}}{\mathrm{cm}}} = \frac{\mathrm{dyn \cdot s}}{\mathrm{cm^2}} = \frac{\mathrm{g}}{\mathrm{cm \cdot s}} = \mathrm{P(泊)}$$

黏度单位的换算为

$$1\mathrm{cP} = 0.01\mathrm{P} = 0.001\mathrm{Pa \cdot s}$$

流体的黏性还可用黏度 μ 与密度 ρ 的比值表示。这个比值称为运动黏度，以 υ 表示，即

$$\upsilon = \frac{\mu}{\rho} \tag{1-28}$$

运动黏度在法定单位制中的单位为 m^2/s；在物理制中的单位为 cm^2/s，称为斯托克斯，简称为沲，以 St 表示，1St = 100cSt(厘沲)= $10^{-4}\ m^2/s$。

在工业生产中常遇到各种流体的混合物。对于混合物的黏度，若缺乏实验数据，可参阅有关资料，选用适当的经验公式进行估算。

此外，服从牛顿黏性定律的流体称为牛顿流体。所有气体和大多数液体都属于这一类。不服从牛顿黏性定律的流体称为非牛顿流体。

1.3.2　流动类型与雷诺数

1. 流体流动形态

流体流动有两种不同的形态，是 1883 年由英国物理学家雷诺(Reynold)提出的。为了直接观察流体流动时内部质点的运动情况及各种因素对流动状况的影响，可安排如图 1-14 所示的雷诺实验装置。在一个水箱内水面下安装一个带喇叭形进口的玻璃管。管下游装有一个阀门，利用阀门的开度调节流量。在喇叭形进口处中心有一根针形小管，自此小管流出一丝有色水流，其密度与水几乎相同。当水的流量较小时，玻璃管水流中出现一丝稳定而明显的着色直线。随着流速逐渐增加，起先着色线仍然保持平直光滑，当流量增大到某一临界值时，着色线开始抖动、弯曲，继而断裂，最后完全与水流主体混在一起，无法分辨，而整个水流也就染上了颜色。

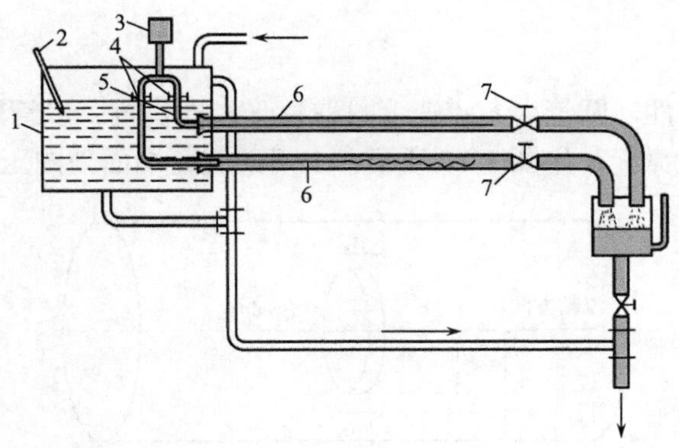

图 1-14　雷诺实验装置

1. 水箱；2. 温度计；3. 有色液体；4、7. 阀门；5. 针形小管；6. 玻璃管

上述的雷诺实验虽然简单，但揭示出一个极为重要的事实，即流体流动存在两种截然不同的流型。在前一种流型中，流体质点做直线运动，即流体分层流动，层次分明，彼此互不混杂，才能使着色线保持线形。这种流型称为层流或滞流。在后一种流型中，流体在总体上沿管道向前运动，同时还在各个方向做随机的脉动，正是这种混乱运动使着色线抖动、弯曲以致断裂冲散。这种流型称为湍流或紊流。

2. 流型的判断和雷诺数

不同的流型对流体中的质量、热量传递将产生不同的影响。为此，工程设计上需事先判定流型。对于管内流动，实验表明流动的几何尺寸(管径 d)、流动的平均速度及流体性质(密度 ρ 和黏度 μ)对流型的转变有影响。雷诺发现，可以将这些影响因素综合成一个无量纲数群 $\rho du/\mu$ 作为流型的判据，此数群称为雷诺数，以符号 Re 表示。

雷诺指出：

(1) 当 $Re \leqslant 2000$ 时，必定出现层流，此为层流区。

(2) 当 $2000 < Re < 4000$ 时，有时出现层流，有时出现湍流，依赖于环境，此为过渡区。

(3) 当 $Re \geqslant 4000$ 时，一般都出现湍流，此为湍流区。

当 $Re \leqslant 2000$ 时，任何扰动只能暂时地使其偏离层流，一旦扰动消失，层流状态必将恢复，因此 $Re \leqslant 2000$ 时，层流是稳定的。

当 $Re > 2000$ 时，层流不再是稳定的，但是否出现湍流取决于外界的扰动。如果扰动很小，不足以使流型转变，则层流仍然能够存在。

当 $Re \geqslant 4000$ 时，微小的扰动就可以触发流型的转变，因而一般情况下总出现湍流。根据 Re 的数值将流动划为三个区：层流区、过渡区及湍流区，但只有两种流型。过渡区不是一种过渡的流型，它只表示在此区内可能出现层流也可能出现湍流，需视外界扰动而定。

1.3.3 圆管内层流流动速度分布及压降

在充分发展的水平管内对不可压缩流体的稳态流动做力的平衡计算，得到管内流动的剪应力和速度的分布规律。

1. 剪应力分布

由于圆管的轴对称性，圆管内各点速度只取决于径向位置。以管轴为中心，任取一半径为 r、长度为 $\mathrm{d}L$ 的圆盘微元，如图 1-15 所示，上下游圆盘端面处的压强分别为 p 和 $(p+\mathrm{d}p)$。

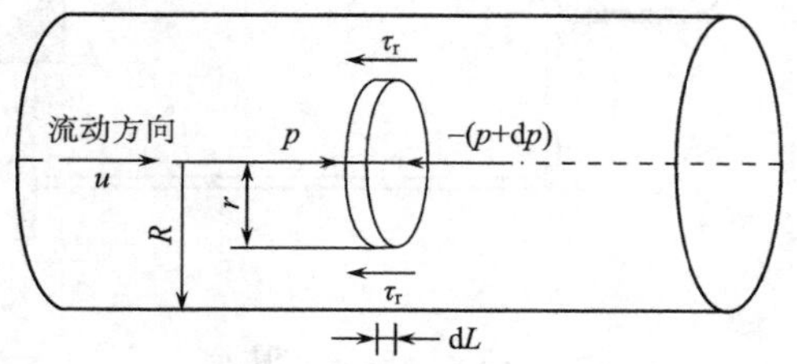

图 1-15　管内流动微元

在流动方向上，微元所受各力分别为

圆盘端面上的压力　　$F_1 = \pi r^2 p$，$F_2 = \pi r^2(p+\mathrm{d}p)$

外表面上的剪力　　$F = (2\pi r\mathrm{d}L)\tau_r$

由于流体在均匀直管内沿水平方向做匀速运动，各外力之和必为零，即

$$\pi r^2 p - \pi r^2 (p+\mathrm{d}p) - (2\pi r\mathrm{d}L)\tau_r = 0$$

简化此方程可得

$$\frac{\mathrm{d}p}{\mathrm{d}L}+\frac{2\tau_{\mathrm{r}}}{r}=0 \tag{1-29}$$

对于稳态流动，无论是层流还是湍流，任何管截面间的压差与 r 无关。当 $r=R$ 时，有

$$\frac{\mathrm{d}p}{\mathrm{d}L}+\frac{2\tau_{\mathrm{w}}}{R}=0 \tag{1-30}$$

式中，τ_{w} 为管内壁处的剪应力。由式(1-29)和式(1-30)可得

$$\tau_{\mathrm{r}}=\frac{\tau_{\mathrm{w}}}{R}r \tag{1-31}$$

当 $r=0$ 时，即管中心处由于轴对称，不存在速度梯度，所以 $\tau_{\mathrm{r}}=0$。

因此，剪应力 τ_{r} 和 r 成正比，在管中心 $r=0$ 处，$\tau_{\mathrm{r}}=0$; 在管壁 $r=R$ 处，τ_{r} 达到最大值 τ_{w}，如图 1-16 所示。由推导过程可知，剪应力分布与流体种类、层流和湍流无关，对层流流动、湍流流动以及牛顿流体与非牛顿流体都适用。

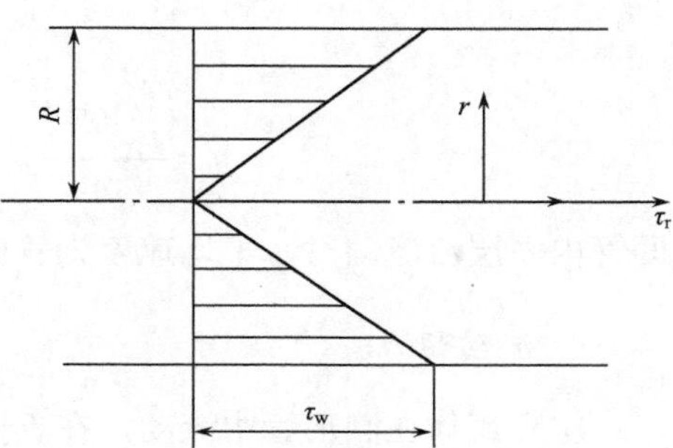

图 1-16 圆管内的剪应力分布

2. 速度分布

对于牛顿流体，层流流动时剪应力和速度梯度的关系服从牛顿黏性定律，将黏度的定义式 $\tau_{\mathrm{r}}=-\mu\frac{\mathrm{d}u_{\mathrm{r}}}{\mathrm{d}r}$ 代入式(1-31)，可得

$$\mathrm{d}u_{\mathrm{r}}=-\frac{\tau_{\mathrm{w}}}{\mu R}r\mathrm{d}r$$

利用管壁处流体速度为零的边界条件($r=R$，$u_{\mathrm{r}}=0$)，积分上式，可得圆管内层流速度分布为

$$u_{\mathrm{r}}=\frac{\tau_{\mathrm{w}}}{2\mu R}(R^2-r^2) \tag{1-32}$$

将管中心处 $r=0$，$u_{\mathrm{r}}=u_{\max}$ 代入上式，可得最大流速为

$$u_{\max}=\frac{\tau_{\mathrm{w}}}{2\mu R}R^2=\frac{\tau_{\mathrm{w}}R}{2\mu} \tag{1-33}$$

式(1-32)与式(1-33)相比可得

$$\frac{u_{\mathrm{r}}}{u_{\max}}=1-\left(\frac{r}{R}\right)^2 \tag{1-34}$$

式(1-34)表明，圆管截面层流时的速度分布为顶点在管中心的抛物线，如图 1-17 所示。

3. 平均速度

将式(1-34)代入平均速度的表达式中，可得

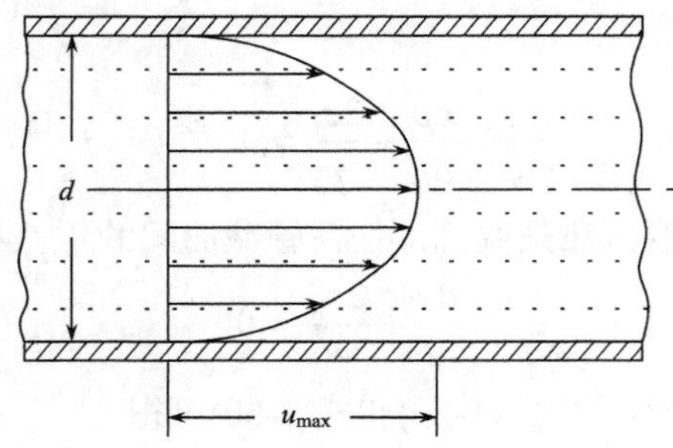

图 1-17　圆管内层流速度分布

$$u=\frac{\int_A u_r \mathrm{d}A}{A}=\frac{u_{max}\int_0^R\left[1-\left(\frac{r}{R}\right)^2\right]2\pi r\mathrm{d}r}{\pi R^2}=\frac{u_{max}}{2} \tag{1-35}$$

即管内做层流流动时，平均速度为管中心最大速度的一半。

4. 流动阻力

实际流体在圆形管中流动，在不同的位置截面压强会发生变化，上、下游截面的压强差称为压降。对式(1-30)进行积分，可得长度为 l 的水平直管段的压强降为

$$\Delta p=\frac{2\tau_w l}{R} \tag{1-36}$$

由式(1-33)可得最大剪应力的表达式

$$\tau_w=\frac{2\mu u_{max}}{R} \tag{1-37}$$

将其代入式(1-36)中，并利用 $u=0.5u_{max}$、$d=2R$ 可得

$$\Delta p=\frac{32\mu l u}{d^2} \tag{1-38}$$

式(1-38)称为哈根-泊肃叶(Hagen-Poiseuille)方程。它表达了层流时的流动阻力 Δp 与流速、流体黏度以及管道直径和流动距离之间的关系。

1.3.4　圆管内湍流流动速度分布及流动阻力

1. 湍流的基本特征

湍流的基本特征是出现了速度的脉动。流体在管内做湍流流动时，流体质点在沿管轴流动的同时还做随机的脉动，空间任一点的速度(包括方向及大小)都随时变化。如果测定管内某一点流速在 x 方向随时间的变化，可得如图 1-18 所示的波形。此波形表明在时间间隔 T 内，该点的瞬时流速 u_x 总在平均值 $\overline{u}_x$ 上下变动。平均值 $\overline{u}_x$ 是指在时间间隔 T 内流体质点经过点 i 的瞬时速度的平均值，称为时均速度，即

$$\overline{u}_x=\frac{1}{T}\int_0^T u_x\mathrm{d}t \tag{1-39}$$

在稳定流动系统中，这一时均速度不随时间而改变。由图 1-18 可知，实际的湍流流动是在一

个时均流动上叠加一个随机的脉动量。

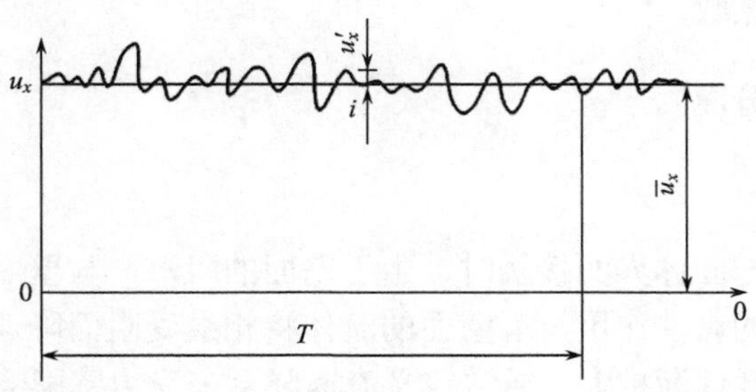

图 1-18　速度脉动曲线

层流时，流体只有轴向速度而无径向速度。然而，在湍流时出现了径向的脉动速度，虽然其时间平均值为零，但加速了径向的动量、热量和质量的传递。

2. 速度分布

湍流时的速度分布目前还不能完全利用理论推导求得。经实验方法得出湍流时圆管内速度分布曲线如图 1-19 所示。由于流体质点的径向脉动和混合，截面上的速度趋于均匀，当 *Re* 数值越大，速度分布曲线顶部越平坦，但靠管壁处的速度骤然下降，曲线较陡。由于湍流时截面速度分布比层流时均匀得多，因此平均流速比层流更接近管中心最大流速，约为最大流速的 80%，$u \approx 0.8u_{\max}$。

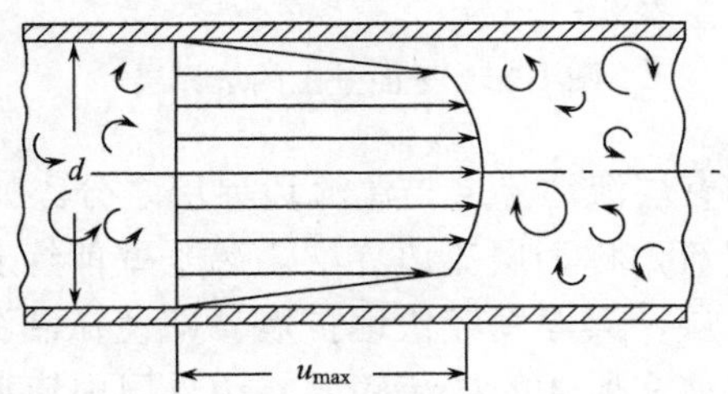

图 1-19　圆管内湍流速度分布

即使湍流时，管壁处的流体速度也等于零，而靠近管壁的流体仍做层流流动，这一流体薄层称为层流底层。管内流速越大，层流底层就越薄，流体黏度越大，层流底层就越厚。湍流主体与层流底层之间存在过渡层。

3. 流体在直管内的流动阻力

流体在直管内流动时，流型不同，流动阻力所遵循的规律也不相同。层流时，流动阻力是内摩擦力引起的。对于牛顿流体，内摩擦力大小服从牛顿黏性定律。湍流时，流动阻力除内摩擦力外，还由于流体质点的脉动产生了附加的阻力。因此，总的摩擦应力不再服从牛顿黏性定律，如果仍希望用牛顿黏性定律的形式表示，则应写成

$$\tau = (\mu + \mu_e)\frac{du}{dy} \tag{1-40}$$

式中，μ_e 称为涡流黏度，其单位与黏度 μ 的单位一致。涡流黏度不是流体的物理性质，而是与流体流动状况有关的系数。

1.3.5 边界层及边界层分离

1. 边界层

当流速均匀的流体与固体界面接触时，由于壁面的阻滞，与壁面直接接触的流体其速度立即降为零。由于流体的黏性作用，近壁面的流体将相继受阻而降速，随着流体沿壁面向前流动，流速受影响的区域逐渐扩大。通常定义流速降至未受边壁影响流速的99%以内的区域为边界层。简言之，边界层是边界影响所及的区域。

流体沿平壁流动时的边界层示于图1-20。在边界层内存在速度梯度，因而必须考虑黏度的影响。而在边界层外，速度梯度小到可以忽略，则无需考虑黏度的影响。这样在研究实际流体沿着固体界面流动的问题时，只要集中于边界层内的流动即可。

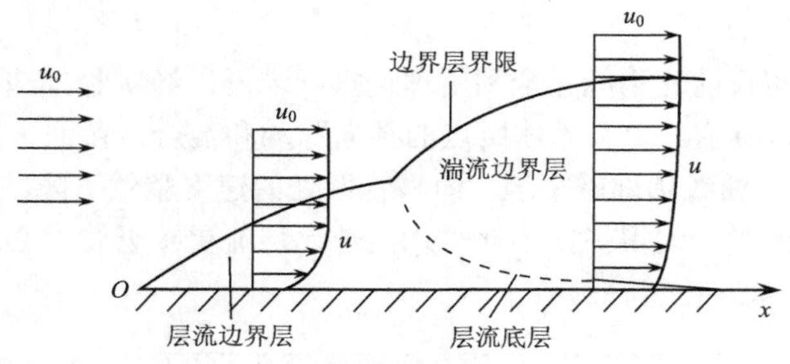

图1-20 平面壁上的边界层

边界层按其中的流型仍有层流边界层与湍流边界层之分。如图1-20所示，在壁面的前一段，边界层内的流型为层流，称为层流边界层。离平壁前缘若干距离后，边界层内的流型转为湍流，称为湍流边界层，其厚度较快地扩展。即使在湍流边界层内，近壁处仍有一薄层，其流型仍为层流，即前文所述的层流底层。边界层内流型的变化与 Re 有关，此时 Re 定义为

$$Re = \frac{\rho u_0 x}{\mu} \tag{1-41}$$

式中，x 为离平壁前缘的距离。

对于管流，只在进口附近一段距离内(入口段)有边界层内外之分。经此段距离后，边界层扩大到管中心，如图1-21所示。在汇合处，若边界层内流动是层流，则以后的管流为层流，若在汇合点之前边界层流动已发展成湍流，则以后的管流为湍流。在入口段 L_0 内，速度分布沿管长不断变化，至汇合点处速度分布才发展为管流的速度分布。入口段中因未形成确定的速度分布，当进行传热、传质时，其规律与一般管流有所不同。

边界层的划分对许多工程问题有重要的意义。虽然对管流来说，由于整个截面都属边界层，没有划分边界层的必要，但是当流体在大空间中对某个物体做绕流时，边界层的划分就显示出它的重要性。

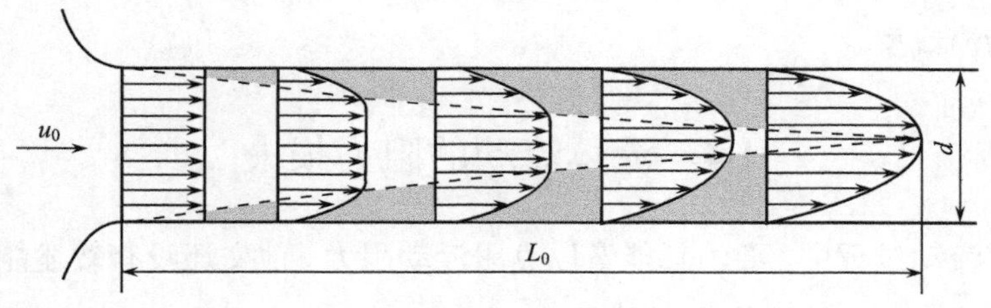

图 1-21 平面壁的边界层

2. 边界层的分离现象

如果在流速均匀的流体中放置的不是平板，而是其他具有大曲率的物体，如球体或圆柱体，则边界层的情况明显不同。用一个典型的实例考察流体对圆柱体的绕流，见图 1-22。

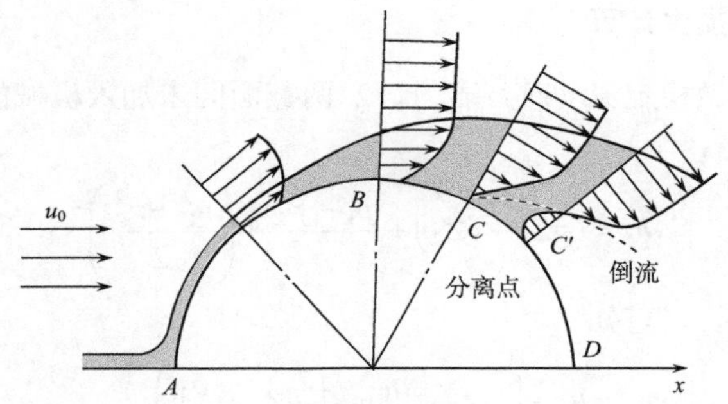

图 1-22 流体对圆柱体的绕流

当匀速流体绕过圆柱体时，首先在前缘 A 点形成驻点，动能全部转化为静压能，该处压强最大。当流体自驻点向两侧流去时，由于圆柱面的阻滞作用，便形成了边界层。随着流动距离的增加，阻滞作用不断向垂直于流动的方向传播，因此边界层不断地增厚。液体自 A 点流至 B 点，即流经圆柱前半部分时，流道逐渐缩小，在流动方向上的压强梯度为负(或称顺压强梯度)，边界层中流体处于加速减压状态。但流过 B 点以后，由于流道逐渐扩大，边界层内流体处在减速加压之下。此时，在剪应力消耗动能和逆压强梯度的阻碍双重作用下，壁面附近的流体速度将迅速下降，最终在 C 点处流速降为零。离壁稍远的流体质点因具有较大的速度和动能，故可流过较长的途径至 C'点处速度才降为零。若将流体中速度为零的各点连成一线，如图中 C-C' 的虚线所示，该线与边界层上缘之间的区域即成为脱离了物体的边界层。这一现象称为边界层的分离或脱体。

在 C-C' 线以下，流体在逆压强梯度推动下倒流。在柱体的后部产生大量旋涡(也称尾流)，造成机械能损耗，表现为流体的阻力损失增大。由上述可知：

(1) 流道扩大时必造成逆压强梯度。

(2) 逆压强梯度易造成边界层的分离。

(3) 边界层分离造成大量旋涡，大大增加机械能消耗。

这种能量损失是由固体表面的形状及压力在其表面分布不均造成的，故称为形体阻力。工程上为了减小边界层分离造成的流体能量损失，常将物体做成流线型，如飞机的机翼、轮船的船体等均为流线型。

1.4 流体流动的阻力损失

实际流体在流动过程中，要消耗能量以克服流动阻力。前文还没有叙述能量损失 $\sum h_f$ 的具体计算，因此流体阻力的计算颇为重要。

管路系统主要由直管和管件组成。管件包括弯头、三通、短管、阀门等。无论直管还是管件都对流动有一定的阻力，消耗一定的机械能。直管造成的机械能损失称为直管阻力损失(或称沿程阻力损失)，是由流体内摩擦产生的。管件造成的机械能损失称为局部力损失，主要是流体流经管件、阀门及管截面的突然扩大或缩小等局部地方引起的。在运用伯努利方程时，应先分别计算直管阻力和局部阻力损失的数值，然后进行加和得到总阻力损失。

1.4.1 层流时直管阻力损失计算

流体在均匀直管中做稳定流动时，若 1、2 两截面间未加入机械能，由伯努利方程可知流体的阻力损失为

$$h_f = (gZ_1 - gZ_2) + \frac{p_1 - p_2}{\rho} + \left(\frac{u_1^2 - u_2^2}{2}\right) \tag{1-42}$$

对于均匀直管 $u_1 = u_2$，可知

$$h_f = \left(gZ_1 + \frac{p_1}{\rho}\right) - \left(gZ_2 + \frac{p_2}{\rho}\right) \tag{1-43}$$

即阻力损失表现为流体势能的降低，即 $\Delta E_p / \rho$。若为水平管路 $Z_1 = Z_2$，只要测出两截面上的静压能，就可以知道两截面间的能量损失

$$h_f = \frac{p_1 - p_2}{\rho}$$

将哈根-泊肃叶方程[式(1-38)]代入上式，则能量损失为

$$h_f = \frac{\Delta p}{\rho} = \frac{32\mu lu}{\rho d^2} \tag{1-44}$$

将式(1-44)改写为直管能量损失计算的一般方程：

$$h_f = \frac{64}{\dfrac{du\rho}{\mu}}\left(\frac{l}{d}\right)\left(\frac{u^2}{2}\right) \tag{1-45}$$

令

$$\lambda = \frac{64}{Re}$$

则

$$h_f = \lambda \frac{l}{d}\frac{u^2}{2} \tag{1-46}$$

式(1-46)是直管阻力损失的计算通式，称为范宁(Fanning)公式，对于层流和湍流均适用。其中，λ 称为摩擦系数，层流时，$\lambda = \dfrac{64}{Re}$。

1.4.2　湍流时直管阻力损失计算

湍流时由于情况复杂得多，未能得出摩擦系数 λ 的理论计算式，但可以通过实验研究，获得经验的计算式。这种实验研究方法是化工中常用的方法。

1. 管壁粗糙度对 λ 的影响

管壁粗糙面凸出部分的平均高度称为绝对粗糙度，以 ε 表示。绝对粗糙度与管内径 d 的比值 ε/d 称为相对粗糙度。表 1-1 列出某些工业管道的绝对粗糙度。

表 1-1　某些工业管道的绝对粗糙度

	管道类别	绝对粗糙度 ε/mm
金属管	无缝黄铜管、铜管及铝管	0.01～0.05
	新的无缝钢管或镀锌铁管	0.1～0.2
	新的铸铁管	0.3
	只有轻度腐蚀的无缝钢管	0.2～0.3
	只有显著腐蚀的无缝钢管	0.5 以上
	旧的铸铁管	0.5 以上
非金属管	干净玻璃管	0.0015～0.01
	橡胶软管	0.01～0.03
	木管道	0.025～1.25
	陶土排水管	0.045～6.0
	很好整平的水泥管	0.33
	石棉水泥管	0.03～0.8

层流流动时，管壁上凹凸不平的地方都被平稳流动的流体层所覆盖，由于流体流速较慢，对管壁凸出部分几乎无碰撞作用，因此粗糙度对 λ 值无影响。

湍流流动时，靠近壁面处存在厚度为 δ_b 的层流底层，当 Re 较小时，层流底层的厚度 δ_b 大于壁面的绝对粗糙度 ε，管壁粗糙度对 λ 值也无影响，流体如同流过光滑管壁($\varepsilon = 0$)，这种情况称为光滑管流动，如图 1-23(a)所示。随着 Re 值增加，层流底层的厚度变薄，当管壁凸出处部分地暴露在层流底层之外的湍流区域时，如图 1-23(b)所示，流动的流体冲击凸起处时，引起旋涡，使能量损失增大。Re 一定时，管壁粗糙度越大，能量损失也越大。当 Re 增大到一定程度，层流底层薄得足以使表面的凸起完全暴露在湍流主体中，则流动称为完全湍流。

实验研究的基本步骤如下：

(1) 析因实验——寻找影响过程的主要因素。对所研究的过程做初步的实验和经验的归纳，尽可能列出影响过程的主要因素。

对于湍流时直管阻力损失 h_f，经分析和初步实验获知各个影响因素如下。

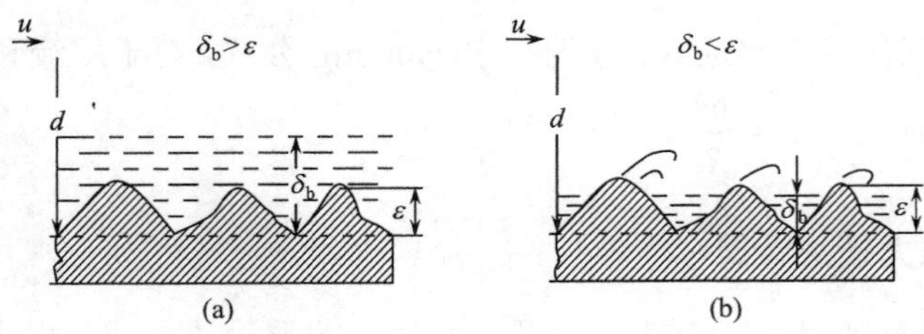

图 1-23 流体流过管壁面的情况

流体性质：密度 ρ、黏度 μ；

流动的几何尺寸：管径 d、管长 l、管壁粗糙度 ε(管内壁表面高低不平)；

流动条件：流速 u。

于是待求的关系式应为

$$h_f = f(d,l,\mu,\rho,u,\varepsilon) \tag{1-47}$$

(2) 规划实验——减少实验工作量。依靠实验方法求取上述关系时需要多次改变一个自变量的数值，测取 h_f 的值而其他自变量保持不变。这样，自变量个数越多，所需的实验次数急剧增加。为减少实验工作量，需要在实验前进行规划，包括应用正交设计法、量纲分析法等，以尽可能减少实验次数。量纲分析法是通过将变量组合成无量纲数群，从而减少实验自变量的个数，大幅度地减少实验次数，因此在化工中广为应用。

量纲分析法的基础是：任何物理方程的等式两边或方程中的每一项均具有相同的量纲，称为量纲和谐或量纲的一致性。从这一基本点出发，任何物理方程都可以转化成无量纲形式。以层流时的阻力损失计算式为例，不难看出，式(1-47)可以写成如下形式：

$$\left(\frac{h_f}{u^2}\right) = 32\left(\frac{l}{d}\right)\left(\frac{\mu}{du\rho}\right) \tag{1-48}$$

式中每项都为无量纲项，称为无量纲数群。

换言之，未做无量纲处理前，层流时阻力的函数形式为

$$h_f = f(d,l,\mu,\rho,u) \tag{1-49}$$

做无量纲处理后，可写成

$$\left(\frac{h_f}{u^2}\right) = \varphi\left(\frac{du\rho}{\mu},\frac{l}{d}\right) \tag{1-50}$$

对照式(1-47)与式(1-48)不难推测，湍流时的式(1-47)也可写成如下的无量纲形式：

$$\left(\frac{h_f}{u^2}\right) = \varphi\left(\frac{du\rho}{\mu},\frac{l}{d},\frac{\varepsilon}{d}\right) \tag{1-51}$$

式中，$\dfrac{du\rho}{\mu}$ 即为雷诺数 Re；$\dfrac{\varepsilon}{d}$ 为相对粗糙度。

比较式(1-47)与式(1-51)可以看出，经变量组合和无量纲化后，自变量数目由原来的 6 个减少到 3 个。这样进行实验时无需一个个地改变原式中的 6 个自变量，而只要逐个地改变 Re、l/d 和 ε/d 即可。显然，所需实验次数将大大减少，避免了大量的实验工作量。

尤其重要的是，若按式(1-47)进行实验时，为改变 ρ 和 μ，实验中必须换多种液体；为

改变 d，必须改变实验装置。而应用量纲分析所得的式(1-51)指导实验时，要改变 $du\rho/\mu$ 只需改变流速；要改变 l/d 只需改变测量段的距离，即两测压点的距离。这是一个极为重要的特性，从而可以将水、空气等的实验结果推广应用于其他流体，将小尺寸模型的实验结果应用于大型装置。

(3) 数据处理。化学工程中通常以幂函数逼近待求函数，如式(1-51)可写成如下形式：

$$\left(\frac{h_{\mathrm{f}}}{u^2}\right)=K\left(\frac{du\rho}{\mu}\right)^{n_1}\left(\frac{\varepsilon}{d}\right)^{n_2}\left(\frac{l}{d}\right)^{n_3} \tag{1-52}$$

写成式(1-52)后，实验的任务就简化为确定参数 K、n_1、n_2 和 n_3。

(4) 采用线性方法确定参数。幂函数很容易转化成线性。将式(1-52)两端取对数，得

$$\lg\left(\frac{h_{\mathrm{f}}}{u^2}\right)=\lg K+n_1\lg\left(\frac{du\rho}{\mu}\right)+n_2\lg\left(\frac{\varepsilon}{d}\right)+n_3\lg\left(\frac{l}{d}\right) \tag{1-53}$$

在 ε/d 和 l/d 固定的条件下，将 h_{f}/u^2 和 $du\rho/\mu$ 的实验值在双对数坐标纸上标绘，若所得为一直线，则证明待求函数可以用幂函数逼近，该直线的斜率即为 n_1。同样，可以确定 n_2 和 n_3 的数值。常数 K 可由直线的截距求出。

如果标绘的不是一条直线，表明在实验的范围内幂函数不适用。但是仍然可以分段近似地取为直线，即以一条折线近似地代替曲线。对于每一个折线段，幂函数仍可适用。

因此，对于无法用理论解析方法解决的问题，可以通过上述四个步骤利用实验予以解决。

2. 量纲分析法

量纲分析法的基础是量纲一致性，即任何物理方程的等式两边不仅数值相等，量纲也必须相等。量纲分析法的基本定理是 π 定理：设影响该现象的物理量数为 n 个，这些物理量的基本量纲数为 m 个，则该物理现象可用 $N=n-m$ 个独立的无量纲数群关系式表示，这类无量纲数群称为准数。

由式(1-47)可知湍流时直管内摩擦阻力的关系式为

$$\Delta p=f(d,l,u,\rho,\mu,\varepsilon)$$

这 7 个物理量的量纲分别为

$$[p]=M\theta^{-2}L^{-1}，[\varepsilon]=L，[d]=L，[\rho]=ML^{-3}，[l]=L，[\mu]=M\theta^{-1}L^{-1}，[u]=L\theta^{-1}$$

其中，共有 M、θ、L 三个基本量纲。根据 π 定理，无量纲数群 $N=7-3=4$。

将式(1-47)写成幂函数形式

$$\Delta p=Kd^a l^b u^c \rho^d \mu^e \varepsilon^f \tag{1-54}$$

式中，系数 K 及各指数 a、b、…都待定。

将各物理量的量纲代入式(1-54)，得

$$ML^{-1}\theta^{-2}=L^aL^b\left(L\theta^{-1}\right)^c\left(ML^{-3}\right)^d\left(ML^{-1}\theta^{-1}\right)^eL^f$$

即

$$ML^{-1}\theta^{-2}=M^{d+e}L^{a+b+c-3d-e+f}\theta^{-c-e}$$

根据量纲一致性原则，得

对于 M $\qquad d+e=1$

对于 L $\qquad a+b+c-3d-e+f=-1$

对于 θ $\qquad -c-e=-2$

上面三个方程有 6 个未知数，自然不可能解出各未知数。为此，只能把其中三个表示为另三个的函数，将 a、c、d 表示为 b、e、f 的函数，则联立解得

$$a=-b-e-f$$

$$c=2-e$$

$$d=1-e$$

将 a、c、d 值代入式(1-54)，得

$$\Delta p=Kd^{-b-e-f}l^{b}u^{2-e}\rho^{1-e}\mu^{e}\varepsilon^{f}$$

将指数相同的物理量合并，即得

$$\frac{\Delta p}{\rho u^2}=K\left(\frac{l}{d}\right)^{b}\left(\frac{du\rho}{\mu}\right)^{-e}\left(\frac{\varepsilon}{d}\right)^{f} \tag{1-55}$$

通过量纲分析法，由函数式(1-54)变成无量纲数群式(1-55)时，变量数减少了 3 个，从而简化了实验。$\Delta p/\rho u^2$ 称为欧拉数 Eu，它是机械能损失和动能之比。

3. 湍流直管阻力损失的经验式

对于均匀水平直管，从实验得知 Δp 与 l 成正比，故式(1-55)可写成如下形式：

$$\frac{\Delta p}{\rho}=2K\varphi\left(Re,\frac{\varepsilon}{d}\right)\left(\frac{l}{d}\right)\left(\frac{u^2}{2}\right) \tag{1-56}$$

或

$$h_{\mathrm{f}}=\frac{\Delta p}{\rho}=\varphi\left(Re,\frac{\varepsilon}{d}\right)\left(\frac{l}{d}\right)\left(\frac{u^2}{2}\right)=\lambda\frac{l}{d}\frac{u^2}{2} \tag{1-57}$$

式(1-57)即式(1-46)，对于湍流

$$\lambda=\varphi\left(Re,\frac{\varepsilon}{d}\right) \tag{1-58}$$

λ 与 Re 和 ε/d 的关系由实验确定，其结果可绘制成图或表示成函数的形式。有了摩擦系数 λ 的数值，湍流流动直管阻力损失也可以通过式(1-57)范宁公式进行计算。

4. 摩擦系数 λ

摩擦系数 λ 与雷诺数 Re 和相对粗糙度 ε/d 的关系如图 1-24[穆迪(Moody)图]所示，该图为双对数坐标图。为了使用方便，层流时的 $\lambda=64/Re$ 一并绘在图中。图 1-24 可以分为四个区域：

(1) 层流区：$Re\leqslant 2000$。λ 与管壁粗糙度无关，表达式为 $\lambda=64/Re$，λ 随 Re 直线下降。此时，阻力损失与流速的一次方成正比。

(2) 过渡区：$2000<Re<4000$。管内流动类型不稳定，因环境而异，摩擦系数波动。工程上为安全起见，常作为湍流处理，一般将湍流时的曲线延伸来查取 λ 的数值。

(3) 湍流区：$Re \geqslant 4000$ 及虚线以下的区域。λ 与 Re 及 ε/d 都有关。当 ε/d 一定时，λ 随 Re 增大而减小，Re 增至某一数值后 λ 值下降缓慢，当 Re 一定时，λ 随 ε/d 增加而增大。

(4) 完全湍流区：穆迪图中虚线以上的区域。此区内各 λ-Re 曲线趋于水平，即 λ 与 ε/d 有关，而与 Re 无关。在一定的管路中，由于 ε/d 和 l/d 是确定的，λ 是常数，由式(1-57)可知 h_f 与 u^2 成正比，所以此区又称阻力平方区。相对粗糙度 ε/d 越大的管道，达到阻力平方区的 Re 值越低。

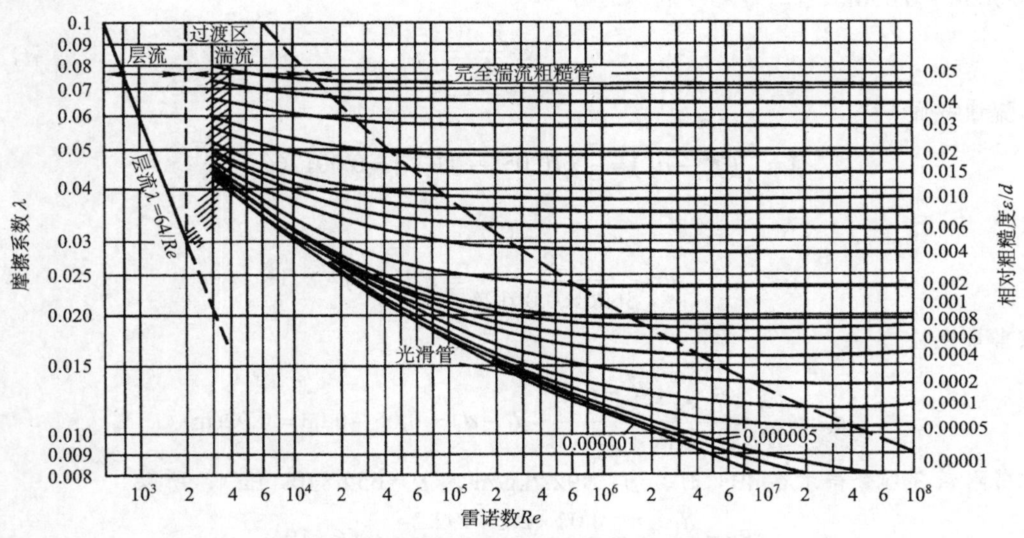

图 1-24　摩擦系数与雷诺数及相对粗糙度的关系

5. 流体在非圆形直管内的流动阻力

前面讨论的都是圆管内的阻力损失，实验证明，对于非圆形管(如方形管、套管环隙等)内的湍流流动，如采用下面定义的当量直径 d_e 代替圆管直径，其阻力损失仍可按式(1-57)和图 1-24 进行计算。

当量直径是流体流经管路截面积 A 的 4 倍除以湿润周边长度(管壁与流体接触的周边长度) Π，即

$$d_e = \frac{4A}{\Pi} \tag{1-59}$$

在层流情况下，采用当量直径计算阻力时，应将 $\lambda = 64/Re$ 的关系加以修正为

$$\lambda = \frac{C}{Re} \tag{1-60}$$

式中，C 为无量纲常数，一些非圆形管的常数 C 值见表 1-2。

表 1-2　某些非圆形管的常数 C 值

非圆形管的截面形状	正方形	等边三角形	环形	长方形 长：宽 ＝2：1	长方形 长：宽 ＝4：1
常数 C	57	53	96	62	73

应当指出，不能用当量直径计算流体通过的截面积、流速和流量。

【例 1-8】 一套管换热器，其内管与外管均为光滑管，直径分别为 $\phi 30\text{mm}\times 2.5\text{mm}$ 与 $\phi 56\text{mm}\times 3\text{mm}$。平均温度为 40℃的水以每小时 10m^3 的流量流过套管的环隙。试估算水通过环隙时每米管长的压强降。

解 设套管的外管内径为 d_1，内管的外径为 d_2，则 $d_1 = 56 - 3\times 2 = 50(\text{mm}) = 0.05(\text{m})$，$d_2 = 30\text{mm} = 0.03\text{m}$。水通过环隙的流速为

$$u = \frac{V_s}{A}$$

水的流通截面

$$A = \frac{\pi}{4}(d_1^2 - d_2^2) = \frac{\pi}{4}\times(0.05^2 - 0.03^2) = 0.00126(\text{m}^2)$$

所以

$$u = \frac{10}{3600\times 0.00126} = 2.2(\text{m/s})$$

环隙当量直径

$$d_e = \frac{4A}{\Pi} = \frac{4\times\frac{\pi}{4}(d_1^2 - d_2^2)}{\pi(d_1 + d_2)} = d_1 - d_2 = 0.05 - 0.03 = 0.02(\text{m})$$

由本书附录 3 可查得水在 40℃时，$\rho \approx 992.2\text{kg/m}^3$，$\mu = 65.6\times 10^{-5}\ \text{Pa·s}$，所以

$$Re = \frac{d_e u \rho}{\mu} = \frac{0.02\times 2.2\times 992.2}{65.6\times 10^{-5}} = 6.66\times 10^4$$

从计算结果可知流体流动属于湍流。从图 1-24 中光滑管的曲线上查得相应的摩擦系数 $\lambda = 0.0196$。

因此，水通过环隙时每米管长的压强降为

$$\frac{\Delta p_f}{l} = \frac{\lambda}{d_e}\frac{\rho u^2}{2} = \frac{0.0196}{0.02}\times\frac{992.2\times 2.2^2}{2} = 2353(\text{Pa/m})$$

1.4.3 局部阻力损失

化工管路中使用的管件种类繁多，常见的管件如表 1-3 所列。

表 1-3 管件和阀件的局部阻力系数 ζ 值

管件和阀件名称	ζ 值							
标准弯头	45°，$\zeta = 0.35$					90°，$\zeta = 0.75$		
90°方形弯头	1.3							
180°回弯头	1.5							
活管接	0.4							
弯管（R、d、φ）		30°	40°	60°	75°	90°	105°	120°
	1.5	0.08	0.11	0.14	0.16	0.175	0.19	0.20
	2.0	0.07	0.10	0.12	0.14	0.15	0.16	0.17

续表

管件和阀件名称	ζ值										
突然扩大	$\zeta=(1-A_1/A_2)^2\ \ h_f=\zeta u_1^2/2$										
	A_1/A_2	0	0.1	0.2	0.3	0.4	0.5	0.6	0.7	0.8	0.9	1.0
	ζ	1	0.81	0.64	0.49	0.36	0.25	0.16	0.09	0.04	0.01	0
突然缩小	$\zeta=0.5(1-A_2/A_1)\ \ h_f=\zeta u_2^2/2$										
	A_2/A_1	0	0.1	0.2	0.3	0.4	0.5	0.6	0.7	0.8	0.9	1.0
	ζ	0.5	0.45	0.40	0.35	0.30	0.25	0.20	0.15	0.10	0.05	0
流入大容器的出口	ζ=1(用管中流速)										
入管口(容器→管)	ζ=0.5										
水泵进口	没有底阀	2～3									
	有底阀	d/mm	40	50	75	100	150	200	250	300	
		ζ	12	10	8.5	7.0	6.0	5.2	4.4	3.7	
闸阀	全开	3/4 开	1/2 开	1/4 开							
	0.17	0.9	4.5	24							
标准截止阀(球心阀)	全开 $\zeta=6.4$	1/2 开 $\zeta=9.5$									
蝶阀	α	5°	10°	20°	30°	40°	45°	50°	60°	70°	
	ζ	0.24	0.52	1.54	3.91	10.8	18.7	30.6	118	751	
旋塞	θ	5°	10°	20°	40°	60°					
	ζ	0.05	0.29	1.56	17.3	206					
角阀(90°)	5										
单向阀	摇板式 $\zeta=2$	球形单向阀 $\zeta=70$									
水表(盘形)	7										

各种管件都会产生阻力损失。与直管阻力的沿程均匀分布不同，这种阻力损失集中在管件所在处，因而称为局部阻力损失。流体流经阀门、弯头和三通等管件时，流道的急剧变化使流体边界层分离，产生的大量旋涡消耗了机械能。

下面以管路直径突然扩大或缩小来说明。流道突然扩大，下游压强上升，流体在逆压强梯度下流动极易发生边界层分离而产生旋涡，如图 1-25(a)所示。流道突然缩小时，如图 1-25(b)所示，流体在顺压强梯度下流动，不会发生边界层脱体现象。因此，收缩部分不发生明显的阻力损失，但流体有惯性，流道将继续收缩至 *A-A* 面，然后流道重新又扩大。这时，流体转而在逆压强梯度下流动，也就产生边界层分离和旋涡。其他管件，如各种阀门都会由于流道的急剧改变而发生类似现象，造成局部阻力损失。

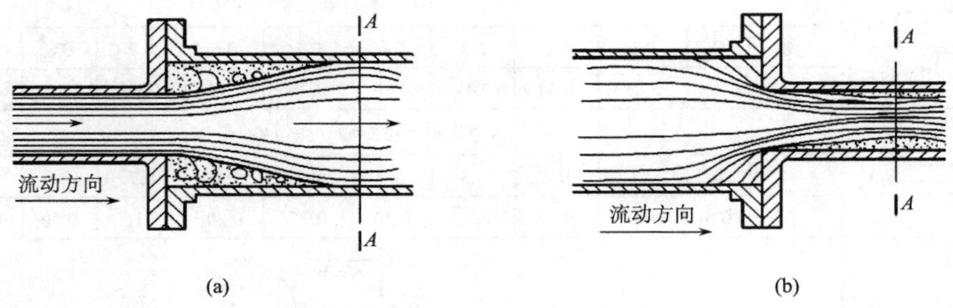

图 1-25 流道的突然扩大(a)和突然缩小(b)

局部阻力损失的计算有两种近似的方法：阻力系数法及当量长度法。

1. 阻力系数法

近似认为局部阻力损失服从平方定律，即

$$h_f = \zeta \frac{u^2}{2} \tag{1-61}$$

式中，常用管件的 ζ 值可在表 1-3 中查得。

2. 当量长度法

近似认为局部阻力损失可以相当于某个长度的直管的损失，即

$$h_f = \lambda \frac{l_e}{d} \frac{u^2}{2} \tag{1-62}$$

式中，l_e 为管件及阀件的当量长度，由实验测得常用管件及阀件的值可在图 1-26 中查得。

必须注意，对于扩大和缩小，式(1-61)和式(1-62)中的 u 是用小管截面的平均速度。

显然，式(1-61)与式(1-62)两种计算方法所得结果不一致，它们都是近似的估算值。实际应用时，长距离输送以直管阻力损失为主，车间管路则往往以局部阻力损失为主。

【例 1-9】 料液自高位槽流入精馏塔，如本题附图所示。塔内压强为 19.6kPa(表压)，输送管道为 ϕ36mm×2mm 无缝钢管，管长 8m。管路中装有 90°标准弯头两个，180°回弯头一个，球心阀(全开)一个。为使料液以 3m^3/h 的流量流入塔中，高位槽应安置为多高(位差 Z 应为多少米)？料液在操作温度下的物性：密度 $\rho = 861\text{kg/m}^3$；黏度 $\mu = 0.643\times10^{-3}\text{Pa·s}$。

解 取管出口处的水平面作为基准面。在高位槽液面 1-1 与管出口内侧截面 2-2 间列伯努利方程：

$$gZ_1 + \frac{p_1}{\rho} + \frac{u_1^2}{2} = gZ_2 + \frac{p_2}{\rho} + \frac{u_2^2}{2} + \sum h_f$$

式中，$Z_1 = Z$，$Z_2 = 0$，$p_1 = 0$(表压)，$u_1 \approx 0$，$p_2 = 1.96\times10^4\text{Pa}$。

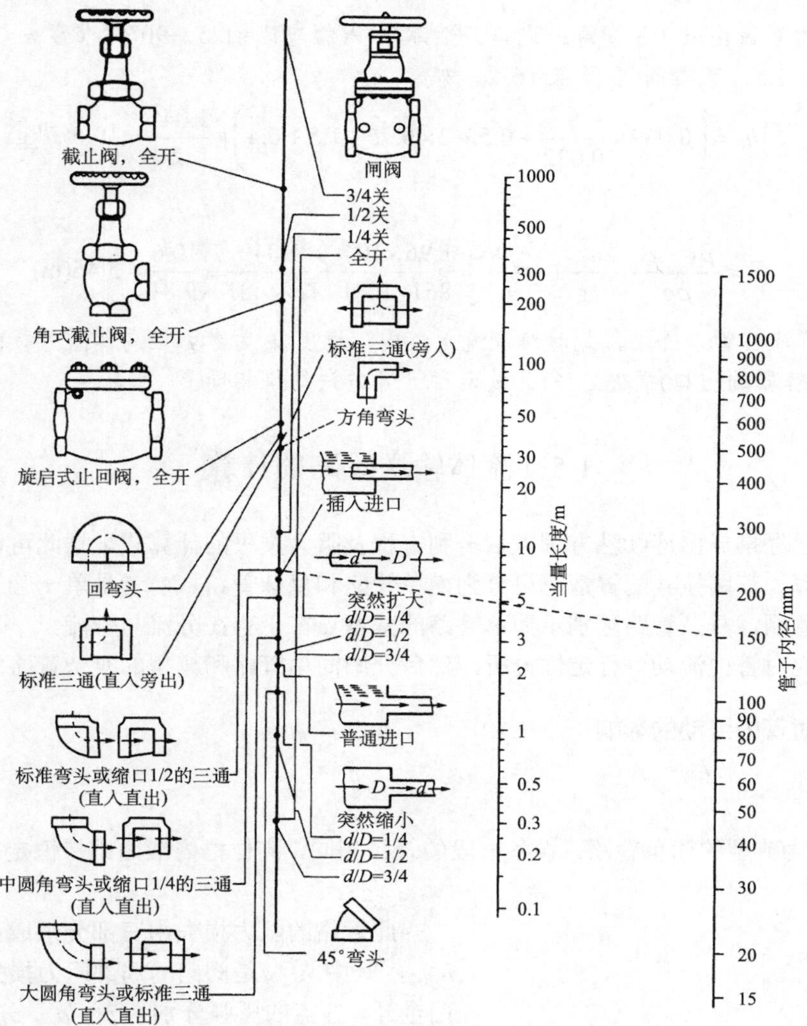

图 1-26　管件和阀门的当量长度共线图

$$u_2 = V_s / \frac{\pi}{4} d_2 = \frac{\frac{3}{3600}}{0.785 \times 0.032^2} = 1.04(\text{m/s})$$

阻力损失：

$$\sum h_f = \left(\lambda \frac{l}{d} + \zeta\right) \frac{u^2}{2}$$

取管壁绝对粗糙度 $\varepsilon = 0.3\text{mm}$，则

$$\frac{\varepsilon}{d} = \frac{0.3}{32} = 0.00938$$

$$Re = \frac{du\rho}{\mu} = \frac{0.032 \times 1.04 \times 861}{0.643 \times 10^{-3}} = 4.46 \times 10^4 (\text{湍流})$$

由图 1-24 查得 $\lambda = 0.039$。

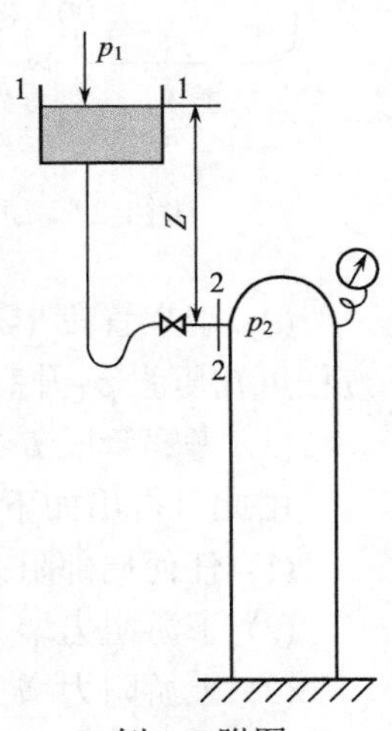

例 1-9 附图

局部阻力系数由表 1-3 查得：进口突然缩小(入管口)$\zeta = 0.5$，90°标准弯头 $\zeta = 0.75$，180°标准弯头 $\zeta = 1.5$，球心阀(全开)$\zeta = 6.4$，故

$$\sum h_f = \left(0.039 \times \frac{8}{0.032} + 0.5 + 2 \times 0.75 + 1.5 + 6.4\right) \times \frac{1.04^2}{2} = 10.6(\text{J/kg})$$

所求位差

$$Z = \frac{p_2 - p_1}{\rho g} + \frac{u_2^2}{2g} + \frac{\sum h_f}{g} = \frac{1.96 \times 10^4}{861 \times 9.81} + \frac{1.04^2}{2 \times 9.81} + \frac{10.6}{9.81} = 3.46(\text{m})$$

截面 2-2 也可取在管口外端，此时料液流入塔内，速度 u_2 为零。但局部阻力损失应计入突然扩大(流入大容器的出口)损失 $\zeta = 1$，故两种计算方法结果相同。

1.5　流体输送管路的计算

前几节已经推导出连续性方程、伯努利方程及阻力损失的计算式，据此可以进行流体输送管路的计算。管路按其配置情况可分为简单管路和复杂管路。前者是单一管线，后者则包括最复杂的管网。复杂管路区别于简单管路的基本点在于存在分流与合流。

本节首先对管内流动进行定性分析，然后介绍简单管路和典型的复杂管路的计算过程。

1.5.1　阻力对管内流动的影响

1. 简单管路

图 1-27 为典型的简单管路。设各管段的管径相同，高位槽内液面维持恒定，液体做稳定流动。

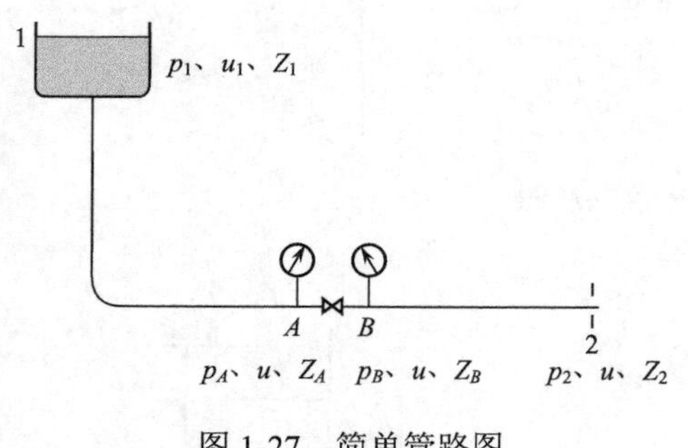

图 1-27　简单管路图

此管路的阻力损失由三部分组成：$h_{f1\text{-}A}$、$h_{fA\text{-}B}$、$h_{fB\text{-}2}$，其中 $h_{fA\text{-}B}$ 是阀门的局部阻力损失。设初始阀门全开，各点的压强分别为 p_1、p_A、p_B 及 p_2，A、B、2 各点位高相等，即 $Z_A = Z_B = Z_2$，又因管径相同，各管段内的流速 u 也相等。

现将阀门由全开转为半开，上述各处的流动参数发生如下变化：

(1) 阀门关小，阀门的阻力系数 ζ 增大，$h_{fA\text{-}B}$ 增大，管内各处的流速随之减小。

(2) 观察管段 1-A 之间，流速降低，使直管阻力 $h_{f1\text{-}A}$ 变小，因 A 点高度未变，从伯努利方程可知压强 p_A 升高。

(3) 考察管段 B-2 之间，流速降低使 $h_{fB\text{-}2}$ 变小，同理 p_B 降低。

由此可得出如下结论：

(1) 任何局部阻力系数的增加将使管内各处的流速下降。

(2) 下游阻力增大将使上游压强上升。

(3) 上游阻力增大将使下游压强下降。

2. 分支管路

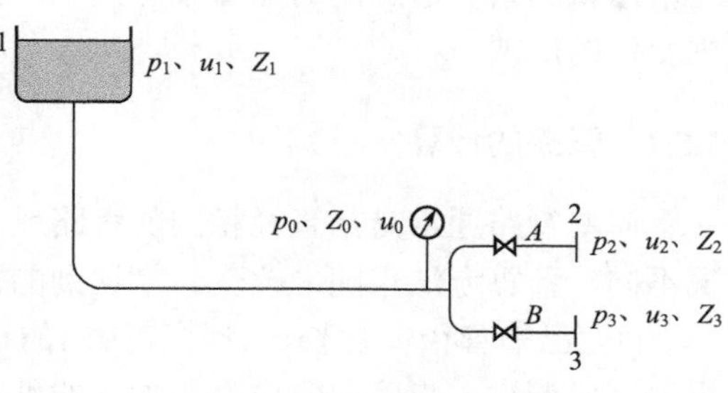

图1-28 分支管路图

考察流体由一条总管分流至两支管的分支管路的情况，在阀门全开时各处的流动参数如图1-28所示。

现将某一支管的阀门(如阀 A)关小，ζ_A 增大，则：

(1) 在截面0-0与2-2之间，$h_{f0\text{-}2}$ 增大，u_2 下降，Z_0 不变，而 p_0 上升。

(2) 在截面0-0与3-3之间，p_0 的上升使 u_3 增加。

(3) 在截面1-1与0-0之间，p_0 的上升使 u_0 下降。

由此可知，关小某支管阀门，该支管流量下降，与之平行的其他支管内流量则上升，但总的流量还是减少了。

上述为一般情况。但需注意下列两种极端情况：

(1) 总管阻力可以忽略，以支管阻力为主。此时 u_0 很小，故 $h_{f1\text{-}0}\approx 0$，$(p_1+\rho gZ_1)\approx(p_0+\rho gZ_0)$，即 p_0 接近于一常数，关小阀 A 仅使该支管的流量发生变化，而对支管 B 的流量几乎没有影响，即任一支管情况的改变不致影响其他支管的流量。显然，城市供水、煤气管线的铺设应尽可能属于这种情况。

(2) 以总管阻力为主，支管阻力可以忽略。此时 p_0 与 p_2、p_3 相近，总管中的总流量将不因支管情况而变。阀 A 的启闭不影响总流量，仅改变了各支管间的流量分配。显然，这是城市供水管路不希望出现的情况。

3. 汇合管路

设下游阀门全开时两高位槽中的流体流至0点汇合，如图1-29所示。关小阀门，u_3 下降，0点的压强升高，虚拟压强 E_{p0} 升高，因为1、2截面的虚拟压强一定，这样 u_1 与 u_2 同时下降。又因 $E_{p1}>E_{p2}$，故 u_2 下降得更快。当阀门继续关小至一定程度，p_0 升高至 $E_{p0}(p_0+\rho gZ_0)$ 等于 $E_{p2}(p_2+\rho gZ_2)$，使 u_2 降至零，继续关小阀门，则 $E_{p0}>E_{p2}$，u_2 将做反向流动。

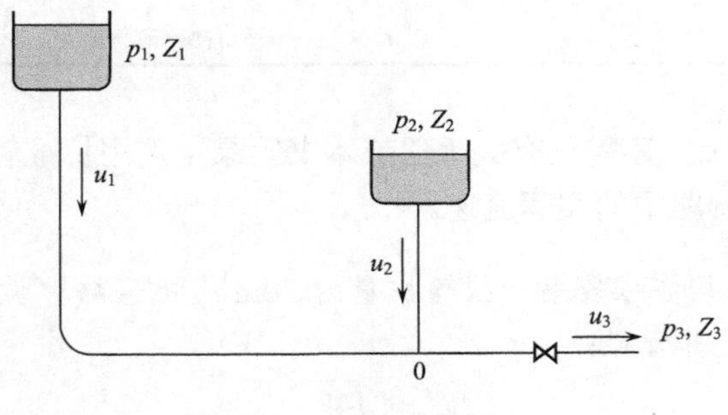

图1-29 汇合管路

综上所述，管路应视作一个整体。流体在沿程各处的压强或势能有确定的分布，即在管路中存在能量的平衡。任一管段或局部条件的变化都会使整个管路原有的能量平衡遭到破坏，需根据新的条件建立新的能量平衡关系。管路中流速及压强的变化正是这种能量平衡关系发生变化的反映。

1.5.2 管路的计算

简单管路通常是指直径相同的管路或不同直径组成的串联管路。由于已知量与未知量情况不同，计算方法也随之改变。常遇到的管路计算问题归纳起来有以下三种情况：

(1) 已知管径、管长、管件和阀门的设置及流体的输送量，求流体通过管路系统的能量损失，以便进一步确定输送设备加入的外功、设备内的压强或设备间的相对位置等。这一类计算比较容易。

(2) 设计型计算，即管路尚未存在时，给定输送任务并给定管长、管件和阀门的当量长度及允许的阻力损失，要求设计经济上合理的管路。

流体输送管路的直径可根据流量及流速进行计算。一般管道的截面均为圆形，若以 d 表示管道内径，由于

$$V_s = u\frac{\pi d^2}{4}$$

于是

$$d = \sqrt{\frac{4V_s}{\pi u}} \tag{1-63}$$

流量一般由生产任务决定，而合理的流速应在操作费与基建费之间通过经济性权衡决定，存在选择和优化的问题。最经济合理的管径或流速的选择应使每年的操作费与按使用年限计的设备折旧费之和为最小。某些流体在管路中的常用流速范围列于表 1-4。从表 1-4 可以看出，流体在管道中适宜流速的大小与流体的性质及操作条件有关。

表 1-4 某些流体在管路中的常用流速范围

流体的类别及状态	流速范围/(m/s)	流体的类别及状态	流速范围/(m/s)
水及一般液体	1～3	压强较高的气体	15～25
黏度较大的液体	0.5～1	饱和水蒸气：0.8MPa 以下	40～60
低压气体	8～15	0.3MPa 以下	20～40
易燃易爆的低压气体	<8	过热水蒸气	30～50

按式(1-63)算出管径后，还需从有关手册或本书附录中选用标准管径进行圆整，然后按标准管径重新计算流体在管路中的实际流速。

【例 1-10】 某化工厂要求安装一根输水量为 30m³/h 的管路，试选择合适的管径。

解 根据式(1-63)计算管径：

$$d = \sqrt{\frac{4V_s}{\pi u}}$$

式中，$V_s = \frac{30}{3600}\text{m}^3/\text{s}$。参考表 1-4 选取水的流速 $u = 1.8\text{m/s}$，则

$$d=\sqrt{\frac{\frac{30}{3600}}{0.785\times1.8}}=0.077(\text{m})=77(\text{mm})$$

查附录 9 管子规格，确定选用$\phi 89\times4$（外径 89mm，壁厚 4mm）的管子，其内径为

$$d=89-(4\times2)=81(\text{mm})=0.081(\text{m})$$

因此，水在输送管内的实际流速为

$$u=\frac{\frac{30}{3600}}{0.785\times0.081^2}=1.62(\text{m/s})$$

实际流速在流体的适宜流速范围内。

(3) 操作型计算，即管路已定，管径、管长、管件和阀门的设置及允许的能量损失都已定，要求核算在某给定条件下的输送能力或某项技术指标。

操作型计算存在一个困难，即因流速未知，不能计算 Re 值，无法判断流体的流型，也就不能确定摩擦系数 λ。在这种情况下，工程计算中常采用试差法和其他方法求解。

【例 1-11】 用试差法进行流量计算。

将水从水塔引至车间，管路为$\phi 114\text{mm}\times4\text{mm}$的钢管，长 150m（包括管件及阀门的当量长度，但不包括进、出口损失）。水塔内水面维持恒定，高于排水口 12m，水温为 12℃时，求管路的输水量为多少立方米每小时。

例 1-11 附图

解 以排水管出口中心作基准水平面，在水塔水面 1-1 及排水管出口内侧 2-2 截面列伯努利方程：

$$gZ_1+\frac{p_1}{\rho}+\frac{u_1^2}{2}=gZ_2+\frac{p_2}{\rho}+\frac{u_2^2}{2}+\sum h_\text{f}$$

式中，$Z_1=12\text{m}$，$Z_2=0$，$p_1=p_2$，$u_1\approx0$，$u_2=u$

$$\sum h_\text{f}=\left(\lambda\frac{l+l_\text{e}}{d}+\zeta_\text{e}\right)\frac{u^2}{2}=\left(\lambda\frac{150}{0.106}+0.5\right)\frac{u^2}{2}$$

将以上各值代入伯努利方程，整理得

$$u=\sqrt{\frac{2\times9.81\times12}{\lambda\frac{150}{0.106}+1.5}}=\sqrt{\frac{235.4}{1415\lambda+1.5}}\tag{a}$$

由于 u 未知，故不能计算 Re 值，也就不能求出 λ 值。从式(a)求不出 u，故可采用试差法求 u。

由于 λ 的变化范围不大，试差计算时，可将摩擦系数 λ 作试差变量。通常可取流动已进入阻力平方区的 λ 作为计算初值。先假设一个 λ 值代入式(a)算出 u 值。利用 u 值计算 Re 值。根据算出的 Re 值与 ε/d 值从图 1-24 查出 λ 值。若查得的 λ 值与假设值相符或接近，则假设值可接受。否则，需另设一 λ 值，重复上面的计算过程，直至所设 λ 值与查出的 λ 值相符或接

近为止。

设 $\lambda = 0.02$，代入式(a)得

$$u = \sqrt{\frac{235.4}{1415 \times 0.02 + 1.5}} = 2.81(\text{m/s})$$

从本书附录 4 查得 12℃时水的黏度为 1.236mPa·s，则

$$Re = \frac{du\rho}{\mu} = \frac{0.106 \times 2.81 \times 1000}{1.236 \times 10^{-3}} = 2.4 \times 10^5$$

取 $\varepsilon = 0.2\text{mm}$，则

$$\varepsilon/d = 0.2/106 = 0.00189$$

根据 Re 及 ε/d 从图 1-24 查得 $\lambda = 0.024$。查出的 λ 值与假设的 λ 值不相符，故应进行第二次试差计算。重设 $\lambda = 0.024$，代入式(a)，解得 $u = 2.58\text{m/s}$。由此 u 值计算 $Re = 2.2 \times 10^5$，在图 1-24 中查得 $\lambda = 0.0241$，查出的 λ 值与假设的 λ 值基本相符，故 $u = 2.58\text{m/s}$。

管路的输水量为

$$V_\text{h} = 3600 \times \frac{\pi}{4} d^2 u = 3600 \times \frac{\pi}{4} \times 0.106^2 \times 2.58 = 81.92(\text{m}^3/\text{h})$$

上面用试差法求流速时，也可先假设 u 值而由式(a)算出 λ 值，再以所设的 u 值算出 Re 值，并根据 Re 及 ε/d 从图 1-24 查出 λ 值。此值与由式(a)解出的 λ 值相比较，从而判断所设的值是否合适。

1.5.3 复杂管路

1. 并联管路

并联管路如图 1-30 所示，总管在 A 点分成几根分支管路流动，然后又在 B 点汇合成一根总管路。

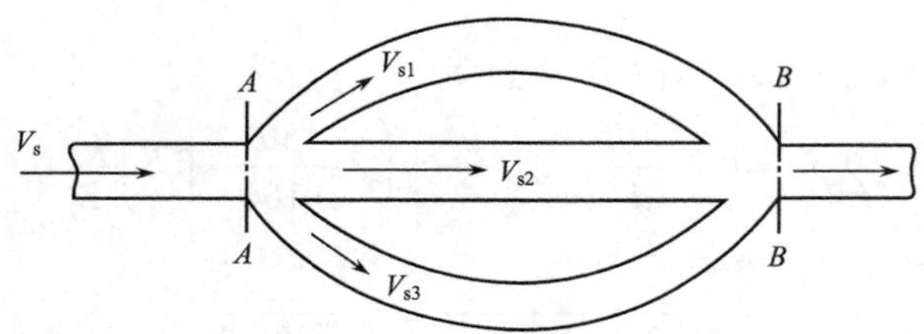

图 1-30 并联管路

此类管路的特点是：

(1) 总管中的流量等于并联各支管流量之和，对不可压缩流体，则有

$$V_\text{s} = V_{\text{s}1} + V_{\text{s}2} + V_{\text{s}3} \tag{1-64}$$

(2) 图中 A-A 与 B-B 截面间的压强降是由流体在各个分支管路中克服流动阻力造成的。因此，在并联管路中，单位质量流体无论通过哪根支管，阻力损失都应该相等，即

$$h_{\text{f}1} = h_{\text{f}2} = h_{\text{f}3} = h_{\text{f}A\text{-}B} \tag{1-65}$$

因而在计算并联管路的能量损失时，只需计算一根支管的能量损失，绝不能将并联的各管段的阻力全部加在一起作为并联管路的阻力。若忽略 A、B 两处的局部阻力损失，各管的阻力损失可按下式计算：

$$h_{fi} = \lambda_i \frac{l_i}{d_i} \frac{u_i^2}{2} \tag{1-66}$$

式中，l_i为支管总长，包括各局部阻力的当量长度(m)。

在一般情况下，各支管的长度、直径粗糙度均不相同，但各支管的流动推动力是相同的，故各支管的流速也不同。将 $u_i = 4V_{si} / \pi d_i^2$ 代入式(1-66)，整理后得

$$V_{si} = \frac{\pi\sqrt{2}}{4} \sqrt{\frac{d_i^5 h_{fi}}{\lambda_i l_i}} \tag{1-67}$$

由此式可求出各支管的流量分配。若只有三根支管，则

$$V_{s1} : V_{s2} : V_{s3} = \sqrt{\frac{d_1^5}{\lambda_1 l_1}} : \sqrt{\frac{d_2^5}{\lambda_2 l_2}} : \sqrt{\frac{d_3^5}{\lambda_3 l_3}} \tag{1-68}$$

若总流量 V_s 以及各支管的 l_i、d_i、λ_i 均已知，由式(1-68)和式(1-64)可联立求解得到 V_{s1}、V_{s2}、V_{s3} 三个未知数，任选一支管用式(1-66)算出 h_{fi}，即 A、B 两点间的阻力损失 $h_{fA\text{-}B}$。

【例 1-12】　计算并联管路的流量。

在图 1-30 所示的输水管路中，已知水的总流量为 $3\text{m}^3/\text{s}$，水温为 20℃，各支管总长度分别为 $l_1 = 1200\text{m}$，$l_2 = 1500\text{m}$，$l_3 = 800\text{m}$；管径 $d_1 = 600\text{mm}$，$d_2 = 500\text{mm}$，$d_3 = 800\text{mm}$；求 A、B 间的阻力损失及各管的流量。已知输水管为铸铁管，$\varepsilon = 0.3\text{mm}$。

解　各支管的流量可由式(1-68)和式(1-64)联立求解得出。但因 λ_1、λ_2、λ_3 均未知，需用试差法求解。

设各支管的流动均进入阻力平方区，即

$$\frac{\varepsilon_1}{d_1} = \frac{0.3}{600} = 0.0005$$

$$\frac{\varepsilon_2}{d_2} = \frac{0.3}{500} = 0.0006$$

$$\frac{\varepsilon_3}{d_3} = \frac{0.3}{800} = 0.000375$$

从图 1-24 分别查得摩擦系数为

$$\lambda_1 = 0.017，\lambda_2 = 0.0177，\lambda_3 = 0.0156$$

由式(1-68)得

$$\begin{aligned} V_{s1} : V_{s2} : V_{s3} &= \sqrt{\frac{0.6^5}{0.017 \times 1200}} : \sqrt{\frac{0.5^5}{0.0177 \times 1500}} : \sqrt{\frac{0.8^5}{0.0156 \times 800}} \\ &= 0.0167 : 0.0343 : 0.162 \end{aligned}$$

又 $V_{s1} + V_{s2} + V_{s3} = 3\text{m}^3/\text{s}$，故

$$V_{s1}=\frac{0.0617\times3}{(0.0617+0.0343+0.162)}=0.72(\text{m}^3/\text{s})$$

$$V_{s2}=\frac{0.0343\times3}{(0.0617+0.0343+0.162)}=0.40(\text{m}^3/\text{s})$$

$$V_{s3}=\frac{0.162\times3}{(0.0617+0.0343+0.162)}=1.88(\text{m}^3/\text{s})$$

校核λ值：

$$Re=\frac{du\rho}{\mu}=\frac{d\rho}{\mu}\frac{V_s}{\frac{\pi}{4}d^2}=\frac{4\rho V_s}{\pi\mu d}$$

已知$\mu=1\times10^{-3}\text{Pa}\cdot\text{s}$，$\rho=1000\text{kg/m}^3$，则

$$Re=\frac{4\times1000\times V_s}{\pi\times1\times10^{-3}d}=1.27\times10^5\frac{V_s}{d}$$

故

$$Re_1=1.27\times10^6\times\frac{0.72}{0.6}=1.52\times10^6$$

$$Re_2=1.27\times10^6\times\frac{0.4}{0.5}=1.02\times10^6$$

$$Re_3=1.27\times10^6\times\frac{1.88}{0.8}=2.98\times10^6$$

由Re_1、Re_2、Re_3从图 1-24 可以看出，各支管进入或十分接近阻力平方区，故假设成立，以上计算正确。

A、*B* 间的阻力损失h_f可由式(1-66)求出：

$$h_f=\frac{8\lambda_1 l_1 V_{s1}^2}{\pi^2 d_1^5}=\frac{8\times0.017\times1200\times0.72^2}{\pi^2\times0.6^5}=110(\text{J/kg})$$

2. 分支管路

化工管路中常设有分支管路，以便流体从一根总管分送到几处。在此情况下，各支管内的流量彼此影响，相互制约。分支管路内主要有两条流动规律：

(1) 总管流量等于各支管流量之和，即$V_{sA}=V_{sB}=V_{sC}$。

(2) 尽管各分支管路的长度、直径不同，但分支处(图 1-31 中 *O* 点)的总压头为一固定值，无论流体流向哪一支管，每千克流体所具有的总机械能必相等，即

$$gZ_B+\frac{p_B}{\rho}+\frac{u_B^2}{2}+h_{fO\text{-}B}=gZ_C+\frac{p_C}{\rho}+\frac{u_C^2}{2}+h_{fO\text{-}C}$$

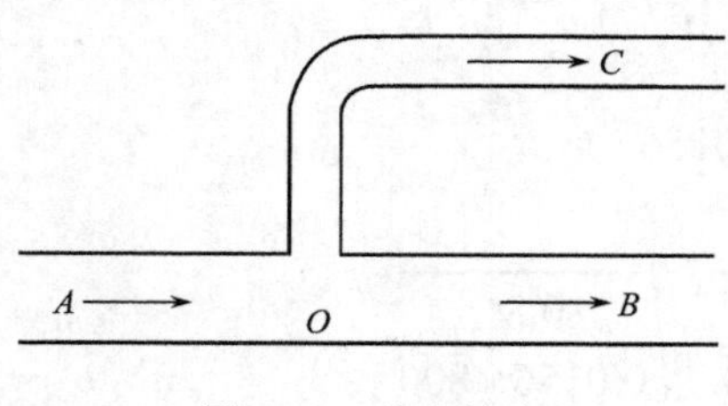

图 1-31　分支管路

【例 1-13】　用泵输送密度为 710kg/m³ 的油品，如附图所示，从储槽经泵出口后分为两路：一路送到 A 塔顶部，最大流量为 10800kg/h，塔内表压强为 0.9807MPa；另一路送到 B 塔中部，最大流量为 6400kg/h，塔内表压强为 1.18MPa。储槽 C 内液面维持恒定，液面上方的表压强为 49kPa。现已估算出当管路上的阀门全开，且流量达到规定的最大值时油品流经各段管路的阻力损失是：由截面 1-1 至截面 2-2 为 20J/kg；由截面 2-2 至截面 3-3 为 60J/kg；由截面 2-2 至截面 4-4 为 50J/kg。油品在管内流动时的动能很小，可以忽略。各截面离地面的垂直距离见本题附图。已知泵的效率为 60%，求此情况下泵的轴功率。

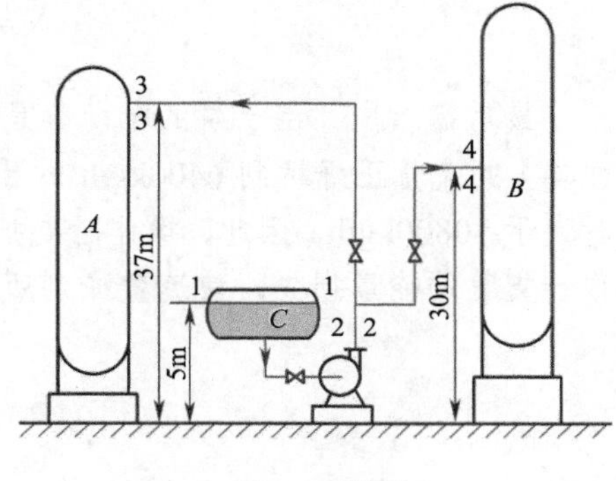

例 1-13 附图

解　在截面 1-1 与截面 2-2 间列伯努利方程，以地面为基准水平面。

$$gZ_1+\frac{p_1}{\rho}+\frac{u_1^2}{2}+W_e=gZ_2+\frac{p_2}{\rho}+\frac{u_2^2}{2}+h_{f1\text{-}2}$$

式中，$Z_1=5\text{m}$，$p_1=49\times10^3\text{Pa}$，$u_1\approx0$，设 E 为任一截面上三项机械能之和，则截面 2-2 上的 $E_2=gZ_2+p_2/\rho+u_2^2/2$，代入伯努利方程得

$$W_e=E_2+20-5\times9.81-\frac{49\times10^3}{710}=E_2-98.06 \tag{a}$$

由式(a)可知，需找出分支 2-2 处的 E_2，才能求出 W_e。根据分支管路的流动规律，E_2 可由 E_3 或 E_4 算出。但每千克油品从截面 2-2 到截面 3-3 与自截面 2-2 到截面 4-4 所需的能量不一定相等。为了保证同时完成两支管的输送任务，泵提供的能量应同时满足两支管所需的能量。因此，应分别计算出两支管所需能量，选取能量要求较大的支管决定 E_2 的值。

仍以地面为基准水平面，各截面的压强均以表压计，且忽略动能，列截面 2-2 与截面 3-3 之间的伯努利方程求 E_2：

$$E_2=gZ_3+\frac{p_3}{\rho}+h_{f2\text{-}3}=37\times9.81+\frac{0.9807\times10^6}{710}+60=1804(\text{J/kg})$$

列截面 2-2 与截面 4-4 之间的伯努利方程求 E_2：

$$E_2=gZ_4+\frac{p_4}{\rho}+h_{f2\text{-}4}=30\times9.81+\frac{1.18\times10^6}{710}+50=2006(\text{J/kg})$$

比较结果，当 $E_2=2006\text{J/kg}$ 时才能保证完成输送任务。将 E_2 值代入式(a)，得

$$W_e=2006-98.06=1908(\text{J/kg})$$

通过泵的质量流量为

$$w_s=\frac{10800+6400}{3600}=4.78(\text{kg/s})$$

泵的有效功率为

$$N_e=W_e w_s=1908\times4.78=9120(\text{W})=9.12(\text{kW})$$

泵的轴功率为

$$N = \frac{N_e}{\eta} = \frac{9.12}{0.6} = 15.2(\text{kW})$$

最后需指出，由于泵的轴功率是按所需能量较大的支管计算的，当油品从截面 2-2 到截面 4-4 的流量正好达到 6400kg/h 的要求时，油品从截面 2-2 到截面 3-3 的流量在管路阀全开时大于 10800kg/h。因此，操作时要把泵到截面 3-3 的支管的调节阀关小到某一程度，以提高这一支管的能量损失，使流量降到所要求的数值。

1.6 流速和流量的测量

在生产或实验研究中，为了控制一个连续过程，必须进行流量的测量。流量测量的方法和装置有很多，本节仅介绍以流体运动规律为基础的测量装置。

1.6.1 测速管

测速管又名皮托管(Pitot tube)，其结构如图 1-32 所示。皮托管由两根同心圆管组成，内管前端敞开，管口(*A* 点)截面垂直于流动方向并正对流体流动方向。外管前端封闭，但管侧壁在距前端一定距离处四周开有一些小孔，流体在小孔(*B*)旁流过。内、外管的另一端分别与 U 形压差计的接口相连并引至被测管路的管外。

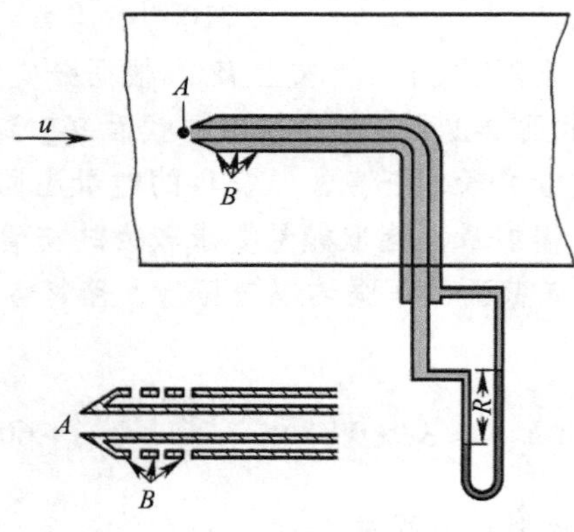

图 1-32 测速管

皮托管 *A* 点应为驻点，驻点 *A* 的势能与 *B* 点势能差等于流体的动能，即

$$\frac{p_A}{\rho} + gZ_A - \frac{p_B}{\rho} - gZ_B = \frac{u^2}{2}$$

由于 Z_A 几乎等于 Z_B，则

$$u = \sqrt{2(p_A - p_B)/\rho} \tag{1-69}$$

用 U 形压差计指示液液面差 *R* 表示，则式(1-69)可写为

$$u = \sqrt{2R(\rho' - \rho)g/\rho} \tag{1-70}$$

式中，u 为管路截面某点轴向速度，简称点速度(m/s)；ρ 和 ρ' 分别为流体和指示液的密度(kg/m^3)；R 为 U 形压差计指示液液面差(m)；g 为重力加速度(m/s^2)。

显然，皮托管测得的是点速度，因此用皮托管可以测定截面的速度分布。管内流体流量则可根据截面速度分布用积分法求得。对于圆管，速度分布规律已知，因此可测量管中心的最大流速，然后根据平均流速与最大流速的关系，求出截面的平均流速，进而求出流量。

为了保证皮托管测量的精确性，安装时要注意：

(1) 要求测量点前、后段有一段约等于管路直径 50 倍长度的直管距离，至少也应为 8～12 倍。

(2) 必须保证管口截面(图 1-32 中 A 处)严格垂直于流动方向。

(3) 皮托管直径应小于管径的 1/50，至少也应小于 1/15。

皮托管的优点是阻力小，适合测量大直径气体管路内的流速，缺点是不能直接测出平均速度，且 U 形压差计压差读数较小。

1.6.2　孔板流量计

1. 孔板流量计的结构和测量原理

在管路中垂直插入一片中央开有圆孔的板，圆孔中心位于管路中心线上，如图 1-33 所示，即构成孔板流量计。板上圆孔经过精致加工，其侧边与管轴成 45°，称为锐孔，板称为孔板。当流体通过孔板时，流道缩小使流速增加，降低了势能。流过孔口后，由于惯性作用，流动截面还继续收缩一定距离后才逐渐扩大到整个管截面。流动截面最小处(图 1-33 中截面 2-2′)称为缩脉。流体在缩脉处的流速最大，即动能最大，而相应的静压能最低。因此，当流体以一定流量流过小孔时，就产生一定的压强差，流量越大，所产生的压强差也越大。因此，可利用压强差的方法来度量流体的流量。

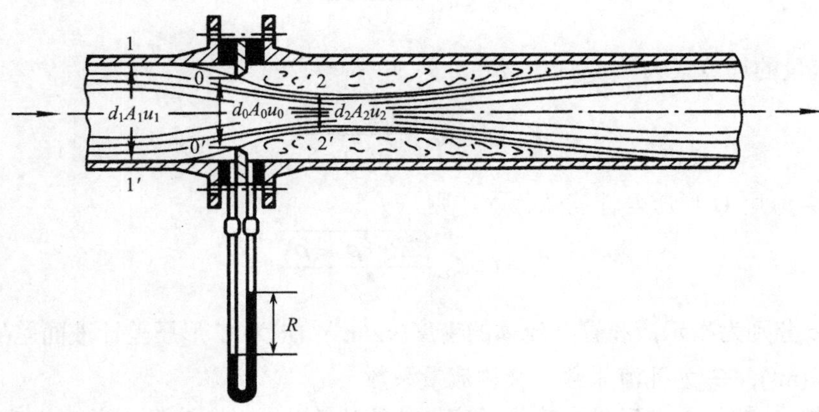

图 1-33　孔板流量计

设不可压缩流体在水平管内流动，取孔板上游流动截面尚未收缩处为截面 1-1′，下游取缩脉处为截面 2-2′。在截面 1-1′与截面 2-2′间暂时不计阻力损失，列伯努利方程：

$$\frac{p_1}{\rho}+gZ_1+\frac{u_1^2}{2}=\frac{p_2}{\rho}+gZ_2+\frac{u_2^2}{2}$$

因水平管 $Z_1 = Z_2$，则整理得

$$\sqrt{u_2^2 - u_1^2} = \sqrt{\frac{2(p_1 - p_2)}{\rho}} \tag{1-71}$$

由于缩脉的面积无法测得，工程上以孔口(截面 0-0′)流速 u_0 代替 u_2，同时实际流体流过孔口有阻力损失；而且，测得的压强差又不恰好等于 $p_1 - p_2$。因此，引入校正系数 C，于是式(1-71)改写为

$$\sqrt{u_0^2 - u_1^2} = C\sqrt{\frac{2(p_1 - p_2)}{\rho}} \tag{1-72}$$

以 A_1 和 A_0 分别代表管路和锐孔的截面积，根据连续性方程，对于不可压缩流体，有

$$u_1 A_1 = u_0 A_0$$

则

$$u_1^2 = u_0^2 \left(\frac{A_0}{A_1}\right)^2$$

设 $\frac{A_0}{A_1} = m$，上式改写为

$$u_1^2 = u_0^2 m^2 \tag{1-73}$$

将式(1-73)代入式(1-72)，并整理得

$$u_0 = \frac{C}{\sqrt{1 - m^2}} \sqrt{\frac{2(p_1 - p_2)}{\rho}} \tag{1-74}$$

再设 $C / \sqrt{1 - m^2} = C_0$，称为孔流系数，则

$$u_0 = C_0 \sqrt{\frac{2(p_1 - p_2)}{\rho}} \tag{1-75}$$

于是，孔板流量的计算式为

$$V_s = C_0 A_0 \sqrt{\frac{2(p_1 - p_2)}{\rho}} \tag{1-76}$$

式(1-76)中 $p_1 - p_2$ 用 U 形压差计读数代入，则

$$V_s = C_0 A_0 \sqrt{\frac{2Rg(\rho' - \rho)}{\rho}} \tag{1-77}$$

式中，ρ' 和 ρ 分别为指示液和管路流体的密度(kg/m^3)；R 为 U 形压差计液面差(m)；A_0 为孔板小孔截面积(m^2)；C_0 为孔流系数，又称流量系数。

流量系数 C_0 的引入在形式上简化了流量计的计算公式，但实际上并未改变问题的复杂性。只有在 C_0 确定的情况下，孔板流量计才能用来进行流量测定。

流量系数 C_0 与面积比 m、收缩、阻力等因素有关，所以只能通过实验求取。C_0 除与 Re、m 有关外，还与测定压强所取的点、口形状、加工粗糙度、孔板厚度、管壁粗糙度等有关，影响因素太多，C_0 较难确定。工程上对于测压方式、结构尺寸、加工状况均做规定，规定的标准孔板的流量系数 C_0 就可以表示为

$$C_0 = f(Re, m) \tag{1-78}$$

实验所得 C_0 示于图 1-34。由图 1-34 可见，当 Re 增大到一定值后，C_0 不再随 Re 而变，而是仅由 $\frac{A_0}{A_1}=m$ 决定的常数。孔板流量计应尽量设计在 C_0=常数的范围内。

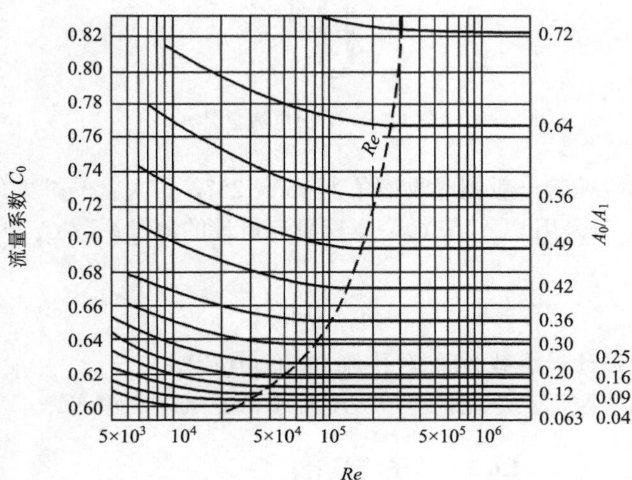

图 1-34　孔板流量计 C_0 与 Re、A_0/A_1 的关系

从孔板流量计的测量原理可知，孔板流量计只能用于测定流量，不能测定速度分布。

2. 孔板流量计的安装与阻力损失

安装孔板流量计时，在安装位置的上、下游都要有一段内径不变的直管。通常要求上游直管长度为管径的 15～40 倍，下游直管长度为管径的 5 倍。孔板流量计的缺点是阻力损失大，这一阻力损失是流体与孔板的摩擦阻力，尤其是缩脉后流道突然扩大形成大量的旋涡所致。

孔板流量计的阻力损失 h_f 可写成

$$h_f = \zeta \frac{u_0^2}{2} = \zeta C_0^2 \frac{Rg(\rho' - \rho)}{\rho} \tag{1-79}$$

式中，局部阻力系数 ζ 一般在 0.8 左右。

式(1-79)表明阻力损失正比于压差计读数 R。缩口越小，孔口流速 u_0 越大，R 越大，阻力损失也越大。

孔板流量计是一种简便且易于制造的装置，在工业上广泛使用，其系列规格可查阅有关手册。其主要缺点是流体经过孔板的阻力损失较大，且孔口边缘容易磨损和磨蚀，因此对孔板流量计需定期进行校正。

3. 文丘里流量计

为了减少流体流经上述孔板的阻力损失，可以用一段渐缩管、一段渐扩管代替孔板，这样可以避免突然缩小和突然扩大，大大降低了阻力损失，这样构成的流量计称为文丘里(Venturi)流量计，如图 1-35 所示。

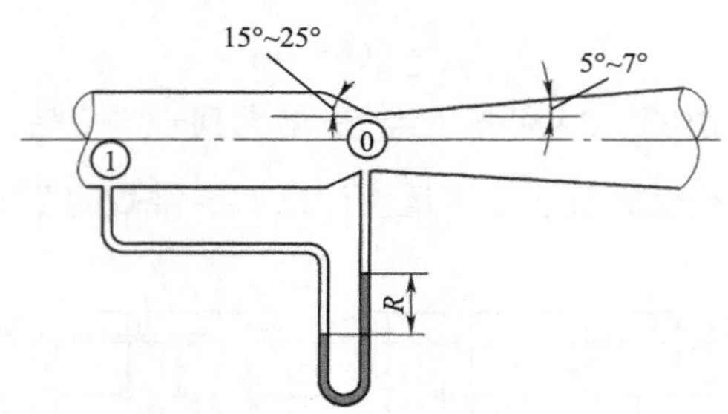

图 1-35　文丘里流量计

文丘里流量计的收缩管一般制成收缩角为 15°～25°，扩大管的扩大角为 5°～7°。其流量仍可用式(1-77)计算，只是用 C_v 代替 C_0。文丘里流量计的流量系数 C_v 一般取 0.98～0.99，阻力损失为

$$h_f = 0.1u_0^2 \tag{1-80}$$

式中，u_0 为文丘里流量计最小截面(称喉孔)处的流速(m/s)。

文丘里流量计的主要优点是能耗少，大多用于低压气体的输送。

1.6.3　转子流量计

1. 转子流量计的结构和测量原理

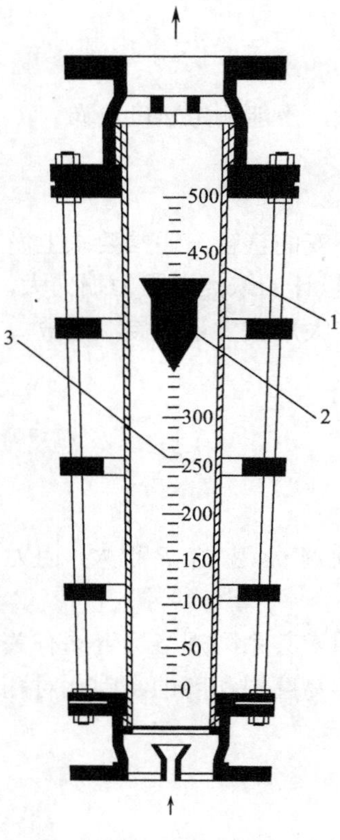

转子流量计应用很广，其构造如图 1-36 所示。在一根截面积自下而上逐渐扩大的垂直锥形玻璃管内，装有一个旋转自如的由金属或其他材质制成的转子(或称浮子)。被测流体从玻璃管底部进入，从顶部流出。

当流体自下而上流过垂直的锥形管时，转子受到两个力的作用：一是垂直向上的推动力，它等于流体流经转子与锥管间的环形截面所产生的压力差；二是垂直向下的净重力，它等于转子所受的重力减去流体对转子的浮力。当流量加大使压力差大于转子的净重力时，转子就上升；当流量减小使压力差小于转子的净重力时，转子就下沉；当压力差与转子的净重力相等时，转子处于平衡状态，即停留在一定位置上。在玻璃管外表面上刻有读数，根据转子的停留位置，即可读出被测流体的流量。

设 V_f 为转子的体积(m^3)，A_f 为转子最大部分截面积，ρ_f 和 ρ 分别为转子材质和被测流体的密度(kg/m^3)。流体流经环形截面所产生的压强差(转子下方 1 与上方 2 之差)为 $p_1 - p_2$，当转子处于平衡状态时，即

$$(p_1 - p_2)A_f = V_f\rho_f g - V_f\rho g$$

于是

图 1-36　转子流量计

1. 锥形玻璃管；2. 转子；3. 刻度

$$p_1 - p_2 = \frac{V_f g(\rho_f - \rho)}{A_f} \tag{1-81}$$

若 V_f、A_f、ρ_f、ρ 均为定值，则 $p_1 - p_2$ 对固定的转子流量计测定某流体时应恒定，而与流量无关。

当转子停留在某固定位置时，转子与玻璃管之间的环形面积就是某一固定值。此时，流体流经该环形截面的流量和压强差的关系与孔板流量计类似，因此可将式(1-81)代入式(1-76)(符号稍做修正)，得

$$V_s = C_R A_R \sqrt{\frac{2gV_f(\rho_f - \rho)}{A_f \rho}} \tag{1-82}$$

式中，C_R 为转子流量计的流量系数，由实验测定或从有关仪表手册中查得；A_R 为转子与玻璃管之间的环形截面积(m^2)；V_s 为流过转子流量计的体积流量(m^3/s)。

由式(1-82)可知，流量系数 C_R 为常数时，流量与 A_R 成正比。由于玻璃管是倒锥形，环形截面积 A_R 的大小与转子所在位置有关，因此可用转子所处位置的高低反映流量的大小。

2. 转子流量计的刻度换算和测量范围

通常转子流量计出厂前，均用 20℃的水或 20℃、1.013×10^5Pa 的空气进行标定，直接将流量值刻于玻璃管上。当被测流体与上述条件不符时，应进行刻度换算。在同一刻度下，假定 C_R 不变，并忽略黏度变化的影响，则被测流体与标定流体的流量关系为

$$\frac{V_{s2}}{V_{s1}} = \sqrt{\frac{\rho_1(\rho_f - \rho_2)}{\rho_2(\rho_f - \rho_1)}} \tag{1-83a}$$

式中，下标 1 表示出厂标定时所用流体，下标 2 表示实际工作流体。对于气体，因转子材质的密度 ρ_f 比任何气体的密度大得多，式(1-83a)可简化为

$$\frac{V_{s2}}{V_{s1}} = \sqrt{\frac{\rho_1}{\rho_2}} \tag{1-83b}$$

必须注意：上述换算公式是在假定 C_R 不变的情况下推出的，当使用条件与标定条件相差较大时，则需重新实际标定刻度与流量的关系曲线。

由式(1-82)可知，通常 V_f、ρ_f、A_f、ρ 与 C_R 为定值，则 V_s 正比于 A_R。转子流量计的最大可测流量与最小可测流量之比为

$$\frac{V_{s\max}}{V_{s\min}} = \frac{A_{R\max}}{A_{R\min}} \tag{1-84}$$

在实际使用时，如果流量计不符合具体测量范围的要求，可以更换或车削转子。对于同一玻璃管，转子截面积 A_f 小，则环形截面积 A_R 大，最大可测流量大而比值 $V_{s\max}/V_{s\min}$ 较小，反之则相反。但 A_f 不能过大，否则流体中杂质易将转子卡住。

转子流量计的优点是：能量损失小，读数方便，测量范围宽，能用于腐蚀性流体；其缺点是：玻璃管易破损，安装时必须保持垂直并需安装支路以便于检修。

习　题

1. 已知硫酸与水的密度分别为 1830kg/m^3 与 998kg/m^3，含硫酸 60%(质量分数)的硫酸水溶液的密度为多少？

2. 燃烧重油所得的燃烧气，经分析测定知其中含 8.5%(体积分数，下同)CO_2、7.5% O_2、76% N_2、8% H_2O。试求温度为 500℃、压强为 101.33kPa 时，该混合气体的密度。

3. 在大气压为 101.33kPa 的地区，某真空蒸馏塔真空表读数为 98.4kPa。若在大气压为 87.3kPa 的地区使塔内绝对压强维持相同的数值，则真空表读数应为多少？

4. 一敞口储槽内盛 20℃的苯，苯的密度为 880kg/m^3。液面距槽底 9m，槽底侧面有一直径为 500mm 的人孔，其中心距槽底 600mm，人孔覆以孔盖，试求：

(1) 人孔盖共受多少液柱静压力，以 N 表示。

(2) 槽底面所受的压强是多少帕？

5. 为测量腐蚀性液体储槽内的存液量，采用本题附图所示的装置。控制调节阀使压缩空气缓慢地鼓泡通过观察瓶进入储槽。现测得 U 形压差计读数 $R = 130$mmHg，通气管距储槽底部 $h = 20$cm，储槽直径为 2m，液体密度为 980kg/m^3。储槽内液体的储存量为多少吨？

6. 用双液体 U 形压差计测定两点间空气的压差，测得 $R = 320$mm。由于两侧的小室不够大，致使小室内两液面产生 4mm 的位差。实际的压差为多少帕？若计算时忽略两小室内液面的位差，将产生多大的误差？两液体密度值见本题附图。

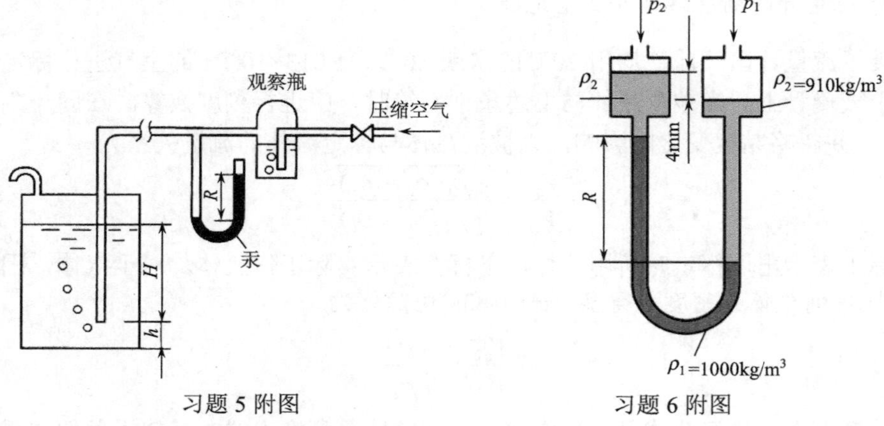

习题 5 附图　　习题 6 附图

7. 本题附图为一气柜，其内径 9m，钟罩及其附件共重 10t，忽略其浸在水中部分所受的浮力，进气柜的气速很低，动能及阻力可忽略。当钟罩上浮时，气柜内气体的压强和钟罩内外水位差 Δh (“水封高”)为多少？

8. 为了排出煤气管中的少量积水，用如本题附图所示的水封设备，水由煤气管路上的垂直支管排出，已知煤气压强为 0.1MPa(绝对压强)。水封管插入液面下的深度 h 应为多少？当地大气压强 $p_a = 9.8\times10^4$Pa，水的密度 $\rho = 1000$kg/m^3。

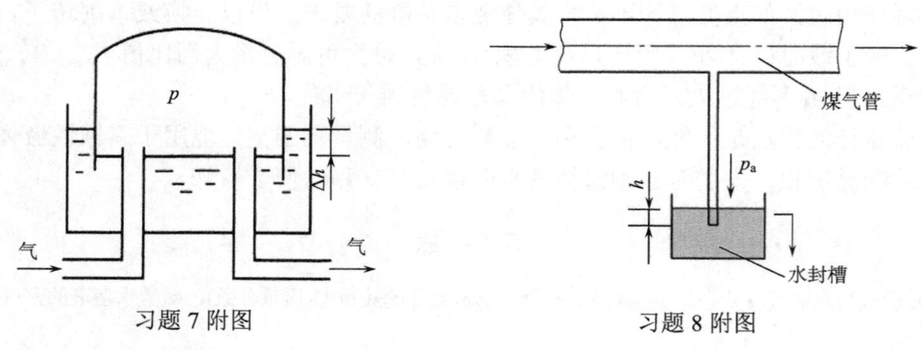

习题 7 附图　　习题 8 附图

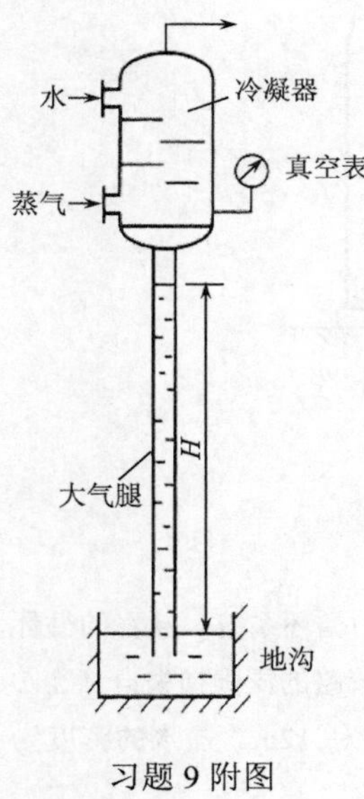

习题 9 附图

9. 如本题附图所示的气液直接接触混合式冷凝器，蒸气被水冷凝后，冷凝液与水沿大气腿流至地沟排出，现已知冷凝器内真空度为 82kPa，当地大气压为 100kPa，器内绝对压强为多少帕？并估计大气腿内的水柱高 H 为多少米。

10. 列管换热器的管束由 121 根 ϕ 25mm×2.5mm 的钢管组成，空气以 9m/s 的速度在列管内流动。空气在管内的平均温度为 50℃，压强为 1.96×10^5Pa(表压)，当地大气压为 9.87×10^4Pa。试求：

(1) 空气的质量流量。

(2) 操作条件下空气的体积流量。

(3) 将(2)的计算结果换算为标准状态下空气的体积流量。

11. 高位槽内的水面高于地面 8m，水从 ϕ 108mm×4mm 的管路中流出，管路出口高于地面 2m。在本题中，水流经系统的能量损失可按 $h_f = 6.5u^2$ 计算，其中 u 为水在管内的流速。试计算：

(1) 截面 A-A 处水的流速。

(2) 出口水的流量，以 m^3/h 计。

12. 在本题附图所示装置中，水管直径为 ϕ 57mm×3.5mm。当阀门全闭时，压强表读数为 3.04×10^4Pa，当阀门开启后，压强表读数降至 2.03×10^4Pa，设流体流至压强表处的压头损失为 0.5m。水的流量为多少立方米每小时？水的密度 $\rho = 1000kg/m^3$。

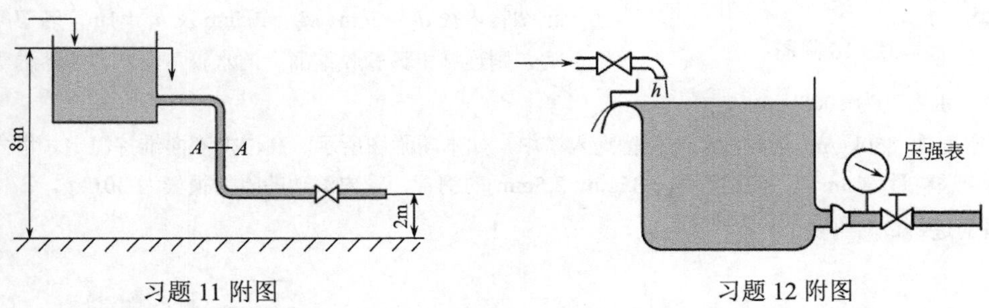

习题 11 附图　　习题 12 附图

13. 某鼓风机吸入管直径为 200mm，在喇叭形进口处测得 U 形压差计读数 $R = 25$mm，指示液为水。若不计阻力损失，空气的密度为 $1.2kg/m^3$，试求管路内空气的流量。

14. 如本题附图所示为 30℃的水由高位槽流经管径不等的两段管路。上部细管直径为 20mm，下部管直径为 36mm。不计所有阻力损失，管路中何处压强最低？该处的水是否会发生气化现象？

15. 用离心泵把 20℃的水从储槽送至水洗塔顶部，槽内水位维持恒定。各部分相对位置如本题附图所示。管路的直径均为 ϕ 76mm×3mm，在操作条件下，泵入口处真空表读数为 24.66kPa，水流经吸入管与排出管(不包括喷头)的阻力损失可分别按 $h_{f1} = 2u^2$ 与 $h_{f2} = 10u^2$ 计算，其中 u 为吸入管或排出管的流速。排出管与喷头连接处的压强为 98.07kPa(表压)。试求泵的有效功率。

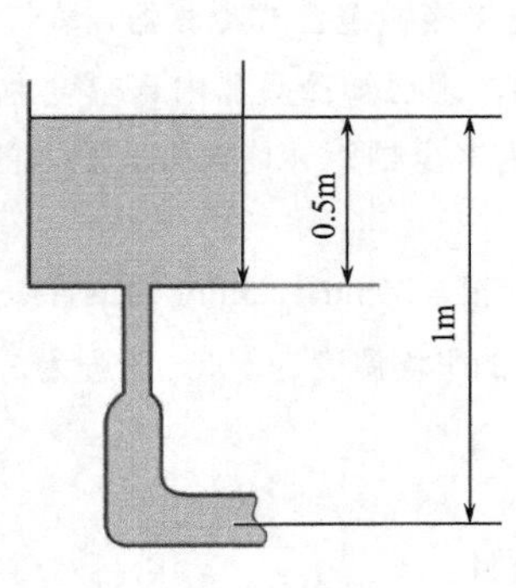

习题 14 附图

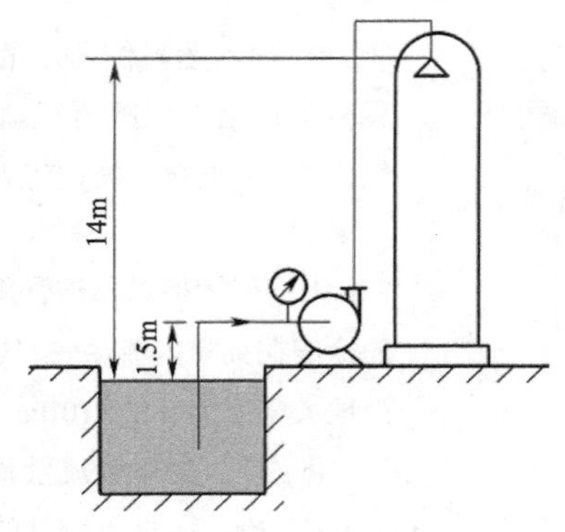

习题 15 附图

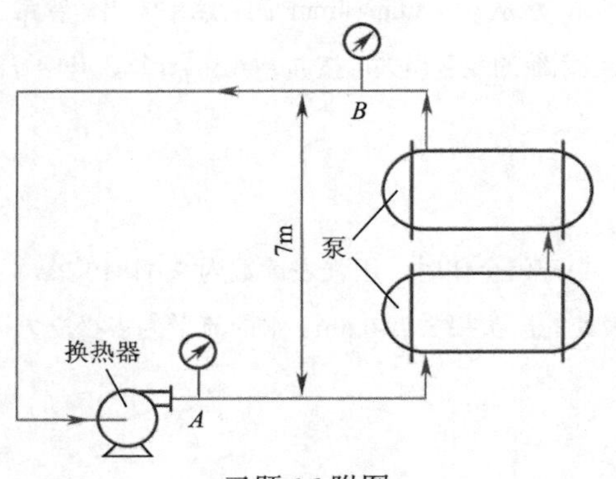

习题 16 附图

16. 本题附图所示为冷冻盐水的循环系统。盐水的循环量为 $45m^3/h$，管径相同，流体流经管路的压强损失自 A 至 B 的一段为 9m，自 B 至 A 的一段为 12m。盐水的密度为 $1100kg/m^3$。

(1) 试求泵的轴功率，设其效率为 0.65。

(2) 若 A 的压强表读数为 14.7×10^4Pa，则 B 处的压强表读数应为多少帕？

17. 如本题附图所示，在水平管路中，水的流量为 2.5L/s，已知管内径 $d_1 = 5cm$、$d_2 = 2.5cm$ 及 $h_1 = 1m$，若忽略能量损失，则连接于该管收缩面上的水管可将水自容器内吸上高度 h_2 为多少？水密度为 $1000kg/m^3$。

18. 密度为 $850kg/m^3$ 的料液从高位槽送入塔中，如本题附图所示。高位槽液面维持恒定。塔内表压为 9.807kPa，进料量为 $5m^3/h$。进料管为 ϕ 35mm×2.5mm 的钢管，管内流动的阻力损失为 30J/kg。高位槽内液面应比塔的进料口高出多少？

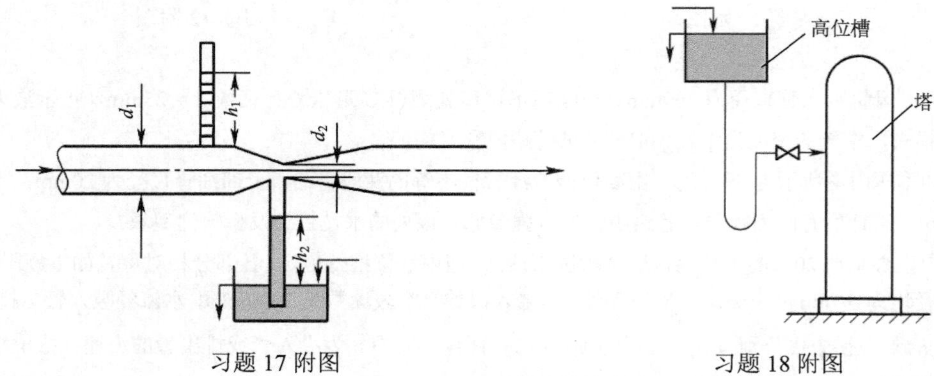

习题 17 附图　　习题 18 附图

19. 有一输水系统如本题附图所示。输水管径为 ϕ 57mm×3.5mm。已知管内的阻力损失按 $h_f = 45\times u^2/2$ 计算，其中 u 为管内流速。水的流量为多少立方米每秒？若要使水量增加 20%，应将水槽的水面升高多少？

20. 水以 $3.77\times10^{-3}m^3/s$ 的流量流经一扩大管段。细管直径 $d = 40mm$，粗管直径 $D = 80mm$，倒 U 形压差计中水位差 $R = 170mm$，求水流经该扩大管段的阻力损失 H_f，以 mH_2O 表示。

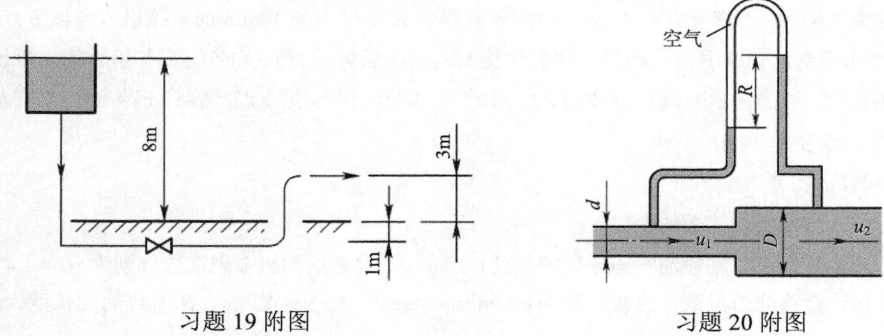

习题 19 附图　　　　习题 20 附图

21. 一高位槽向用水处输水，上游用管径为 50mm 的水煤气管，长 80m，途中设 90°弯头 5 个。然后突然收缩成管径为 40mm 的水煤气管，长 20m，设有 1/2 开启的闸阀一个。水温 20℃，为使输水量达 3×10^{-3}m^3/s，求高位槽的液位高度 z。

22. 某水泵的吸入口与水池液面的垂直距离为 3m，吸入管为直径 50mm 的水煤气管(ε = 0.2mm)。管下端装有一带滤水网的底阀，泵吸入口附近装一真空表。底阀至真空表间的直管长 8m，其间有一个 90°标准弯头。当吸水量为 20m^3/h、操作温度为 20℃时真空表的读数为多少帕？当泵的吸水量增加时，该真空表的读数是增大还是减小？

23. 用 ϕ 168mm×9mm 的钢管输送原油，管线总长 100km，油量为 60000kg/h，油管最大抗压能力(是指管内输送的流体压强不能大于此值，否则管子会损坏)为 1.57×10^7Pa。已知 50℃时油的密度为 890kg/m^3，油的黏度为 0.181Pa·s。假定输油管水平放置，其局部阻力损失忽略不计，为完成上述输送任务，中途需几个加压站？

24. 每小时将 2×10^4kg 的溶液从反应器输送到高位槽(见本题附图)，反应器液面上方保持 2.67×10^4Pa 的真空度，高位槽液面上方为大气压。管路为 ϕ 76mm×3mm 无缝钢管，总长 50m，管线上有两个全开的闸阀，一个孔板流量计(ζ = 4)、5 个 90°标准弯头。反应器内液面与管出口的距离为 15m。若泵的效率为 0.7，求泵的轴功率。溶液的 ρ = 1073kg/m^3，$\mu = 6.3\times10^{-4}$ Pa·s；ε = 0.3mm。

25. 用压缩空气将密闭容器(酸蛋)中的硫酸压送到敞口高位槽。输送流量为 0.10m^3/min，输送管路为 ϕ 38mm×3mm 无缝钢管。酸蛋中的液面离压出管口的位差为 10m，在压送过程中设位差不变，见本题附图。管路总长 20m，设有一个闸阀(全开)，8 个 90°标准弯头。压缩空气所需的压强为多少兆帕(表压)？操作条件下硫酸 ρ = 1830kg/m^3，μ = 0.012Pa·s，钢管的 ε = 0.3mm。

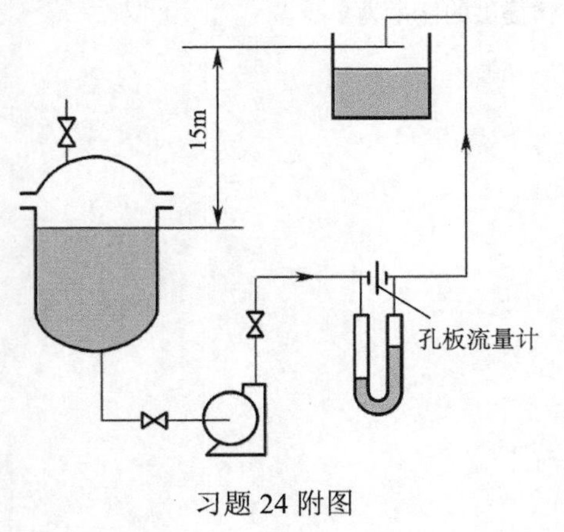

习题 24 附图

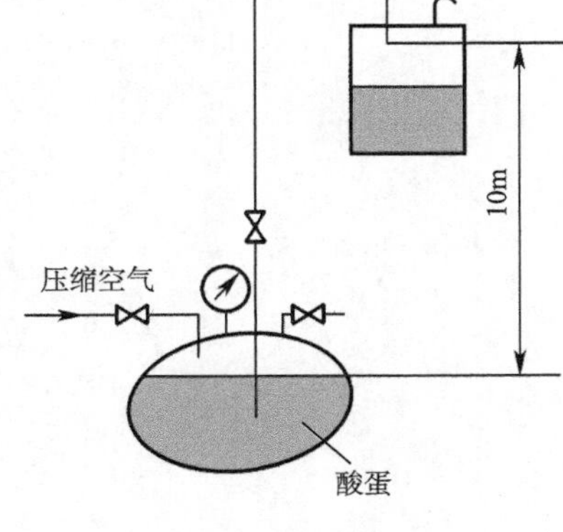

习题 25 附图

26. 黏度为 0.03Pa·s、密度为 900kg/m^3 的液体自容器 A 流过内径 40mm 的管路进入容器 B。两容器均为敞口，液面视作不变。管路中有一阀门，阀前管长 50m，阀后管长 20m(均包括局部阻力的当量长度)。当阀门全关时，阀门前、后的压强表读数分别为 8.82×10^4Pa、4.41×10^4Pa(见本题附图)。现将阀门打开至 1/4 开度，阀门阻力的当量长度为 30m。试求：

(1) 管路的流量。

(2) 阀门前、后压强表读数的变化。

27. 如本题附图所示，某输油管路未装流量计，但在 A、B 两点的压强表读数分别为 $p_A = 1.47$MPa、$p_B = 1.43$MPa。试估计管路油的流量。已知管路为 ϕ 89mm×4mm 的无缝钢管。A、B 两点间的长度为 40m，有 6 个 90°弯头，油的密度为 820kg/m^3，黏度为 0.121Pa·s。

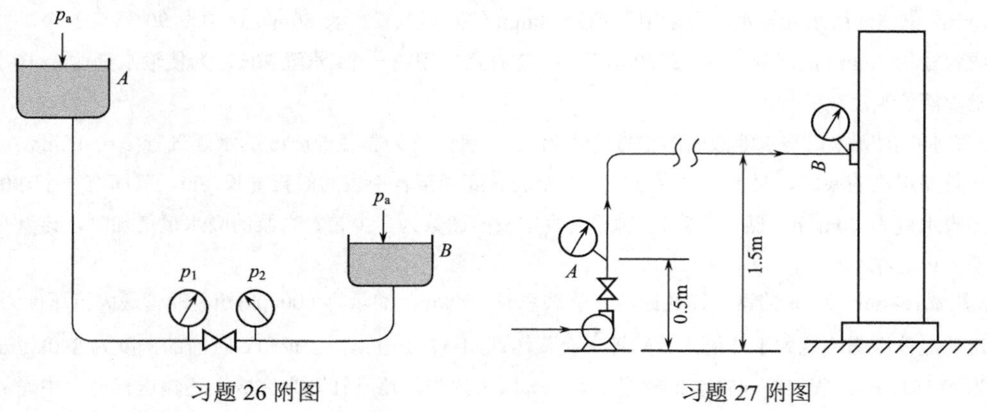

习题 26 附图　　习题 27 附图

28. 一酸储槽通过管路向其下方的反应器送酸，槽内液面在管出口以上 2.5m。管路由 ϕ 38mm×2.5mm 无缝钢管组成，全长(包括管件的当量长度)为 25m，ε 取 0.15mm。储槽及反应器均为大气压。每分钟可送酸量为多少立方米？酸的密度 $\rho = 1650$kg/m^3，黏度 $\mu = 0.012$Pa·s(提示：用试差法时可先设 $\lambda = 0.04$)。

29. 某水槽的截面积 A = 3m^2，水深 2m。底部接一管子 ϕ 32mm×3mm，管长 10m(包括所有局部阻力当量长度)，管路摩擦系数 $\lambda = 0.022$。开始放水时，槽中水面与出口高度差 H 为 4m，试求水面下降 1m 所需的时间。

30. 管路用一台离心泵将液体从低位槽送往高位槽。输送流量要求为 2.5×10^{-3}m^3/s。高位槽上方气体压强(表压)为 0.2MPa，两槽液面差为 6m，液体密度为 1100kg/m^3。管路 ϕ 40mm×3mm，总长(包括局部阻力的当量长度)为 50m，摩擦系数 λ 为 0.024。泵给每牛顿液体提供的能量为多少？

第 2 章　流体输送机械

为了将流体由低能位向高能位输送，必须使用各种流体输送机械。工业流体的种类及输送方式与要求多种多样，因此流体输送机械的种类繁多。输送液体的机械通常称为泵；输送气体的机械称为压缩机或风机；负压条件下工作的压缩机称为真空泵。

按其工作原理，流体输送机械可分为：①离心式、轴流式(统称叶轮式)：利用高速旋转的叶轮使流体获得动能并转变为静压能；②正位移式或容积式(往复式、旋转式)：利用活塞或转子的周期性挤压使流体获得静压能与动能；③流体动力式：利用流体高速喷射时动能与静压能相互转换的原理吸引输送另一种流体。本章以离心泵为代表，重点讨论其工作原理、结构和工作特性，对其他类型的流体输送机械仅做一般性介绍。这些设备的详细结构与设计属于专门领域，不在本课程范围之内。

2.1　离　心　泵

离心泵是化工厂最常用的液体输送机械，它结构简单，操作容易，流量易于调节，且能适用于多种特殊性质物料。

2.1.1　离心泵的工作原理

1. 离心泵的主要构件

离心泵的种类很多，但构造大同小异，其主要构件包括叶轮、泵壳、泵轴、轴封装置和轴承等，其中最主要的部件是叶轮和泵壳。

1) 叶轮

叶轮是离心泵的核心部件，由若干弯曲的叶片组成。叶轮高速旋转，将原动机的机械能传递给液体，使通过离心泵的液体静压能和动能均有所提高。

普通离心泵的叶轮分为闭式、半开式和开式三种，如图 2-1 所示。开式叶轮仅有叶片和轮毂，两侧无盖板，具有结构简单、清洗方便等优点；半开式叶轮没有前盖板但有后盖

(a) 闭式

(b) 半开式

(c) 开式

图 2-1　离心泵的叶轮

板；以上两种叶轮适用于输送含有固体颗粒的悬浮液，但泵的效率低。闭式叶轮两侧分别有前、后盖板，流道是封闭的，这种叶轮液体流动摩擦阻力损失小，适用于高压头、洁净液体的输送。

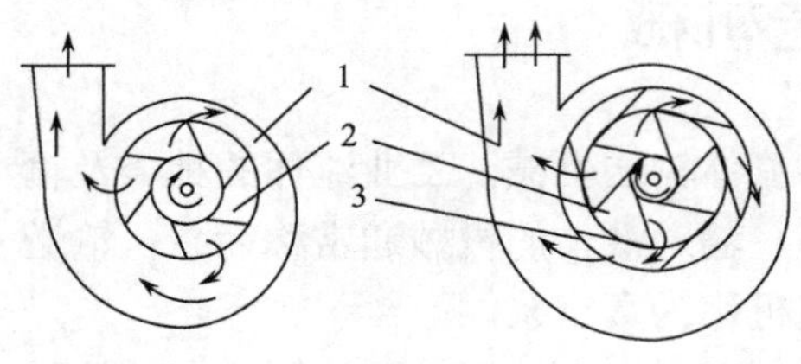

图 2-2 泵壳示意图

1. 泵壳；2. 叶片；3. 导轮

2) 泵壳

离心泵的泵壳通常制成如同蜗壳状的渐开线形，如图 2-2 所示。叶轮在泵壳内沿着蜗形通道逐渐扩大的方向旋转，越接近液体的出口流道截面积越大。液体从叶轮边缘高速流出后，在泵壳内的蜗形通道做惯性运动时流速将逐渐降低，动能逐渐减小。在忽略位能改变的前提下，根据机械能守恒定律，减少的动能将转化为静压能，使液体的压强得以提高，且因流速的下降减少了流动能量损失。因此，泵壳不仅是汇集由叶轮流出的液体的部件，而且是一个能量转换构件。

为了减少叶轮甩出的高速液体与泵壳之间的碰撞而产生的能量损失，可在叶轮与泵壳之间安装一个导轮，它是一个固定不动且带有叶片的圆盘。液体由叶轮甩出后沿导轮与叶片间的通道逐渐发生能量转换，因而可减少能量损失。

3) 轴封装置

泵轴与泵壳之间的密封称为轴封。它的作用是避免泵内高压液体沿间隙漏出，或者防止外界空气从相反方向进入泵内。离心泵的轴封装置有填料密封和机械密封两种。机械密封适用于密封要求较高的场合，如输送酸、碱，以及易燃、易爆、有毒的液体。

2. 离心泵的工作原理

离心泵的工作装置简图如图 2-3 所示。叶轮紧固于泵轴上，并安装在泵壳内，泵轴可由电动机带动旋转。泵壳中央的吸入口与吸入管路相连接，在吸入管路底部装有单向底阀。泵壳侧旁的排出口与排出管路相连接，其上装有调节阀。

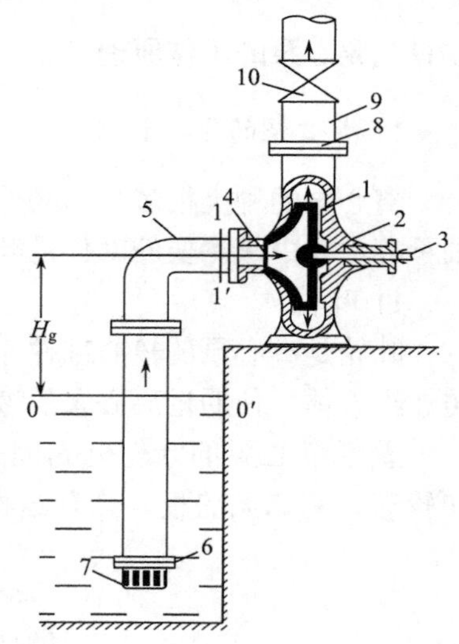

图 2-3 离心泵装置简图

1. 叶轮；2. 泵壳；3. 泵轴；4. 吸入口；5. 吸入管；6. 底阀；7. 滤网；8. 排出口；9. 排出管；10. 调节阀

泵轴由外界的动力带动时，叶轮在泵壳内旋转，迫使叶片间的液体也随之做旋转运动。液体在惯性离心力的作用下由叶轮中心向外缘做径向运动。液体在流经叶轮的运动过程中获得能量，并以高速离开叶轮外缘进入蜗形泵壳。泵壳汇集从各叶片间被抛出的液体，这些液体在壳内沿着蜗形通道面积逐渐扩大的方向流动，液体的大部分动能转化为静压能，最后沿泵壳切向从泵的排出口进入排出管路。在液体受迫由叶轮中心流向外缘的同时，在叶轮中心会形成低压区。泵的吸入管路一端与叶轮中心处相通，另一端则浸没在输送的液体内，在液面压强(常为大气压)与泵内压强(低压区)的压差作用下，液体经吸入管路进入泵内。只要叶轮的转动不停，离心泵便不断地吸入和排出液体。由此可见，离心泵之所以能输送液体，主要是依靠高速旋转的叶轮产生的离心力，故名离心泵。

值得注意的是，泵启动前空气未排尽或运转中有空气漏入，使泵内流体平均密度下降，叶轮旋转后产生的离心力变小，在叶轮中心区形成的低压不足以将储槽内的液体吸入泵内，虽然离心泵在运转但不能输送液体，该现象俗称“气缚”。为防止出现“气缚”，可将泵的吸入口置于液位以下，使液体能自动流入泵内，启动前可免去人工灌泵。当泵的吸入口置于液位以上时，在启动离心泵前，必须向壳体内灌满液体。在吸入管底部安装带滤网的底阀(止逆阀)，防止启动前灌入的液体从泵内漏失。滤网也用于防止固体物质进入泵内。靠近泵出口处的排出管道上装有出口阀，供调节流量时使用。离心泵停机前，需先关闭出口阀后方可停机，以防止出口管路中的高压流体向泵体内倒灌。因叶轮中心在停机瞬间尚处真空状态，易对泵造成破坏。

2.1.2　离心泵的理论压头

从离心泵的工作原理可知，液体从离心泵叶轮获得了能量，提高了压强。单位质量液体从旋转的叶轮获得多少能量以及影响获得能量的因素可以从理论上进行分析。由于液体在叶轮内的运动比较复杂，故做如下假设：①叶轮上叶片的数目无限多，叶片的厚度为无限薄，液体完全沿着叶片的弯曲表面流动，无任何倒流现象；②液体为黏度等于零的理想流体，没有流动阻力。

液体从叶轮中央入口沿叶片流到叶轮外缘的流动情况如图 2-4 所示。设叶轮旋转角速度为 ω，叶轮带动液体一起做旋转运动时液体具有一个随叶轮旋转的圆周速度 $u = \omega R$，其运动方向为所处圆周的切线方向。

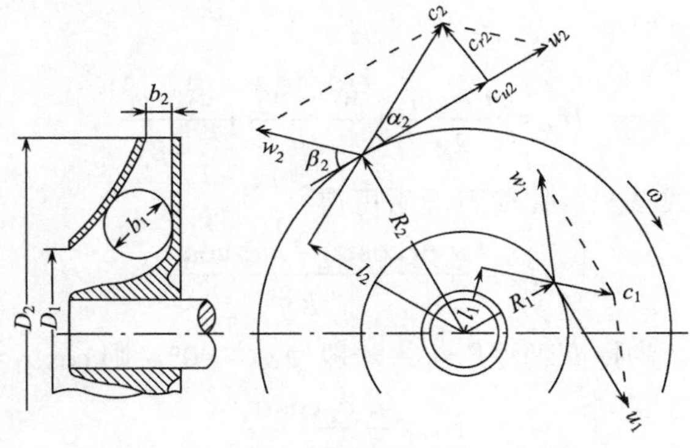

图 2-4　液体在叶片间的流动示意图

同时，液体又具有沿叶片间通道流动的相对速度 w，其运动方向为所在处叶片的切线方向；液体在叶片之间任一点的绝对速度 c 为该点的圆周速度 u 与相对速度 w 的矢量和。由上述三个速度组成的矢量图称为速度三角形。如图 2-4 中速度三角形所示，α 表示绝对速度与圆周速度两矢量之间的夹角，β 表示相对速度与圆周速度反方向延长线的夹角，一般称为流动角。α 及 β 的大小与叶片的形状有关。根据速度三角形可确定各速度间的数量关系。由余弦定理得知：

叶轮进口处
$$w_1^2 = c_1^2 + u_1^2 - 2c_1u_1\cos\alpha_1 \tag{2-1}$$

叶轮出口处　　$$w_2^2 = c_2^2 + u_2^2 - 2c_2u_2\cos\alpha_2 \tag{2-2}$$

为了推导泵理论压头的表示式，于叶轮进口与出口之间列机械能衡算方程

$$\frac{p_1}{\rho g} + \frac{c_1^2}{2g} + H_\infty = \frac{p_2}{\rho g} + \frac{c_2^2}{2g}$$

即

$$H_\infty = H_\text{p} + H_\text{c} = \frac{p_2 - p_1}{\rho g} + \frac{c_2^2 - c_1^2}{2g} \tag{2-3}$$

式中，H_∞为具有无穷多叶片的离心泵对理想液体提供的理论压头(m)；H_p 为理想液体经理想叶轮后静压头的增量(m)；H_c为理想液体经理想叶轮后动压头的增量(m)。式(2-3)没有考虑进、出口两点高度不同，因叶轮每转一周，两点高低互换两次，按时均计此高差，可视为零。

静压头增量主要来源于以下两个方面：

(1) 离心力做功。单位重量液体因受离心力作用而接受的外功可表示为

$$\int_{R_1}^{R_2} \frac{F_\text{c}\text{d}R}{g} = \int_{R_1}^{R_2} \frac{R\omega^2\text{d}R}{g} = \frac{\omega^2}{2g}\left(R_2^2 - R_1^2\right) = \frac{u_2^2 - u_1^2}{2g}$$

(2) 能量转换。相邻两叶片构成的通道截面积由内而外逐渐扩大，液体通过时速度逐渐变小，一部分动能转变为静压能。单位重量液体静压能增加的量等于其动能减小的量，即$(w_1^2-w_2^2)/2g$。

因此，单位重量液体通过叶轮后其静压能的增量应为上述两项之和，即

$$H_\text{p} = \frac{u_2^2 - u_1^2}{2g} + \frac{w_1^2 - w_2^2}{2g} \tag{2-4}$$

将式(2-4)代入式(2-3)得

$$H_\infty = \frac{u_2^2 - u_1^2}{2g} + \frac{w_1^2 - w_2^2}{2g} + \frac{c_2^2 - c_1^2}{2g} \tag{2-5}$$

将式(2-1)、式(2-2)代入式(2-5)，化简整理后可得

$$H_\infty = \frac{u_2c_2\cos\alpha_2 - u_1c_1\cos\alpha_1}{g} \tag{2-6}$$

在离心泵的设计中，为提高理论压头，一般使$\alpha_1 = 90°$，则 $\cos\alpha_1 = 0$，式(2-6)可简化为

$$H_\infty = \frac{u_2c_2\cos\alpha_2}{g} \tag{2-7}$$

式(2-7)即为离心泵理论压头的表达式，称为离心泵基本方程式。

如果不计叶片的厚度，则离心泵的理论流量 Q_T 可表示为

$$Q_\text{T} = c_{r2}\pi D_2 b_2 \tag{2-8}$$

式中，c_{r2} 为叶轮在出口处绝对速度的径向分量(m/s)；D_2 为叶轮外径(m)；b_2 为叶轮出口宽度(m)。

从图 2-4 中出口速度三角形可得

$$c_2\cos\alpha_2 = u_2 - c_{r2}\cot\beta_2 \tag{2-9}$$

将式(2-8)及式(2-9)代入式(2-7)，可得

$$H_{\infty}=\frac{u_2^2}{g}-\frac{u_2\cot\beta_2}{g\pi D_2 b_2}Q_{\mathrm{T}} \tag{2-10}$$

式(2-10)为离心泵基本方程式的又一表达形式，表示离心泵的理论压头与流量、叶轮的转速和直径、叶片的几何形状之间的关系。下面分别讨论各项影响因素。

1) 叶轮的转速和直径

由式(2-10)可看出，当叶片几何尺寸(b_2, β_2)与流量一定时，离心泵的理论压头随叶轮的转速或直径的增加而增大。

2) 叶片的几何形状

根据式(2-10)，当叶轮的转速和直径、叶片的宽度及流量一定时，离心泵的理论压头随叶片的形状而改变。叶片形状可分为三种，如图 2-5 所示。

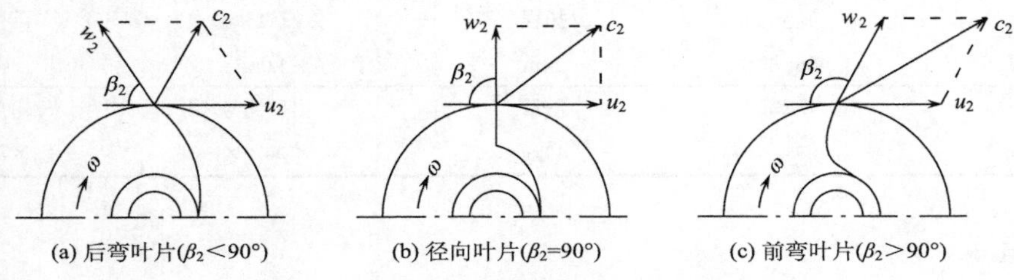

图 2-5　叶片形状对理论压头的影响

后弯叶片　　$\beta_2<90°$，$\cot\beta_2>0$，$H_{\infty}<\dfrac{u_2^2}{g}$　　(a)

径向叶片　　$\beta_2=90°$，$\cot\beta_2=0$，$H_{\infty}=\dfrac{u_2^2}{g}$　　(b)

前弯叶片　　$\beta_2>90°$，$\cot\beta_2<0$，$H_{\infty}>\dfrac{u_2^2}{g}$　　(c)

在这三种形式的叶片中，前弯叶片产生的理论压头最高。但是，理论压头包括势能的提高和动能的提高两部分。由图 2-5 可见，相同流量下，前弯叶片的动能 $c_2^2/2g$ 较大，而后弯叶片的动能 $c_2^2/2g$ 较小。液体动能虽然可经蜗壳部分地转化为势能，但在此转化过程中导致较多的能量损失。因此，为了获得较高的能量利用率，离心泵总是采用后弯叶片。

3) 理论流量

如图 2-6 所示，叶片形状不同，离心泵的理论压头 H_{∞}与流量 Q_{T} 的关系也不同。从式(2-10)可看出，$\beta_2<90°$ 时，H_{∞}随流量 Q_{T} 增大而减小；$\beta_2=90°$时，H_{∞}与流量 Q_{T} 无关；$\beta_2>90°$时，H_{∞}随流量 Q_{T} 增大而增大。

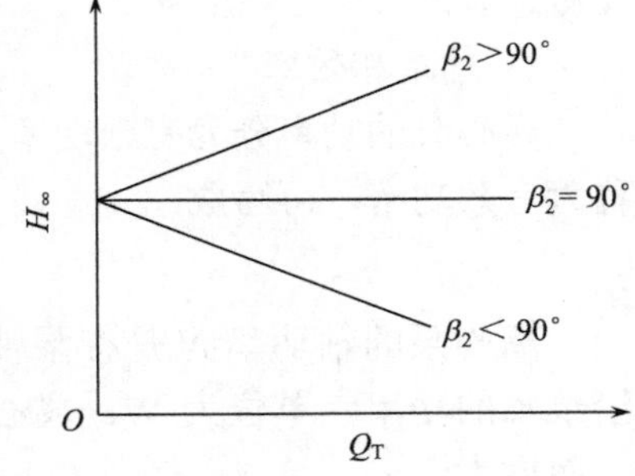

图 2-6　离心泵的 H_{∞}与 Q_{T} 的关系

2.1.3　离心泵的性能参数和特性曲线

1. 离心泵的主要性能参数

离心泵的性能参数有转速、流量、压头、功率、效率和汽蚀余量等，常标注在泵的铭牌上，注明泵在最高效率时的主要性能参数。要正确地选择和使用离心泵，就必须了解泵的各性能参数之间的关系。表 2-1 是某离心泵铭牌上标注的内容。在型号中，IS 表示单级单吸离心清水泵；100 表示泵吸入口直径，mm；80 表示泵排出口直径，mm；125 表示叶轮名义直径，mm。

表 2-1　离心泵的铭牌标注参数实例

型号	流量	扬程	泵汽蚀余量	配带功率
IS100-80-125	$60m^3/h$	24m	4.0m	11kW
转速	效率	重量	出厂编号	出厂日期
2900r/min	67%	49kg	××××	×年×月

1) 流量

离心泵的流量是指离心泵在单位时间内输送到管路系统的液体体积，以 Q 表示，常用单位为 m^3/h 或 L/s。离心泵的流量与泵的结构、尺寸(主要为叶轮直径和叶片宽度)及转速等有关，可测量。应予指出，离心泵总是与特定的管路相连接，因此离心泵的实际流量还与管路特性有关。

2) 扬程

离心泵的压头又称扬程，它是指离心泵对单位重量的液体所能提供的有效能量，即每牛顿液体由泵实际获得的净机械能量，一般以 H 表示，其单位为 m(液柱)。其大小与泵的结构型式、尺寸(叶轮直径、叶片的弯曲程度等)、转速、流量及液体的黏度等有关。

如前所述，离心泵的理论压头可用离心泵的基本方程式计算。实际上，由于液体在泵内的流动情况复杂，目前不能从理论上计算泵的实际压头，一般由实验测定，有关内容将在后文叙述。

3) 功率和效率

离心泵的功率分为有效功率、轴功率和配带功率三种。离心泵单位时间内对液体做的功称为有效功率，可写成

$$N_e = Q\rho gH \tag{2-11}$$

离心泵的轴功率 N 是指泵轴所需的功率。当泵直接由电动机带动时，轴功率是电机传给泵轴的功率，单位为 W。离心泵的轴功率通常随设备的尺寸、流体的黏度、流量等的增大而增大。

配带功率是指带动泵运转的配套电机功率。配用电机时，因为泵在运转时可能出现超负荷的情况，为了安全，一般泵的配带功率比轴功率大。

离心泵的有效功率占轴功率的百分比定义为离心泵的效率，即

$$\eta = \frac{N_e}{N} \tag{2-12}$$

η 反映了离心泵各种能量损失的总和，故又称为总效率。一般小型离心泵的效率为 50%～70%，大型泵的效率可高达 90%。

离心泵内的能量损失包括容积损失、水力损失和机械损失。容积损失是指叶轮出口处高压液体因机械泄漏返回叶轮入口造成的能量损失。水力损失是由于实际流体在泵内有限叶片作用下各种摩擦阻力损失，包括液体与叶片和壳体的冲击而形成旋涡造成的机械能损失。机械损失是指由泵轴与轴承之间、泵轴与填料函之间以及叶轮盖板表面与液体之间产生的摩擦而引起的能量损失。

4) 转速

离心泵的转速是指叶轮的旋转速度，用 n 表示。转速不同，对应的 Q、H、N 也不同。

2. 离心泵的特性曲线

离心泵的压头 H、轴功率 N 和效率 η 与流量 Q 之间的关系曲线称为离心泵的特性曲线。离心泵的特性曲线一般由离心泵的生产厂家提供，标绘于泵产品说明书中，其测定条件一般是 20℃清水，转速也固定。各种型号的离心泵具有其各自的特性曲线，但形状基本相同，如图 2-7 所示。它们存在下列共同点：

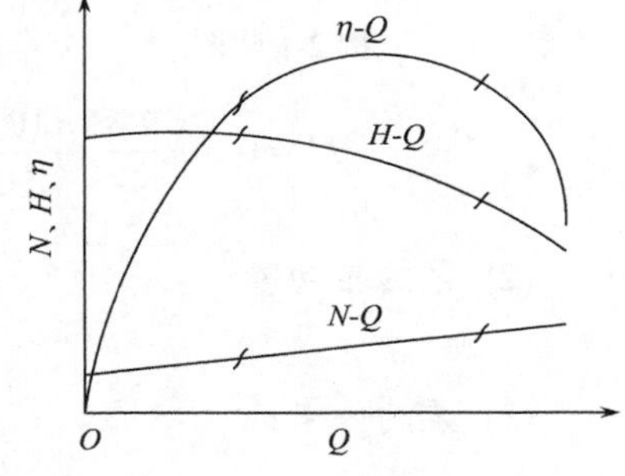

图 2-7　离心泵的特性曲线

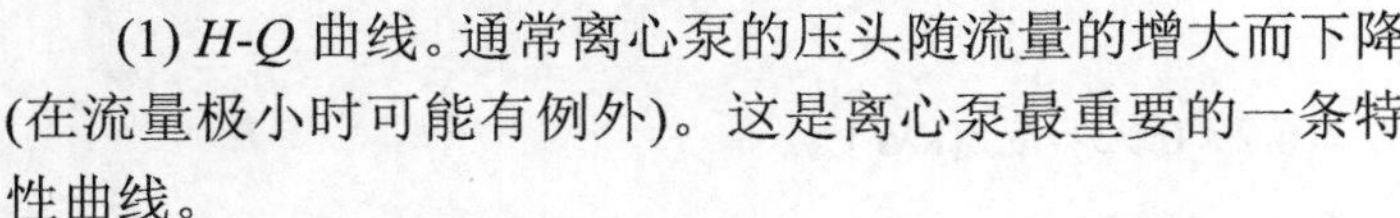

(1) H-Q 曲线。通常离心泵的压头随流量的增大而下降(在流量极小时可能有例外)。这是离心泵最重要的一条特性曲线。

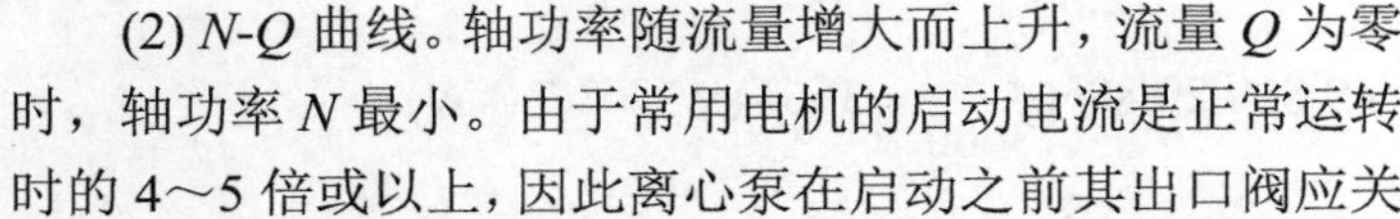

(2) N-Q 曲线。轴功率随流量增大而上升，流量 Q 为零时，轴功率 N 最小。由于常用电机的启动电流是正常运转时的 4～5 倍或以上，因此离心泵在启动之前其出口阀应关闭，使其在流量为零的状况下启动，这样可减小所需的启动功率，以保护电机。待电机运转正常时，再缓慢打开出口阀，调节所需要的流量。

(3) η-Q 曲线。当 $Q = 0$ 时，$\eta = 0$；随着流量增大，泵的效率上升并达到一最大值，以后流量再增加，效率便下降。这说明离心泵在一定转速下有一个最高效率点，通常称为设计点或额定点。根据生产任务选用离心泵时，应使所选的泵能在此点附近操作。离心泵的铭牌上标有一组性能参数，它们都是与最高效率点对应的性能参数。根据输送条件的要求，离心泵往往不可能正好在最佳工况下运转，因此一般只能规定一个工作范围，称为泵的高效率区，通常为最高效率的 92%左右，如图 2-7 中波浪号所示范围。选择离心泵时，应尽可能使泵在该范围内工作。

【例 2-1】　本题附图为测定离心泵特性曲线的实验装置，实验中已测出如下一组数据：泵进口处真空表读数 $p_1 = 2.67\times10^4$Pa(真空度)；泵出口处压强表读数 $p_2 = 2.55\times10^5$Pa(表压)；泵的流量 $Q = 45\text{m}^3/\text{h}$；功率表测得电动机消耗功率为 6.2kW；吸入管直径 $d_1 = 80$mm；排出管直径 $d_2 = 60$mm；两测压点间垂直距离 $Z_2 - Z_1 = 0.5$m；泵由电动机直接带动，传动效率可视为 1，电动机的效率为 0.93；实验介质为 20℃的清水。试计算在此流量下泵的压头 H、轴功

率 N 和效率 η。

解　(1) 泵的压头：在真空表及压强表所在截面 1-1′与截面 2-2′间列机械能衡算方程

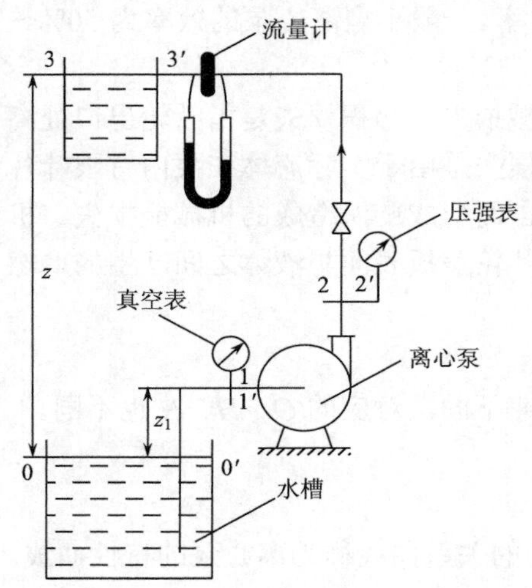

例 2-1 附图

$$H=(Z_2-Z_1)+\frac{p_2-p_1}{\rho g}+\frac{u_2^2-u_1^2}{2g}+\sum H_{f1\text{-}2}$$

式中，$Z_2-Z_1=0.5\text{m}$；$p_1=-2.67\times10^4\text{Pa}$（表压）；$p_2=2.55\times10^5\text{Pa}$（表压）。

$$u_1=\frac{Q}{\frac{\pi}{4}d_1^2}=\frac{4\times\left(\frac{45}{3600}\right)}{\pi\times\left(\frac{80}{1000}\right)^2}=2.49(\text{m/s})$$

$$u_2=\frac{Q}{\frac{\pi}{4}d_2^2}=\frac{4\times\left(\frac{45}{3600}\right)}{\pi\times\left(\frac{60}{1000}\right)^2}=4.42(\text{m/s})$$

若略去 $\sum H_{f_{1\text{-}2}}$，则该流量下泵的压头为

$$H=0.5+\frac{2.55\times10^5-(-2.67\times10^4)}{1000\times9.81}+\frac{4.42^2-2.49^2}{2\times9.81}=29.88\ (\text{mH}_2\text{O})$$

(2) 泵的轴功率：

$$N=6.2\times0.93=5.8(\text{kW})$$

(3) 泵的效率：

$$N_e=\rho gHQ=1000\times9.81\times29.88\times\frac{45}{3600}=3664\ (\text{W})\approx3.7\ (\text{kW})$$

$$\eta=\frac{N_e}{N}=\frac{3.7}{5.8}=64\%$$

调节流量，并重复以上的测量和计算，可得到不同流量下的 H、N 和 η。将这些数据绘于坐标纸上，即得该泵在固定转速下的特性曲线。

3. 离心泵性能的改变与换算

泵生产部门提供的特性曲线一般都是用 20℃的清水做实验求得。若使用时输送的液体物性与水差异较大，要考虑密度与黏度的影响，此点在选用油泵及输送酸、碱液等的耐酸泵时应加以注意。此外，若改变泵的转速或叶轮直径，泵的性能也要发生改变。因此，在实际使用中常需要对制造商提供的特性曲线进行换算。

1) 密度的影响

由离心泵的基本方程式可以看出，离心泵的压头、流量均与液体的密度无关，所以泵的效率也不随液体的密度而改变，故 H-Q 与 η-Q 曲线保持不变，但泵的轴功率随液体密度而改变。因此，当被输送液体的密度与水不同时，该泵提供的 N-Q 曲线不再适用，泵的轴功率需重新测量。

2) 黏度的影响

泵厂提供的特性曲线是用常温清水进行测定的。若用于输送黏度较大的实际流体，特性曲线将有所变化。因此，选泵时应先对原特性曲线进行修正，然后根据修正后的特性曲线进行选择。具体换算方法可参阅有关手册或说明书。

3) 转速的影响

离心泵的特性曲线都是在一定转速下测定的，但在实际使用时常遇到需要改变转速的情况，此时泵的压头、流量、效率和轴功率也随之改变。当转速由 n 改变为 n' 时，泵的流量、压头、轴功率与转速的近似关系为

$$\frac{Q'}{Q}=\frac{n'}{n},\quad \frac{H'}{H}=\left(\frac{n'}{n}\right)^2,\quad \frac{N'}{N}=\left(\frac{n'}{n}\right)^3 \tag{2-13}$$

式中，Q、H、N 是转速为 n 时泵的性能数据；Q'、H'、N' 是转速为 n' 时泵的性能数据。

式(2-13)称为离心泵的比例定律。当液体的黏度与实验流体的黏度相差不大，转速变化小于 20%时，可认为效率不变，用式(2-13)计算误差不大。

4) 叶轮尺寸的影响

对某一型号的离心泵，将其原叶轮的外周进行切削，该过程称为叶轮的切割。当泵的转速一定，叶轮直径由 D 变为 D' 时，泵的流量、压头、轴功率与叶轮直径的近似关系为

$$\frac{Q'}{Q}=\frac{D'}{D},\quad \frac{H'}{H}=\left(\frac{D'}{D}\right)^2,\quad \frac{N'}{N}=\left(\frac{D'}{D}\right)^3 \tag{2-14}$$

式中，Q、H、N 是直径为 D 时泵的性能数据；Q'、H'、N' 是直径为 D' 时泵的性能数据。

式(2-14)称为离心泵的切割定律。当叶轮切削前后外径变化不超过 10%，且出口处的宽度基本不变时，用式(2-14)计算才合适。

2.1.4　离心泵的安装高度

1. 离心泵的汽蚀现象

如图 2-8 所示的泵输送装置中，在液面 0-0′与泵吸入口附近截面 1-1′之间无外加机械能，液体通过势能差流动。由离心泵的工作原理可知，从整个吸入管路到泵吸入口直至叶轮内缘，液体的压强不断降低。若提高泵中心至储槽液面的垂直距离，即安装高度 H_g，使叶轮内缘处的压强等于或低于操作温度下液体的饱和蒸气压时，液体就会部分气化并产生气泡。含气泡的液体进入叶轮后，因流道扩大压强升高，气泡立即凝聚，气泡的消失产生局部真空，周围液体以高速涌向气泡中心，造成冲击和振动。尤其是当气泡的凝聚发生在叶片表面附近时，众多液体质点犹如细小的高频水锤撞击叶片；另外，气泡中还可能带有氧气等，对金属材料产生化学腐蚀作用。泵在这种状态下长期运转，将导致叶片过早损坏，这种现象称为泵的汽蚀。离心泵在产生汽蚀条件下运转，泵体振动

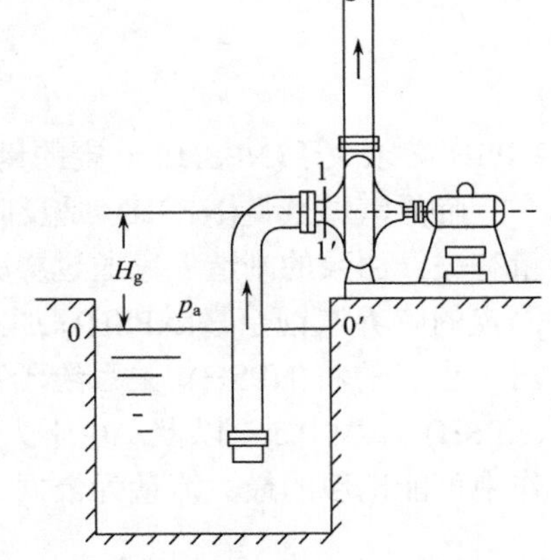

图 2-8　离心泵的安装高度

并发出噪声，流量、压头和效率等性能都明显下降，严重时甚至吸不上液体。为了避免汽蚀现象，泵的安装位置不能太高，以保证叶轮中各处的压强高于液体的饱和蒸气压。

2. 汽蚀余量

研究表明，叶轮内缘处的叶片背侧 k 是泵内压强最低点。为防止汽蚀现象发生，保证离心泵正常运转，必要的条件是 $p_k > p_v$，但是 p_k 很难测出，易测定的是泵入口处的绝对压强 p_1，显然 $p_1 > p_k$。在泵入口 1 截面和叶片背侧 k 截面之间列机械能衡算方程，可得

$$\frac{p_1}{\rho g}+\frac{u_1^2}{2g}=\frac{p_k}{\rho g}+\frac{u_k^2}{2g}+\sum H_{f1\text{-}k} \tag{2-15}$$

从式(2-15)可以看出，在一定流量下，p_1 降低，p_k 也相应地减小。当泵内刚发生汽蚀时，p_k 等于被输送液体的饱和蒸气压 p_v，而 p_1 必等于某确定的最小值 $p_{1,\min}$。在此条件下，式(2-15)可写为

$$\frac{p_{1,\min}}{\rho g}+\frac{u_1^2}{2g}=\frac{p_v}{\rho g}+\frac{u_k^2}{2g}+\sum H_{f1\text{-}k} \tag{2-16}$$

或

$$\left(\frac{p_{1,\min}}{\rho g}+\frac{u_1^2}{2g}\right)-\frac{p_v}{\rho g}=\frac{u_k^2}{2g}+\sum H_{f1\text{-}k} \tag{2-17}$$

式(2-17)表明，在泵内刚发生汽蚀的临界条件下，泵入口处液体的机械能 $\left(\frac{p_{1,\min}}{\rho g}+\frac{u_1^2}{2g}\right)$ 比液体气化时的势能超出 $\frac{u_k^2}{2g}+\sum H_{f1\text{-}k}$。此超出量称为离心泵的临界汽蚀余量，以符号 $(\mathrm{NPSH})_c$ 表示，即

$$(\mathrm{NPSH})_c=\left(\frac{p_{1,\min}}{\rho g}+\frac{u_1^2}{2g}\right)-\frac{p_v}{\rho g}=\frac{u_k^2}{2g}+\sum H_{f1\text{-}k} \tag{2-18}$$

为使泵正常运转，泵入口处的压强 p_1 必须高于 $p_{1,\min}$，即实际汽蚀余量

$$\mathrm{NPSH}=\left(\frac{p_1}{\rho g}+\frac{u_1^2}{2g}\right)-\frac{p_v}{\rho g} \tag{2-19}$$

NPSH 必须大于 $(\mathrm{NPSH})_c$ 一定的量。

临界汽蚀余量 $(\mathrm{NPSH})_c$ 是反映离心泵汽蚀性能的重要参数，主要与泵的结构和输送的流量有关，由泵的制造厂家通过实验测定，其值随流量增大而加大。为确保泵的正常操作，将测定的临界汽蚀余量 $(\mathrm{NPSH})_c$ 加上一定的安全量作为必需汽蚀余量 $(\mathrm{NPSH})_r$，在泵样本中给出，也有的将 $(\mathrm{NPSH})_r$ 关系绘于离心泵特性曲线上。标准还规定，实际汽蚀余量(NPSH)比 $(\mathrm{NPSH})_r$ 加大 0.5m 以上。由于大流量的 $(\mathrm{NPSH})_r$ 较大，因此在计算泵的安装高度时，应以操作中可能出现的最大流量为依据。

3. 允许安装高度

离心泵的允许安装高度又称为允许吸上高度，是指离心泵在保证不发生汽蚀现象的前提

下，泵吸入口与吸入储槽液面间允许达到的最大垂直距离，以 H_g 表示，可正可负。

从吸入液面 0-0′至泵入口截面 1-1′之间(参见图 2-8)列机械能衡算式，可求得最大安装高度为

$$H_g = \frac{p_0}{\rho g} - \frac{p_1}{\rho g} - \frac{u_1^2}{2g} - \sum H_{f0\text{-}1} \tag{2-20}$$

将式(2-19)与式(2-20)合并，可得汽蚀余量与安装高度之间的关系

$$H_g = \frac{p_0 - p_v}{\rho g} - \text{NPSH} - \sum H_{f0\text{-}1} \tag{2-21}$$

或

$$H_g = \frac{p_0 - p_v}{\rho g} - [(\text{NPSH})_r + 0.5] - \sum H_{f0\text{-}1} \tag{2-22}$$

式中，p_0 为液面上方的压强，若液位槽为敞口，则 $p_0 = p_a$。

【例 2-2】 用型号为 IS65-50-125 的离心泵将敞口储槽内的水输送到冷却器内。已知储槽中的液位保持恒定，输水量为 $25\text{m}^3/\text{h}$。吸入管路的压头损失为 4m，当地大气压为 98kPa。试求水温分别为 20℃和 80℃时泵的安装高度。

解 查附录 10 得泵的必需汽蚀余量 $(\text{NPSH})_r = 2.0\text{m}$；查附录 3 得 20℃水的饱和蒸气压为 2.3346kPa，密度为 998.2kg/m^3。由式(2-22)可得

$$H_g = \frac{p_0 - p_v}{\rho g} - [(\text{NPSH})_r + 0.5] - \sum H_{f0\text{-}1} = \frac{(98 - 2.3346) \times 10^3}{998.2 \times 9.81} - (2.0 + 0.5) - 4 = 3.3(\text{m})$$

故输送 20℃的水时，泵的安装高度为 3.3m。

查附录 3 得 80℃水的饱和蒸气压为 47.3790kPa，密度为 971.8kg/m^3。代入式(2-22)，得

$$H_g = \frac{(98 - 47.3790) \times 10^3}{971.8 \times 9.81} - (2.0 + 0.5) - 4 = -1.2(\text{m})$$

故输送 80℃的水时，泵的安装高度为−1.2m。

H_g 为负值，表示泵应安装在水面以下，至少比储槽水面低 1.2m。

在输送温度高或沸点低的液体时，由于其饱和蒸气压高，允许的吸上高度往往很小，有时还会出现负值。对于这种情况，可采用下列措施：

(1) 尽量减小吸入管内的压头损失。泵的吸入管直径可比排出管直径适当增大；泵的位置应靠近液源，以缩短吸入管长度；吸入管应少拐弯，省去不必要的管件；调节阀应装在排出管路上。

(2) 可将泵安装在储槽液面以下的位置，使液体利用位差自动灌入泵内，称为“倒灌”。若算出的吸上高度为负值，则必须采用此法。

2.1.5　离心泵的工作点与流量调节

1. 离心泵的工作点

当离心泵安装在特定的管路系统中工作时，实际的工作压头和流量不仅与离心泵本身的性能有关，还与管路的特性有关，即在输送液体的过程中，离心泵和管路是互相制约的。因

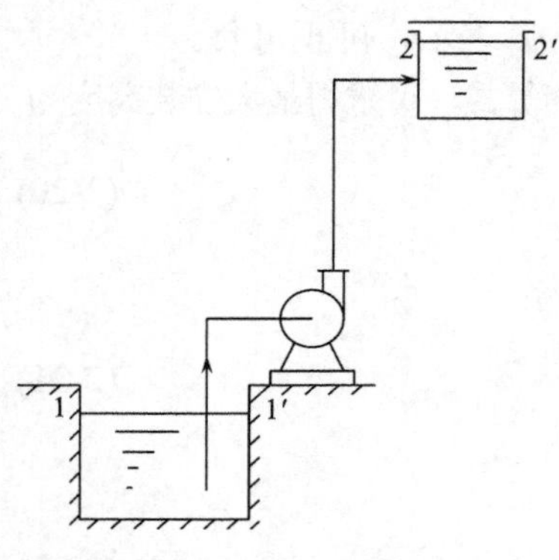

图 2-9 管路输送系统示意图

此，在讨论泵的工作情况前，应先了解与之连接的管路状况。

在如图 2-9 所示的输送系统中，为完成从低能位 1 处向高能位 2 处输送，单位重量流体所需要的能量 H_e 由机械能衡算方程可得

$$H_e = \Delta Z + \frac{\Delta p}{\rho g} + \frac{\Delta u^2}{2g} + \sum H_{f1\text{-}2} \tag{2-23}$$

阻力损失

$$\sum H_{f1\text{-}2} = \sum \left[\left(\lambda \frac{l}{d} + \zeta \right) \frac{u^2}{2g} \right] \tag{2-24}$$

其中

$$u = \frac{Q}{\frac{\pi}{4} d^2}$$

故

$$\sum H_{f1\text{-}2} = \sum \left[\frac{8\left(\lambda \frac{l}{d} + \zeta \right)}{\pi^2 d^4 g} \right] Q^2$$

或

$$\sum H_{f1\text{-}2} = KQ^2 \tag{2-25}$$

其中系数 K 为

$$K = \sum \frac{8\left(\lambda \frac{l}{d} + \zeta \right)}{\pi^2 d^4 g}$$

式中，除 λ 外其余均为常数，且 $\lambda = f\left(\frac{du\rho}{\mu}, \frac{\varepsilon}{d} \right) = f(Q)$。当管内流动已进入阻力平方区，$\lambda$ 也为常数，此时系数 K 是一个与管内流量 Q 无关的常数。一般情况下可忽略上、下游截面的动压头差 $\frac{\Delta u^2}{2g}$，则

$$H_e = \Delta Z + \frac{\Delta p}{\rho g} + KQ^2 \tag{2-26}$$

对于特定管路系统，ΔZ 与 Δp 均为定值，则 $\Delta Z + \Delta p/\rho g = A$，$A$ 为常数。式(2-26)可简化为

$$H_e = A + KQ^2 \tag{2-27}$$

式(2-27)称为管路特性方程，它表明向流体提供的能量用于提高流体的势能和克服管路的阻力损失，其中阻力损失项与被输送的流体流量有关。将此关系标在相应的坐标图上，即可得如图 2-10 所示的 H_e-Q 曲线，称为管路特性曲线。该曲线表示在恒定操作条件下，一定的管路系统中流体在管路系统中流动时所需的外加压头与流量间的关系，其形状由管路系统本

身决定，与离心泵的性能无关。K 值较大时，特性曲线较为陡峭(曲线 1)，管路称为高阻管路；反之，若 K 值较小，即 H_e 随流量变化较小，特性曲线较为平坦(曲线 2)，管路称为低阻管路。

图 2-10 上还绘出了离心泵特性曲线 H-Q。两曲线的交点 M 所代表的流量就是将液体送过管路所需的压头与泵对液体提供的压头正好相等时的流量。M 点称为泵在管路上的工作点。它表示一个特定的泵安装在一条特定的管路上时，这台泵实际输送的流量和提供的压头(也是把液体按此流量送过该管路所需的压头)，此时 $H = H_e$。泵在操作时，工作点应落在高效区。工作点对应的各性能参数(Q、H、N 和 η)反映了一台泵的实际工作状态。

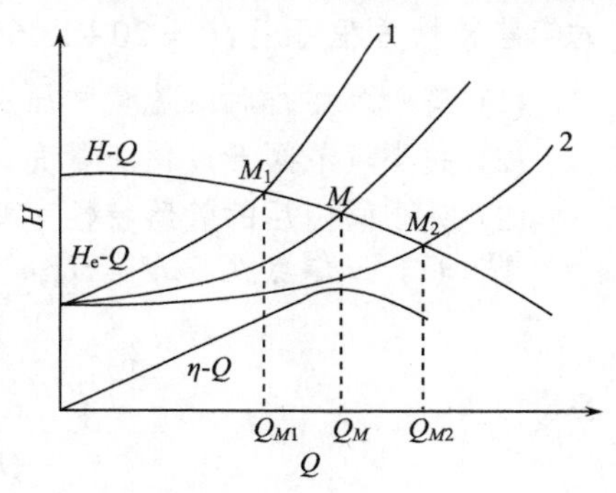

图 2-10　离心泵的工作点

2. 离心泵的流量调节

由于生产任务的变化，管路需要的流量有时是需要改变的，这实际上就是要改变泵的工作点。由于泵的工作点由管路的特性和泵的特性共同决定，因此改变两种特性曲线之一均可达到调节流量的目的。

1) 改变阀门的开度

改变阀门的开度即改变管路阻力系数[式(2-26)中 K 值]，可改变管路特性曲线的位置，使调节后管路特性曲线与泵特性曲线的交点移至适当位置，满足流量调节的要求。如图 2-10 所示，关小阀门，K 值增大，管路特性曲线变陡，工作点由 M 移至 M_1，流量由 Q_M 减小为 Q_{M1}，泵提供的压头上升。相反，开大阀门，K 值减小，管路特性曲线变平坦，工作点由 M 移至 M_2，流量由 Q_M 增大为 Q_{M2}，泵提供的压头下降。工作点沿泵的特性曲线移动，从而完成了流量调节。此调节法易使工作点偏离泵的高效率区，在经济上不合理，但用阀门调节流量的操作简便、灵活，故应用很广。当调节幅度不大而经常需要改变流量时，此法尤为适用。

2) 改变泵的转速

改变泵的转速，实质上是改变泵的特性曲线。如图 2-11 所示，原来的转速为 n，工作点为 M；依据式(2-13)，若将泵的转速降低到 n_1，泵的特性曲线 H-Q 向下移，工作点由 M 移至 M_1，流量由 Q_M 降到 Q_{M1}；若将泵的转速提高到 n_2，泵的特性曲线 H-Q 向上移，工作点由 M 移至 M_2，流量加大到 Q_{M2}。这种调节流量的工作点是沿管路特性曲线移动，从而完成了流量调节。用这种方法调节流量不额外增加管路阻力，而且在一定范围内可保持在高效区工作，能量利用较为经济，这对大功率泵是重要的。

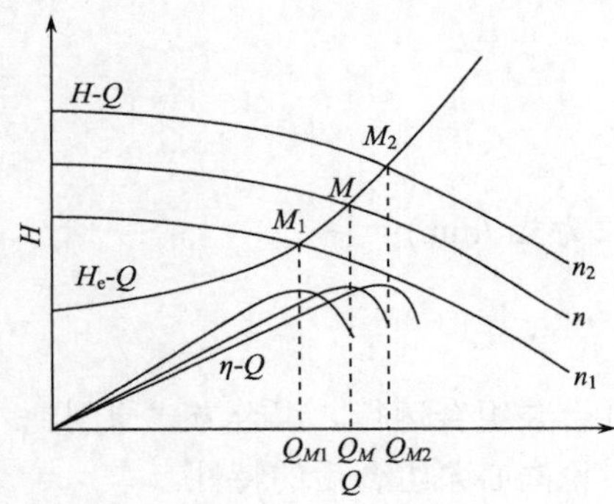

图 2-11　泵转速改变时的工作点

此外，根据式(2-14)可知，减小叶轮直径也可以改变泵的特性曲线，使泵的流量改变，但一般可调节范围不大，且难以做到流量的连续调节，故生产上很少采用。

【例 2-3】 某离心泵的特性曲线可用以下方程表示：$H = 25 - 2.0Q^2$（式中，H 单位为 m，Q 单位为 m^3/min）。若用此泵将 20℃的水从储槽输送到某设备，已知管路系统调节阀全开时的管路特性方程可用 $H_e = 20 + 1.86Q^2$ 表达（式中单位同上）。试求：

(1) 离心泵运行时的流量和压头。

(2) 关小调节阀开度使流量变为 $57m^3/h$ 时需多消耗的压头(m)。

(3) 关小阀门后的管路特性方程。

解 (1) 工作点处，$H = H_e$，即

$$25 - 2.0Q^2 = 20 + 1.86Q^2$$

解得

$$Q = 1.14m^3/min = 68.4m^3/h$$

此时

$$H = H_e = 22.4m$$

(2) 关小阀门多消耗的压头。

由离心泵特性方程求得现工作点的压头，即

$$H = 25 - 2.0Q^2 = 25 - 2.0 \times \left(\frac{57}{60}\right)^2 = 23.2(m)$$

当流量为 $57m^3/h$ 时，原管路所需的压头为

$$H_e = 20 + 1.86Q^2 = 20 + 1.86 \times \left(\frac{57}{60}\right)^2 = 21.7(m)$$

故关小阀门多消耗的压头为

$$\Delta H = H - H_e = 23.2 - 21.7 = 1.5(m)$$

(3) 关小阀门后的管路特性方程。

在本例条件下，A 即 $\Delta Z + \Delta p/\rho g$ 没有变化，$A = 20$，将流量为 $57m^3/h$ 时泵的压头为 23.2m 代入管路特性方程通式 $H_e = A + KQ^2$，可得

$$23.2 = 20 + K'\left(\frac{57}{60}\right)^2$$

解得

$$K' = 3.55$$

故管路特性方程变为

$$H_e = 20 + 3.55Q^2 \ (H_e \text{单位为 m，} Q \text{ 单位为 } m^3/min)$$

2.1.6 离心泵的组合操作

在实际生产中，有时单台泵无法满足生产要求，需要几台泵组合运行。组合方式原则上有并联和串联两种方式。下面以两台性能相同的泵为例，讨论离心泵组合后的特性。

1. 并联操作

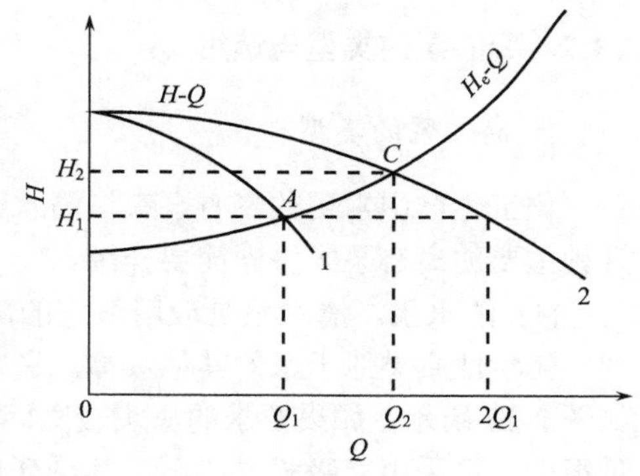

图 2-12　并联操作曲线

泵并联操作的目的是增大流量。一台泵的特性曲线如图 2-12 中曲线 1 所示。两台相同的泵并联操作时，在同样的压头下，并联泵的流量为单台泵的 2 倍，故将单台泵特性曲线 1 的横坐标 Q 加倍，纵坐标 H 不变，便可求得两泵并联后的合成特性曲线 2。并联泵的操作流量和压头可由合成特性曲线与管路特性曲线的交点 C 决定。由图可知，由于流量增大，管路流动阻力增加，因此两台泵并联后的总流量必低于原单台泵流量的 2 倍。

2. 串联操作

两台相同型号的泵串联工作时，每台泵的压头和流量也是相同的。因此，在同样的流量下，串联泵的压头为单台泵的 2 倍。于是，依据单台泵特性曲线 1 上一系列坐标点，保持其横坐标(Q)不变、纵坐标(H)加倍，由此得到一系列对应坐标点，即可绘出两台泵串联的合成特性曲线 2，如图 2-13 所示。同理，串联泵的工作点也是由管路特性曲线与泵的合成特性曲线的交点 C 决定。由图可知，与同一管路中单台泵工作点 A 相比，串联泵组不仅提高了压头，同时还增加了输送量。正因为如此，在同一管路系统中串联泵组的压头不能达到两台泵单独工作时的压头之和。

3. 组合方式的选择

单台不能完成输送任务可以分为两种情况：①压头不够，即 $H<\Delta Z+\Delta p/\rho g$，必须采用串联操作；②压头合格，但流量不够，此时应根据管路特性决定采用何种组合方式。由图 2-14 可见，对于低阻输送管路 a，并联组合输送的流量和压头都大于串联组合；而在高阻输送管路 b 中，则串联组合的流量和压头大于并联组合。因此，对于低阻输送管路，并联优于串联组合；对于高阻输送管路，则采用串联组合更合适。

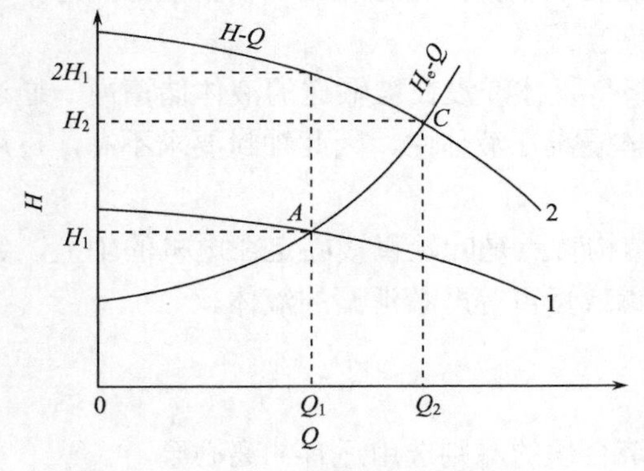

图 2-13　串联操作曲线

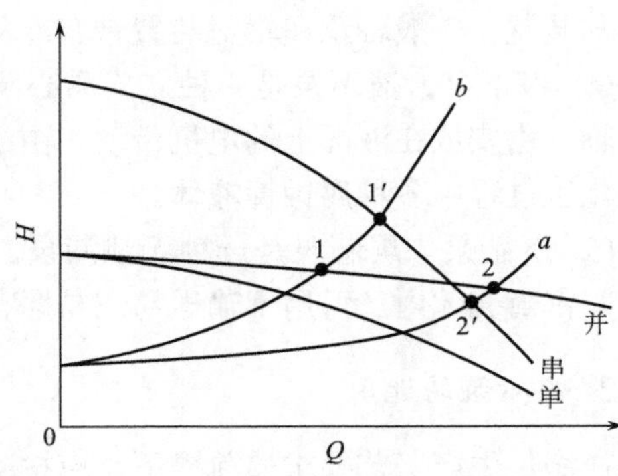

图 2-14　泵组合方式的选择

2.1.7 离心泵的类型与选用

1. 离心泵的类型

化工生产中常用的离心泵有：清水泵、耐腐蚀泵、油泵、液下泵和屏蔽泵等。以下仅对几种主要的离心泵类型做简要介绍。

(1) 清水泵。清水泵是应用最广的离心泵，在化工生产中用来输送各种工业用水以及物理、化学性质类似于水的其他液体。最普通的清水泵是单级单吸式，其系列代号为IS，结构如图 2-15 所示。如果要求的压头较高，可采用多级离心泵，其系列代号为D。如果要求的流量很大，可采用双吸式离心泵，其系列代号为Sh。

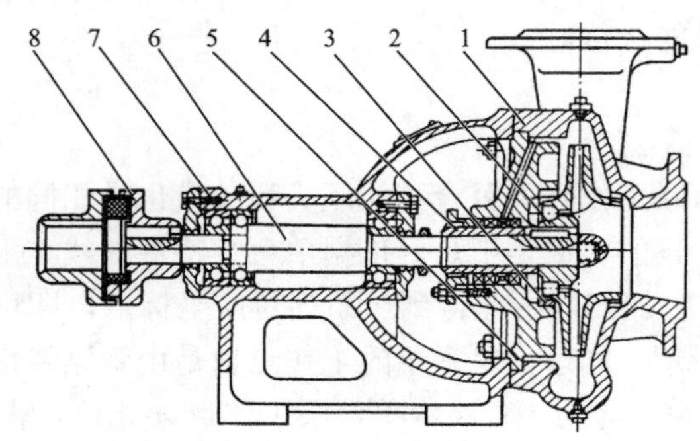

图 2-15 IS 型离心泵的结构简图

1. 泵体；2. 叶轮；3. 密封环；4. 护轴套；5. 后盖；6. 泵轴；7. 机架；8. 联轴器部件

(2) 耐腐蚀泵。输送腐蚀性化工流体必须选用耐腐蚀泵。耐腐蚀泵所有与流体介质接触的部件都采用耐腐蚀材料制作。不同材料耐腐蚀性能不一样，选用时应多加注意。耐腐蚀离心泵有多种系列，其中常用的系列代号为 F。需要特别注意耐腐蚀泵的密封性能，以防腐蚀液外泄。操作时还不宜使耐腐蚀泵在高速运转或出口阀关闭的情况下空转，以避免泵内介质发热加速泵的腐蚀。

(3) 油泵。油泵用于输送石油及油类产品，油泵系列代号为 Y，双吸式为 YS。油类液体具有易燃、易爆的特点，因此对此类泵密封性能要求较高。输送 200℃以上的热油时，还需设冷却装置。一般轴承和轴封装置带有冷却水夹套。

(4) 液下泵。液下泵是一种立式离心泵，整个泵体浸没在被输送的液体储槽内，通过一根长轴，由安放在液面上的电机带动。由于泵体浸没在液体中，因此轴封要求不高，可用于输送化工过程中各种腐蚀性液体。

(5) 屏蔽泵。屏蔽泵是一种无泄漏泵。其结构特点是叶轮直接固定在电机的轴上，并置于同一密封壳体内。可用于输送易燃易爆、剧毒或贵重等严禁泄漏的液体。

2. 离心泵的选用

在满足生产工艺要求的前提下，应按照经济合理的原则选用适宜的离心泵。

(1) 根据被输送液体的性质确定泵的类型。例如，输送清水时可选清水泵，并确定是 IS 型，还是 D 型或 Sh 型；输送腐蚀性液体时可选用相应的耐腐蚀泵；输送油类液体时可选用油泵等。

(2) 确定管路系统的流量 Q 和压头 H。液体的流量由生产任务决定，选泵时应以生产过程中可能出现的最大流量作为 Q 的值。而 H 可根据管路系统的具体布置情况，由机械能衡算方程确定。

(3) 选用泵的型号。根据泵的类型以及已确定的流量和压头，从泵的样本或产品目录中选择适宜的型号。为确保泵安全可靠地运行，所选泵在要求的流量下提供的压头应稍大一些。有时会有几种型号的泵同时在高效区内，还应参考泵的价格。泵的型号确定后，应列出该泵的主要性能参数。

(4) 校核泵的特性曲线。若被输送液体的性质与标准流体相差较大，则应对所选泵的特性曲线和参数进行校正，以满足生产要求。在泵样本中，各种类型的离心泵都附有系列特性曲线(又称为型谱图)，以便于泵的选用。离心泵的系列特性曲线可参考相关手册。

3. 离心泵的安装和操作

离心泵的安装和操作方法可参考离心泵的说明书，下面仅介绍一般应注意的问题。

(1) 泵的安装高度。为了保证不发生汽蚀现象，泵的实际安装高度必须低于理论上计算的最大安装高度，同时应尽量降低吸入管路的阻力。主要考虑：吸入管路应短而直；吸入管路的直径可以稍大；吸入管路减少不必要的管件；调节阀应装于出口管路。

(2) 启动前先“灌泵”。这主要是为了防止“气缚”现象的发生，在泵启动前，向泵内灌注液体，直到泵壳顶部排气嘴处在打开状态下有液体冒出时为止。

(3) 离心泵应在出口阀门关闭时启动。为了避免启动时电流过大而烧坏电机，泵启动时要将出口阀完全关闭，等电机运转正常后，再逐渐打开出口阀，并调节到所需的流量。

(4) 关泵的步骤。关泵时，一定要先关闭泵的出口阀，再停电机。否则，压出管中的高压液体可能反冲入泵内，造成叶轮高速反转，使叶轮损坏。

(5) 定时巡查。运转时应定时检查泵的响声、振动、滴漏等情况，观察泵出口压强表的读数，以及轴承是否过热等。

【例 2-4】　如图 2-9 所示，需用离心泵将水池的水送到高位槽。高位槽液面与水池液面高度差为 15m，高位槽中的气相表压为 49.1kPa。要求水的流量为 15～25m^3/h，吸入管长 24m，压出管长 60m(均包括局部阻力的当量长度)，管子规格均为 ϕ 68mm×4mm，摩擦系数可取 0.021。试选用一台离心泵，并确定安装高度(设水温为 20℃，密度 1000kg/m^3，当地大气压为 101.3kPa)。

解　以最大流量 $Q = 25\text{m}^3/\text{h}$ 计算，在 1-1′和 2-2′之间列机械能衡算方程，可得

$$H_e = (Z_2 - Z_1) + \frac{p_2 - p_1}{\rho g} + \frac{u_2^2 - u_1^2}{2g} + \sum H_{f1\text{-}2}$$

其中，$Z_2 - Z_1 = 15\text{m}$，$p_1 = 0$(表压)，$p_2 = 49.1\text{kPa}$(表压)，$u_1 \approx 0$，$u_2 \approx 0$，$d = (68-4\times2)/1000 = 0.06(\text{m})$，则有

管中流速：

$$u = \frac{Q}{\frac{\pi}{4}d^2} = \frac{\frac{25}{3600}}{\frac{\pi}{4}\times 0.06^2} = 2.46(\text{m/s})$$

总阻力：
$$\sum H_{f1\text{-}2}=\lambda\frac{l+\sum l_e}{d}\frac{u^2}{2g}=0.021\times\frac{24+60}{0.06}\times\frac{2.46^2}{2\times9.81}=9.07(\text{m})$$

所以
$$H_e=(Z_2-Z_1)+\frac{p_2-p_1}{\rho g}+\sum H_{f1\text{-}2}=15+\frac{49.1\times10^3-0}{1000\times9.81}+9.07=29.07(\text{m})$$

根据流量 $Q=25\text{m}^3/\text{h}$ 及 $H_e=29.07\text{m}$，查附录的相应内容，可选型号为 IS65-50-160 的离心泵，确定其流量 Q 为 $25\text{m}^3/\text{h}$，压头 H 为 32m，转速 n 为 2900r/min，必需汽蚀余量 $(\text{NPSH})_r$ 为 2.0m，效率 η 为 65%，轴功率 N 为 3.35kW。

此时，吸入管阻力为
$$\sum H_f=\lambda\frac{l+\sum l_e}{d}\frac{u^2}{2g}=0.021\times\frac{24}{0.06}\times\frac{2.46^2}{2\times9.81}=2.59(\text{m})$$

20℃水的饱和蒸气压 $p_v=2.3346\text{kPa}$，则离心泵的允许安装高度为
$$H_g=\frac{p_0-p_v}{\rho g}-\left[(\text{NPSH})_r+0.5\right]-\sum H_{f0\text{-}1}=\frac{(101.3-2.3346)\times10^3}{1000\times9.81}-(2.0+0.5)-2.59=5.0(\text{m})$$

即泵的实际安装高度应低于 5.0m，可取 4～4.5m。

2.2 往 复 泵

2.2.1 往复泵的工作原理及类型

1. 往复泵的工作原理

往复泵是通过泵缸内往复运动的活塞直接增加液体的静压能，以实现液体的输送。其基本结构和工作过程如图 2-16 所示。其主要部件包括泵缸、活塞、活塞杆、吸入阀和排出阀(均为单向阀)。泵缸内活塞与阀门间的空间为工作室。

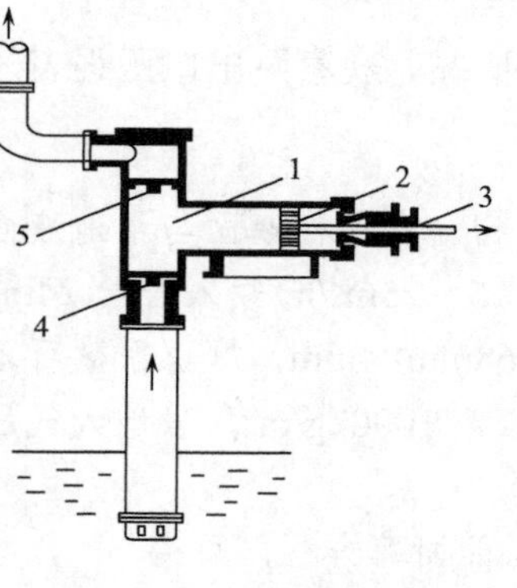

图 2-16　往复泵装置简图

1. 泵缸；2. 活塞；3. 活塞杆；4. 吸入阀；5. 排出阀

活塞通过外部动力和曲柄传动机构在泵缸内做往复运动。当活塞自左向右移动时，工作室的容积增大形成低压，将液体经吸入阀吸入泵缸内。在吸入液体时排出阀因受排出管内液体压力作用而关闭。当活塞移到右端点时，工作室的容积最大，吸入的液体量也最多。此后，活塞改为由右向左移动，泵缸内液体受到挤压而使其压强增大，致使吸入阀关闭而推开排出阀将液体排出。活塞移到左端点后排液完毕，完成一个工作循环。此后活塞又向右移动，开始另一个工作循环。活塞在泵缸左右两端点移动的距离称为冲程。

2. 往复泵的类型

根据活塞往复一次泵的吸液和排液次数，往复泵分为单动泵、双动泵和三联泵等类型。在活塞往复一次的过程中，吸液和排液各一次且交替进行，这种往复泵称为单动泵。单动泵

活塞的往复运动由等速旋转的曲柄转换而来，速度变化服从正弦曲线，因此在一个周期内排液量也必然经历同样的变化，如图 2-17(a)所示，显然液体流量是不均匀的，这是往复泵的缺点。因此，往复泵不能用于某些对流量均匀性要求较高的场合，而且整个管路内的液体处于变速运动状态，不但增加了能量损失，还易产生冲击，造成水锤现象，并会降低泵的吸入能力。若活塞左右两侧都装有吸入阀和排出阀，活塞往复一次，吸液与排液同时进行且各两次，采用这种结构的泵称为双动泵，其结构如图 2-18 所示。双动泵能有效改善单动泵的流量不均匀性，其流量曲线如图 2-17(b)所示。

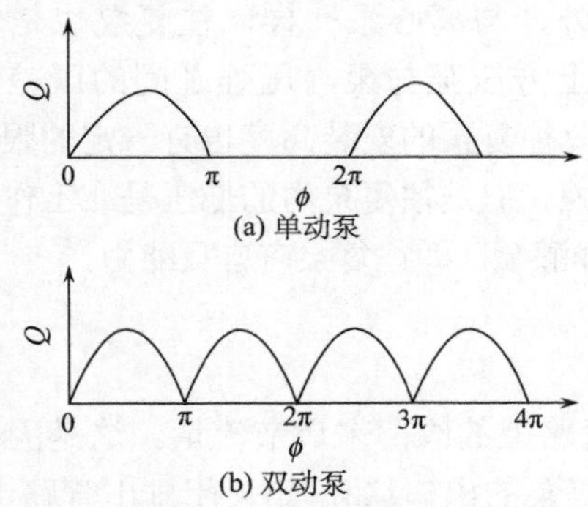

图 2-17　往复泵的流量曲线

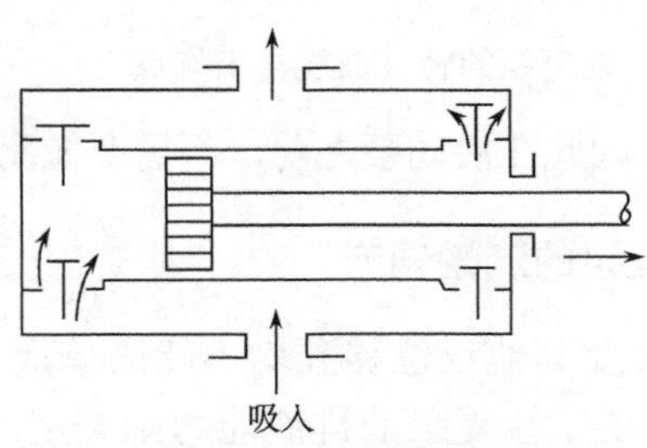

图 2-18　双动往复泵结构简图

2.2.2　往复泵的特性

1. 流量

无论在什么压头下工作，只要往复一次，泵就排出一定体积的液体，因此往复泵是一种典型的容积式泵。其流量只与泵的几何尺寸和活塞的往复次数有关，而与泵的压头及管路情况无关。其理论平均流量可按下式计算：

单动泵
$$Q_T = ASn = \frac{\pi}{4}D^2Sn \tag{2-28}$$

双动泵
$$Q_T = (2A-a)Sn = \frac{\pi}{4}(2D^2-d^2)Sn \tag{2-29}$$

式中，Q_T 为理论平均流量(m^3/min)；A 为活塞的截面积(m^2)；D 为活塞的直径(m)；S 为活塞的冲程(m)；n 为活塞每分钟的往复次数；a 为活塞杆的截面积(m^2)；d 为活塞杆的直径(m)。

实际操作中，由于活塞衬填不严、吸入阀和排出阀启闭不及时等，往复泵的实际流量小于理论流量，即

$$Q = \eta_v Q_T \tag{2-30}$$

式中，Q 为往复泵的实际流量(m^3/min)；η_v 为往复泵的效率。

2. 压头

往复泵的压头与流量无关，只要泵的机械强度及原动机的功率允许，输送系统要求多高的压头，往复泵就可提供多大的压头。这种性质称为正位移特性，具有这种特性的设备称为正位移设备，往复泵是其中典型的一类。

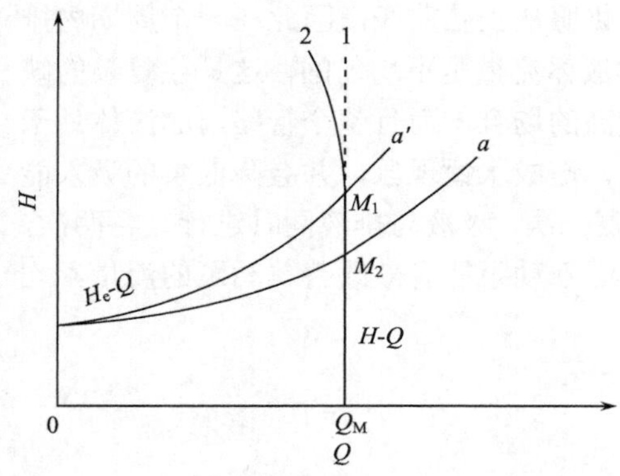

图 2-19　往复泵的特性曲线与工作点

图 2-19 中垂直于 Q 轴的虚线 1 是往复泵的理论 H-Q 曲线。实际上，由于活塞环、轴封、吸入和排出阀等处的泄漏，降低了往复泵可能达到的流量。往复泵的实际特性曲线如图 2-19 中的实线 2 所示，泵的流量随泵压头的增大略有减小。往复泵的工作点仍是由管路特性曲线与泵特性曲线的交点 M 确定。

此外，与离心泵一样，往复泵也是借助储液槽液面上方压强与泵内压强之间的压差吸入液体的，因此往复泵的安装高度也有一定的限制，以免发生汽蚀。但是往复泵内的低压是靠工作室容积扩张造成的，因此在启动泵之前，不需要像离心泵那样灌泵，即往复泵有自吸能力。

2.2.3　往复泵的流量调节

往复泵及其他正位移泵均不能简单地用排出管路上的阀门来调节流量。这是因为活塞的往复频率一定，往复泵的排液能力则一定。若把往复泵的出口堵死(如关闭排出管路上的阀门)而继续运转，泵内压强会急剧上升，造成泵体、管路和电机的损坏。因此，往复泵不能像离心泵那样启动时把出口阀门关闭，也不能用出口阀门调节流量。

往复泵的流量调节方法如下。

1. 旁路调节

在泵的出口与入口之间安装回流支路，称为旁路，如图 2-20 所示。液体经吸入管路进入泵内经排管路上阀门排出，并有部分液体经旁路阀流回吸入管路。

主管路的液体流量由排出管路上的阀门及旁路阀配合调节。在泵的运转过程中，这两个阀门至少有一个是开启的，以保证泵送出的液体有去处。当下游压强超过规定值时，安全阀自动开启返回部分液体，以减轻泵及管路所承受的压强。此方法简便可行，但不经济，一般适用于流量变化较小的经常性调节。

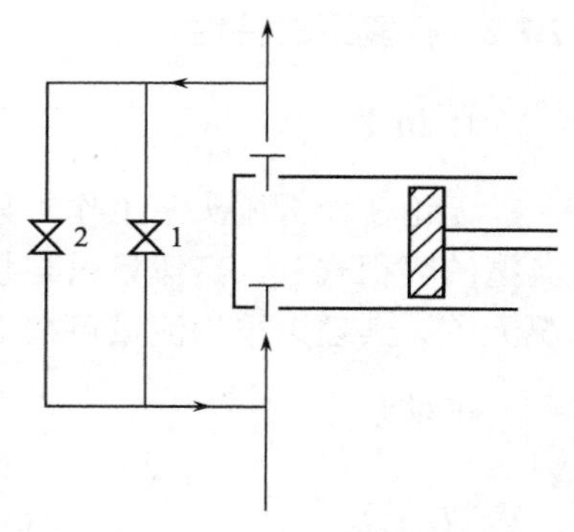

图 2-20　往复泵旁路调节示意图

1. 旁路阀；2. 安全阀

2. 改变曲柄转速和活塞行程

因为电动机是通过减速装置与往复泵相连接的，所以改变减速装置的传动比可以方便地改变曲柄转速，达到流量调节的目的。改变转速调节法是最常用的经济方法。对于输送易燃、易爆液体由蒸汽机带动的往复泵，可以很方便地调节进入蒸汽缸的蒸汽压强，使活塞往复次数改变，从而实现流量的调节。

往复泵的效率一般都在 70%以上，最高可超过 90%，它适用于小流量、高压头的场合，尤其适合于输送高黏度液体，但不能用于输送腐蚀性液体和有固体颗粒的悬浮液，因为泵内阀门、活塞受腐蚀或被颗粒磨损、卡住，都会导致严重的泄漏。

2.3　其他类型的泵

为满足液体的不同输送要求，在生产过程中还会用到其他类型化工生产用泵，主要有计量泵、隔膜泵、齿轮泵、旋涡泵等。下面就上述各类型泵的构造、工作原理、性能及操作等做一扼要介绍。

1. 计量泵

计量泵又称比例泵，是往复泵的一种，它正是利用往复泵流量固定这一特点而发展起来的。在连续或半连续的生产过程中，往往需按照工艺流程的要求送入的液体量十分准确又便于调整，有时又要求两种或两种以上的液体按严格的流量比例送入，计量泵就是为了满足这些要求而设计制造的。从基本构造和操作原理来看，计量泵和往复泵相同。

如图 2-21 所示的是计量泵的一种形式。它是一种柱塞泵，由转速稳定的电动机通过偏心轮带动。偏心轮的偏心程度可以调整，于是柱塞的冲程也随之改变。在单位时间内柱塞的往复次数不变的情况下，流量与冲程成正比，因此可通过调节冲程而达到比较严格地控制和调节流量的目的。计量泵送液量的精确度一般在 1%以内，有的甚至可达±0.5%。

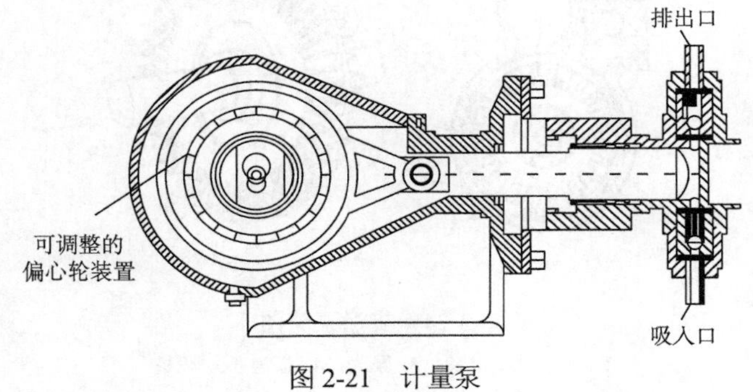

图 2-21　计量泵

2. 隔膜泵

隔膜泵也是往复泵的一种，其结构如图 2-22 所示，特点是采用弹性薄膜将活柱与被输送的液体隔开。

当输送腐蚀性液体或悬浮液时，可不使活柱和缸体受到损伤。隔膜采用耐腐蚀橡胶或弹性金属薄片制成。隔膜左侧所有和液体接触的部分均由耐腐蚀材料制成或涂有耐腐蚀物质；隔膜右侧则充满油或水。当活柱做往复运动时，迫使隔膜交替地向两边弯曲，将液体吸入和排出。隔膜泵因其独特的结构，适宜输送腐蚀性液体或悬浮液。

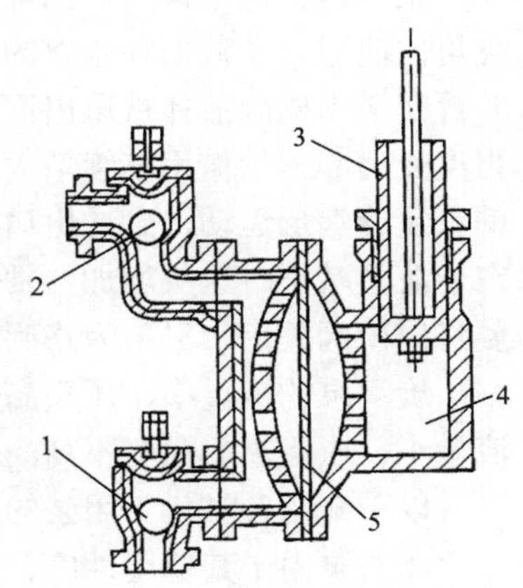

图 2-22　隔膜泵

1. 吸入活门；2. 压出活门；3. 活柱；4. 水(油)缸；5. 隔膜

3. 齿轮泵

齿轮泵的构造如图 2-23 所示，泵壳内有两个齿轮，一个

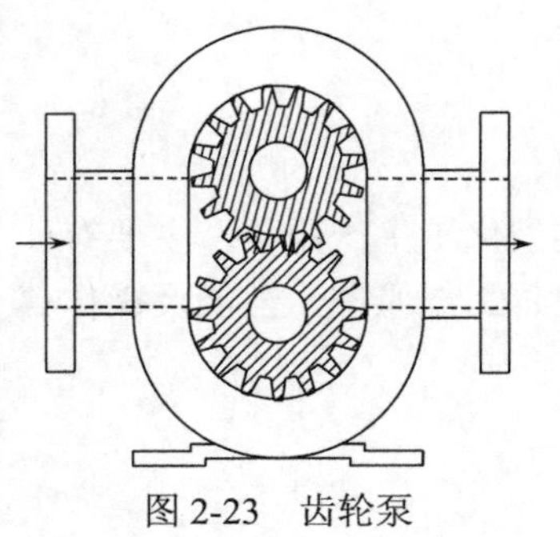

图 2-23　齿轮泵

靠电机带动旋转，称为主动轮；另一个靠主动轮带动而转动，称为从动轮。两齿轮与泵体间形成吸入和排出两个空间。当主动轮转动时，吸入腔内两轮的齿互相拨开，呈容积增大的趋势，从而形成低压将液体吸入。然后分为两路沿泵内壁被齿轮嵌住，并随齿轮转动而到达排出腔，排出腔内两轮的齿互相合拢，呈容积减小的趋势，于是形成高压而将液体排出。

齿轮泵可产生较高的压头，但流量小。其适用于输送高黏度液体或糊状物料，但不宜输送含固体颗粒的悬浮液，以防齿轮磨损。

4. 旋涡泵

旋涡泵是一种特殊类型的离心泵。泵壳是正圆形，吸入口和排出口均在泵壳的顶部。泵体内的叶轮是一个圆盘，四周铣有凹槽，呈辐射状排列，构成叶片(图 2-24)。叶轮和泵壳之间有一定空间，形成流道(箭头方向)。吸入管接头与排出管接头之间有隔板隔开。

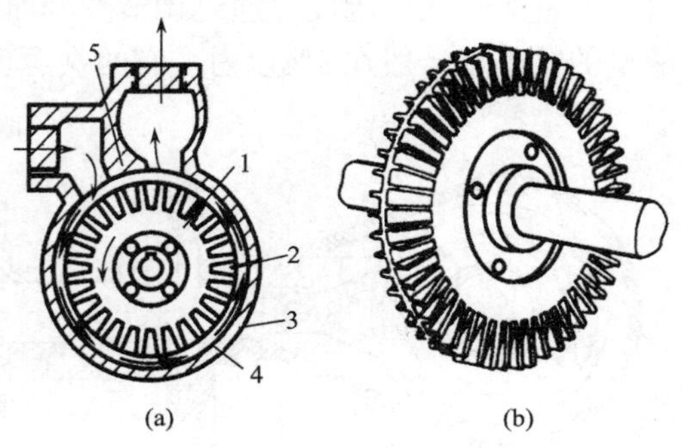

图 2-24　旋涡泵简图

1. 叶轮；2. 叶片；3. 泵壳；4. 流道；5. 隔板

泵体内充满液体后，当叶轮旋转时，由于离心力作用，将叶片凹槽中的液体以一定的速度甩向流道，在截面积较宽的流道内，液体流速减慢，一部分动能变为静压能。与此同时，叶片凹槽内侧因液体被甩出而形成低压，因此流道内压强较高的液体又可重新进入叶片凹槽再度受离心力的作用继续增大压强。这样，液体由吸入口吸入，多次通过叶片凹槽和流道间的反复旋涡形运动，到达出口时可获得较高的压头。旋涡泵在开动前也要灌满液体。其特性在于流量减小时压头增加，轴功率也增加。这与离心泵是不同的。因此，旋涡泵在开动前不要将出口阀关闭，采用旁路回流调节流量。

旋涡泵的流量小、压头高、体积小、结构简单。它在化工生产中应用十分广泛，适用于流量小、压头高及黏度不高的液体。旋涡泵的效率一般不超过 40%。

以下介绍各类化工用泵的比较与选择。

离心泵由于其适用性广、价格低廉，是化工生产中应用最广泛的泵，它依靠高速旋转的叶轮完成输送任务，故易于达到大流量，较难产生高压头。往复泵是靠往复运动的柱塞挤压排送液体的，因而易于获得高压头而难以获得大流量。流量较大的往复泵，其设备庞大、造价昂贵。齿轮泵也是靠挤压作用产生压头的，但输液腔一般很小，故只适用于流量小而压头较高的场合，对高黏度料液尤其适宜。各方面的详细比较见表 2-2。

表 2-2　各类泵的性能特点

	离心泵	旋涡泵	往复泵	计量泵	隔膜泵	齿轮泵
流量	①④⑥	①④⑦	②⑤⑧	②⑤⑦	②⑤⑧	③⑤⑦
压头高低	①	②	③	③	③	②
效率	①	②	③	③	③	④
流量调节	①②	③	②③④	④	②③	③
自吸作用	②	②	①	①	①	①
启动	①	②	②	②	②	②
被输送流体	①	②	⑦	③	④⑥	⑤
结构与造价	①②	①③	⑤⑥⑦	⑤⑥	⑤⑥	③④

注：流量：①均匀；②不均匀；③尚可；④随管路特性而变；⑤恒定；⑥范围广、大流量；⑦小流量；⑧较小流量。

压头高低：①不易达到高压头；②压头较高；③压头高。

效率：①稍低；②低；③高；④较高。

流量调节：①出口阀；②转速；③旁路；④冲程。

自吸作用：①有；②没有。

启动：①出口阀关闭；②出口阀全开。

被输送流体：①各种物料(高黏度除外)；②不含固体颗粒，腐蚀性液体也可；③精确计量；④可输送悬浮液；⑤高黏度液体；⑥腐蚀性液体；⑦不能输送腐蚀性或含固体颗粒的液体。

结构与造价：①结构简单；②造价低廉；③结构紧凑；④加工要求高；⑤结构复杂；⑥造价高；⑦体积大。

2.4　气体输送机械

在化工生产过程中，常会涉及原料、半成品或成品以气体状态存在的情况。对此类物质的输送过程，也需要通过输送机械赋予一定的外加能量，从而将其从一个地方送到另一个地方。同时，由于化工生产往往是在一定的浓度、温度和压强条件下进行的，这就需要通过特定的机械创造必要的压强条件。此外，在生产过程中，有时还采用气源控制某些自动化仪表。因此，生产中广泛使用气体输送机械。

气体和液体同为流体，输送机械工作原理基本相似。但一定质量流量下气体体积流量大，输送机械的体积较大；气体输送管路的常用流速比液体大得多(一般约 10 倍)。而通常流体流动阻力正比于流速的平方，因此输送相同的质量流量，气体输送要求提供的压头相应也更高；且气体密度远较液体小，可压缩，故在输送机械内部气体压强变化时，其体积和温度随之而变。气体输送机械结构设计更为复杂，选用上必须考虑的影响因素也更多。气体输送机械通常根据它所能产生的进、出口压强差(如进口压强为大气压，则压差即为表压计的出口压强)或压强比(称为压缩比)进行分类：

(1) 通风机：出口压强不大于 15kPa(表压)，压缩比为 1～1.15。

(2) 鼓风机：出口压强为 15kPa～0.3MPa(表压)，压缩比小于 4。

(3) 压缩机：出口压强为 0.3MPa(表压)以上，压缩比大于 4。

(4) 真空泵：用于减压，出口压强为 1atm，其压缩比由真空度决定。

此外，气体输送机械也可以按工作原理分为离心式、旋转式、往复式及喷射式等。

2.4.1 通风机

工业上常用的通风机有轴流式和离心式两类。轴流式通风机的结构与轴流泵类似。轴流式通风机排送量大，但产生的风压很小，一般只用来通风换气，而不用来输送气体。化工生产中，在空冷器和冷却水塔的通风方面，轴流式通风机的应用还是很广的。

离心式通风机的工作原理与离心泵完全相同，其构造与离心泵也大同小异。根据其产生风压的不同，可分为低压离心式通风机(出口压强＜9.807×10^2Pa)、中压离心式通风机(出口压强 9.807×10^2～2.942×10^3Pa)、高压离心式通风机(2.942×10^3～1.47×10^4Pa)。

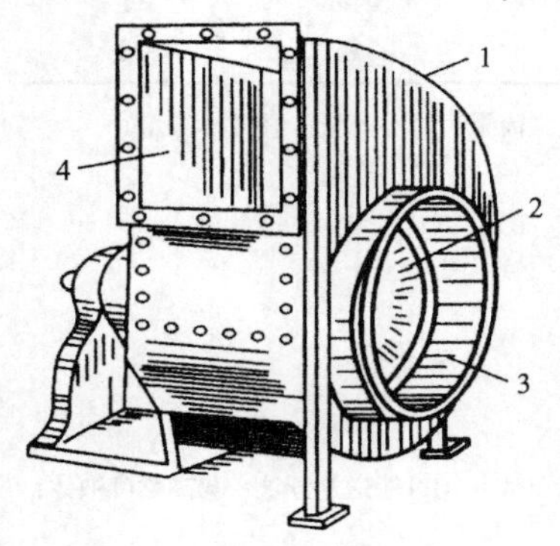

图 2-25　低压离心通风机

1. 机壳；2. 叶轮；3. 吸入口；4. 排出口

1. 离心式通风机的结构

离心式通风机的结构如图 2-25 所示，它的机壳也是蜗壳形的，但出口气体流道的断面有方形和圆形两种。一般低压通风机的叶轮上的叶片多是平直的，与轴心呈辐射状安装。中、高压通风机的叶片则是弯曲的，所以高压通风机的外形和结构与单级离心泵更为相似。它的机壳也是蜗牛形，但机壳断面有方形和圆形两种。一般低、中压通风机多为方形，高压通风机多为圆形。

2. 离心式通风机的主要参数和特性曲线

离心式通风机的主要参数和离心泵相似，主要包括流量(风量)、全压(风压)、功率和效率。由于气体通过通风机时压强变化较小，可视为不可压缩流体，因此也可以应用离心泵基本方程分析离心式通风机的性能。

(1) 风量：按风机入口状态计的单位时间内的排气体积，用 Q 表示，以 m^3/s 计。离心式通风机的风量取决于风机的结构、尺寸和转速。

(2) 风压：习惯上将通风机的压头表示为单位体积气体获得的能量，用 p_T 表示，以 J/m^3(Pa)计。风机的压头又称风压。

离心式通风机的风压取决于风机的结构、叶轮尺寸、转速和进风机的气体的密度。离心式通风机的风压目前还不能用理论方法进行计算，而是由实验测定。一般通过测量风机进、出口处气体的流速与压强的数值，按机械能衡算方程计算风压。

例如，以 $1m^3$ 气体为基准，在风机进、出口的截面 1 及截面 2 之间列机械能衡算方程，可得离心通风机的风压为

$$p_T=\rho g\left(Z_2-Z_1\right)+\left(p_2-p_1\right)+\frac{\rho\left(u_2^2-u_1^2\right)}{2}+\rho\sum h_{f1\text{-}2} \tag{2-31}$$

风机进、出口间管段很短，Z_2-Z_1 可忽略，且 $\sum h_{f1\text{-}2}$ 也可忽略。空气直接由大气吸入时，$u_1\approx0$，则式(2-31)可简化为

$$p_{\mathrm{T}}=\left(p_2-p_1\right)+\frac{\rho u_2^2}{2} \tag{2-32}$$

从式(2-32)看出，通风机的风压由两部分组成：p_2-p_1 习惯上称为静风压 p_{st}；而 $\rho u_2^2/2$ 称为动风压 p_{k}，即 $p_{\mathrm{T}}=p_{\mathrm{st}}+p_{\mathrm{k}}$。在离心泵中，泵进、出口处的动能差很小，可以忽略，但在离心通风机中，气体出口速度很大，动能差不能忽略。因此，通风机的性能参数比离心泵多了一个动风压。离心式通风机的风压为静风压与动风压之和，又称全风压。

通风机在出厂前，必须通过实验测定其特性曲线(图 2-26)，实验介质是压强为 1.013×10^5Pa、温度为 20℃的空气($\rho=1.2\text{kg/m}^3$)。

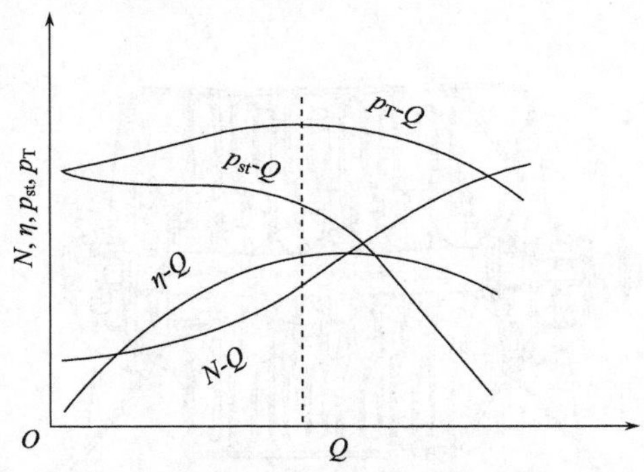

图 2-26　离心通风机的特性曲线

若实际操作条件与上述实验条件不同时，应按式(2-33)将操作条件下的风压 p_{T}' 换算为实验条件下的风压 p_{T}，然后以 p_{T} 的数值选择风机，即

$$p_{\mathrm{T}}=p_{\mathrm{T}}'\frac{1.2}{\rho'} \tag{2-33}$$

(3) 轴功率与效率：离心式通风机的轴功率为

$$N=\frac{p_{\mathrm{T}}Q}{1000\eta} \tag{2-34}$$

或

$$\eta=\frac{p_{\mathrm{T}}Q}{1000N} \tag{2-35}$$

式中，N 为轴功率(kW)；Q 为风量(m^3/s)；p_{T} 为风压(Pa)；η 为效率，因按全风压定出，故又称为全压效率。

风机的轴功率与被输送气体的密度有关，风机性能表上列出的轴功率均为实验条件下，即空气的密度为 1.2kg/m^3 时的数据。若输送的气体密度不同，可按式(2-36)进行换算：

$$N'=N\frac{\rho'}{1.2} \tag{2-36}$$

式中，N'为气体密度为 ρ'时的轴功率(kW)；N 为气体密度为 1.2kg/m^3 时的轴功率(kW)。

【例 2-5】　已知空气的最大输送量为 41000kg/h。在最大风量下输送系统所需的风压为 1800Pa(以风机进口状态计)。风机的入口与温度为 40℃、真空度为 196Pa 的设备连接，试选合适的离心式通风机。当地大气压强为 93.3×10^3Pa。

解　从附录 2 查得 1.0133×10^5 Pa、40℃时的空气 $\rho=1.128\text{kg/m}^3$，操作条件下的密度为

$$\rho'=\frac{p'}{p}\rho=\frac{93300-196}{1.0133\times10^5}\times1.128=1.04(\text{kg/m}^3)$$

$$p_{\mathrm{T}}=p_{\mathrm{T}}'\frac{1.2}{\rho'}=1800\times\frac{1.2}{1.04}=2077(\text{Pa})$$

$$Q=\frac{41000}{1.04}=3.94\times10^4(\text{m}^3/\text{h})$$

根据风量 $3.94\times10^4 m^3/h$ 和风压 2077Pa，从附录 11 查得 4-72-11 No.10C 型离心通风机可满足要求。该机性能如下：转速 1250r/min，风压 2226.2Pa，风量 $41300m^3/h$，效率 94.3%，轴功率 32.7kW。

2.4.2 鼓风机

生产系统中常见鼓风机的类型有两种：离心鼓风机和旋转鼓风机。

1. 离心鼓风机

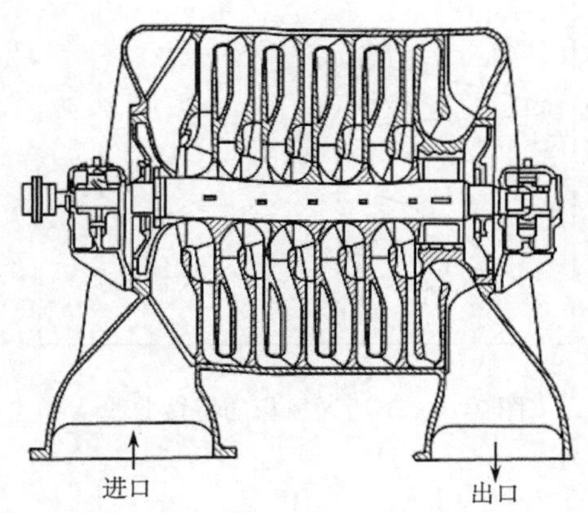

图 2-27　五级离心鼓风机

离心鼓风机又称透平鼓风机，常采用多级(级数范围为 2～9 级)，故其基本结构和工作原理与多级离心泵较为相似。如图 2-27 所示为五级离心鼓风机，气体由吸气口吸入后，经过第一级叶轮和第一级扩压器，然后转入第二级叶轮入口，再依次逐级通过以后的叶轮和扩压器，最后经过蜗形壳排气口排出。鼓风机的外壳直径与宽度之比较大，叶轮上叶片的数目较多，转速也较大，因为气体密度小，只有如此才能达到较大的风压。离心泵中不一定有固定的导轮(扩散圈)，但鼓风机中这却是不可少的。离心鼓风机的送气量大，但出口压强仍不高，一般不超过 0.3MPa(表压)，即压缩比不大，因而无需冷却装置，各级叶轮的直径大小也大致相同。

2. 罗茨鼓风机

旋转鼓风机的类型很多，罗茨鼓风机是其中应用最广泛的一种。罗茨鼓风机的工作原理与齿轮泵相似，如图 2-28 所示。机壳内有两个特殊形状(如腰形或三星形)的转子，两转子之间、转子与机壳之间缝隙很小，使转子能自由转动而泄漏少。两转子的旋转方向相反，可使气体从机壳一侧吸入，从另一侧排出。改变两转子的旋转方向，则吸入口与排出口互换。

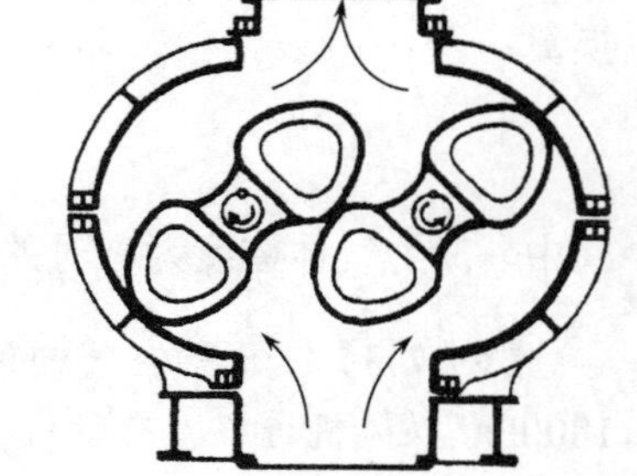
图 2-28　罗茨鼓风机

罗茨鼓风机的风量与转速成正比，当转速一定时，若出口压强提高，风量仍可保持大体不变，故又名定容式鼓风机。这类鼓风机的一个特点是输送能力的变动范围大，为 2～$500m^3/min$，出口表压强在 0.08MPa 以内，但在 0.04MPa 附近效率较高。

罗茨鼓风机的出口应安装气体稳定罐，并装置安全阀。调节流量一般可用支路，出口阀不能完全关闭。这类鼓风机操作温度不能过高(不超过 85℃)，否则易引起转子受热膨胀而轧死。

2.4.3 压缩机

当生产过程中需要将气体压强大幅度提高时，就需要使用压缩机来实现。目前使用的压缩机主要有两种类型：往复压缩机和离心压缩机。

1. 往复压缩机

往复压缩机的基本结构和操作原理与往复泵相似。但因气体的密度小，可压缩，所以在结构上要求吸气阀和排气阀更加轻便灵巧，易于启闭。为了移除压缩过程放出的热量，以降低气体的温度、保证吸气量，必须附设冷却装置。

如图 2-29 所示为单作用往复压缩机的工作过程。当活塞运动至汽缸的最左端(图中 A 点)，压出行程结束。但因为机械结构，活塞虽已达行程的最左端，汽缸左侧还有一些容积，称为余隙容积。由于余隙的存在，吸入行程开始阶段为余隙内压强 p_2 的高压气体膨胀过程，直至气压降至吸入气压 p_1(图中 B 点)时，吸入活门才开启，压强为 p_1 的气体被吸入缸内。在整个吸气过程中，压强为 p_1 基本保持不变，直至活塞移至最右端(图中 C 点)，吸入行程结束。当压缩行程开始，吸入活门关闭，缸内气体被压缩。当缸内气体的压强增大到稍高于 p_2(图中 D 点)，排出活门开启，气体从缸体排出，直至活塞移至最左端，排出过程结束。

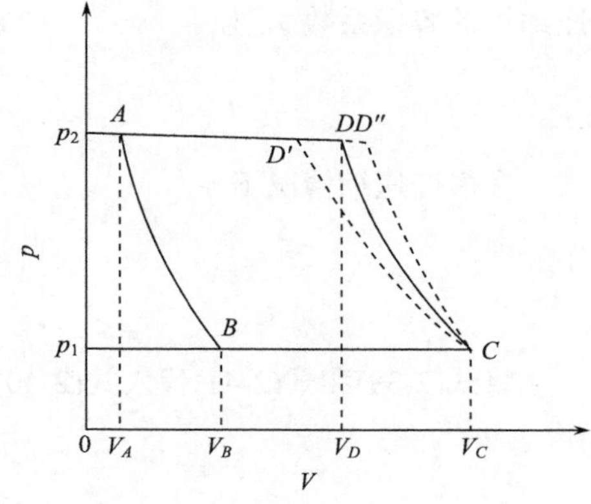

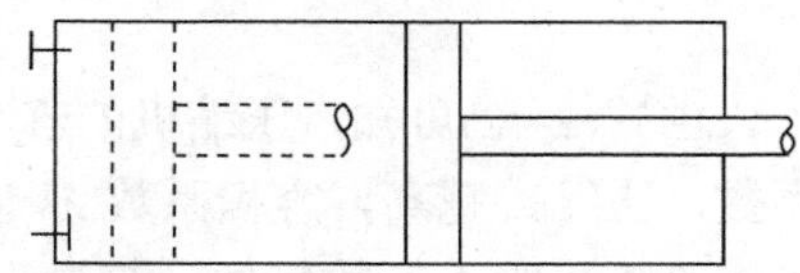

图 2-29　往复压缩机的工作过程

由此可见，压缩机的一个工作循环由膨胀、吸入、压缩和排出四个阶段组成，四边形 $ABCD$ 包围的面积为活塞在一个工作循环中对气体所做的功。

根据气体和外界的换热情况，压缩过程可分为等温(CD')、绝热(CD'')和多变(CD)三种情况。由图 2-29 可见，等温压缩消耗的功最小。因此压缩过程中希望能较好地冷却，使其接近等温压缩。实际上，等温和绝热条件都很难实现，因此压缩过程都是介于两者之间的多变过程。若不考虑余隙的影响，则多变压缩后的气体温度和一个工作循环的压缩功分别为

$$T_2 = T_1\left(\frac{p_2}{p_1}\right)^{\frac{k-1}{k}} \tag{2-37}$$

和

$$W = p_1 V_C \frac{k}{k-1}\left[\left(\frac{p_2}{p_1}\right)^{\frac{k-1}{k}} - 1\right] \tag{2-38}$$

式中，k 为多变指数，为实验常数；V_C 为吸入容积。

式(2-37)和式(2-38)说明，影响排气温度 T_2 和压缩功 W 的主要因素是：

(1) 压缩比 p_2/p_1 越大，T_2 和 W 也越大。

(2) 压缩功 W 与吸入气体量(式中的 V_C)成正比。

(3) 多变指数 k 越大，则 T_2 和 W 也越大。压缩过程的换热情况影响 k 值。热量及时全部移除，为等温过程，相当于 $k = 1$；完全没有热交换，则为绝热过程，$k = r$(绝热指数)；部分换热则 $1 < k < r$。

压缩机在工作时，余隙内的气体无益地进行压缩膨胀循环，不仅使吸入气体量减小，还

增加动力消耗。因此，压缩机的余隙应尽量减小。从图 2-29 可以看出，活塞在一个行程中扫过的容积为 $V_C - V_A$，余隙容积为 V_A，两者的比值称为余隙系数，即

$$\varepsilon = \frac{V_A}{V_C - V_A} \tag{2-39}$$

当活塞从最左端向右运动时，余隙 V_A 中的气体首先膨胀到 V_B，然后才吸入气体。因此，压缩机的容积系数 λ_0 为

$$\lambda_0 = \frac{V_C - V_B}{V_C - V_A} \tag{2-40}$$

在多变压缩情况下

$$V_B = V_A \left(\frac{p_2}{p_1} \right)^{\frac{1}{k}} \tag{2-41}$$

将式(2-39)和式(2-41)代入式(2-40)，整理可得

$$\lambda_0 = 1 - \varepsilon \left[\left(\frac{p_2}{p_1} \right)^{\frac{1}{k}} - 1 \right] \tag{2-42}$$

由式(2-42)可知，压缩机的容积系数 λ_0 与余隙系数 ε 及压缩比 p_2/p_1 有关，对一定的余隙系数，压缩比越高，容积系数 λ_0 越小；当压缩比大到一定程度时，容积系数为零，此时压缩机汽缸不再吸入新的气体，流量为零。$\lambda_0 = 0$ 时的压缩比 p_2/p_1 称为压缩极限，即对一定的 ε 值，压缩机所能达到的最高压是有限制的。

从式(2-42)可以看出，在余隙系数 ε 相同的情况下，随着压缩比 p_2/p_1 的增加，容积系数 λ_0 将严重下降。同时，压缩比太高，动力消耗显著增加，气体温升很大，甚至可能导致润滑油变质，机件损坏。因此，当生产过程的压缩比大于 8 时，尽管离压缩极限还远，也应采用多级压缩。

与往复泵一样，往复压缩机的排气量也是脉动的。为使管路内流量稳定，压缩机出口应连接气柜。气柜兼起沉降器的作用，气体中夹带的油沫和水沫在气柜中沉降，定期排放。为安全起见，气柜要安装压强表和安全阀。压缩机的吸入口需装过滤器，以免吸入灰尘杂物，造成机件的磨损。往复压缩机的产品有多种，除空气压缩机外，还有氨气压缩机、氢气压缩机、石油气压缩机等，以适应各种特殊需要。往复压缩机的选用主要依据生产能力和排出压强(或压缩比)两个指标。生产能力用 m^3/min 表示，以吸入常压空气来测定。在实际选用时，首先根据输送气体的特殊性质，决定压缩机的类型，然后根据生产能力和排出压强，从产品样本中选择适用的压缩机。

2. 离心压缩机

离心压缩机又称透平压缩机，其主要结构和工作原理与离心鼓风机相似，但压缩机有更多的叶轮级数，通常在 10 级以上，因此可产生很高的风压。由于压缩比较高，气体体积变化大，温升也高，因此压缩机也常分成几段，每段又包括若干级，叶轮直径逐级减小，且在各段之间设有中间冷却器。离心压缩机流量大，供气均匀，体积小，维护方便，且机体内无润

滑油污染气体。离心压缩机在现代大型合成氨工业和石油化工企业中有很多应用。

2.4.4 真空泵

真空泵就是从真空设备中抽气而排出(一般在大气压)的气体输送机械。若将前述任何一种气体输送机械的进口与设备接通，即成为从设备抽气的真空泵。真空泵分为干式和湿式两大类。干式真空泵只能从容器中抽出干燥气体，可以达到 96%～99.9%的真空度；湿式真空泵在抽吸气体时允许带有较多的液体，但产生的真空度只能达到 85%～90%。随着真空应用的发展，已发展了很多种真空泵，此处仅介绍化工厂中较常用的类型。

1. 水环真空泵

水环真空泵是一种湿式真空泵，由圆形的泵壳和带有辐射状叶片的叶轮组成，如图 2-30 所示。叶轮偏心安装。泵内充有一定量的水，当叶轮旋转时，水在离心力作用下形成水环，将叶片间的空隙分隔为大小不等的气室。当气室由小变大时，形成真空吸入气体；当气室由大到小时，气体被压缩排出。

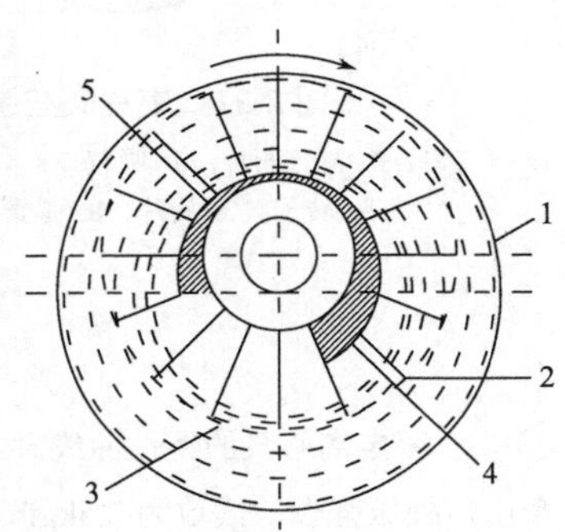

图 2-30　水环真空泵简图

1. 泵壳；2. 叶片；3. 水环；4. 吸入口；5. 排出口

水环真空泵的结构较为简单、紧凑，易于制造和维修。由于旋转部分没有机械摩擦，故其使用寿命较长，操作性能可靠。水环真空泵适宜抽吸含有液体的气体，尤其在抽吸有腐蚀性或爆炸性气体时更为适宜，但其效率较低，为 30%～50%。此外，水环真空泵所能造成的真空度受泵体中液体的温度(或饱和蒸气压)限制。

2. 旋片真空泵

旋片真空泵是一种干式真空泵，由泵壳、带有两个旋片的偏心转子和排气阀片等组成，如图 2-31 所示。泵工作时，旋片始终将泵腔分为吸气、排气两个工作室，转子每转一周，完成两次吸、排气过程。

旋片真空泵适用于抽除干燥或含有少量可凝性蒸气的气体，不适宜抽除含尘和与润滑油发生化学反应的气体。可达较高的真空度，如果能有效控制管路与泵等接口处的空气漏入，且采用高质量的真空油，真空度可达 99.99%以上。

3. 喷射泵

喷射泵是利用流体流动时的能量转变达到输送的目的，既可输送液体，也可输送气体。在化工生产中，它常用于抽真空，故又称喷射式真空泵。喷射泵的工作流体可为水，也可为水蒸气。如图 2-32 所示为蒸气喷射泵。

工作蒸气在高压下以很高的流速从喷嘴中喷出，将低压气体或蒸气带入高速流体中。吸入的气体与蒸气混合后进入扩散管，速度逐渐降低，静压强因而升高，然后从压出口排出。喷射泵的特点是构造简单、紧凑，没有活动部分，但是效率很低，一般只有 10%～25%。因此，喷射泵多用于抽真空，一般不作为输送设备使用。

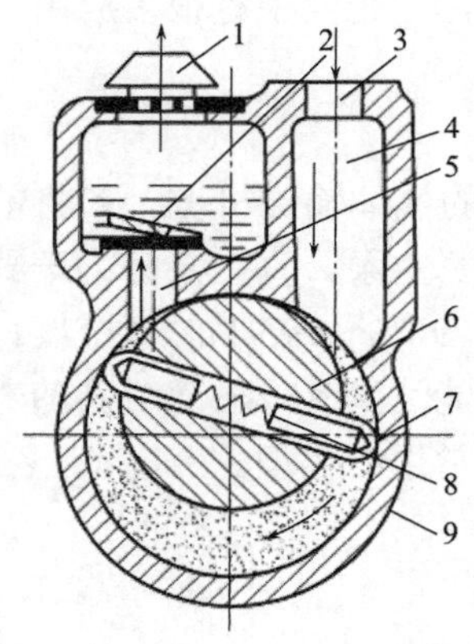

图 2-31　旋片真空泵简图

1. 排气口；2. 排气阀片；3. 吸气口；4. 吸气管；5. 排气管；6. 转子；7. 旋片；8. 弹簧；9. 泵壳

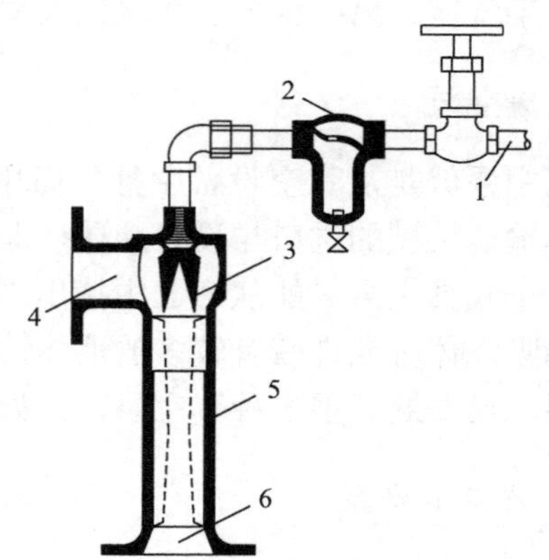

图 2-32　蒸气喷射泵

1. 工作蒸气入口；2. 过滤器；3. 喷嘴；4. 吸入口；5. 扩散管；6. 压出口

习　题

1. 测定离心泵的特性曲线时，某次实验数据为：流量为 12m³/h，泵入口处真空表的读数为 200mmHg，泵出口处压强表的读数为 2.5kgf/cm²，两测压截面间的垂直距离为 0.2m，泵的轴功率为 1.6kW。已知泵的吸入管和排出管直径相同。试求本次实验中泵的压头和效率。

2. 用 20℃的清水测定某离心泵的特性曲线。当管路流量为 25m³/h 时，泵出口处压强表的读数为 0.28MPa(表压)，泵入口处真空表的读数为 0.025MPa。功率表测得电动机消耗功率为 3.4kW。真空表与压强表测压截面间的垂直距离为 0.5m。电机转速为 2900r/min。泵由电动机直接带动，传动效率可视为 1，电动机的效率为 0.93。试确定与泵特性曲线相关的其他性能参数。

3. 用油泵从密闭容器中送出 30℃的某有机溶液。容器内液面上的绝对压强为 3.95×10^5Pa，液面降到最低时，在泵入口中心线以下 2.2m。液体密度为 580kg/m³，饱和蒸气压为 3.45×10^5Pa。泵吸入管路的压头损失为 2.0m。所选泵的必需汽蚀余量为 3.5m。该泵能否正常工作？

4. 用 IS80-65-125 型离心泵将池中 20℃清水送至某敞口容器，如图 2-8 所示。送水量为 50m³/h，已知泵吸入管路的动压头和压头损失分别为 0.5m 和 2.0m，泵的实际安装高度为 3.5m。

(1) 试计算离心泵入口真空表的读数。

(2) 若改送 50℃的清水，原安装高度下泵是否能正常运转？当地大气压强为 98.1kPa。

5. 要将某减压精馏塔塔釜中的液体产品用离心泵输送至高位槽，釜中真空度为 67kPa(其中液体处于沸腾状态，即其饱和蒸气压等于釜中绝对压强)，离心泵位于地面上，吸入管总阻力为 0.87J/N，液体的密度为 986kg/m³。已知该泵的必需汽蚀余量为 3.7m，该泵的安装位置是否合适？若不合适，应如何重新安排？

6. 用某离心泵从敞口容器输送液体，流量为 250m³/h[此时的$(NPSH)_r$为 2m]，离心泵吸入管长度为 10m，管内径为 68mm，假如吸入管内流动已进入阻力平方区，λ为 0.03，当地大气压强为 1.013×10^5Pa。试求此泵在输送以下各种流体时的允许安装高度。

(1) 20℃的水。

(2) 20℃的油品(其密度为 740kg/m³，该温度下的饱和蒸气压为 2.67×10^4Pa)。

(3) 沸腾的水。

7. 从水池向高位槽送水，要求送水量为 40t/h，槽内压强(表压)为 0.03MPa，槽内水面离水池水面 16m，管路总阻力为 4.1J/N。拟选用 IS 型水泵，试确定泵的型号。

8. 热水池中水温为 65℃。用离心泵以 $40m^3/h$ 的流量送至凉水塔顶，再经喷头喷出落入凉水池中，达到冷却目的。已知水进喷头前需维持 49×10^3Pa(表压)。喷头入口处较热水池水面高 6m。吸入管路和排出管路的压头损失分别为 1m 和 3m。管路中动压头可忽略不计。试选用合适的离心泵，并确定泵的安装高度。当地大气压强按 101.33×10^3Pa 计。

9. 在如图 2-9 所示的输水系统中，若要求的输水量为 $100m^3/h$，高位槽与储槽液面高 10m，管路系统总能量损失为 6.9×10^4Pa。试选择一台合适的离心泵，并确定该泵实际运行时所需的轴功率及用阀门调节流量而多消耗的轴功率。已知水的密度为 $1000kg/m^3$。

10. 用离心泵从水池向密闭容器供水。已知水池和容器内液面高度差为 10m，容器内压力为 1atm(表压)，管路总长为 20m(包括局部阻力的当量长度)，全部输送管均为 $\phi57mm\times3.5mm$，阻力系数 λ 为 0.025。试求：

(1) 流动处于阻力平方区时的管路特性方程。

(2) 流量为 $30m^3/h$ 时的 H_e 和 N_e。

11. 某带有变频调速装置的离心泵在转速 1480r/min 下的特性方程为 $H = 38.4 - 40.3Q^2$(式中，Q 单位为 m^3/min)。输送管路两端液面都敞口，其高度差为 16.8m，管子规格为 $\phi76mm\times4mm$，长 1360m(包括局部阻力的当量长度)，$\lambda = 0.03$。试求：

(1) 输液量 Q。

(2) 当转速调节为 1700r/min 时的输液量 Q。

12. 某输水管路系统，离心泵在转速 $n = 2900r/min$ 时的特性方程为 $H = 25 - 5Q^2$，管路特性方程为 $H_e = 10 + 2.5Q^2$，Q 的单位为 m^3/min。试求：

(1) 泵在此管路中工作时的实际流量和压头。

(2) 阀门调节流量为 $72m^3/h$ 时的管路特性方程。

(3) 转速调节流量为 $72m^3/h$ 时，新转速为多少？

13. 某离心泵工作转速为 $n = 2900r/min$，其特性方程为 $H = 30 - 0.01Q^2$，管路特性方程为 $H_e = 10 + 0.04Q^2$，式中 Q 的单位均为 m^3/h，H 和 H_e 的单位均为 m。泵的效率取 75%。

(1) 求离心泵运行时的流量和压头。

(2) 现因生产需要，所需供水量为原工作点的 90%。若采用出口阀调节，则节流损失的压头为多少米水柱？

(3) 若按泵一年运行 300 天计算，需要多支出多少费用(以每千瓦时 0.7 元计)？

14. 某台离心泵的特性方程为 $H = 20 - 2Q^2$(式中 Q 单位为 m^3/min)。现该泵用于两敞口容器之间送液，两容器的液面高位差为 10m。已经单泵使用时流量为 $1m^3/min$，欲使流量增加 50%，应该将相同的两台泵并联还是串联？

第3章 机械分离

3.1 概 述

3.1.1 混合物的分类

化工生产中遇到的混合物可分为均相混合物和非均相混合物两大类。凡内部物料性质均匀且不存在相界面的物系称为均相物系或均相混合物，凡内部存在两相或两相以上界面且界面两侧的物理性质不同的物系称为非均相物系或非均相混合物。

非均相物系由分散相(分散物质)和连续相(分散介质)构成。处于分散状态的物质为分散相，如悬浮液中的固体颗粒、乳浊液中的液滴、泡沫液中的气泡等；处于连续状态的物质或流体称为连续相，如气固相混合物中的气体。

根据连续相状态的不同，非均相混合物又可分为两种类型：

(1) 气态非均相混合物，如含尘气体、含雾气体等。

(2) 液态非均相混合物，如悬浮液、乳浊液、泡沫液等。

3.1.2 非均相混合物的分离方法

由于非均相混合物中分散相和连续相具有不同的物理性质，故工业上一般都采用机械分离的方法。要实现这种分离，必须使分散相与连续相之间发生相对运动。根据两相运动方式的不同，机械分离可按以下两种操作方式进行：

(1) 颗粒相对于流体(静止或运动)运动而实现悬浮物系分离的过程称为沉降分离。实现沉降操作的作用力可以是重力，也可以是离心力。因此，沉降过程有重力沉降及离心沉降。

(2) 流体相对于固体颗粒床层运动而实现固液分离的过程称为过滤。实现过滤操作的外力可以是重力、压强差或离心力。因此，过滤操作又可分为重力过滤、加压过滤、真空过滤和离心过滤。

对于气态非均相混合物的分离，工业上一般采用重力沉降和离心沉降的方法。在某些场合，根据颗粒的粒径大小和分离程度的要求，也可采用惯性分离器、袋滤器、静电除尘器或湿法除尘设备等。此外，还可采用其他措施，预先增大微细粒子的有效尺寸后再加以机械分离。例如，使含尘或含雾气体与过饱和蒸汽接触，发生以粒子为核心的冷凝；也可以将含尘气体引入超声场内，使微细颗粒碰撞附聚成较大颗粒，再进入旋风分离器进行分离。

对于液态非均相混合物的分离，可根据工艺过程要求采用不同的分离操作。若要求悬浮液在一定程度上增浓，可采用重力增稠器或离心沉降设备；若要求固液较彻底地分离，则可以采用过滤操作。

3.1.3 非均相混合物分离的目的

(1) 回收有价值的分散物质。例如，从催化反应器出来的气体中往往夹带着较为昂贵的催化剂颗粒，必须回收循环使用；从某些类型干燥器出来的气体及从结晶器出来的晶浆中带有一定量的固体颗粒，必须回收以提高产品产量；在某些金属冶炼过程中，烟道气中常悬浮着一定量的金属化合物或金属烟尘，收集这些物质不仅能提高该种金属的产率，而且能为提炼其他金属提供原料。

(2) 净化分散介质以满足后续生产工艺的要求。例如，某些催化反应的原料气中会夹带影响催化剂活性的固体颗粒，必须在气体进入反应器之前除去这些颗粒状的杂质，以保证催化剂的活性。

(3) 环境保护和安全生产。为了保护人类生态环境，清除工业污染，要求对排放的废气、废液中有毒有害的物质加以处理，使其浓度符合排放标准；很多含碳物质及金属细粉与空气形成爆炸物，必须除去以消除爆炸隐患。

3.2 颗粒及颗粒床层的特性

流体相对于颗粒或颗粒床层的流动规律既与流体性质有关，又与颗粒与流体间的相对运动状况有关，还与颗粒及颗粒床层本身的特性有关。因此，首先讨论颗粒及颗粒床层的特性。

3.2.1 颗粒的特性

描述颗粒特性的主要参数为颗粒的大小(体积)、形状及表面积(或比表面积)。

1. 球形颗粒

球形颗粒通常用直径(粒径)表示其大小。球形颗粒的各有关特性均可用单一的参数，即直径 d 全面表示。例如

$$V = \frac{\pi d^3}{6} \tag{3-1}$$

$$S = \pi d^2 \tag{3-2}$$

式中，d 为球形颗粒的直径(m)；V 为球形颗粒的体积(m^3)；S 为球形颗粒的表面积(m^2)。

除单个颗粒的表面积 S 外，还可引入单位体积固体颗粒具有的表面积，即比表面积的概念以表征颗粒表面积的大小。球形颗粒的比表面积为

$$a = \frac{S}{V} = \frac{6}{d} \tag{3-3}$$

式中，a 为比表面积(单位体积颗粒具有的表面积，m^2/m^3)。

2. 非球形颗粒

实际生产中遇到的颗粒大多为非球形颗粒。工程上为简单和使用方便，把非球形颗粒当量成球形颗粒，并得到当量直径。根据不同的等效性，可以定义不同的当量直径。

1) 体积相等的当量直径 d_{ev}

使当量球形颗粒的体积等于真实颗粒的体积 V，则体积当量直径 d_{ev} 定义为

$$d_{ev}=\left(\frac{6V}{\pi}\right)^{\frac{1}{3}} \tag{3-4}$$

2) 表面积相等的当量直径 d_{es}

使当量球形颗粒的表面积等于真实颗粒的表面积 S，则面积当量直径 d_{es} 定义为

$$d_{es}=\left(\frac{S}{\pi}\right)^{\frac{1}{2}} \tag{3-5}$$

3) 比表面积相等的当量直径 d_{ea}

使当量球形颗粒的比表面积等于真实颗粒的比表面积 a，则比表面当量直径 d_{ea} 定义为

$$d_{ea}=\frac{6}{a} \tag{3-6}$$

显然，同一颗粒的不同当量直径在数值上是不相等的，但当颗粒为球形颗粒时，$d_{ev}=d_{es}=d_{ea}=d$。可见，各种当量直径的差别主要与颗粒的形状有关。因此，定义一个形状系数，即球形度 Φ：

$$\Phi=\frac{\text{与非球形颗粒体积相等的球形颗粒的表面积}}{\text{非球形颗粒的表面积}}$$

由于同体积不同形状的颗粒中，球形颗粒的表面积最小，因此对于非球形颗粒，总有 $\Phi<1$，且颗粒的形状越接近球形，Φ 越接近 1；对于球形颗粒，$\Phi=1$。

综上所述，对于球形颗粒，用一个参数即颗粒直径 d 便可唯一地确定其体积、表面积和比表面积；对于非球形颗粒，则必须定义两个参数才能确定其体积、表面积和比表面积。通常定义体积当量直径 d_{ev} 和球形度 Φ，此时

$$V=\frac{\pi d_{ev}^3}{6} \tag{3-7}$$

$$S=\frac{\pi d_{ev}^2}{\Phi} \tag{3-8}$$

$$a=\frac{6}{\Phi d_{ev}} \tag{3-9}$$

3.2.2 颗粒床层的特性

1. 床层的空隙率

由颗粒堆积形成的床层，其疏密程度可用空隙率表示。空隙率 ε 的定义为

$$\varepsilon=\frac{\text{床层中空隙体积}}{\text{床层体积}}=\frac{\text{床层体积}-\text{颗粒体积}}{\text{床层体积}} \tag{3-10}$$

空隙率是颗粒床层的一个重要特性，其大小主要与颗粒的形状、粒度分布、装填方式、床层直径等因素有关。

由大小均匀的球形颗粒堆积成的床层，其最松排列时的空隙率为 0.48，最紧排列时的空隙率为 0.26；由非球形颗粒堆积成床层的空隙率往往大于球形颗粒。

颗粒分布对床层空隙率的影响很大，由于小颗粒可以嵌入大颗粒之间的空隙中，因此粒

径分布宽的混合颗粒的床层空隙率较小。

装填方式直接影响床层空隙率的大小。装填床层时，若将颗粒直接装入容器内，则形成的床层较为紧密；若先在容器内装满适量水后再装填颗粒，让颗粒慢慢沉聚到一起，则形成的床层较为松散。实际上，即使装填方法一样，也很难保证两次装填所得的床层的空隙率完全一样。

颗粒的尺寸 d 与床层直径 D 之比也显著影响床层的空隙率。一般来说，d/D 值越小，床层的空隙率也越小。

床层空隙率除主要受以上因素影响外，在颗粒床层的不同位置，床层空隙也有区别。紧靠容器壁面处的空隙率相对较大，这种效应称为壁效应，当 d/D 值较大时，就要考虑壁效应的影响。当流体流经这样的床层时，会产生流速分布不均现象，给操作带来不利的影响。

一般乱堆颗粒床层的空隙率为 0.47～0.70。

2. 床层的自由截面积分数 s

床层中某一床层截面上空隙所占的截面积 S_0(流体可以流过的截面积)与床层截面积 S 的比值称为床层的自由截面积分数，即

$$s = \frac{S_0}{S} = \frac{S - S_p}{S} \tag{3-11}$$

式中，S_p 为颗粒所占的截面积(m^2)。

对于乱堆的颗粒床层，颗粒的位向是随机的，因此堆成的床层可以近似认为各向同性。各向同性床层的一个重要特性是床层的自由截面积分数在数值上与床层的空隙率相等。同样，由于壁效应的影响，壁面附近的床层自由截面积较大。

3. 床层比表面积 a_B

床层比表面积是指单位体积床层中具有的颗粒表面积(颗粒与流体接触的表面积)：

$$a_B = \frac{\text{颗粒表面积}}{\text{床层体积}} \tag{3-12}$$

颗粒比表面积：

$$a = \frac{\text{颗粒表面积}}{\text{颗粒体积}} \tag{3-13}$$

如果忽略床层中颗粒间相互重叠的接触面积，对于空隙率为 ε 的床层，床层比表面积 a_B(m^2/m^3)与颗粒比表面积 a(m^2/m^3)有如下关系：

$$a_B = a(1 - \varepsilon) \tag{3-14}$$

3.3 颗粒的沉降运动

在流体与颗粒组成的非均相物系中，流体与颗粒间的相对运动有以下三种：

(1) 流体流过静止颗粒表面。

(2) 颗粒在静止流体中运动。

(3) 流体与颗粒均处于运动状态，同时两者之间存在相对速度。

显然，只要流体与颗粒之间的相对运动速度相等，则流体与颗粒间的作用力是相同的。

3.3.1 流体绕过颗粒的流动

当流体以一定的速度绕过颗粒流动时，流体与颗粒之间产生一对大小相等、方向相反的作用力。流体作用于颗粒上的力称为曳力，颗粒对流体的作用力称为阻力。

1. 曳力

曳力与流体的密度、黏度、流动速度等因素有关，而且受颗粒的形状及定向的影响，问题较为复杂。至今，只有几何形状简单的少数例子可以获得曳力的理论计算式。例如，黏性流体对圆球低速绕流(也称爬流)时，曳力 F_D 的理论计算式为

$$F_D = 3\pi\mu du \tag{3-15}$$

式(3-15)称为斯托克斯(Stokes)定律。当流速较高时，此定律并不成立。因此，对于一般流动条件下的球形颗粒及其他形状的颗粒，曳力的数值还需通过实验确定。

2. 曳力系数

流体沿一定方位绕过形状一定的颗粒时，影响曳力的因素可表示为

$$F_D = f(L, u, \rho, \mu) \tag{3-16}$$

式中，L 为颗粒的特征尺寸，对于光滑球体，L 即为颗粒的直径 d(m)；u 为流体与颗粒间的相对速度(m/s)；ρ 为流体的密度(kg/m^3)；μ 为流体的黏度(Pa·s)。

应用量纲分析法可以得到

$$\frac{F_D}{\dfrac{\pi d^2}{4}\dfrac{\rho u^2}{2}} = \frac{8}{\pi}F\left(\frac{du\rho}{\mu}\right) \tag{3-17}$$

令

$$Re_p = \frac{du\rho}{\mu} \tag{3-18}$$

Re_p 称为颗粒雷诺数。

$$\zeta = \Phi(Re_p) \tag{3-19}$$

于是有

$$F_D = \zeta A_p \frac{\rho u^2}{2} \tag{3-20}$$

式中，A_p 为颗粒在运动方向上的投影面积(m^2)；ζ 为曳力系数，无量纲。

曳力系数 ζ 与颗粒雷诺数 Re_p 的关系经实验测定示于图 3-1 中。

图 3-1 表明，随着颗粒球形度 Φ 值减小，即颗粒形状与球形的差异增大，对应于同一 Re_p 值的曳力系数 ζ 也增大，但球形度 Φ 对 ζ 的影响在 Re_p<2 时不显著。

图 3-1 中球形颗粒($\Phi = 1$)的曲线在不同的雷诺数范围内可用公式表示如下。

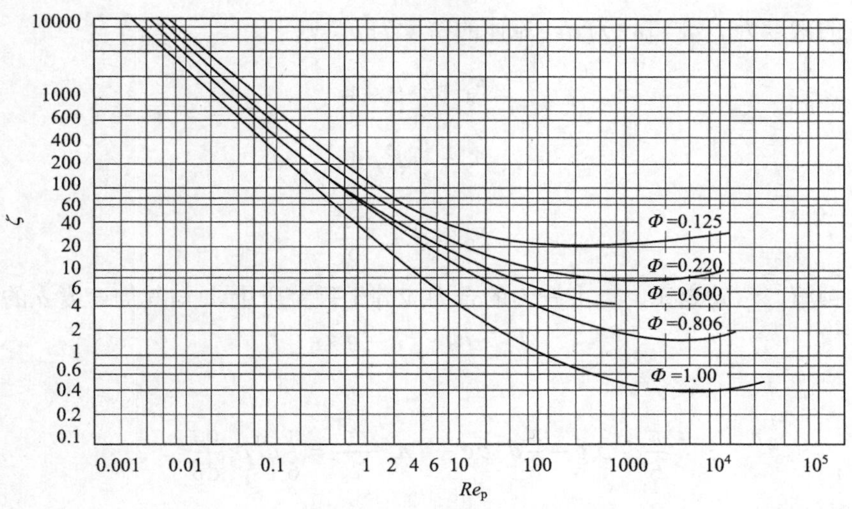

图 3-1 曳力系数 ζ 与颗粒雷诺数 Re_p 的关系

(1) $Re_p<2$ 为层流区(斯托克斯区):

$$\zeta=\frac{24}{Re_p} \tag{3-21}$$

(2) $2<Re_p<500$ 为过渡流区(阿伦区):

$$\zeta=\frac{18.5}{Re_p^{0.6}} \tag{3-22}$$

(3) $500<Re_p<2\times10^5$ 为湍流区(牛顿区):

$$\zeta=0.44 \tag{3-23}$$

在斯托克斯区，以其 ζ 值代入式(3-20)，即得式(3-15)，与斯托克斯的理论解完全一致。在该区内，曳力与速度成正比，即服从一次方定律。

3.3.2 静止流体中颗粒的自由沉降

在重力场中进行的沉降过程称为重力沉降。自由沉降是指理想条件下的重力沉降，即在沉降过程中，颗粒之间的距离足够大，任一颗粒的沉降不因其他颗粒的存在而受到干扰，容器壁面的影响可以忽略。单个颗粒或充分分散的颗粒群在静止流体中的沉降都可视为自由沉降。

1. 球形颗粒的自由沉降速度

1) 沉降的加速阶段

将一个表面光滑的球形颗粒置于静止的流体介质中，如果颗粒的密度大于流体的密度，颗粒将在流体中向下做沉降运动。此时，颗粒受到三个力的作用，即重力、浮力及曳力。重力向下、浮力向上，曳力与颗粒运动方向相反，也向上。对于一定的颗粒与一定的流体，重力和浮力都是恒定的，但曳力随着颗粒的降落速度而变。颗粒开始沉降的瞬间，速度 u 等于零，因而曳力 F_D 等于零，加速度 a 具有最大值，颗粒做加速运动。

设颗粒的密度为 ρ_s，直径为 d，流体的密度为 ρ，则

重力
$$F_g = \frac{\pi}{6} d^3 \rho_s g \tag{3-24}$$

浮力
$$F_b = \frac{\pi}{6} d^3 \rho g \tag{3-25}$$

曳力
$$F_D = \zeta A_p \frac{\rho u^2}{2} \tag{3-26}$$

根据牛顿第二运动定律，以上三力的合力应等于颗粒质量 m 与其加速度 a 的乘积，即

$$F_g - F_b - F_D = ma \tag{3-27}$$

或

$$\frac{\pi}{6} d^3 \rho_s g - \frac{\pi}{6} d^3 \rho g - \zeta A_p \frac{\rho u^2}{2} = \frac{\pi}{6} d^3 \rho_s \frac{du}{d\theta} \tag{3-28}$$

式中，θ 为时间(s)。

由于工业上沉降操作处理的颗粒往往很小，曳力随速度的增长很快，沉降的加速阶段很短，加速阶段所经历的距离也很短，因此小颗粒沉降的加速阶段可以忽略。

2) 沉降的等速阶段

颗粒开始沉降后，曳力随颗粒运动速度 u 的增加而增大，加速度逐渐减小。当颗粒的下降速度增至某一数值时，曳力等于颗粒在流体中的净重力，加速度等于零，颗粒沉降速度最大。颗粒将以此最大的恒定不变的速度 u_t 继续下降，u_t 称为颗粒的沉降速度或终端速度。由式(3-28)可以得到沉降速度 u_t 的关系式。

当 $du/d\theta = 0$ 时，将 $u = u_t$ 代入式(3-28)，可得

$$u_t = \sqrt{\frac{4gd(\rho_s - \rho)}{3\zeta\rho}} \tag{3-29}$$

将式(3-21)～式(3-23)分别代入式(3-29)，便可得到颗粒在各区相应的沉降速度公式，即

$Re_p<2$ 层流区(斯托克斯区)
$$u_t = \frac{d^2(\rho_s - \rho)g}{18\mu} \tag{3-30}$$

$2<Re_p<500$ 过渡流区(阿伦区)
$$u_t = 0.78 \frac{d^{1.143}(\rho_s - \rho)^{0.715}}{\rho^{0.286}\mu^{0.428}} \tag{3-31}$$

$500<Re_p<2\times10^5$ 湍流区(牛顿区)
$$u_t = 1.74\sqrt{\frac{d(\rho_s - \rho)g}{\rho}} \tag{3-32}$$

2. 沉降速度的计算

计算球形颗粒在指定流体介质中的沉降速度通常采用以下两种方法。

1) 试差法

利用式(3-30)～式(3-32)计算沉降速度 u_t 时，必须预先知道颗粒沉降雷诺数 Re_p 值才能选用相应的计算式。但是，u_t 为待求，Re_p 也就为未知。因此，沉降速度 u_t 的计算需要用试差法，即先假设沉降属于某一流型区(如层流区)，然后选用与该流型区相应的沉降速度公式计算 u_t，再检验 Re_p 值是否在假设的 Re_p 范围内。如果与假设一致，则求得的 u_t 有效；否则，

应按算出的 Re_p 值另选其他流型区，并改用相应的公式计算 u_t，直到按求得 u_t 算出的 Re_p 值与选用公式的 Re_p 值范围相符为止。

2) 无量纲的 K 判据法

使用无量纲的 K 判据可以避免试差。

当 $Re_p<2$ 时，将式(3-30)代入式(3-18)，整理可得

$$Re_p=\frac{d^3(\rho_s-\rho)\rho g}{18\mu^2} \tag{3-33}$$

令

$$K=d\left[\frac{(\rho_s-\rho)\rho g}{18\mu^2}\right]^{\frac{1}{3}} \tag{3-34}$$

则可得

$$Re_p=\frac{K^3}{18} \tag{3-35}$$

令 $Re_p=2$，求得 K 值为 3.3，此值为层流区的上限。同样，应用式(3-32)可算得湍流区的下限 K 值为 43.6。这样，计算已知直径的球形颗粒的沉降速度时，可根据 K 值选用相应的公式计算 u_t，从而可以避免采用试差法。

3. 其他因素对沉降速度的影响

以上都是针对表面光滑的单个刚性球形颗粒在流体中做自由沉降的简单情况，实际颗粒的沉降还需考虑下列因素的影响。

(1) 干扰沉降：实际非均相物系中存在许多颗粒，颗粒沉降时彼此影响，这种沉降称为干扰沉降。与自由沉降不同，干扰沉降时，一方面，大量颗粒向下沉降使流体被置换而产生显著的向上流动，造成颗粒沉降速度小于其自由沉降速度；另一方面，大量颗粒的存在也使流体的表观密度和表观黏度(混合物的密度和黏度)都增大，所有这些因素都使干扰沉降的沉降速度比自由沉降小。

(2) 壁效应和端效应：容器的壁面和底面均增加颗粒沉降时的曳力，使颗粒的实际沉降速度较自由沉降时的计算值小。当容器尺寸远远大于颗粒尺寸(如在 100 倍以上)时，器壁效应可忽略。

(3) 分子运动：当颗粒直径小到可与流体分子的平均自由程相比拟时，颗粒做不定向的随机性运动，它们可穿过流体分子的间隙，使沉降速度大于按斯托克斯公式计算的数值。另外，对于 $d<0.5\mu m$ 的颗粒，沉降将受到流体分子热运动的影响。此时，流体已不能当作连续介质，上述关于颗粒所受曳力讨论的前提已不再成立，计算沉降速度的公式已不再适用。

(4) 颗粒形状：对于非球形颗粒，由于曳力系数比同体积球形颗粒大，因此实际沉降速度比按等体积球形颗粒计算的沉降速度小。

【例 3-1】 分别计算直径为 30μm、0.5mm 的球形固体颗粒在 30℃常压空气中的自由沉降速度。已知固体颗粒的密度为 $2670kg/m^3$。

解 由附录 2 查得 30℃常压空气的物性为：密度 $\rho=1.165kg/m^3$，黏度 $\mu=1.86\times10^{-5}Pa\cdot s$。

对于直径为 30μm 的球形固体颗粒，用试差法。

设沉降处于层流区，则根据式(3-30)有

$$u_t = \frac{d^2(\rho_s - \rho)g}{18\mu} = \frac{(30\times10^{-6})^2\times(2670-1.165)\times9.81}{18\times1.86\times10^{-5}} = 0.07(\mathrm{m/s})$$

校验 Re_p

$$Re_p = \frac{du_t\rho}{\mu} = \frac{30\times10^{-6}\times0.07\times1.165}{1.86\times10^{-5}} = 0.13<2$$

假设成立，故计算结果正确。

对于直径为 0.5mm 的球形固体颗粒，用 K 判据法。

由式(3-34)得

$$K = d\left[\frac{(\rho_s-\rho)\rho g}{18\mu^2}\right]^{\frac{1}{3}} = 0.5\times10^{-3}\times\left[\frac{(2670-1.165)\times1.165\times9.81}{18\times(1.86\times10^{-5})^2}\right]^{\frac{1}{3}} = 8.5$$

可见，沉降处于过渡流区，可按式(3-31)计算沉降速度，即

$$\begin{aligned} u_t &= 0.78\frac{d^{1.143}(\rho_s-\rho)^{0.715}}{\rho^{0.286}\mu^{0.428}} \\ &= 0.78\times\frac{(0.5\times10^{-3})^{1.143}\times(2670-1.165)^{0.715}}{1.165^{0.286}\times(1.86\times10^{-5})^{0.428}} \\ &= 3.75(\mathrm{m/s}) \end{aligned}$$

3.4　沉降分离设备

根据作用于颗粒上外力的不同，沉降分离设备可分为重力沉降设备和离心沉降设备两大类。

3.4.1　重力沉降设备

重力沉降的特征是沉降速度较小，因此沉降所需的时间长。为了使颗粒从系统中分离出来，流体在设备内所需的停留时间也相应延长，所以这类设备的基本特征是体积大。

1. 降尘室

利用重力沉降以除去气流中的尘粒，此类设备称为降尘室。图 3-2(a)为气体做水平流动的一种常见的降尘室。

含尘气体进入降尘室后流动截面增大，流速降低。颗粒随气流有一水平向前的运动速度 u，同时在重力作用下以沉降速度 u_t 向下沉降。只要气体从降尘室入口到出口的停留时间等于或大于颗粒从降尘室顶部沉降至底部所用时间，尘粒便可从气流中分离出来。颗粒在降尘室内的运动情况如图 3-2(b)所示。

设降尘室的长度为 l(m)，高度为 H(m)，宽度为 b(m)，底面积为 A(m^2)。气体在降尘室的水平通过速度为 u(m/s)。降尘室的生产能力(含尘气体通过降尘室的体积流量)为 V_s(m^3/s)。则位于降尘室最高点的颗粒沉降至室底需要的时间为

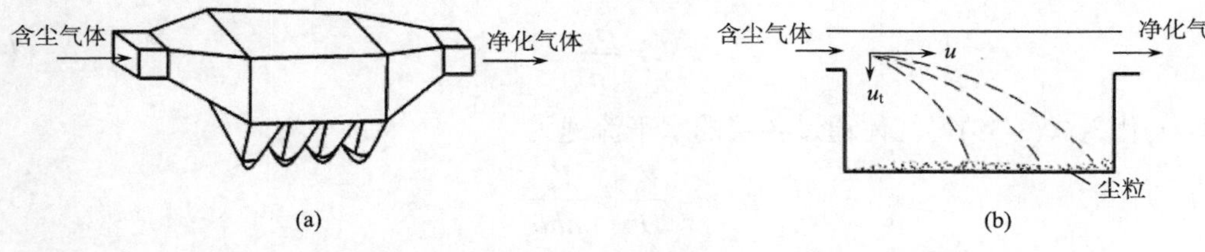

图 3-2　降尘室(a)及颗粒在降尘室内的运动(b)

$$\theta_t = \frac{H}{u_t} \tag{3-36}$$

气体通过降尘室的时间，即停留时间为

$$\theta = \frac{l}{u} \tag{3-37}$$

颗粒能够从气流中分离出来的必要条件是气体在降尘室内的停留时间应不小于颗粒的沉降时间，即

$$\theta \geqslant \theta_t$$

或

$$\frac{l}{u} \geqslant \frac{H}{u_t} \tag{3-38}$$

气体通过降尘室的水平速度为

$$u = \frac{V_s}{Hb} \tag{3-39}$$

将式(3-39)代入式(3-38)并整理得

$$V_s \leqslant blu_t = Au_t \tag{3-40}$$

式(3-40)表明，降尘室的生产能力仅取决于其底面积 A 和颗粒的沉降速度 u_t，而与降尘室的高度 H 无关，故降尘室常设计成扁平形，或在室内均匀设置多层水平隔板，构成多层降尘室，如图 3-3 所示。常用的隔板间距为 40～100mm。对于多层降尘室，若水平隔板将室内分隔成 n 层(隔板数为 $n-1$ 块)，则各层的层高即隔板间距 h 为

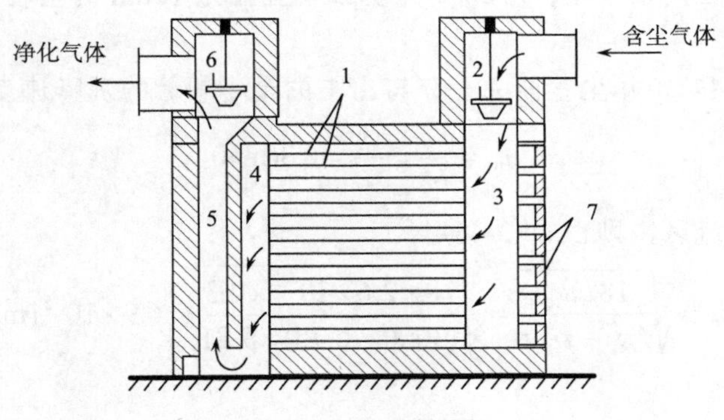

图 3-3　多层降尘室

1. 隔板；2、6. 调节阀；3. 气体分配道；4. 气体聚集道；5. 气道；7. 清灰口

$$h = \frac{H}{n} \tag{3-41}$$

将式(3-41)代入式(3-39)得气体通过各层的水平流速为

$$u = \frac{V_s}{Hb} = \frac{V_s}{nhb} \tag{3-42}$$

将式(3-42)代入式(3-38)并整理得

$$V_s \leqslant nblu_t = nAu_t \tag{3-43}$$

显然，多层降尘室可提高含尘气体的处理量即生产能力。此外，多层降尘室能分离较细的颗粒且节省占地面积，但清灰比较麻烦。

对于特定的降尘室，若某粒径的颗粒在沉降时能满足 $\theta = \theta_t$ 的条件，则该粒径为该降尘室能完全除去的最小粒径，称为临界粒径，以 d_c 表示。对于单层降尘室，与临界粒径相对应的临界沉降速度 u_{tc} 为

$$u_{tc} = \frac{V_s}{bl} \tag{3-44}$$

若颗粒的沉降位于层流区，则将式(3-44)代入式(3-30)，即得临界粒径的计算式为

$$d_c = \sqrt{\frac{18\mu u_{tc}}{(\rho_s - \rho)g}} = \sqrt{\frac{18\mu V_s}{(\rho_s - \rho)blg}} \tag{3-45}$$

由于处理的气体中粉尘颗粒的大小不均，因此在设计时应以分离最小颗粒直径为基准。同时，降尘室中的气体流速不能过高，以防止将已沉颗粒重新卷起。一般降尘室内气体速度应不大于 3m/s，具体数值应根据要求除去的颗粒大小而定，对于易扬起的粉尘(如淀粉、炭黑等)，气体速度应低于 1m/s。

降尘室的结构简单，流动阻力小，但体积庞大，分离效率低，通常只适用于分离粒径大于 75μm 的粗颗粒，一般用于预除尘。

【例 3-2】 某厂拟采用降尘室回收气体中所含的球形固体颗粒。降尘室的底面积为 $10m^2$，宽和高均为 2m。气体在操作条件下的密度为 $0.75kg/m^3$，黏度为 2.6×10^{-5}Pa·s；固体的密度为 $3000kg/m^3$。若降尘室的生产能力为 $3m^3/s$，试求：(1)理论上能完全捕集下来的最小颗粒直径；(2)粒径为 40μm 的颗粒的回收率；(3)若要完全回收直径为 10μm 的尘粒，对原降尘室应采取何种措施？

解 (1) 由式(3-44)得降尘室能完全分离出来的最小颗粒的沉降速度为

$$u_{tc} = \frac{V_s}{bl} = \frac{3}{10} = 0.3(\text{m/s})$$

设颗粒的沉降位于层流区，则由式(3-45)得

$$d_c = \sqrt{\frac{18\mu u_{tc}}{(\rho_s - \rho)g}} = \sqrt{\frac{18\times2.6\times10^{-5}\times0.3}{(3000-0.75)\times9.81}} = 6.9\times10^{-5}(\text{m})$$

核算流型

$$Re_p = \frac{d_c u_{tc}\rho}{\mu} = \frac{6.9\times10^{-5}\times0.3\times0.75}{2.6\times10^{-5}} = 0.60 < 2$$

可见，颗粒沉降位于层流区，即原假设成立，故理论上能完全收集下来的最小颗粒直径等于临界粒径，即

$$d_{\min} = d_c = 6.9\times10^{-5}\text{m} = 69\mu\text{m}$$

(2) 假设颗粒在炉气中的分布是均匀的，则在气体的停留时间内颗粒的沉降高度与降尘室高度之比即为该尺寸颗粒被分离下来的分数。

由于各种尺寸颗粒在降尘室内的停留时间均相同，故 40μm 颗粒的回收率也可用其沉降速度 u_t 与 69μm 颗粒的沉降速度 u_{tc} 之比确定，在层流区其回收率为

$$\frac{u_t}{u_{tc}} = \left(\frac{d}{d_{tc}}\right)^2 = \left(\frac{40}{69}\right)^2 = 0.336$$

即回收率为 33.6%。

(3) 要完全回收直径为 10μm 的颗粒，可在降尘室内设置水平隔板，即将单层降尘室改为多层降尘室。下面通过计算确定多层降尘室内的隔板层数 n 和隔板间距 h。

由(1)的计算结果可知，直径为 10μm 的颗粒，其沉降区域必为层流区，则由式(3-30)得其沉降速度为

$$u_t = \frac{d^2(\rho_s - \rho)g}{18\mu} = \frac{(10\times10^{-6})^2\times(3000-0.75)\times9.81}{18\times2.6\times10^{-5}} = 6.3\times10^{-3}(\text{m/s})$$

由式(3-43)得多层降尘室内的隔板层数为

$$n = \frac{V_s}{blu_t} = \frac{V_s}{Au_t} = \frac{3}{10\times6.3\times10^{-3}} = 47.6$$

取 48 层，则隔板间距为

$$h = \frac{2}{48} = 0.042(\text{m})$$

核算气体在多层降尘室内的流型：若忽略隔板厚度所占的空间，则气体的流速为

$$u = \frac{V_s}{bH} = \frac{3}{2\times2} = 0.75(\text{m/s})$$

$$d_e = \frac{4bh}{2(b+h)} = \frac{4\times2\times0.042}{2\times(2+0.042)} = 0.082(\text{m})$$

$$Re = \frac{d_e u\rho}{\mu} = \frac{0.082\times0.75\times0.75}{2.6\times10^{-5}} = 1774 < 2000$$

即气体在降尘室内的流动为层流，设计合理。

2. 沉降槽

沉降槽是利用重力沉降原理分离悬浮液的设备。沉降槽可提高悬浮液的浓度，并能同时得到澄清的液体，故这种设备又称为增稠器或澄清器。

按操作方式的不同，沉降槽可分为间歇式和连续式两大类。图 3-4 是常用的连续式沉降槽的结构示意图，它是一个底部略呈锥状的浅槽，直径可达 10～100m，深 2.5～4m。料浆由伸入液面下的圆筒进料口送至液面以下 0.3～1m 处，并迅速分散至整个横截面上，液体缓慢向上流动，清液经溢流堰连续流出，称为溢流；而颗粒则沉降至底部形成沉淀层，并由缓慢

转动的耙将其汇聚于底部中央的排渣口处连续排出。

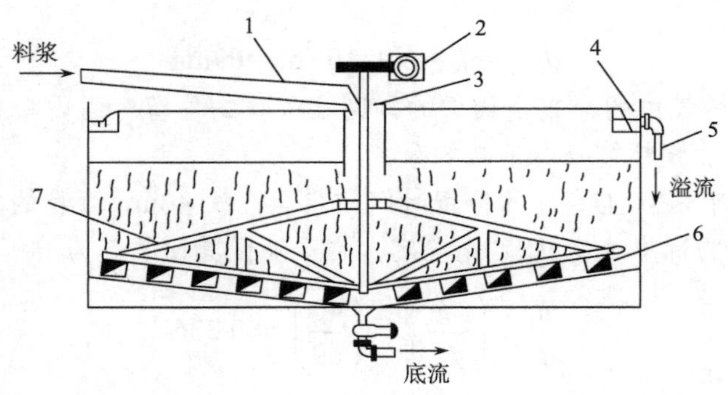

图 3-4　连续式沉降槽

1. 进料槽道；2. 转动机构；3. 料井；4. 溢流堰；5. 溢流管；6. 叶片；7. 转耙

对于特定的沉降槽，为提高其生产能力，应设法提高颗粒的沉降速度。例如，向悬浮液中添加少量的电解质或表面活性剂，使细粒发生凝聚或絮凝；或者采用加热、冷却、震动等方法改变颗粒的粒度或相界面积，均有利于提高沉降速度。此外，为获得澄清液体，沉降槽应具有足够大的横截面积，以确保液体向上的流动速度低于颗粒的沉降速度，并要求颗粒在设备中有足够的停留时间。

连续式沉降槽适用于处理量较大且固含量较低的大颗粒悬浮液料浆，常用于污水处理，所得沉渣中一般还含有 50%左右的液体。

3. 分级器

利用重力沉降可将悬浮液中不同粒径的颗粒进行粗略的分级，或者将两种不同密度的物质进行分类。图 3-5 为分级器示意图，它由几根柱形容器组成，悬浮液进入第一柱的顶部，水或其他密度适当的液体由各级柱底向上流动。控制悬浮液的加料速率，使柱中的固体含量小于 1%，此时柱中颗粒基本上是自由沉降。在各沉降柱中，凡沉降速度比向上流动的液体速度大的颗粒均沉于容器底部，而直径较小的颗粒则被带入后一级沉降柱中。适当安排各级沉降柱流动面积的相对大小，适当选择液体的密度并控制其流量，可将悬浮液中不同大小的颗粒按指定的粒度范围加以分级。

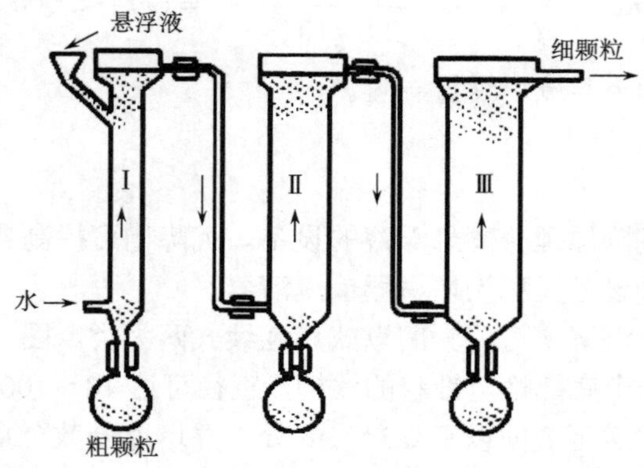

图 3-5　分级器示意图

3.4.2　离心沉降设备

依靠惯性离心力的作用而实现的沉降过程称为离心沉降。两相密度差较小、颗粒粒度较细的非均相物系在重力场中的沉降效率很低甚至完全不能分离，若改用离心沉降则可大大提高沉降速度，设备尺寸也可缩小很多。

1. 惯性离心力作用下的沉降速度

1) 离心分离因数

设颗粒为球形颗粒，粒径为 d，密度为 ρ_s，质量为 m，流体的密度为 ρ，黏度为 μ。颗粒到旋转轴中心的距离为 r，将流体置于匀速旋转的圆筒内，假设筒内流体与圆筒做同步运动，若忽略颗粒的重力沉降，则颗粒所受到的离心力为

$$F_c = mr\omega^2 \tag{3-46}$$

式中，ω 为圆筒(颗粒)的角速度(rad/s)。

F_c 越大，颗粒越易于沿径向沉降。为了增大 F_c，可采取提高 ω 或增大 r 的方式。但是从转筒的机械原理考虑，r 不宜过大。

定义同一颗粒在同种介质所受的离心力与重力之比为离心分离因数 K_c：

$$K_c = \frac{F_c}{F_g} = \frac{r\omega^2}{g} = \frac{u_T^2 / r}{g} \tag{3-47}$$

式中，$u_T = r\omega$，为流体和颗粒的切向速度(m/s)。

离心分离因数是离心分离设备的重要性能指标。例如，当旋转半径 r = 0.3m、切向速度 u_T = 20m/s 时，离心分离因数 K_c = 136。可见，离心分离设备的分离效果远高于重力沉降设备的分离效果。一般情况下，离心分离设备的分离因数为 5～2500，某些高速离心分离设备的分离因数可高达数十万。

2) 离心沉降速度

当流体带着颗粒旋转时，如果颗粒的密度大于流体的密度，则惯性离心力将会使颗粒在径向上与流体发生相对运动而飞离中心。与颗粒在重力场中受到三个作用力相似，在惯性离心力场中颗粒在径向上也受到三个力的作用，即惯性离心力、向心力(与重力场中的浮力相当，其方向为沿半径指向旋转中心)和阻力(与颗粒径向运动方向相反，其方向为沿半径指向中心)。上述三个力分别为

离心力　$$\frac{\pi}{6} d^3 \rho_s \frac{u_T^2}{r}$$

向心力　$$\frac{\pi}{6} d^3 \rho \frac{u_T^2}{r}$$

阻力　$$\zeta \frac{\pi}{4} d^2 \frac{\rho u_r^2}{2}$$

式中，u_r 为颗粒在径向相对于流体的速度，即颗粒在此位置的离心沉降速度。

当以上三力达到平衡时，可导出离心沉降速度的表达式：

$$\frac{\pi}{6}d^3\rho_s\frac{u_T^2}{r}-\frac{\pi}{6}d^3\rho\ \frac{u_T^2}{r}-\zeta\frac{\pi}{4}d^2\frac{\rho u_r^2}{2}=0 \tag{3-48}$$

$$u_r=\sqrt{\frac{4d(\rho_s-\rho)}{3\zeta\rho}\frac{u_T^2}{r}} \tag{3-49}$$

比较式(3-49)和式(3-29)可知，颗粒的离心沉降速度 u_r 和重力沉降速度 u_t 具有相似的关系式，只是式(3-29)中的重力加速度 g 改为离心加速度 u_T^2/r，且沉降方向不是向下而是向外。此外，由于离心力随旋转半径而变，离心沉降速度 u_r 也随颗粒的位置而变，而重力沉降速度 u_t 则是恒定的。

在离心沉降时，若颗粒与流体的相对运动在层流区，则

$$u_r=\frac{d^2(\rho_s-\rho)}{18\mu}\frac{u_T^2}{r} \tag{3-50}$$

2. 离心沉降设备

工业上应用的离心沉降设备有两种型式：旋流器和离心沉降机。旋流器的特点是设备静止，流体在设备中做旋转运动产生离心作用，用于气体非均相混合物分离的旋流器称为旋风分离器；用于分离液体非均相混合物的旋流器称为旋液分离器。离心沉降机的特点是盛装液体混合物的设备本身高速旋转并带动液体一起旋转，从而产生离心作用。

1) 旋风分离器

旋风分离器在工业上应用已有近百年的历史，由于其结构简单、造价低、操作方便、分离效率高，目前仍是工业上常用的分离和除尘设备，一般用来除去气体中直径 5μm 以上的颗粒。

Ⅰ. 旋风分离器的结构和工作原理

旋风分离器的结构型式很多，标准的旋风分离器结构如图 3-6 所示，其主要由升气管、上圆筒、下部的圆锥筒、中央升气管等组成。

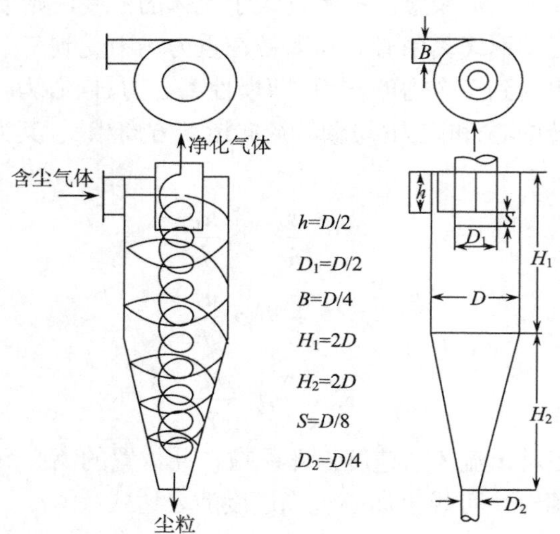

图 3-6　标准旋风分离器的尺寸及操作原理

含尘气体从进气管沿切向进入，受圆筒壁的约束旋转，做向下螺旋运动，气体中的粉尘随气体旋转向下，同时在惯性离心力的作用下向器壁移动，沿器壁落下，从锥底排入灰斗；气体旋转向下到达圆锥底部附近时转入中心升气管而旋转向上，最后从顶部排出。通常把下行的气流称为外旋流，上行的称为内旋流(气芯)，内、外旋流的旋转方向相同，外旋流的上部是主要除尘区。

Ⅱ. 旋风分离器的主要性能指标

旋风分离器的主要性能指标有临界粒径、分离效率及压强降。

(1) 临界粒径 d_c。旋风分离器能被完全分离出来的最小颗粒直径称为临界直径。临界粒径是评价旋风分离器分离效率高低的重要依据。

临界粒径可近似用式(3-51)计算：

$$d_c = \sqrt{\frac{9\mu B}{\pi N_e \rho_s u_i}} \tag{3-51}$$

式中，d_c 为临界粒径(m)；u_i 为含尘气体的进口气速(切向速度)(m/s)；B 为旋风分离器的进气口宽度(m)；μ 为气体的黏度(Pa·s)；ρ_s 为固体颗粒的密度(kg/m^3)；N_e 为气流在旋风分离器内向下运行的圈数，对于标准型旋风分离器，N_e 取 5。

旋风分离器一般都以圆筒直径 D 为参数，其他尺寸都与直径 D 成一定比例。由式(3-51)可知，临界直径随分离器尺寸的增加而增大，因此分离效率随分离器尺寸的增加而下降。当气体处理量较大时，可将多台小尺寸分离器并联使用，以维持较高的除尘效率。

(2) 分离效率。又称为除尘效率，是衡量旋风分离器分离效果的一个重要指标。分离效率有总效率和粒级效率两种表示方法。

总效率是指被分离出来的颗粒占进入旋风分离器的颗粒的质量分数，即

$$\eta_0 = \frac{C_1 - C_2}{C_1} \tag{3-52}$$

式中，η_0 为总效率；C_1、C_2 分别为旋风分离器进、出口气体中颗粒的浓度(kg/m^3)。

总效率可反映旋风分离器的总除尘效果，且易于测定，因而在工程上较为常用。但总效率不能表明旋风分离器对各种尺寸粒子的不同分离效果。

粒级效率是指各种尺寸的颗粒被分离下来的质量分数。对于指定粒径为 d_i 的颗粒，其粒级效率为

$$\eta_i = \frac{C_{1i} - C_{2i}}{C_{1i}} \tag{3-53}$$

式中，η_i 为粒级效率；C_{1i}、C_{2i} 分别为旋风分离器进、出口气体中粒径为 d_i 颗粒的浓度(kg/m^3)。

通常将经过旋风分离器后能被除下 50%颗粒的直径称为分割粒径 d_{50}。对于圆筒直径为 D 的标准型旋风分离器，其分割粒径可用式(3-54)估算：

$$d_{50} = 0.27\sqrt{\frac{\mu D}{u_i(\rho_s - \rho)}} \tag{3-54}$$

这种标准旋风分离器的粒级效率 η_i-d/d_{50} 曲线见图 3-7。对于同一结构形式且尺寸比例相同的旋风分离器，无论大小，均可通用同一条 η_i-d/d_{50} 曲线，这就给旋风分离器效率的估算带来了很大方便。

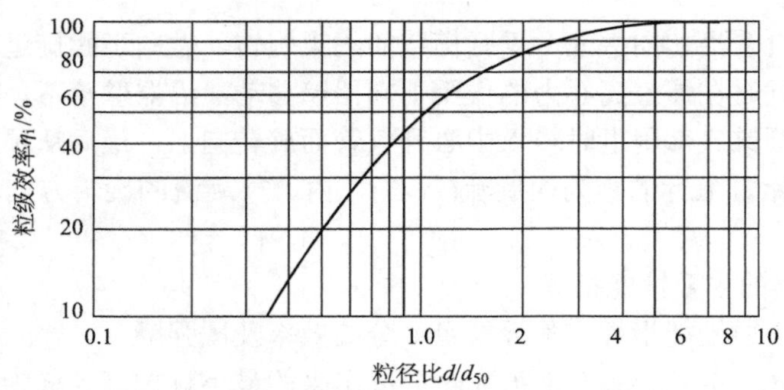

图 3-7 标准旋风分离器的粒级效率 η_i -d/d_{50} 曲线

旋风分离器的总效率 η_0 不仅取决于各种尺寸颗粒的粒级效率，而且取决于气流中所含尘粒的粒度分布。即使同一设备处于同样操作条件下，如果气流含尘的粒度分布不同，也会得到不同的总效率。

总效率与粒级效率的关系为

$$\eta_0 = \sum \eta_i x_i \tag{3-55}$$

式中，x_i 为进口气体中粒径为 d_i 颗粒的质量分数。

(3) 压强降。旋风分离器的压强降大小是评价其性能好坏的重要指标。气体通过旋风分离器的压强降应尽可能小，这是因为气体流过整个工艺过程的总压强降是有一定规定的。因此，分离设备压强降的大小不但影响动力消耗，也往往为工艺条件所限制。气体流经旋风分离器时，进气管和排气管及主体器壁引起的摩擦阻力、流动时的局部阻力及气体旋转运动产生的动能损失等造成气体的压强降。旋风分离器的压强降可表示为气体入口动能的某一倍数：

$$\Delta p = \zeta \frac{\rho u_i^2}{2} \tag{3-56}$$

式中，ζ 为阻力系数。对于同一结构形式及尺寸比例的旋风分离器，ζ 不会因尺寸大小而变，是一个常数。例如，图 3-6 所示的标准旋风分离器，其阻力系数 $\zeta = 8.0$。旋风分离器的压强降一般为 500～2000Pa。

影响旋风分离器性能的因素多而复杂，物系情况及操作条件是其中的重要方面。一般来说，颗粒密度大、粒径大、进口气速高及粉尘浓度高等情况均有利于分离。例如，含尘浓度高则有利于颗粒的聚结，可以提高效率，而且颗粒浓度增大可以抑制气体涡流，从而使阻力下降，所以较高的含尘浓度对压强降与效率两个方面都是有利的。但有些因素则对这两个方面有相互矛盾的影响，如进口气速稍高有利于分离，但过高则导致涡流加剧，反而不利于分离，徒然增大压强降。因此，旋风分离器的进口气速保持在 10～25m/s 为宜。

【例 3-3】 某气流干燥器送出的含尘空气量为 10000m^3/h，空气温度为 80℃。现用直径为 1m 的标准型旋风分离器收集空气中的粉尘，粉尘的密度为 1500kg/m^3，试计算：(1)分割粒径；(2)直径为 15μm 的颗粒的粒级效率；(3)压强降。

解 (1) 由附录 2 查得，80℃时空气的黏度为 2.11×10^{-5}Pa·s，密度为 1.000kg/m^3。旋风分离器进口的截面积为

$$Bh = \frac{D}{4} \times \frac{D}{2} = \frac{D^2}{8}$$

所以进口气速为

$$u_{\mathrm{i}} = \frac{V_{\mathrm{s}}}{Bh} = \frac{8V_{\mathrm{s}}}{D^2} = \frac{8 \times 10000}{3600 \times 1^2} = 22.2(\mathrm{m/s})$$

对于标准型旋风分离器，分割粒径可用式(3-54)估算，即

$$d_{50} = 0.27\sqrt{\frac{\mu D}{u_{\mathrm{i}}(\rho_{\mathrm{s}} - \rho)}} = 0.27 \times \sqrt{\frac{2.11 \times 10^{-5} \times 1}{22.2 \times (1500 - 1.000)}} = 6.8 \times 10^{-6}(\mathrm{m})$$

(2) 由 $d = 15\mu\mathrm{m}$ 得

$$\frac{d}{d_{50}} = \frac{15 \times 10^{-6}}{6.8 \times 10^{-6}} = 2.2$$

由图3-7查得 $\eta_{\mathrm{i}} = 83\%$，即直径为15μm的颗粒的粒级效率为83%。

(3) 由式(3-56)得

$$\Delta p = \zeta \frac{\rho u_{\mathrm{i}}^2}{2} = 8 \times \frac{1.000 \times 22.2^2}{2} = 1971(\mathrm{Pa})$$

2) 旋液分离器

旋液分离器又称水力旋流器，是利用离心沉降原理从悬浮液中分离固体颗粒的设备。它的结构和操作原理与旋风分离器类似，设备主体也是由圆筒和圆锥两部分组成。悬浮液经入口管沿切向进入圆筒，向下做螺旋形运动，固体颗粒受惯性离心力作用被甩向器壁，随下旋流降至锥底的出口，由底部排出的增浓液称为底流；清液或含有微细颗粒的液体则成为上升的内旋流从顶部的中心管排出，称为溢流。内层旋流中心有一个处于负压的气柱，气柱中的气体是由料浆中释放出来的，或者是由溢流管口暴露于大气中时而将空气吸入器内的。

旋液分离器的结构特点是直径较小而圆锥部分较长。因为固、液间的密度差比固、气间的密度差小，在一定的切线进口速度下，较小直径的圆筒有利于增大惯性离心力，从而提高沉降速度；同时，锥形部分加长可增大液流的行程，从而延长了悬浮液在器内的停留时间，有利于分离。

旋液分离器不仅可用于悬浮液的增浓，在分级方面更有显著特点，还可用于不互溶液体的分离、气液分离以及传热、传质和雾化等操作中，因而广泛应用于多种工业领域。

旋液分离器的圆筒直径一般为75～300mm，悬浮液的进口速度一般为5～15m/s，压强降一般为50～200kPa，可分离粒径5～200μm。近年来，世界各国对超小型旋液分离器(直径小于15mm的旋液分离器)进行开发。超小型旋液分离器组特别适用于微细物料悬浮液的分离操作，颗粒直径可小到2～5μm。

在旋液分离器中，颗粒沿器壁快速运动时产生严重磨损，为了延长其使用期限，应采用耐磨材料作内衬。

3) 离心沉降机

离心沉降机(简称离心机)是利用惯性离心力分离液态非均相混合物的机械，即离心机分离的混合物中至少有一种是液体，包括悬浮液和乳浊液。离心沉降机与旋风(液)分离器的主

要区别在于离心机是由设备本身旋转产生离心力，而旋风(液)分离器则是由被分离的混合物以切线方向进入设备而产生离心力。

根据分离方式，离心机可分为过滤式和沉降式两种类型。过滤式离心机在转鼓壁上开孔，在鼓内壁上覆以滤布，将悬浮液加入鼓内并随之旋转，液体受离心力作用被甩出，而颗粒被截留在鼓内。沉降式离心机的鼓壁上不开孔。若被处理物料为悬浮液，其中密度较大的颗粒沉积于转鼓内壁而液体集于中央并不断引出，此种操作即为离心沉降；若被处理物料为乳浊液，则两种液体按轻重分层，重者在外，轻者在内，各自从适当的径向位置引出，此种操作即为离心分离。

根据操作方式，离心机有间歇与连续之分。此外，还可根据转鼓轴线的方向将离心机分为立式与卧式。

Ⅰ. 过滤式离心机

三足式离心机是工业上采用较早的间歇操作、人工卸料的立式离心机，目前仍是国内应用最广、制造数目最多的一种离心机。

三足式离心机有过滤式和沉降式两种，其卸料方式又有上部卸料与下部卸料之分。离心机的转鼓支承在装有缓冲弹簧的杆上，以减轻由于加料或其他原因造成的冲击。

国内生产的三足式离心机技术参数范围如下：转鼓直径，450～1500mm；有效容积，20～400L；转速，730～1950r/min；分离因数，450～1170。

三足式离心机结构简单，制造方便，运转平稳，适应性强，滤渣颗粒不易受损，适用于过滤周期较长、处理量不大、要求滤渣含液量较低的场合。其缺点是上部卸料时劳动强度大，操作周期长，生产能力低。近年来已在卸料方式等方面不断改进，出现了自动卸料及连续生产的三足式离心机。

Ⅱ. 沉降式离心机

(1) 转鼓式离心机。其主体是一中空的转鼓，如图 3-8 所示，悬浮液自转鼓的中间加入，固体颗粒因离心力作用沉降至转鼓内壁，澄清的液体则由转鼓端部溢出。

固体颗粒被分离出来的必要条件是，悬浮液在鼓内的停留时间大于或等于颗粒从自由液面到鼓壁所需的时间。

转鼓式离心机的转速大多为 450～4500r/min，处理能力为 6～10m^3/h，悬浮液中固相体积分数为 3%～5%。主要用于泥浆脱水和从废液中回收固体。

(2) 碟式离心机。又称碟式分离机，如图 3-9 所示，其转鼓内装有许多倒锥形碟片，碟片直径一般为 0.2～0.6m，碟片数目为 50～100 片。转鼓以 4700～8500r/min 的转速旋转，分离因数可达 4000～10000。

图 3-9(a)表示乳浊液的分离操作，碟片上带有小孔，料液通过小孔分配到各碟片通道之间。在离心力作用下，重液逐步沉于每一碟片的下方并向转鼓外缘移动，经汇合后由重液出口连续排出。轻液则流向轴心由轻液出口排出。

图 3-9(b)表示澄清操作，碟片上不开孔，料液从转动碟片的四周进入碟片间的通道并向轴心流动。同时，固体颗粒逐渐向每一碟片的下方沉降，并在离心力作用下向碟片外缘移动。沉积在转鼓内壁的沉渣可在停车后用人工卸除或间歇地用液压装置自动排除。

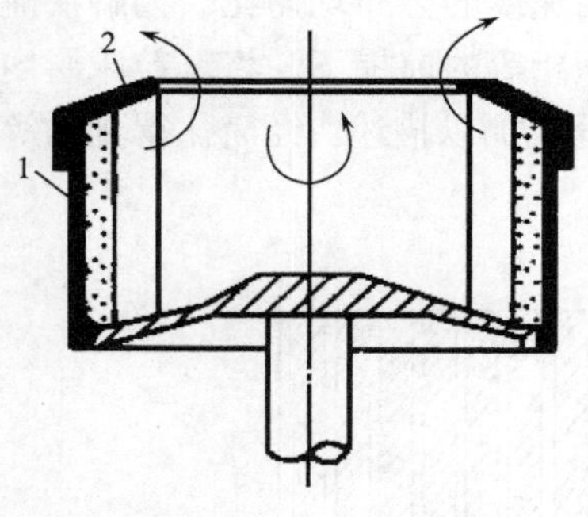

图 3-8 颗粒在转鼓离心机中的沉降

1. 固体；2. 液体

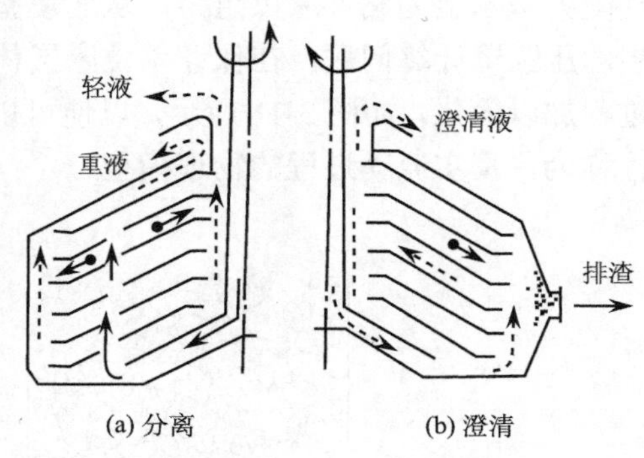

图 3-9 碟式离心机

碟式离心机可用于澄清悬浮液中少量粒径小于 0.5μm 的微细颗粒以获得清净的液体，也可用于乳浊液中轻、重两相的分离，广泛用于润滑油脱水、牛乳脱脂、饮料澄清、催化剂分离等领域。

(3) 管式高速离心机。它是一种能产生高强度离心力场的离心机，具有很高的分离因数(15000～60000)，转鼓的转速可达 8000～50000r/min。为尽量减小转鼓所受的应力，采用较小的鼓径，因而在一定的进料量下，悬浮液沿转鼓轴向运动的速度较大。为此，应增大转鼓的长度，以保证物料在鼓内有足够的时间沉降，于是转鼓成为直径小而高度相对很大的管式构型，如图 3-10 所示。管式高速离心机生产能力小，但能分离普通离心机难以处理的物料，如分离乳浊液及含有稀薄微细颗粒的悬浮液。

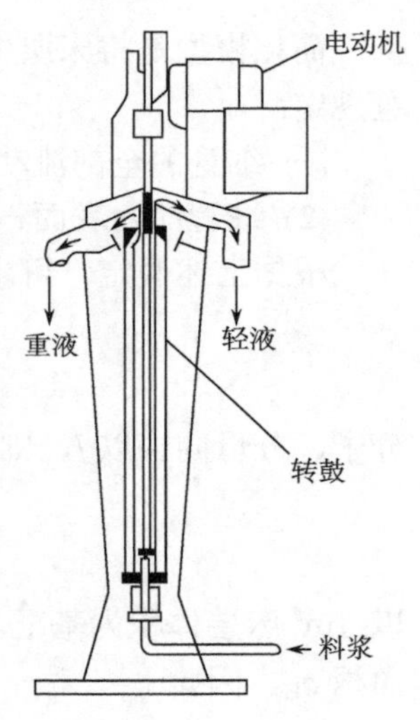

图 3-10 管式高速离心机

乳浊液或悬浮液由底部进料管送入转鼓，鼓内有径向安装的挡板(图中未画出)，以便带动液体迅速旋转。若处理乳浊液，则液体分轻重两层各由上部不同的出口流出；若处理悬浮液，则只用一个液体出口，微粒附着于鼓壁上，经相当时间后停车取出。

3.5 流体通过固定床的压强降

固定床中颗粒间的空隙形成许多可供流体通过的细小通道，这些通道是曲折并且互相交联的。同时，这些通道的截面大小和形状又是很不规则的。流体通过如此复杂的通道时的阻力(压强降)自然很难进行理论计算，本节介绍现代广泛应用的一种实验规划方法——数学模型法。

3.5.1 颗粒床层的简化模型

1. 床层简化的物理模型

细小而密集的固体颗粒床层具有很大的比表面积，流体通过这样床层的流动多为滞流，流动阻力基本上为黏性摩擦阻力，从而使整个床层截面速度的分布均匀化。为解决流体通过床层的压强降计算问题，在保证单位床层体积的表面积相等的前提下，将颗粒床层内实际流动过程加以简化，如图 3-11 所示，以便可以用数学方程式加以描述。经简化得到的等效流动过程称为原真实流动过程的物理模型。

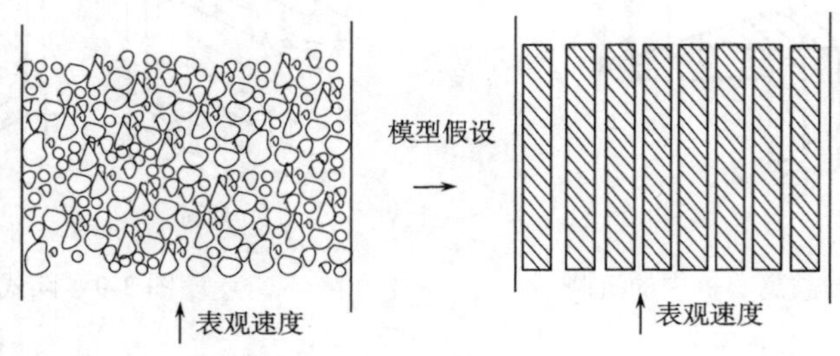

图 3-11　颗粒床层的简化模型

简化模型是将床层中不规则的通道假设成长度为 l、当量直径为 d_e 的一组平行细管，并且规定：

(1) 细管的全部流动空间等于颗粒床层的空隙容积。

(2) 细管的内表面积等于床层颗粒的全部表面。

根据上述假定，可求得这些虚拟细管的当量直径 d_e：

$$d_e = 4 \times \frac{\text{通道的截面积}}{\text{润湿周边长度}} \tag{3-57}$$

分子、分母同乘以 l，则有

$$d_e = 4 \times \frac{\text{床层内流动空间体积}}{\text{细管的全部内表面}} \tag{3-58}$$

以 $1m^3$ 床层体积为基准，则床层的流动空间为 ε，每立方米床层的颗粒表面即为床层的比表面积 a_B，因此

$$d_e = \frac{4\varepsilon}{a_B} = \frac{4\varepsilon}{a(1-\varepsilon)} \tag{3-59}$$

2. 流体压强降的数学模型

根据以上简化模型，流体通过固定床的压强降等同于流体通过一组当量直径为 d_e、长度为 l 的细管的压强降：

$$h_f = \frac{\Delta p}{\rho} = \lambda \frac{l}{d_e} \frac{{u_1}^2}{2} \tag{3-60}$$

式中，u_1 为流体在细管内的流速。u_1 可取流体在实际填充床中颗粒空隙间的流速，它与空床流速 u(表观流速)的关系为

$$u_1 = \frac{u}{\varepsilon} \tag{3-61}$$

将式(3-59)和式(3-61)代入式(3-60)得

$$\frac{\Delta p}{L}=\lambda\frac{l}{8L}\frac{(1-\varepsilon)a}{\varepsilon^3}\rho u^2 \tag{3-62}$$

细管长度 l 与实际床层高度 L 不相等，但可认为 l 与 L 成正比，其比值为常数，并将其并入摩擦系数中，令

$$\lambda'=\lambda\frac{l}{8L} \tag{3-63}$$

则

$$\frac{\Delta p}{L}=\lambda'\frac{(1-\varepsilon)a}{\varepsilon^3}\rho u^2 \tag{3-64}$$

式(3-64)即为流体通过固定床压强降的数学模型，其中包括一个未知的待定系数 λ'，λ' 称为模型参数，可称为固定床的流动摩擦系数。

3. 模型的检验和模型参数的估值

上述床层的简化处理只是一种假定，其有效性还须经过实验检验，其中的模型参数 λ' 也须由实验测定。

康采尼(Kozeny)对此进行了实验研究，发现在较低流速、床层雷诺数 $Re_B<2$ 的层流情况下，模型参数 λ' 较好地符合式(3-65)：

$$\lambda'=\frac{K}{Re_B} \tag{3-65}$$

式中，K 称为康采尼常数，其值为5.0；Re_B 为床层雷诺数，定义为

$$Re_B=\frac{d_e u_1\rho}{4\mu}=\frac{u\rho}{a(1-\varepsilon)\mu} \tag{3-66}$$

对于不同的床层，康采尼常数 K 的可能误差不超过10%，这表明上述的简化模型是实际过程的合理简化。实验在确定模型参数 λ' 的同时，也检验了简化模型的合理性。

将式(3-65)代入式(3-64)得

$$\frac{\Delta p}{L}=5\frac{(1-\varepsilon)^2a^2}{\varepsilon^3}\mu u \tag{3-67}$$

式(3-67)称为康采尼方程。

欧根(Ergun)在较宽的 Re_B 范围内($1/6<Re_B<420$)研究了 λ' 与 Re_B 的关系，获得如下关联式：

$$\lambda'=\frac{4.17}{Re_B}+0.29 \tag{3-68}$$

将式(3-68)代入式(3-64)可得

$$\frac{\Delta p}{L}=4.17\frac{(1-\varepsilon)^2a^2}{\varepsilon^3}\mu u+0.29\frac{(1-\varepsilon)a\rho u^2}{\varepsilon^3} \tag{3-69}$$

式(3-69)称为欧根方程。当 $Re_B<3$ 时，等式右边第二项可以略去；当 $Re_B>100$ 时，等式右边第一项可以略去。

【例 3-4】 现用 12.2g 水泥充填成面积为 5.0cm^2、厚度为 1.5cm 的床层。在常压下，20℃的空气以 $4.0\times10^{-6}\text{m}^3/\text{s}$ 的流量通过床层，测得床层的压强降为 1500Pa。已知水泥粉末的真密度 $\rho_\text{s} = 3120\text{kg/m}^3$，计算此水泥粉的空隙率及比表面积。

解 水泥粉末的堆填密度

$$\rho' = \frac{12.2\times10^{-3}}{5.0\times10^{-4}\times1.5\times10^{-2}} = 1627(\text{kg/m}^3)$$

床层的堆填密度与颗粒真密度的关系为

$$\rho' = \rho_\text{s}(1-\varepsilon)$$

故床层的空隙率

$$\varepsilon = 1-\frac{\rho'}{\rho_\text{s}} = 1-\frac{1627}{3120} = 0.48$$

床层的表观气速

$$u = \frac{V_\text{s}}{A} = \frac{4.0\times10^{-6}}{5.0\times10^{-4}} = 0.008(\text{m/s})$$

由附录 2 查得，20℃时空气的黏度为 $1.81\times10^{-5}\text{Pa·s}$，密度为 1.205kg/m^3，床层厚度 L = 0.015m。由于水泥粉末的粒径比较小，因此设床层雷诺数 $Re_\text{B}<2$，则由式(3-67)得水泥粉的比表面积为

$$a = \sqrt{\frac{\varepsilon^3}{5(1-\varepsilon)^2\mu u}\frac{\Delta p}{L}} = \sqrt{\frac{0.48^3}{5\times(1-0.48)^2\times1.81\times10^{-5}\times0.008}\times\frac{1500}{0.015}}$$
$$= 2.38\times10^5(\text{m}^2/\text{m}^3)$$

校验床层雷诺数

$$Re_\text{B} = \frac{u\rho}{a(1-\varepsilon)\mu} = \frac{0.008\times1.205}{2.38\times10^5\times(1-0.48)\times1.81\times10^{-5}} = 4.3\times10^{-3}<2$$

故上述计算有效。

3.5.2 量纲分析法和数学模型法的比较

用量纲分析法规划实验，决定成败的关键在于能否如数列出影响过程的主要因素。要做到这一点，无须对过程本身的内在规律有深入理解，只要做若干析因实验，考察每个变量对实验结果的影响程度即可。在量纲分析法指导下的实验研究只能得到过程的外部联系，而对于过程的内部规律不甚了解，如同“黑箱”。然而，这正是量纲分析法的一大特点，它使量纲分析法成为对各种研究对象原则上均适用的一般方法。对于某些复杂过程，即使研究者对其内部规律并不了解，照样可以进行研究。

量纲分析法的一般步骤是：

(1) 通过实验找出影响过程的全部因素。

(2) 通过无量纲化，减少变量数目。

(3) 通过实验，确定无量纲准数之间具体的函数关系。

显然，量纲分析法的关键是要找出影响过程的全部因素；实验的目的是寻找各无量纲准

数之间的函数关系。

数学模型法是立足于对所研究过程的深刻理解，一般按以下步骤进行：

(1) 将复杂的、真实的过程简化成易于用数学方程式描述的物理模型。

(2) 对得到的物理模型进行数学描述，建立数学模型。

(3) 通过实验，对数学模型的合理性进行检验并测定模型参数。

显然，数学模型法的关键是对复杂过程的合理简化，即能否得到一个足够简单的可用数学方程式表示而又不失真的物理模型。不失真是指在某一个方面，物理模型与真实过程是等效的。可见，要做到这一点，必须对过程的内在规律特别是过程的特殊性有着深刻的理解。只有充分地认识了过程的特殊性并根据特定的研究目的加以利用，才有可能对真实的复杂过程进行大幅度的简化，同时在指定的某一方面保持等效。数学模型法中，实验的目的是检验物理模型的合理性，并通过实验测定为数不多的模型参数。

3.6 过 滤

过滤是分离悬浮液最普遍和最有效的单元操作之一。通过过滤操作可获得清净的液体或固相产品。与沉降分离相比，过滤操作可使悬浮液的分离更迅速、更彻底。在某些场合下，过滤是沉降的后续操作。

3.6.1 过滤操作的基本概念

过滤是以某种多孔物质为介质，在外力作用下，使悬浮液中的液体通过介质的孔道，固体颗粒被截留在介质上，从而实现固液分离的操作。过滤操作采用的多孔物质称为过滤介质(当过滤介质是织物时，也称为滤布)，所处理的悬浮液称为滤浆或料浆，通过多孔通道的液体称为滤液，被截留的固体物质称为滤饼或滤渣。

实现过滤操作的外力可以是重力、压强差或惯性离心力。在化工中应用最多的还是以压强差为推动力的过滤。

1. 过滤方式

工业上的过滤方式基本上有两种：滤饼过滤和深层过滤。

滤饼过滤时，悬浮液置于过滤介质的一侧。过滤介质常用多孔织物，其网孔尺寸不一定要小于被截留的颗粒直径。在过滤操作开始阶段，有部分颗粒进入过滤介质网孔中发生架桥现象，如图3-12所示，也有少量颗粒穿过介质而混于滤液中。随着滤渣的逐步堆积，在介质上形成一个滤渣层，称为滤饼，如图3-13所示。不断增厚的滤饼才是真正有效的过滤介质，穿过滤饼的液体则变为清净的滤液。通常，在操作开始阶段得到的滤液是浑浊的，待滤饼形成之后返回重滤。

滤饼过滤适用于处理颗粒含量较高(固相体积分数在1%以上)的悬浮液，是化工生产中主要的过滤方式。本节主要讨论滤饼过滤。

在深层过滤中，固体颗粒并不形成滤饼，而是沉积于较厚的粒状过滤介质床层内部。悬浮液中的颗粒尺寸小于床层孔道直径，当颗粒随流体在床层内的曲折孔道中流过时，便黏附在过滤介质孔道的壁面上，如图3-14所示。这种过滤适用于生产能力大而悬浮液中颗粒小、含量很低(固相体积分数在 0.1%以下)的场合。

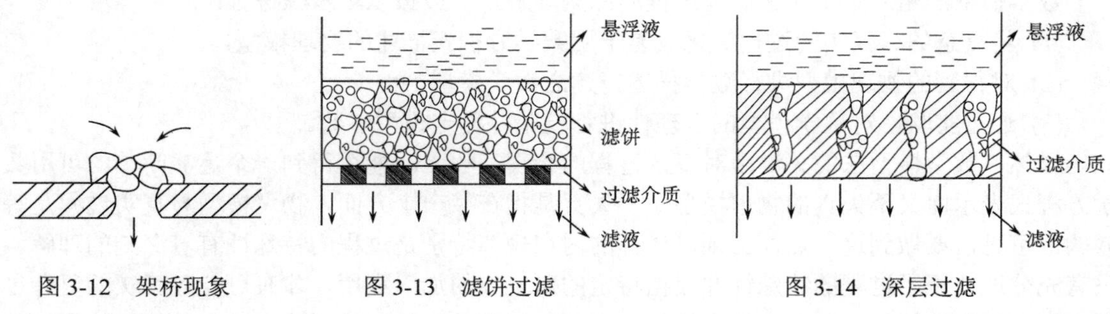

图 3-12 架桥现象　　图 3-13 滤饼过滤　　图 3-14 深层过滤

2. 过滤介质

过滤介质是滤饼的支承物，应具有足够的机械强度和尽可能小的流动阻力，还应具有相应的耐腐蚀性和耐热性。

工业上常用的过滤介质主要有以下三类：

(1) 织物介质(又称滤布)。包括由棉、毛、丝、麻等天然纤维及合成纤维制成的织物及由玻璃丝、金属丝等织成的网，是工业生产使用最广泛的过滤介质。它的价格便宜，清洗及更换方便。根据织物的编织方法和孔网的疏密程度，此类介质可截留颗粒的最小直径为 5～65μm。

(2) 多孔性固体介质。这类介质是具有很多微细孔道的固体材料，包括素瓷、烧结金属(或玻璃)或由塑料细粉黏结而成的多孔性塑料管等，能拦截 1～3μm 的微细颗粒。

(3) 堆积介质。此类介质由各种固体颗粒(细沙、木炭、石棉、硅藻土)或非编织纤维(玻璃棉等)堆积而成，多用于深层过滤中。

3. 滤饼的压缩性和助滤剂

滤饼是由截留下的固体颗粒堆积而成的床层，随着操作的进行，滤饼的厚度与流动阻力都逐渐增加。构成滤饼的颗粒特性对流动阻力的影响悬殊，如果颗粒是不易变形的固体(如硅藻土、碳酸钙等)，则当滤饼两侧的压强差增大时，颗粒的形状和颗粒间的空隙不发生明显变化，单位厚度床层的流动阻力可视为恒定，这种滤饼称为不可压缩滤饼。相反，如果滤饼是由某些类似氢氧化物的胶体物质构成，则当滤饼两侧的压强差增大时，颗粒的形状和颗粒间的空隙有明显的改变，单位厚度滤饼的流动阻力随压强差加高而增大，这种滤饼称为可压缩滤饼。

滤饼的压缩性可用压缩指数 s 进行表征，对于不可压缩滤饼，$s = 0$；一般的滤饼，s 为 0.2～0.8。

为防止过滤介质孔道的堵塞或降低可压缩滤饼的过滤阻力，可使用助滤剂。助滤剂是一种坚硬的粉状或纤维状固体，能形成疏松结构。若将其配成悬浮液，先在过滤介质表面滤出一薄层助滤剂饼层，然后再过滤，可以防止过滤介质孔道的堵塞，此法称为预涂法；若将助滤剂加入待过滤的悬浮液中，可在过滤过程中形成空隙率较大的不可压缩滤饼，有效地降低过滤阻力，此法称为预混法。

对助滤剂的基本要求是：能较好地悬浮于料液中，且颗粒大小合适，可形成多孔饼层的刚性颗粒，在过滤操作的压强差范围内具有不可压缩性，以保证滤饼具有较高的空隙率、良好的渗透压及较低的流动阻力；具有化学稳定性，不与悬浮液发生化学反应，不溶于液相中，以免污染滤液。

常用作助滤剂的物质有硅藻土、珍珠岩粉、碳粉和石棉粉等。

3.6.2 过滤过程的物料衡算

对于指定的悬浮液，在获得一定量滤液的同时必形成相对应量的滤饼，其关系取决于悬浮液中的含固量，并可根据物料衡算的方法求出。通常表示悬浮液含固量的方法有两种，即质量分数(kg 固体/kg 悬浮液)w 和体积分数(m^3 固体/m^3 悬浮液)Φ。对于颗粒在液体中不发生溶胀的物系，按体积加和原则，两者的关系为

$$\Phi=\frac{\dfrac{w}{\rho_s}}{\dfrac{w}{\rho_s}+\dfrac{1-w}{\rho}} \tag{3-70}$$

式中，ρ_s 和 ρ 分别为固体颗粒和滤液的密度。

物料衡算时，可对总物料量和固体物料量列出两个衡算式：

$$V_{悬}=V+LA \tag{3-71}$$

$$V_{悬}\Phi=LA(1-\varepsilon) \tag{3-72}$$

式中，$V_{悬}$为获得滤液量 V 并形成厚度为 L 的滤饼时所消耗的悬浮液总量；ε 为滤饼空隙率；A 为过滤面积。由式(3-71)和式(3-72)不难导出滤饼厚度 L 为

$$L=\frac{\Phi}{1-\varepsilon-\Phi}\frac{V}{A} \tag{3-73}$$

式(3-73)表明，过滤时若滤饼空隙率 ε 不变，则滤饼厚度 L 与单位面积累计滤液量成正比。一般悬浮液中颗粒的体积分数比滤饼空隙率小得多，分母中的 Φ 值可以略去，则有

$$L=\frac{\Phi}{1-\varepsilon}\frac{V}{A} \tag{3-74}$$

【例 3-5】 实验室中过滤质量分数为 0.1 的二氧化钛水悬浮液，取湿滤饼 100g 经烘干后称量得干固体质量为 55g。二氧化钛的密度为 3850kg/m^3。过滤在 20℃及压强差 0.05MPa 下进行。求：(1)悬浮液中二氧化钛的体积分数 Φ；(2)滤饼的空隙率 ε；(3)每得到 1m^3 滤液所形成滤饼的体积。

解 (1) 取 20℃水的密度为 1000kg/m^3，二氧化钛颗粒在水中没有体积变化，所以悬浮液中二氧化钛的体积分数 Φ 为

$$\Phi=\frac{\dfrac{w}{\rho_s}}{\dfrac{w}{\rho_s}+\dfrac{1-w}{\rho}}=\frac{\dfrac{0.1}{3850}}{\dfrac{0.1}{3850}+\dfrac{1-0.1}{1000}}=0.0281$$

(2) 湿滤饼试样中的固体体积 V 为

$$V=\frac{55\times10^{-3}}{3850}=1.4\times10^{-5}(\mathrm{m}^3)$$

滤饼中水的体积V'为

$$V'=\frac{(100-55)\times10^{-3}}{1000}=4.5\times10^{-5}(\mathrm{m}^3)$$

滤饼的空隙率ε为

$$\varepsilon=\frac{V'}{V+V'}=\frac{4.5\times10^{-5}}{4.5\times10^{-5}+1.4\times10^{-5}}=0.76$$

(3) 由式(3-73)得单位滤液形成的滤饼体积为

$$\frac{LA}{V}=\frac{\Phi}{1-\varepsilon-\Phi}=\frac{0.0281}{1-0.76-0.0281}=0.13(\mathrm{m}^3)$$

3.6.3 过滤基本方程

1. 过滤速度与过滤速率

单位时间内获得的滤液体积称为过滤速率，单位为m^3/s。单位过滤面积上的过滤速率称为过滤速度，单位为m/s。

过滤速度实际上是滤液通过滤饼层的流速，由于滤饼的孔道很细，滤液通过滤饼和滤布的流速较低，其流动一般处于层流状态，因此可用康采尼方程表示流速与阻力的关系[见式(3-67)]，即滤液穿过滤饼层的速度为

$$u=\frac{\mathrm{d}V}{A\mathrm{d}\theta}=\frac{\varepsilon^3}{5a^2(1-\varepsilon)^2}\frac{\Delta p_1}{\mu L} \tag{3-75}$$

若令

$$r=\frac{5a^2(1-\varepsilon)^2}{\varepsilon^3} \tag{3-76}$$

r称为滤饼的比阻($1/\mathrm{m}^2$)，则过滤速度可表示为

$$u=\frac{\mathrm{d}V}{A\mathrm{d}\theta}=\frac{\Delta p_1}{r\mu L} \tag{3-77}$$

式中，Δp_1为滤饼两侧的压强差，是过滤过程的推动力，而$r\mu L$是滤饼造成的过滤阻力。式(3-77)说明了过滤速度等于过滤推动力与过滤阻力的比值。

比阻r是单位厚度滤饼的阻力，它在数值上等于黏度为1Pa·s的滤液以1m/s的平均流速通过厚度为1m的滤饼层时产生的压强降。比阻反映了颗粒形状尺寸及床层空隙率对滤液流动的影响。床层空隙率ε越小及颗粒比表面积a越大，则床层越致密，对流体流动的阻滞作用也越大。

式(3-77)仅考虑了由滤饼造成的阻力，然而在实际过程中，过滤介质的阻力有时也不可忽略，尤其在滤饼较薄时更是如此。过滤介质的阻力与其自身的材质、结构及厚度有关。为计算方便，将介质的阻力折合成厚度为L_e的滤饼阻力$r\mu L_e$(称为当量介质阻力)。若过滤介质两侧的压强差为Δp_2，则仿照式(3-77)可以写出滤液穿过过滤介质层的速度为

$$u=\frac{\mathrm{d}V}{A\mathrm{d}\theta}=\frac{\Delta p_2}{r\mu L_e} \tag{3-78}$$

由于很难界定过滤介质与滤饼之间的分界面，更难测定分界面处的压强，过滤介质的阻力与最初形成的滤饼层的阻力往往是无法分开的，因此过滤操作中总是把过滤介质与滤饼联合起来考虑。

通常，滤饼与过滤介质的面积相同，所以两层中的过滤速度应相等，则

$$u=\frac{\mathrm{d}V}{A\mathrm{d}\theta}=\frac{\Delta p_1+\Delta p_2}{r\mu(L+L_e)}=\frac{\Delta p}{r\mu(L+L_e)} \tag{3-79}$$

式中，$\Delta p=\Delta p_1+\Delta p_2$，为滤饼两侧压强降与过滤介质两侧压强降之和，是过滤操作的总压强差；$r\mu(L+L_e)$为滤饼阻力与介质阻力之和，是过滤总阻力。

2. 过滤基本方程

设每获得 $1\mathrm{m}^3$ 滤液形成滤饼的体积为 $v(\mathrm{m}^3)$，则得到体积为 $V(\mathrm{m}^3)$滤液时的滤饼厚度为

$$L=\frac{vV}{A} \tag{3-80}$$

相应地，可得到介质层的当量厚度为

$$L_e=\frac{vV_e}{A} \tag{3-81}$$

式中，V_e 表示为获得与过滤介质阻力相当的滤饼厚度所得的滤液量，称为介质的当量滤液量。将式(3-80)和式(3-81)代入式(3-79)，可得

$$\frac{\mathrm{d}V}{\mathrm{d}\theta}=\frac{A^2\Delta p}{r\mu v(V+V_e)} \tag{3-82}$$

对于可压缩滤饼，其比阻显然是 Δp 的函数。在压强差的作用下滤饼发生变形，滤饼的空隙率 ε 将变小，r 将随 Δp 的增大而增大，一般有如下经验关系：

$$r=r'\Delta p^s \tag{3-83}$$

式中，r' 和 s 均为实验常数，r' 为单位压强差下滤饼的比阻$(1/\mathrm{m}^2)$；s 为滤饼的压缩指数。

将式(3-83)代入式(3-82)，得

$$\frac{\mathrm{d}V}{\mathrm{d}\theta}=\frac{A^2\Delta p^{1-s}}{r'\mu v(V+V_e)} \tag{3-84}$$

式(3-84)称为过滤基本方程，表示过滤进程中任一瞬间的过滤速率与各有关因素之间的关系，是过滤计算及强化过滤操作的基本依据。

3.6.4 过滤过程的计算

过滤过程计算的基本内容是确定过滤所得滤液量与过滤时间和压强差等的关系，应用的方程是过滤基本方程。

在过滤操作中，随着过滤过程的进行，滤液量不断增加，滤饼层的厚度不断增大，故过滤阻力也不断增大。若要维持过滤压强差不变，则过滤速度就会不断下降；若要维持过滤速度不变，就要不断增大过滤压强差。在过滤计算中，将前一种操作方式称为恒压过滤，后一

种操作方式称为恒速过滤。这是工业生产上两种典型的过滤操作方式。工业上使用的过滤机大多为间歇式，不宜在整个过程中都采用恒压过滤或恒速过滤。因为在恒压操作开始阶段，过滤介质表面还没有滤饼层生成，较小的颗粒会穿过介质，得到的是浑浊的滤液，或使介质的孔道堵塞，造成较大的阻力；而在恒速过滤操作的后期，为维持恒定的过滤速度，必须将过滤压强差增大到较大值，这会导致设备的泄漏或动力设备超负荷。为了克服这些问题，可在过滤开始时采用较小的压强差进行恒速过滤，待压强差提高至预定值后，则在恒压下进行恒压过滤。这种组合操作方式称为先恒速后恒压过滤。

1. 恒压过滤

恒压过滤是最常见的过滤方式，连续过滤机上进行的过滤都是恒压过滤，间歇过滤机上进行的过滤也多是恒压过滤。恒压过滤时，滤饼不断变厚致使阻力逐渐增加，但推动力维持不变，因而过滤速度不断变小。令

$$K=\frac{2\Delta p^{1-s}}{r'\mu v} \tag{3-85}$$

式(3-84)可以变为

$$\frac{\mathrm{d}V}{\mathrm{d}\theta}=\frac{KA^2}{2(V+V_\mathrm{e})} \tag{3-86}$$

对于一定悬浮液的恒压过滤，r'、μ、v 及 s 均可视为常数，即 K、A、V_e 都是常数。假定获得体积为 V_e 的滤液所需的虚拟过滤时间为 θ_e，则式(3-86)积分的边界条件为

过滤时间	滤液体积
$0\to\theta_\mathrm{e}$	$0\to V_\mathrm{e}$
$\theta_\mathrm{e}\to\theta+\theta_\mathrm{e}$	$V_\mathrm{e}\to V+V_\mathrm{e}$

于是，对式(3-86)进行积分：

$$\int_0^{V_\mathrm{e}}(V+V_\mathrm{e})\mathrm{d}V=\frac{KA^2}{2}\int_0^{\theta_\mathrm{e}}\mathrm{d}\theta \tag{3-87}$$

$$\int_{V_\mathrm{e}}^{V_\mathrm{e}+V}(V+V_\mathrm{e})\mathrm{d}V=\frac{KA^2}{2}\int_{\theta_\mathrm{e}}^{\theta_\mathrm{e}+\theta}\mathrm{d}\theta \tag{3-88}$$

得

$$V_\mathrm{e}^2=KA^2\theta_\mathrm{e} \tag{3-89}$$

$$V^2+2VV_\mathrm{e}=KA^2\theta \tag{3-90}$$

式(3-89)加式(3-90)可得

$$(V+V_\mathrm{e})^2=KA^2(\theta+\theta_\mathrm{e}) \tag{3-91}$$

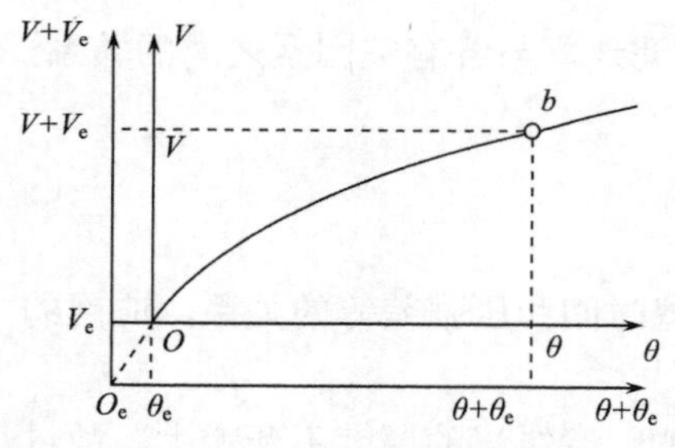

图 3-15　恒压过滤时滤液体积与过滤时间的关系

式(3-89)～式(3-91)统称为恒压过滤方程，它表明恒压过滤时，滤液体积与过滤时间的关系为抛物线方程，如图 3-15 所示。图中曲线的 Ob 段表示实际的过滤时间 θ 与真实的滤液体积 V 之间的关系，而 $O_\mathrm{e}O$ 段则表示与介质阻力相对应的虚拟过滤时间 θ_e 与虚拟滤液体积 V_e 之间

的关系。

当过滤介质阻力可以忽略时，$V_e = 0$，$\theta_e = 0$，则式(3-91)简化为

$$V^2 = KA^2\theta \tag{3-92}$$

令

$$q = \frac{V}{A}$$

$$q_e = \frac{V_e}{A}$$

则式(3-89)、式(3-90)、式(3-91)可分别写成如下形式：

$$q_e^2 = K\theta_e \tag{3-93}$$

$$q^2 + 2qq_e = K\theta \tag{3-94}$$

$$(q + q_e)^2 = K(\theta + \theta_e) \tag{3-95}$$

式(3-93)～式(3-95)也称为恒压过滤方程。

恒压过滤方程中的 K 是由物料特性及过滤压强差决定的常数，其单位为 m^2/s；θ_e 和 q_e 是反映过滤介质阻力大小的常数，其单位分别为 s 和 m^3/m^2，三者总称为过滤常数。

当过滤介质阻力可以忽略时，$q_e = 0$，$\theta_e = 0$，则式(3-95)简化为

$$q^2 = K\theta \tag{3-96}$$

2. 恒速过滤

恒速过滤时，过滤的压强差不断增大，过滤速率保持恒定，即 $\frac{dV}{d\theta}$ 是一个常数，由式(3-86)得

$$\frac{dV}{d\theta} = \frac{KA^2}{2(V + V_e)} = 常数 \tag{3-97}$$

即

$$\frac{KA^2}{2(V + V_e)} = \frac{V}{\theta} \tag{3-98}$$

于是可以得到下列方程：

$$V^2 + VV_e = \frac{KA^2\theta}{2} \tag{3-99}$$

或

$$q^2 + qq_e = \frac{K\theta}{2} \tag{3-100}$$

式(3-99)和式(3-100)称为恒速过滤方程。

3. 先恒速后恒压过滤

这是一种复合操作方式，如果在恒速阶段结束时获得相应的滤液体积为 V_1，相应的过滤时间为 θ_1，此后在恒定压强差 Δp 下开始进行恒压过滤，若恒压过滤一段时间后得到的累积

总滤液量为 V，累积操作总过滤时间为 θ，则由式(3-86)得

$$\int_{V_1}^{V}(V+V_e)\mathrm{d}V=\frac{KA^2}{2}\int_{\theta_1}^{\theta}\mathrm{d}\theta \tag{3-101}$$

即

$$(V^2-V_1^2)+2V_e(V-V_1)=KA^2(\theta-\theta_1) \tag{3-102}$$

或

$$(q^2-q_1^2)+2q_e(q-q_1)=K(\theta-\theta_1) \tag{3-103}$$

V_1 与 θ_1、q_1 与 θ_1 之间则满足恒速过滤方程。

【例 3-6】 某悬浮液中固相颗粒的体积分数为 15%，在 9.81×10^3Pa 的恒定压强差下过滤时得不可压缩滤饼，其空隙率为 0.6，滤饼的比阻为 $4\times10^9\text{m}^{-2}$。已知水的黏度为 1×10^{-3}Pa·s，过滤介质的阻力可以忽略，试计算：(1)每平方米过滤面积上获得 1.5m^3 滤液所需的过滤时间；(2)过滤时间延长一倍所增加的滤液量；(3)在与(1)相同的过滤时间下，过滤压强增大一倍时每平方米过滤面积上获得的滤液量。

解 (1) 根据式(3-73)计算每平方米过滤面积上获得 1.5m^3 滤液所形成滤饼的高度

$$L=\frac{\Phi}{1-\varepsilon-\Phi}\frac{V}{A}=\frac{0.15}{1-0.6-0.15}\times\frac{1.5}{1}=0.9(\text{m})$$

则每获得 1m^3 滤液所形成滤饼的体积为

$$v=1\times\frac{0.9}{1.5}=0.6(\text{m}^3)$$

由于是不可压缩滤饼，因此 $s=0$，$r'=r$。由式(3-85)得

$$K=\frac{2\Delta p}{r\mu v}=\frac{2\times9.81\times10^3}{4\times10^9\times1\times10^{-3}\times0.6}=8.175\times10^{-3}(\text{m}^2/\text{s})$$

依据题意，$q=1.5\text{m}^2/\text{m}^3$。由式(3-96)得

$$\theta=\frac{q^2}{K}=\frac{1.5^2}{8.175\times10^{-3}}=275(\text{s})$$

(2) 过滤时间延长一倍，则

$$\theta'=2\theta=2\times275=550(\text{s})$$

由式(3-96)得

$$q'=\sqrt{K\theta'}=\sqrt{8.175\times10^{-3}\times550}=2.12(\text{m}^3/\text{m}^2)$$

$$q'-q=2.12-1.5=0.62(\text{m}^3/\text{m}^2)$$

即每平方米过滤面积上可再获得 0.62m^3 的滤液。

(3) 过滤压强增大一倍，则由式(3-85)得

$$\frac{K'}{K}=\frac{\Delta p'}{\Delta p}=2$$

即

$$K'=2K$$

所以

$$q' = \sqrt{K'\theta} = \sqrt{2K\theta} = \sqrt{2 \times 8.175 \times 10^{-3} \times 275} = 2.12(\text{m}^3/\text{m}^2)$$

即每平方米过滤面积上可获得的滤液量为 2.12m^3。

4. 过滤常数的测定

过滤常数是过滤计算的基础。由不同物料形成的悬浮液，其过滤常数差别很大。即使是同一种物料，由于浓度不同，存放时发生聚结、絮凝等条件不同，其过滤常数也不完全相等，故需要有可靠的实验数据做参考，才能进行设计计算。

1) 恒压下 K、q_e、θ_e 的测定

一定料浆在某指定的压强差下进行恒压过滤时，式(3-95)中的过滤常数 K、q_e、θ_e 可通过恒压过滤实验测定。

微分恒压过滤方程[式(3-95)]，得

$$2(q + q_\text{e})\text{d}q = K\text{d}\theta \tag{3-104}$$

或

$$\frac{\text{d}\theta}{\text{d}q} = \frac{2q}{K} + \frac{2q_\text{e}}{K} \tag{3-105}$$

式(3-105)表明 $\text{d}\theta/\text{d}q$ 与 q 应呈直线关系，直线的斜率为 $2/K$，截距为 $2q_\text{e}/K$。

为便于根据测定的数据计算过滤常数，式(3-105)左端的 $\text{d}\theta/\text{d}q$ 可用增量比 $\Delta\theta/\Delta q$ 代替，即

$$\frac{\Delta\theta}{\Delta q} = \frac{2q}{K} + \frac{2q_\text{e}}{K} \tag{3-106}$$

待测的悬浮料浆在过滤面积为 A 的过滤机中进行恒压过滤实验，测出一系列时间 θ 的累积滤液量 V，并由此算出一系列 $q(=V/A)$值，从而得到一系列对应的 $\Delta\theta$ 与 Δq 值。在直角坐标中标绘 $\Delta\theta/\Delta q$ 与 q 之间的函数关系，可得一条直线。由直线的斜率$(2/K)$及截距$(2q_\text{e}/K)$的数值便可求得 K 与 q_e，再用式(3-93)求出 θ_e 值。这样得到的 K、q_e、θ_e 便是此种悬浮料浆在特定的过滤介质及压强差条件下的过滤常数。

必须注意，因 $K = 2\Delta p^{1-s}/(r'\mu v)$，其值与操作压强差有关，故只有在实验条件与工业生产条件相同时才可直接使用实验测定的结果。

实际上，恒压过滤方程中仅有两个独立的过滤常数。因此，只要已知两组过滤时间与滤液量的实验数据，即可计算出过滤常数，但所得过滤常数的准确性完全依赖于这两组数据，其可靠程度相对较差。

2) 压缩指数 s 的测定

为了测定滤饼的压缩指数 s，需要在若干个不同的压强差下对指定的料浆进行恒压过滤实验，求得相应的 K 值，然后对 K-Δp 数据加以处理，即可求得 s 值。

将式(3-85)两边取对数，得

$$\lg K = (1-s)\lg\Delta p + \lg\left(\frac{2}{r'\mu v}\right) \tag{3-107}$$

因 $2/(r'\mu v)$是常数，故 K 与 Δp 的关系在双对数坐标纸上标绘时应为直线，直线的斜率为 $1-s$，从而求出压缩指数 s。

【例 3-7】 采用过滤面积为 $0.2m^2$ 的过滤机，对某悬浮液进行过滤参数的测定。操作压强差为 0.15MPa，温度为 20℃，过滤进行到 5min 时共得滤液 $0.034m^3$；进行到 10min 时共得滤液 $0.050m^3$。试估算：(1)过滤参数 K、q_e 及 θ_e；(2)按这种操作条件，过滤进行到 1h 时的滤液总量。

解 (1) 过滤时间 $\theta_1 = 5\text{min} = 300\text{s}$ 时，有

$$q_1 = \frac{V_1}{A} = \frac{0.034}{0.2} = 0.17(\text{m}^3/\text{m}^2)$$

过滤时间 $\theta_2 = 10\text{min} = 600\text{s}$ 时，有

$$q_2 = \frac{V_2}{A} = \frac{0.050}{0.2} = 0.25(\text{m}^3/\text{m}^2)$$

分别代入式(3-94)得

$$0.17^2 + 2 \times 0.17q_e = 300K$$

$$0.25^2 + 2 \times 0.25q_e = 600K$$

联立求解上述两式得

$$K = 1.26 \times 10^{-4}\ \text{m}^2/\text{s}$$

$$q_e = 2.61 \times 10^{-2}\ \text{m}^3/\text{m}^2$$

将上述 K 及 q_e 值代入式(3-93)得

$$\theta_e = \frac{q_e^2}{K} = \frac{(2.61\times10^{-2})^2}{1.26\times10^{-4}} = 5.4(\text{s})$$

(2) 将过滤时间 $\theta = 1\text{h} = 3600\text{s}$，$K = 1.26 \times 10^{-4}\text{m}^2/\text{s}$，$q_e = 2.61 \times 10^{-2}\text{m}^3/\text{m}^2$ 一并代入式(3-94)

$$q^2 + 2 \times 2.61 \times 10^{-2}q = 1.26 \times 10^{-4} \times 3600$$

解得

$$q = 0.65\ \text{m}^3/\text{m}^2$$

$$V = qA = 0.65 \times 0.2 = 0.13(\text{m}^3)$$

3.6.5 过滤设备

工业生产需要分离的悬浮液的性质有很大的不同，过滤的目的、原料的处理量也各不相同。长期以来，为适应各种不同要求而发展了多种形式的过滤机，这些过滤机可按产生压强差的方式不同分成以下两大类。

(1) 压滤和吸滤：如叶滤机、板框压滤机、回转真空过滤机等。

(2) 离心过滤：各种间歇卸渣和连续卸渣离心机。

1. 叶滤机

图3-16是常见叶滤机的结构示意图，其核心部件为滤叶。滤叶通常用金属多孔板或网制造，内部具有空间，外部覆盖滤布。过滤时，将滤叶安装于能承受内压的密闭机壳内，然后用泵将滤浆压入机壳。在压强差的推动下，滤液穿过滤布进入滤叶内，汇集至总管后排出机外，颗粒则被截留于滤布外侧形成滤饼。

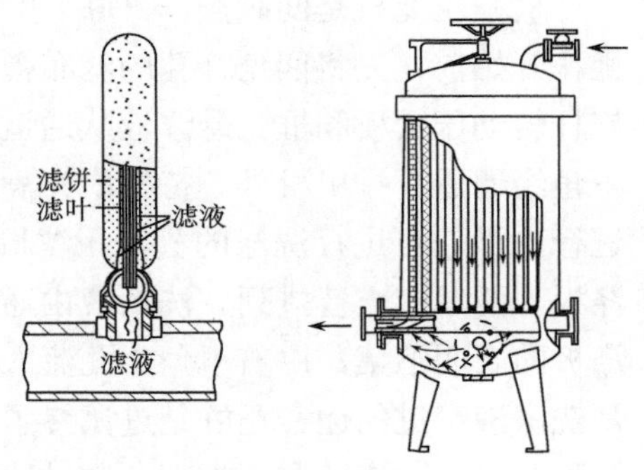

图3-16 叶滤机

若滤饼需要洗涤，则可在过滤完毕后向机壳内通入洗涤液。由于洗涤液的路径与滤液完全相同，故这种洗涤方法称为置换洗涤法。洗涤结束后，打开机壳上盖并将滤叶拨出，卸出滤饼，清洗滤布，重新组装，进入下一个操作循环。

加压叶滤机的优点是密闭操作，劳动条件较好，过滤速度快，洗涤效果好；缺点是造价高，更换滤布比较麻烦。

2. 板框压滤机

板框压滤机是历史最悠久、目前仍是最普遍使用的一种间歇式压滤机，它由多块滤板和滤框交替排列组装于机架构成(图 3-17)，滤板和滤框可在机架上滑动，滤板和滤框的个数在机座长度范围内可自行调节。

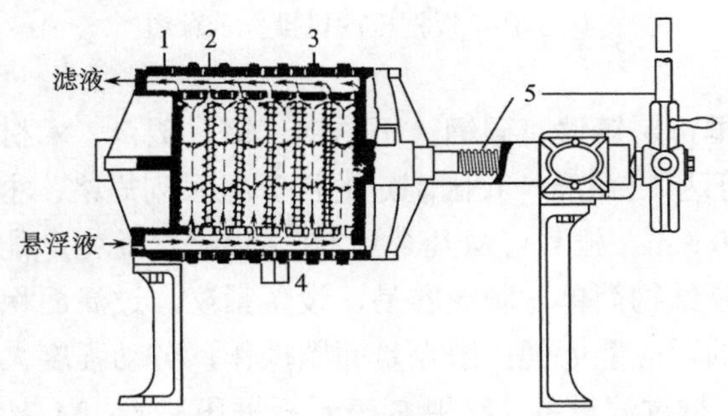

图3-17 板框压滤机

1. 固定头；2. 滤板；3. 滤框；4. 滤布；5. 压紧装置

滤板和滤框多做成正方形，其结构如图3-18所示。板、框的四角开有圆孔，组装叠合后即分别构成供滤浆、滤液、洗涤液进出的通道(图3-19)。

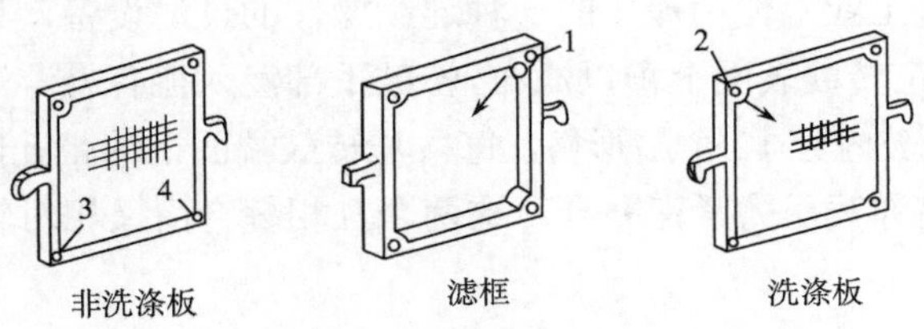

图3-18 滤板和滤框

1. 悬浮液通道；2. 洗涤液入口通道；3. 滤液通道；4. 洗涤液出口通道

板框压滤机是间歇操作，每个操作循环由组装、过滤、洗涤、卸渣、清理5个阶段组成。操作开始前，先将四角开孔的滤布覆盖于板和框的交界面上，借手动、电动或液压传动使螺旋杆转动压紧板和框。悬浮液从通道1进入滤框，滤液穿过框两边的滤布，从每一滤板的左下角经通道3排出机外。待框内充满滤饼，即停止过滤。此时，可根据需要决定是否对滤饼进行洗涤，可进行洗涤的板框压滤机(可洗式板框压滤机)的滤板有两种结构：洗涤板与非洗涤板，两者应交替排列。洗涤液由通道2进入洗涤板的两侧，穿过整块框内的滤饼，在非洗涤板的表面汇集，由右下角小孔流入通道4排出。这种洗涤方法称为横穿洗涤法，它的特点是洗涤液穿过的途径正好是过滤终了时滤液穿过途径的2倍。洗涤完毕后，即停车松开螺旋，卸除滤饼，洗涤滤布，为下一次过滤做好准备。

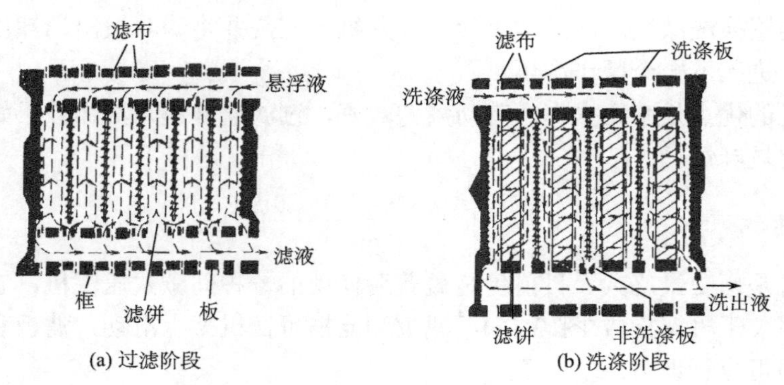

图 3-19　板框压滤机操作示意图

板框压滤机的板、框可用铸铁、碳钢、不锈钢、铝、塑料、木材等制造，操作压强一般为0.3～0.5MPa，最高可达1.5MPa。我国制定的压滤机系列规格：框的厚度为25～50mm，框的每边长为320～1000 mm，框数可从几个到50个以上，随生产能力而定。

板框压滤机的优点是结构简单，制造容易，设备紧凑，过滤面积大而占地面积小，滤饼含水量少，对各种物料的适应能力强；缺点是间歇操作，劳动强度大，生产效率低。

对于BMS20/635-25型过滤设备，其中B表示板框压滤机；M表示明流式(若为A，则为暗流式)；S表示手动压紧(若为Y，则表示液压压紧)；20表示过滤面积20m^2；635表示框内每边长635mm；25表示框厚25mm。

3. 回转真空过滤机

回转真空过滤机是工业上使用最广的一种连续操作的过滤设备，其操作示意图如图3-20所示。在水平安装的中空转鼓表面上覆以滤布，转鼓下部浸入盛有悬浮液的滤槽中，并以0.1～3r/min的转速转动。转鼓内分12个扇形格，每格与转鼓端面上的带孔圆盘相通。此转动盘与装于支架上的固定盘借弹簧压力紧密叠合，这两个互相叠合而又相对转动的圆盘组成一副分配头，如图3-21所示。

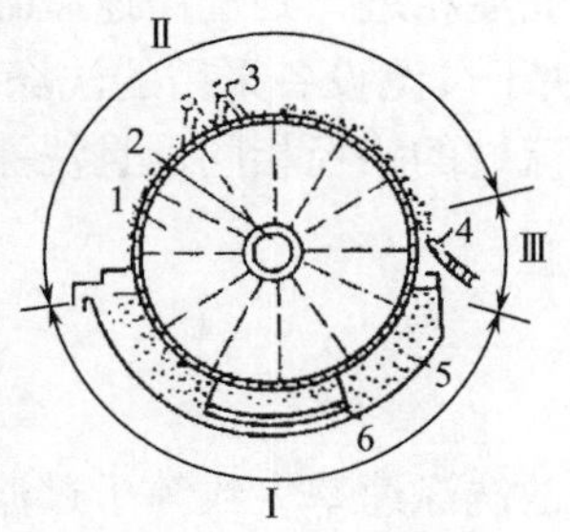

图 3-20 回转真空过滤机操作示意图

1. 转鼓；2. 分配头；3. 洗涤水喷嘴；4. 刮刀；5. 悬浮液槽；6. 搅拌器；Ⅰ. 过滤区；Ⅱ. 洗涤脱水区；Ⅲ. 卸渣区

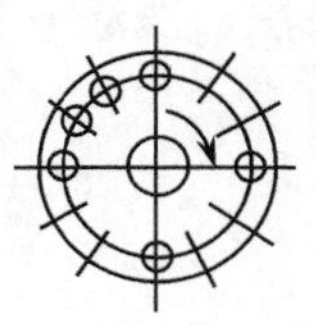

转动盘

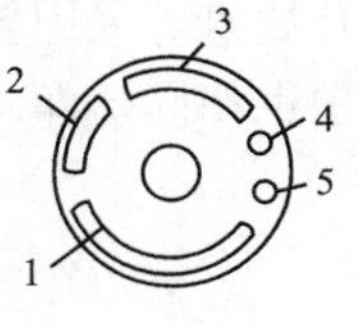

固定盘

图 3-21 回转真空过滤机的分配头

1、2. 与滤液储罐相通的槽；3. 与洗液储罐相通的槽；4、5. 通压缩空气的孔

转鼓表面的每一格按顺时针方向旋转一周时，依次进行过滤、脱水、洗涤、卸渣、再生等操作。例如，当转鼓的某一格转入液面下时，与此格相通的转盘上的小孔即与固定盘上的槽 1 相通，抽吸滤液。当此格离开液面时，转鼓表面与槽 2 相通，将滤饼中的液体吸干。当转鼓继续旋转时，可在转鼓表面喷洒洗涤液进行滤饼洗涤，洗涤液通过固定盘的槽 3 抽往洗液储槽。转鼓的右边装有卸渣用的刮刀，刮刀与转鼓表面的距离可以调节，且此时该格转鼓内部与固定盘的槽 4 相通，借压缩空气吹卸滤渣。卸渣后的转鼓表面在必要时可由固定盘的槽 5 吹入压缩空气，以再生和清理滤布。

转鼓浸入悬浮液的面积为全部转鼓面积的 30%～40%。当不需要洗涤滤饼时，浸入面积可增加至 60%，脱离吸滤区后转鼓表面形成的滤饼厚度为 3～40mm。

回转真空过滤机的过滤面积不大，压强差也不高，但它可实现自动连续操作，对于处理量较大、压强差不需很大的物料的过滤比较合适。在过滤细粒、黏物料时，采用助滤剂预涂的操作也比较方便，此时可将卸料刮刀略微离开转鼓表面一定的距离，以使转鼓表面的助滤剂层不被刮下而在较长的操作时间内发挥助滤作用。

3.6.6 滤饼的洗涤

滤饼是由固体颗粒堆积而成的床层，其空隙中仍滞留一定量的滤液。为回收这些滤液或净化滤饼颗粒，需采用适当的洗涤液对滤饼进行洗涤。由于洗涤液中一般不含固体颗粒，洗涤过程中滤饼厚度保持不变，因此在恒定压强差下洗涤速率为一常数。

单位时间内消耗的洗涤液体积称为洗涤速率，以$(\mathrm{d}V/\mathrm{d}\theta)_\mathrm{W}$表示。若过滤终了以体积为 V_W 的洗涤液洗涤滤饼，则所需洗涤时间 θ_W 为

$$\theta_\mathrm{W}=\frac{V_\mathrm{W}}{\left(\dfrac{\mathrm{d}V}{\mathrm{d}\theta}\right)_\mathrm{W}} \tag{3-108}$$

根据过滤基本方程，即

$$\frac{\mathrm{d}V}{\mathrm{d}\theta}=\frac{A\Delta p^{1-s}}{r'\mu(L+L_\mathrm{e})} \tag{3-109}$$

可以对影响洗涤速率的因素进行讨论分析。对于一定的悬浮液，r' 为常数。若洗涤推动力与

过滤终了时的压强差相同，并假设洗涤液的黏度与滤液的黏度相近，则洗涤速率$(dV/d\theta)_W$与过滤终了时的过滤速率$(dV/d\theta)_E$有一定关系，这种关系取决于过滤设备采用的洗涤方式。

叶滤机等采用置换洗涤法，洗涤液与过滤终了时滤液流过的路径相同，且洗涤面积与过滤面积也相同，即

$$(L+L_e)_W=(L+L_e)_E \tag{3-110}$$

$$A_W=A_E \tag{3-111}$$

式中，下标 W 和 E 分别表示洗涤操作和过滤终了操作。故洗涤速率大致等于过滤终了时的过滤速率，即

$$\left(\frac{dV}{d\theta}\right)_W=\left(\frac{dV}{d\theta}\right)_E=\frac{KA^2}{2(V+V_e)} \tag{3-112}$$

板框压滤机采用横穿洗涤法，洗涤液需横穿两层滤布及整个厚度的滤饼层，其流过的路径约为过滤终了时滤液流动路径的 2 倍，而洗涤液的流通面积仅为过滤面积的一半，即

$$(L+L_e)_W=2(L+L_e)_E \tag{3-113}$$

$$A_W=\frac{1}{2}A_E \tag{3-114}$$

将式(3-113)和式(3-114)代入式(3-109)，可得

$$\left(\frac{dV}{d\theta}\right)_W=\frac{1}{4}\left(\frac{dV}{d\theta}\right)_E=\frac{KA^2}{8(V+V_e)} \tag{3-115}$$

即板框压滤机的洗涤速率为过滤终了时过滤速率的 1/4。

3.6.7 过滤机的生产能力

过滤机的生产能力一般可用单位时间内获得的滤液体积表示，少数情况下，也可采用滤饼量表示。

1. 间歇式过滤机的生产能力

叶滤机和板框压滤机都是典型的间歇式过滤机，间歇式过滤机的每一循环包括过滤、洗涤、卸渣、清理、重装等步骤，其生产能力可按式(3-116)计算：

$$Q=\frac{V}{\sum\theta}=\frac{V}{\theta+\theta_W+\theta_D} \tag{3-116}$$

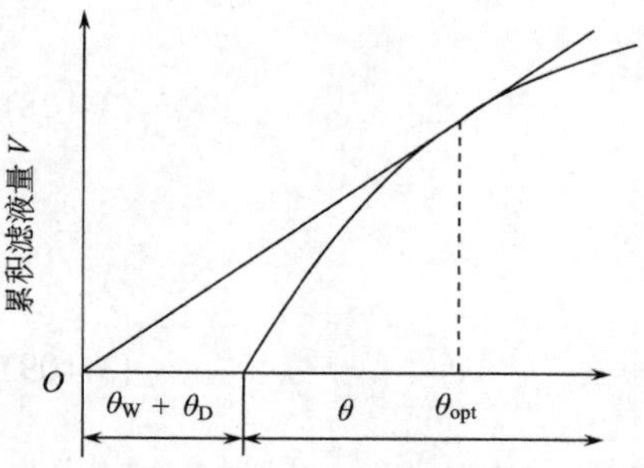

图 3-22 最佳过滤时间

式中，Q为生产能力(m^3/s)；V为一个操作循环所得的滤液体积(m^3)；$\sum\theta$为一个操作循环所需的时间，即操作周期(s)；θ_W为一个操作循环内的洗涤时间(s)；θ_D为一个操作循环内的辅助操作(卸渣、清洗和重装等)时间(s)。

对于恒压过滤，过分延长过滤时间并不能提高过滤机的生产能力。由图 3-22 可知，过滤曲线上任何一点与原点 O 连线的斜率即为生产能力。显然，对于一定的洗涤和辅助时间($\theta_W+\theta_D$)，必存在一个最佳过滤时间 θ_{opt}，

过滤至此停止，可使过滤机的生产能力 Q(图中切线的斜率)达最大值。

【例3-8】 用具有26个框的BMS20/635-25型(框的边长为635mm，厚度为25mm)板框压滤机过滤某悬浮液。已知过滤的压强差为3.39×10^3Pa；洗涤液为清水，其消耗量为滤液体积的8%；每一操作循环的辅助时间为15min；每获得$1m^3$滤液所得的滤饼体积为$0.018m^3$。若恒压过滤方程为$(q+0.0217)^2=1.678\times10^{-4}(\theta+2.81)$，求该板框压滤机的生产能力。

解 依题意可知，该板框压滤机的总过滤面积$A=0.635^2\times2\times26=21(m^2)$，滤饼体积$V_{饼}=0.635^2\times0.025\times26=0.262(m^3)$，则滤框全部充满滤饼时滤液体积为

$$V=\frac{V_{饼}}{v}=\frac{0.262}{0.018}=14.56(m^3)$$

所以

$$q=\frac{V}{A}=\frac{14.56}{21}=0.693(m^3/m^2)$$

代入恒压过滤方程得

$$(0.693+0.0217)^2=1.678\times10^{-4}(\theta+2.81)$$

解得

$$\theta=3041s$$

过滤终了时的过滤速率为

$$\left(\frac{dV}{d\theta}\right)_E=\frac{KA^2}{2(V+V_e)}=\frac{KA}{2(q+q_e)}=\frac{1.678\times10^{-4}\times21}{2\times(0.693+0.0217)}=0.00247(m^3/s)$$

依题意知，洗涤水的用量$V_W=0.08V=0.08\times14.56=1.165(m^3)$，则由式(3-108)和式(3-115)得洗涤时间为

$$\theta_W=\frac{V_W}{\left(\frac{dV}{d\theta}\right)_W}=\frac{V_W}{\frac{1}{4}\left(\frac{dV}{d\theta}\right)_E}=\frac{1.165}{\frac{1}{4}\times0.00247}=1887(s)$$

由式(3-116)得该过滤机的生产能力为

$$Q=\frac{V}{\theta+\theta_W+\theta_D}=\frac{14.56}{3041+1887+15\times60}=0.0025(m^3/s)=9.0(m^3/h)$$

2. 连续式过滤机的生产能力

回转真空过滤机是在恒定压强差下操作的连续过滤设备，其每一部分面积都顺序经过过滤、脱水、洗涤、卸料四个区域，转筒每旋转一周即完成一个操作循环。

设转鼓的转速为n(r/s)，转鼓的浸没面积占全部转鼓面积的分数为φ，则每转一周转鼓上任一过滤面积的过滤时间均为

$$\theta=\frac{\varphi}{n} \tag{3-117}$$

设转筒总过滤面积为 A，则由恒压过滤方程[式(3-90)及式(3-117)]，可得出每转一周的滤液量为

$$V=\sqrt{KA^2(\theta+\theta_e)}-V_e=A\sqrt{K\left(\frac{\varphi}{n}+\theta_e\right)}-V_e \tag{3-118}$$

于是每小时的滤液量(生产能力)为

$$Q=3600nV=3600[A\sqrt{K(n\varphi+n^2\theta_e)}-nV_e] \tag{3-119}$$

若忽略过滤介质阻力，则得

$$Q=3600A\sqrt{Kn\varphi} \tag{3-120}$$

3.7 其他机械分离技术

1. 过滤除尘

过滤除尘是使含尘气体通过多孔材料，将气体中的尘粒截留下来，使气体得到净化。目前，我国使用较多的是袋式除尘器，其基本结构是在除尘器的集尘室内悬挂若干个圆形或椭圆形的滤袋，当含尘气流穿过这些滤袋的袋壁时，尘粒被袋壁截留，在袋的内壁或外壁聚集而被捕集。

袋式除尘器在使用一段时间后，滤布的空隙可能会被尘粒堵塞，从而使气体的流动阻力增大。因此，袋壁上聚集的尘粒需要连续或周期性地被清除下来。例如，可以利用机械装置的运动，周期性地震打布袋而使积尘脱落。此外，利用气流反吹袋壁而使灰尘脱落也是常用的清灰方法。

袋式除尘器结构简单，使用灵活方便，可以处理不同类型的颗粒污染物，尤其对直径为0.1～20μm 的细粉有很强的捕集效果，除尘效率可达 90%～99%，是一种高效除尘设备。但袋式除尘器的应用受到滤布的耐温和耐腐蚀等性能的限制，一般不适用于高温、高湿或强腐蚀性废气的处理。

2. 洗涤除尘

洗涤除尘又称湿法除尘，它是用水(或其他液体)洗涤含尘气体，利用形成的液膜、液滴或气泡捕获气体中的尘粒，尘粒随液体排出，使气体得到净化。洗涤除尘设备形式很多，常见的是填料式洗涤除尘器。

洗涤除尘器可以除去直径在 0.1μm 以上的尘粒，且除尘效率较高，一般为 80%～95%，高效率的装置可达 99%。洗涤除尘器的结构比较简单，设备投资较少，操作维修也比较方便。洗涤除尘过程中，水与含尘气体可充分接触，有降温增湿和净化有害有毒废气等作用，尤其适合高温、高湿、易燃、易爆和有毒废气的净化。洗涤除尘的明显缺点是除尘过程中要消耗大量的洗涤水，而且从废气中除去的污染物全部转移到水中，因此必须对洗涤后的水进行净化处理，并尽量回收利用，以免造成水的二次污染。此外，洗涤除尘器的气流阻力较大，因而运转的费用较高。

3. 静电除尘

静电除尘的分离原理是让含有悬浮尘粒或雾滴的气体通过金属电极间的高压直流静电

场，使气体发生电离；在电离过程中，产生的离子碰撞并附着于悬浮尘粒或雾滴上使其带电；带电的粒子或液滴在电场力作用下向与其电性相反的收尘电极运动并被电极吸附而恢复中性。吸附在电极上的尘粒或液滴在震打或冲洗电极时落入灰斗，从而实现对含尘或含雾气体的分离。

当对气体非均相系统的分离要求极高时，可用静电除尘器予以分离。在化学工业中，静电除尘器常用于硫酸、氯化铵、炭黑、焦油沥青及石油油水分离等生产过程，用于除去粉尘或烟雾，其中使用最多的是硫酸中的干、湿法静电除尘器。静电除尘器能有效地捕集 0.1μm 甚至更小的烟尘或雾滴，分离效率高达 99.99%，阻力较小，气体处理量可以很大。低温操作时性能良好，也可用于 500℃左右的高温气体除尘，缺点是设备费和运转费都较高，安装、维护、管理要求严格。

3.8 机械分离方法的选择

前面所述的各种分离非均相混合物的方法和各种方法所用的设备都有各自的优缺点及其适用场合。因此，为了经济地分离气固、液固及液液非均相混合物，必须从具体情况出发，选择合适的分离方法和分离设备，一般应考虑以下三个方面：

(1) 混合物的性质。包括颗粒的密度、大小、浓度、粒度分布、黏结性、坚硬性、电性及流体的密度、黏度、化学组成与性质等。

(2) 分离要求。包括分离效率和对产品的要求，如滤饼含水量、纯度、晶体完整程度等。

(3) 操作条件。包括温度、压强、处理量、允许的压强降等。

对于液固分离，最常规的方法是过滤。固体颗粒如果很小，则滤饼阻力很大，过滤速率很低，设备很庞大。尤其是过滤介质内的微孔会被堵塞而形成极大的过滤阻力。覆膜滤布和微孔陶瓷膜的孔径为 1～2μm，如果颗粒直径小于 1μm，过滤过程因过滤介质堵塞而难以进行。对于这类问题，或者采用特殊的方法，如絮凝的方法，选用合适的絮凝剂，使颗粒聚集成较大的颗粒后再使用过滤的方法；或者放弃过滤，采用离心沉降的方法，如碟式分离机。对于更小的颗粒，需要采用管式高速离心机，但是，这些方法的处理量都不大。反之，较大的颗粒，如直径大于 50μm，则可采用最简单的重力沉降方法，稍小的颗粒可采用旋液分离器。

对于气固分离，最常规的方法是旋风分离。旋风分离器一般能分离 5～10μm 的颗粒，设计良好的旋风分离器可以分离 2μm 的颗粒。更小的颗粒可以采用袋滤器。袋滤器能捕集 0.1～1μm 的颗粒，但袋滤器的滤速不能过大，最好在 0.06m/s 以下。因此，如果处理气量很大，设备将很庞大。更细的颗粒需要采用电除尘器。电除尘效果好，但造价高。如果生产上允许进行湿法除尘，则气固分离问题变得容易很多。因为气固分离的困难在于已分离出来的固体颗粒会被气流重新卷起，颗粒越细，这个问题越严重。但湿法分离存在二次污染问题，需要综合考虑。

有时一种分离设备难以满足要求，可以多种方法联合使用。例如，分离稀悬浮液，要求所得颗粒含水少，采用离心过滤虽然可以得到含水很少的颗粒，但直接使用离心过滤处理大量悬浮液，动力消耗大，这时可以先用增稠器增稠，然后将增稠液用离心机过滤。含有大量粗粉尘的烟道气，通常先用降尘室或惯性除尘器除去粗粉尘后，再用分离效率高的设备分离细粉尘，使这些设备更好地发挥效能。

习　题

1. 某种圆柱形颗粒催化剂，其直径为 d，高为 h，求体积相等的当量直径及球形度。若圆柱形颗粒催化剂的直径与高相等，则其球形度又是多少？

2. 假设将床层空间均匀分成边长等于球形颗粒直径的立方格，每一立方格内放置一球形固体颗粒，现有直径为 0.1mm 和 10mm 的球形颗粒，按上述规定进行填充，填充高度为 1m。

(1) 两种颗粒层的空隙率分别为多少？

(2) 若将常温常压的空气在 981Pa 的压强差下通入两床层，则两床层的空塔速度各为多少？

3. 分别求直径为 30μm 和 3mm 的水滴在 30℃常压空气中的沉降速度。

4. 将 20℃含有球形染料微粒的水溶液置于量筒中静置 1h，然后用吸液管于液面下 5cm 处吸取少量试样。可能存在于试样中的最大微粒直径是多少微米？已知染料颗粒的密度是 $3000kg/m^3$。

5. 用底面积为 $40m^2$ 的降尘室回收气体中的球形固体颗粒。已知气体的处理量为 $3600m^3/h$，固体密度为 $3000kg/m^3$，气体在操作条件下的密度为 $1.06kg/m^3$、黏度为 $2\times10^{-5}Pa\cdot s$，试计算理论上能完全除去的最小颗粒的直径。

6. 用一多层降尘室除去气体中的粉尘。已知粉尘的最小粒径为 8μm，密度为 $4000kg/m^3$；降尘室的长、宽、高分别为 4.1m、1.8m、4.2m；气体的温度为 427℃，黏度为 $3.4\times10^{-4}Pa\cdot s$，密度为 $0.5kg/m^3$。若每小时处理的含尘气体量为 $2160m^3$(标准状态)，试确定降尘室内隔板的间距及层数。

7. 采用降尘室回收 20℃空气中所含的球形固体颗粒，要求空气处理量 $3600m^3/h$，且能将 50μm 的颗粒全部除去，已知固体密度为 $1800kg/m^3$。

(1) 求降尘室所需的底面积。

(2) 若降尘室的高度为 2m，现在降尘室内设置 9 层水平隔板，计算降尘室可分离的最小颗粒直径。

8. 某多层降尘室，宽为 2m，长为 5m，其中共设有 9 块隔板，隔板间距为 0.1m，每小时通过 $2000m^3$ 的含尘气体，已知气体密度为 $1.6kg/m^3$，黏度为 $2.5\times10^{-5}Pa\cdot s$，尘粒密度为 $3000kg/m^3$，试计算在以下三种情况下，降尘室可全部除去的最小颗粒直径的大小：

(1) 降尘室水平放置。

(2) 降尘室与水平方向呈 30°倾斜放置。

(3) 降尘室垂直放置。

9. 用标准旋风分离器除去温度为 200℃、压强为 0.101MPa 的空气中的粉尘。已知粉尘的密度为 $2000kg/m^3$；旋风分离器的直径为 0. 65m，进口气速为 21m/s，试计算：

(1) 每小时的气体处理量，以标准状态时的体积表示。

(2) 气体通过旋风分离器的压强降。

(3) 粉尘的临界直径。

10. 固体粉末水的悬浮液含固量为 $20kg/m^3$，颗粒密度为 $2000kg/m^3$。

(1) 试求每立方米悬浮液中含多少立方米的固体颗粒。

(2) 若滤饼中含有 40%(质量分数)水，则每处理 $20m^3$ 悬浮液可得滤饼、滤液各多少立方米？

11. 用叶滤机在压强差为 49.05kPa 下恒压过滤某水悬浮液，悬浮液温度为 10℃，过滤 1h 得滤液量 $10m^3$，介质阻力忽略不计。

(1) 将悬浮液预热至 40℃，其他条件不变，过滤 1h 可得滤液多少？

(2) 增大操作压强差，其他条件不变，为使所得滤液加倍，操作压强差应为多少(分别对压缩指数 $s = 0$ 和 $s = 0.5$ 两种情况进行计算)？

12. 叶滤机在恒定压差下操作，过滤时间为 θ，卸渣等辅助时间为 θ_D，滤饼不洗涤。试证明当过滤时间满足下式时：

$$\theta = \theta_D + 2q_e\sqrt{\frac{\theta_D}{K}}$$

叶滤机的生产能力达到最大。

13. 过滤面积为 $0.2m^2$ 的过滤机在压强差 $1.5kgf/cm^2$ 下恒压过滤某悬浮液，2h 后得到滤液 $40m^3$，过滤介质的阻力不计，且过滤和洗涤面积相同。

(1) 若其他情况不变，过滤面积增大 1 倍，2h 可得多少滤液？

(2) 若其他情况不变，但过滤时间缩短为 1h，所得的滤液为多少？

(3) 若在压强差 $1.5kgf/cm^2$ 下恒压过滤 2h 后，用 $5m^3$ 水洗涤滤饼，洗涤时间为多少小时？

14. 用板框压滤机等压过滤某悬浮液，该过滤机的过滤面积为 $10m^2$，$q_e = 0.015m^3/m^2$，$K = 0.003m^2/s$，滤饼用 20%滤液体积的清水进行洗涤，如果 $\Delta p_w = 2\Delta p$，$\mu_w = 2\mu$，滤饼不可压缩，辅助时间 $\theta_D = 15min$，求每小时可得到的最大滤液量。

15. 某生产过程每年欲得滤液 $3800m^3$，年工作时间为 5000h，采用间歇式过滤机，在恒压下每一操作周期为 2.5h，其中过滤时间为 1.5h，将悬浮液在同样操作条件下测得过滤常数为：$K = 4 \times 10^{-6}m^2/s$，$q_e = 2.5 \times 10^{-2}m^3/m^2$，滤饼不洗涤。

(1) 所需过滤面积为多少平方米？

(2) 现有过滤面积为 $8m^2$ 的过滤机，需要几台？

第 4 章　传　　热

4.1　概　　述

传热是由温度差引起的能量转移，是自然界和工程技术领域中普遍存在的一种传递现象。传热过程对化工生产的正常运行具有极其重要的作用。例如，及时地向系统提供热量或移出反应热以保证化学反应能够顺利且安全地进行；对化工设备进行保温，以减少热量的损失。回收与合理利用热能是显著降低生产成本的有力手段。本章主要内容是分析和了解影响传热速率的因素，掌握控制热量传递速率的一般规律，根据实际生产的需要强化或削弱热量的传递，正确设计和选择适宜的传热设备。

4.1.1　化工生产的三种传热形式

在化工生产中，根据冷热流体接触方式的不同，传热过程可以分为直接接触式传热、蓄热式传热和间壁式传热三种。直接接触式传热如图 4-1(a)所示，在换热器中冷、热流体直接接触，所需设备简单，主要用于热水的空气冷却或热气体的水冷。蓄热式传热如图 4-1(b)所示，冷、热流体交替通过填充有较大热容量材料的蓄热体壁面，从而实现热量交换；该类设备结构较为简单，常用于气体的余热或冷量的利用。间壁式传热如图 4-1(c)所示，冷、热流体通过管壁或器壁等固体壁面进行热量传递，在化工生产中应用最广。

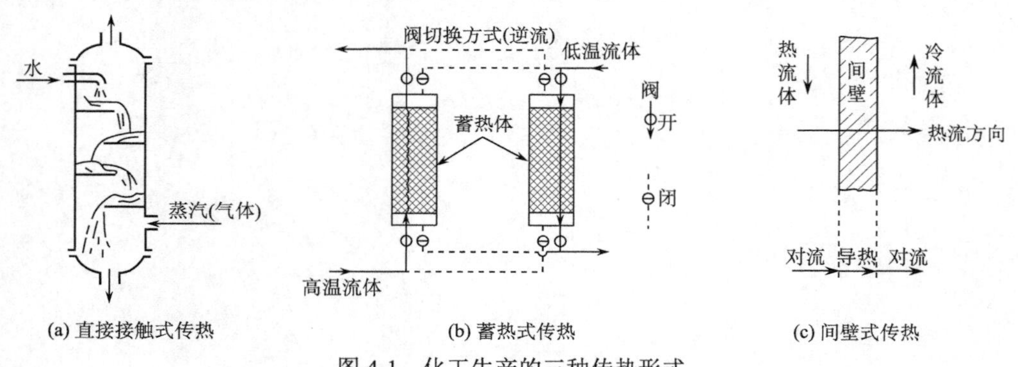

图 4-1　化工生产的三种传热形式

4.1.2　加热剂和冷却剂

为目标流体提供或移走热量的流体称为载热体，其中起加热作用的称为加热剂，起冷却作用的称为冷却剂。工业中常用的加热剂有热水(40～100℃)、饱和水蒸气(100～180℃)、矿物油(180～250℃)、联苯混合物(255～380℃)、烟道气(500～1000℃)等。由于饱和水蒸气的压强和温度一一对应，调节其压强就可以控制其加热温度，因此采用饱和水蒸气冷凝放热来加热物料是最常用的加热方法。工业中常用的冷却剂有水、空气、冷冻盐水、液氨等。水和空气可将物料冷却至环境温度；冷冻盐水是最常用的冷冻剂，可将物料冷却至零下几十摄氏度。此外，液氨蒸发可将温度降低至–33.4℃，液态乙烷蒸发可将温度降低至–88.6℃。然而，低沸点冷冻剂的制取和使用需要消耗巨大的能量和较高的成本。在实际生产中，为提高传热过程的经济性，需根据具体情况选择合适的载热体：①性质稳定，加热时不会分解；②使用安全，对设备基本无腐蚀作用；③温度容易调节；④价格低廉且易得。在温度不超过 180℃时，饱和水蒸气通常是较适宜的加热剂；而当温度要求不是很低时，水是较适宜的冷却剂。

4.1.3　传热过程基本概念

1. 传热速率

(1) 热流量 Q：单位时间内通过整个换热器的传热面传递的热量，单位是 W。
(2) 热流密度(或热通量)q：单位时间内通过单位传热面积传递的热量，单位是 W/m^2。

2. 稳定传热和不稳定传热

(1) 稳定传热：传热系统中各点的温度仅随空间位置变化而不随时间变化的传热过程。连续生产中的传热过程多为稳定传热。

(2) 不稳定传热：传热系统中各点的温度不仅随位置发生变化，而且随时间变化的传热过程。连续生产的开、停车及间歇生产的传热过程均为不稳定传热。

4.1.4　传热的三种基本方式

根据传热机理的不同，热量传递可以分为三种基本方式，即热传导、热对流和热辐射。

1. 热传导

热传导起因于物体内部微粒子的微观运动，依靠物体内部分子、原子或自由电子迁移运动将热量进行传递。气体、液体和固体的热传导机理不同。气体中的热传导是气体分子不规则的热运动引起的；在大部分液体中，热传导通过分子或晶格的振动而进行能量传递。固体金属中的热传导依靠其自由电子的迁移实现。因此，良好的导电体也是良好的导热体。此外，热传导在真空中不能进行。

2. 热对流

热对流是由流体质点发生宏观位移而引起的热量传递，仅发生在流体中。对流传热的形式取决于引起流体质点宏观位移的原因。

3. 热辐射

现实中的任何物体都会不停地以电磁波的形式向外界辐射能量，同时又不断地吸收来自外界其他物体的辐射能。当物体向外界辐射的能量与其从外界吸收的辐射能不相等时，该物体与外界就产生热量的传递。

实际的传热过程往往不是以某种单独的形式进行热量传递，而是两种或三种传递方式的组合。本章仅介绍传导和对流两种传热方式。

4.2 热　传　导

4.2.1 傅里叶定律

热传导的机理相当复杂，表示热传导过程的基本方程由傅里叶(Fourier)在 1822 年提出，称为傅里叶定律：

$$dQ \propto dS\frac{\partial t}{\partial n} \quad 或 \quad dQ = -\lambda dS\frac{\partial t}{\partial n} \tag{4-1}$$

式中，$\frac{\partial t}{\partial n}$ 为温度梯度，是向量，其方向指向温度增加方向(℃/m)；Q 为传热速率(W)；S 为传热等温面的面积(m^2)；λ为比例系数，又称为导热系数[W/(m·℃)]。式(4-1)中的负号表示热流方向总是与温度梯度的方向相反。傅里叶定律表明，热传导的传热速率与温度梯度及传热面积成正比。

4.2.2 导热系数

导热系数是物质的物理性质之一，用于表征物质导热能力的大小，其值越大，表明该材料导热性能越好。材料的导热系数与其组成、结构、温度、湿度、压强及聚集状态等许多因素有关。一般来说，金属的导热系数最大，非金属次之，液体的较小，气体的最小。材料的导热系数通常用实验方法测定，常见物质的导热系数可以从手册中查得。各种物质导热系数的范围如表 4-1 所列。

表 4-1　各种物质导热系数的范围

物质种类	纯金属	金属合金	液态金属	非金属固体	非金属液体	绝热材料	气体
导热系数/[W/(m·℃)]	100～1400	50～500	30～300	0.05～50	0.5～5	0.05～1	0.005～0.5

1. 固体的导热系数

固体的导热系数与温度有关，其数值与温度为式(4-2)所示的线性关系：

$$\lambda = \lambda_0(1 + a't) \tag{4-2}$$

式中，λ 为固体在 t℃时的导热系数[W/(m·℃)]；λ_0 为固体在 0℃时的导热系数[W/(m·℃)]；a' 为温度系数(℃$^{-1}$)；大多数金属材料的 a'为负值，而大多数非金属材料的 a'为正值。各种金属材料在不同温度下的导热系数可通过化工手册查得。

2. 液体的导热系数

液体分为金属液体和非金属液体两类。金属液体的导热系数一般比非金属液体的高，且其导热系数随温度升高而减小。非金属液体中，水的导热系数最大；除水和甘油外，绝大多数液体的导热系数随温度升高而略有减小。一般来说，纯液体的导热系数比其溶液的大。

3. 气体的导热系数

在一定的压强范围内，气体的导热系数仅与温度有关而与压强几乎无关，且随温度的升高而增大。气体的导热系数太小，不利于导热，但有利于保温与绝热。工业上所用的保温材料(如玻璃棉等)结构呈纤维状或孔道丰富，其空隙中所含大量空气使保温材料的导热系数较低，适合用于隔热保温的场所。

4.2.3 平壁稳定热传导

1. 单层平壁热传导

假设有一宽度和高度都很大的单层平壁(如图 4-2 所示，忽略平壁边缘的热损失)，平壁材料均匀，导热系数 λ 可视为常数(或取平均值)；对于一维平壁稳定热传导，可用式(4-3)计算传热速率 Q

$$Q=\frac{t_1-t_2}{\dfrac{b}{\lambda S}}=\frac{\Delta t}{R} \tag{4-3}$$

式中，b 为平壁的厚度(m)；Δt 为温度差，即导热推动力(℃)；R 为导热热阻(℃/W)。

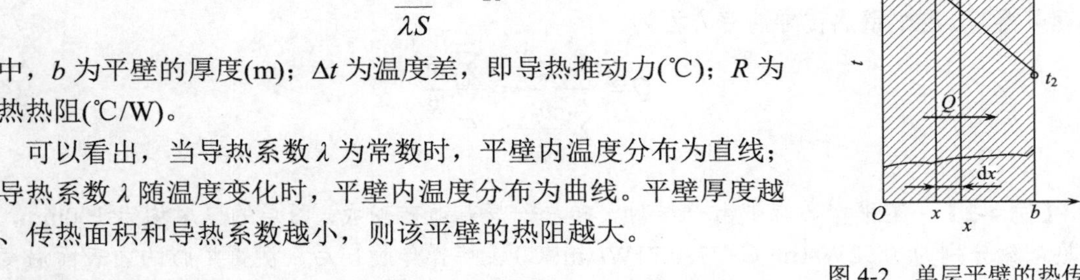

图 4-2 单层平壁的热传导

可以看出，当导热系数 λ 为常数时，平壁内温度分布为直线；当导热系数 λ 随温度变化时，平壁内温度分布为曲线。平壁厚度越大、传热面积和导热系数越小，则该平壁的热阻越大。

【例 4-1】 某平壁墙，厚度为 600mm，一侧温度为 200℃，另一侧为 30℃。设墙的平均导热系数取 0.57W/(m·℃)，试求：

(1) 单位时间、单位面积传导的热量。

(2) 距离高温侧 450mm 处的温度。

解 (1) 已知 $b=600\text{mm}=0.6\text{m}$，$t_1=30℃$，$t_2=200℃$，$\lambda=0.57\text{W/(m·℃)}$，则

$$q=\frac{\lambda(t_2-t_1)}{b}=\frac{0.57\times(200-30)}{0.6}=161.5(\text{W/m}^2)$$

(2) $b=450\text{mm}=0.45\text{m}$，$t_2'=200℃$，$q=161.5\text{W/m}^2$，则

$$t_1'=t_2'-\frac{qb}{\lambda}=200-127.5=72.5(℃)$$

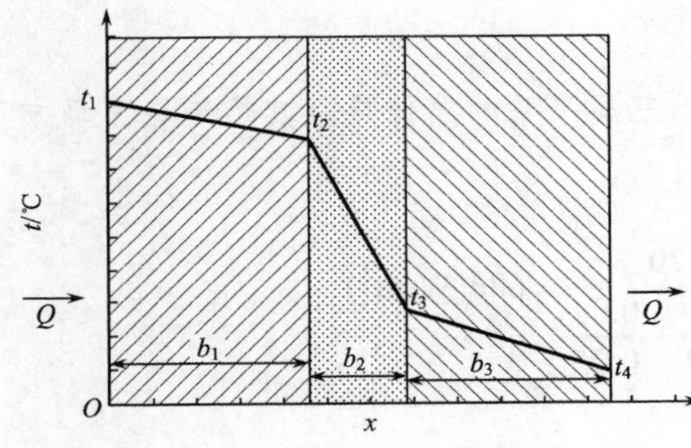

图 4-3 三层平壁的热传导

2. 多层平壁的热传导

工业上常见的是多层平壁热传导过程。在此以三层平壁热传导为例，说明多层平壁热传导计算过程。如图 4-3 所示，假设各层平壁之间接触良好，各层平壁的壁厚分别为 b_1、b_2 和 b_3；导热系数分别为 λ_1、λ_2 和 λ_3；各表面温度分别为 t_1、t_2、t_3 和 t_4，且 $t_1>t_2>t_3>t_4$。在稳定传热时，有

$Q=Q_1=Q_2=Q_3$。

$$Q=\frac{\lambda_1 S(t_1-t_2)}{b_1}=\frac{\lambda_2 S(t_2-t_3)}{b_2}=\frac{\lambda_3 S(t_3-t_4)}{b_3} \tag{4-4}$$

由式(4-4)可得

$$\Delta t_1=t_1-t_2=Q\frac{b_1}{\lambda_1 S} \tag{4-5a}$$

$$\Delta t_2=t_2-t_3=Q\frac{b_2}{\lambda_2 S} \tag{4-5b}$$

$$\Delta t_3=t_3-t_4=Q\frac{b_3}{\lambda_3 S} \tag{4-5c}$$

将式(4-5a)、式(4-5b)和式(4-5c)相加，整理可得三层平壁的热传导速率方程为

$$Q=\frac{\Delta t_1+\Delta t_2+\Delta t_3}{\dfrac{b_1}{\lambda_1 S}+\dfrac{b_2}{\lambda_2 S}+\dfrac{b_3}{\lambda_3 S}}=\frac{t_1-t_4}{\dfrac{b_1}{\lambda_1 S}+\dfrac{b_2}{\lambda_2 S}+\dfrac{b_3}{\lambda_3 S}} \tag{4-6}$$

同理可得，n 层平壁热传导速率方程为

$$Q=\frac{t_1-t_{n+1}}{\sum\limits_{i=1}^{n}\dfrac{b_i}{\lambda_i S}}=\frac{\sum\Delta t}{\sum R} \tag{4-7}$$

【例 4-2】 某平壁燃烧炉由一层耐火砖与一层普通砖砌成，两层的厚度均为 100mm，其导热系数分别为 0.92W/(m·℃)与 0.71W/(m·℃)。待操作稳定后，测得炉膛的内表面温度为 750℃，外表面温度为 150℃。为了减少燃烧炉的热损失，在普通砖外表面增加一层厚度为 40mm、导热系数为 0.05W/(m·℃)的保温材料。操作稳定后，又测得炉内表面温度为 790℃，外表面温度为 70℃。设两层砖的导热系数不变，试计算加保温层后炉壁的热损失比原来的减少百分之几。

解 加保温层前单位面积炉壁的热损失为 $\left(\dfrac{Q}{S}\right)_1$，此时为双层平壁的热传导，其热传导速率方程为

$$\left(\frac{Q}{S}\right)_1=\frac{t_1-t_3}{\dfrac{b_1}{\lambda_1}+\dfrac{b_2}{\lambda_2}}=\frac{750-150}{\dfrac{0.1}{0.92}+\dfrac{0.1}{0.71}}=2405(\mathrm{W/m^2})$$

加保温层后单位面积炉壁的热损失为 $\left(\dfrac{Q}{S}\right)_2$，此时为三层平壁的热传导，其热传导速率方程为

$$\left(\frac{Q}{S}\right)_2=\frac{t_1-t_4}{\dfrac{b_1}{\lambda_1}+\dfrac{b_2}{\lambda_2}+\dfrac{b_3}{\lambda_3}}=\frac{790-70}{\dfrac{0.1}{0.92}+\dfrac{0.1}{0.71}+\dfrac{0.04}{0.05}}=686(\mathrm{W/m^2})$$

故加保温层后热损失比原来减少的百分数为

$$\frac{\left(\frac{Q}{S}\right)_1-\left(\frac{Q}{S}\right)_2}{\left(\frac{Q}{S}\right)_1}\times 100\%=\frac{2405-686}{2405}\times 100\%=71.5\%$$

4.2.4　筒壁稳定热传导

实际生产中，通过圆筒形容器或管道进行热传导的情况较为普遍。圆筒壁的传热面积随半径而变，因此不同半径处的导热通量不同。

1. 单层圆筒壁的稳定热传导

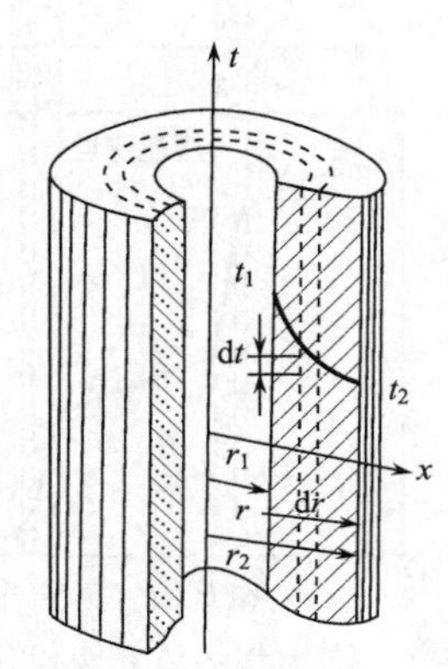

图 4-4　单层圆筒壁的热传导

设圆筒壁的内、外半径分别为 r_1、r_2，内、外表面的温度分别为 t_1、t_2，管长 L 足够长时，圆筒壁内的传热可看作一维稳定热传导。沿半径方向在半径 r 处取一厚度为 dr 的薄壁圆筒(图 4-4)，其传热面积可近似为定值 $2\pi rL$。

单层圆筒壁的传热速率计算也是温差与热阻的比值：

$$Q=\Delta t/R \tag{4-8}$$

单层圆筒壁的热阻为

$$R=\frac{b}{\lambda S_{\rm m}} \tag{4-9}$$

式中，$S_{\rm m}=2\pi r_{\rm m}L$，$r_{\rm m}$(圆筒壁的对数平均半径)可按照式(4-10)计算：

$$r_{\rm m}=\frac{r_2-r_1}{\ln\dfrac{r_2}{r_1}} \tag{4-10}$$

上述公式中，当 $\frac{r_2}{r_1}<2$ 时，可采用算术平均值 $r_{\rm m}=\frac{r_1+r_2}{2}$ 代替对数平均值进行计算，导致的误差小于 4%，此时 $S_{\rm m}=\frac{S_1+S_2}{2}$。

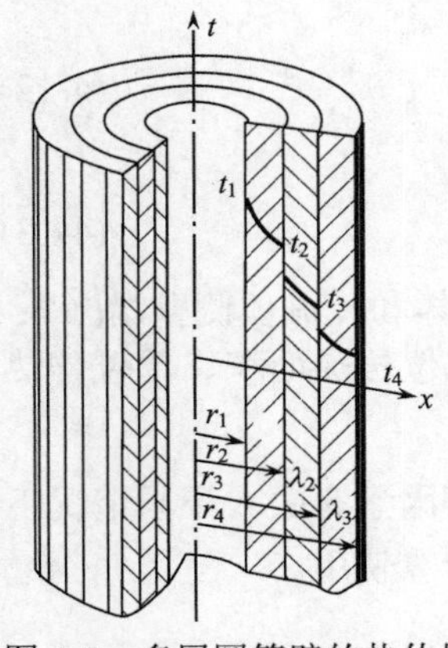

图 4-5　多层圆筒壁的热传导

2. 多层圆筒壁的稳定热传导

多层圆筒壁热传导计算(以三层为例，图 4-5)可仿照多层平壁的热传导速率方程得

$$Q=\frac{t_1-t_4}{\dfrac{b_1}{\lambda_1 S_{\rm m_1}}+\dfrac{b_2}{\lambda_2 S_{\rm m_2}}+\dfrac{b_3}{\lambda_3 S_{\rm m_3}}}=\frac{t_1-t_4}{\dfrac{\ln\frac{r_2}{r_1}}{2\pi L\lambda_1}+\dfrac{\ln\frac{r_3}{r_2}}{2\pi L\lambda_2}+\dfrac{\ln\frac{r_4}{r_3}}{2\pi L\lambda_3}} \tag{4-11}$$

$$=\frac{t_1-t_4}{R_1+R_2+R_3}$$

4.3 对流传热

4.3.1 对流传热概述

对流传热是指流体各部分发生相对位移而引起的传热现象。对流传热仅发生在流体中，与流体的流动状况密切相关。对流传热在化工传热过程中占有重要地位。

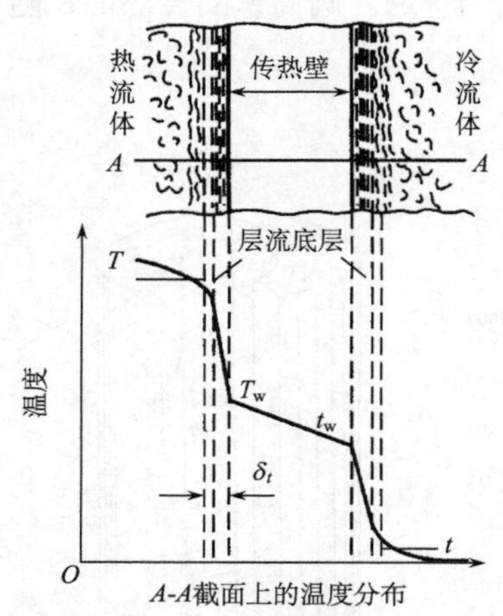

图 4-6　对流传热边界层和温度分布

对流传热发生在流体对流流动的过程中，因此流体流动情况对对流传热影响很大。流体经过固体壁面时形成流动边界层，在边界层内存在速度梯度，即使流体达到湍流，在层流底层内流体仍做层流流动。与流动边界层相似，靠近壁面处流体温度有显著变化的区域称为传热边界层(图 4-6)，在该层内温度变化大，有很大的温度梯度。在固体表面和与其接触的流体之间，或者在相邻流体层之间进行的热量交换都是以热传导的方式进行的。层流底层以外，不同温度的流体质点发生相对位移，产生整体混合，使传热速率增大，温度梯度逐渐变小。因此，对流传热的热量传递方式实际包括了热传导和热对流。

由以上分析可知，对流传热速率与流体性质及边界层的状况密切相关。由于温度差主要集中在层流底层中，可以假定对流传热在一厚度为 δ_t 的虚拟有效膜内进行，而且膜内只有热传导。需要注意的是，δ_t 既不是流动边界层的厚度，也不是传热边界层的厚度，而是集中了全部传热温度差并以导热方式进行传热的虚拟膜的厚度。

按照流体在化工生产传热过程中是否有相的变化，可以分为流体无相变对流传热和流体有相变对流传热。

4.3.2 牛顿冷却定律和对流传热系数

可用牛顿冷却定律描述对流传热过程。

当流体被冷却时

$$Q = \alpha_h (T - T_w) \tag{4-12}$$

当流体被加热时

$$Q = \alpha_c (t_w - t) \tag{4-13}$$

式中，T 和 T_w 分别为热流体和热流体侧壁温(℃)；t 和 t_w 分别为冷流体和冷流体侧壁温(℃)；α_h 和 α_c 分别为热流体和冷流体的对流传热系数[W/(m^2·℃)]，表示单位传热面积、单位传热温度差时，流体与壁面间对流传热量的大小。

对流传热系数与系统的几何形状、流体性质、流动特征及温差等因素有关。不同情况下流体的对流传热系数一般通过实验测定，并关联成经验表达式以供计算使用。

影响对流传热效果的因素主要表现在以下几个方面。

1. 流体的种类和相变化的情况

液体、气体和蒸气的对流传热系数各不相同，牛顿型流体和非牛顿型流体也有区别(本节只讨论牛顿型流体的对流传热系数)。发生相变时，由于气化或冷凝的潜热远大于温度变化的显热，因此有相变时的对流传热系数大于无相变时的对流传热系数。

2. 流体性质

不同流体的物理性质，如流体的比热容、导热系数、密度和黏度等对对流传热系数影响较大。此外，需要注意的是，流体性质不仅随流体种类变化，还与温度和压强有关。

3. 流体流动状态

流体在换热器中的流动有层流和湍流两种类型。当流体为湍流流动时，湍流主体中流体质点呈混杂运动，热量传递充分，随着 Re 的增大，靠近固体壁面处的层流底层厚度变薄，传热速率提高；当流体为层流流动时，流体中无混杂的质点运动，因此对流传热系数值比湍流时的小。

4. 流体对流起因

流体无相变对流传热包括强制对流传热和自然对流传热。其中，自然对流传热是指流体内部温差的存在使冷、热流体的密度不同而发生自然循环流动所引起的传热过程；强制对流传热是指流体在外力(泵、风机、势能差等)的作用下产生宏观流动所引起的传热过程。通常情况下，强制对流的流速比自然对流的高，因此其对流传热系数也比自然对流的大。

5. 传热面的形状、相对位置与尺寸

传热面的形状(管、板、翅片等)、传热面的方向和布置(水平、旋转等)及流道尺寸(管径、管长等)都直接影响对流传热系数的大小。

4.3.3　流体无相变对流传热

管内无相变的强制对流传热是重要的工业传热过程，本节只讨论流体在管内强制对流传热的经验关联式。根据流体在管内流动状态，分别按湍流和层流讨论其对流传热系数关联式。

1. 流体在圆形直管内做强制湍流

在下列条件下：①$Re>10000$，即流动为充分湍流；②$0.7<c_p\mu/\lambda<160$；③流体黏度较低(不大于水的黏度的 2 倍)；④$L/d>60$，即进口段只占总长的较小部分，管内流动充分发展，对流传热系数可用式(4-14)计算：

$$\alpha = 0.023\frac{\lambda}{d_i}\left(\frac{d_i u\rho}{\mu}\right)^{0.8}\left(\frac{c_p\mu}{\lambda}\right)^n \tag{4-14}$$

式中，$c_p\mu/\lambda$ 称为普朗特数 Pr；指数 n 与热流方向有关，当流体被加热时 $n=0.4$，当流体被冷却时 $n=0.3$。式(4-14)的定性温度为换热器进、出口处流体主体温度的算术平均值，特征

尺寸为管内径 d_i。

2. 流体在圆形直管中处于过渡区

对于湍流不充分($Re = 2000 \sim 10000$)的过渡流，需将由式(4-14)计算所得的 α 乘以系数 f:

$$f = 1 - \frac{6 \times 10^5}{Re^{1.8}} \tag{4-15}$$

3. 流体在圆形直管内做强制层流

在换热器设计中，应尽量避免在强制层流条件下进行传热，因为此时对流传热系数小，从而使总传热系数也很小。为了提高总传热系数，流体多呈湍流流动。

【例 4-3】 有一列管式换热器，由 38 根 ϕ 25mm×2.5mm 的无缝钢管组成。管内某流体由 20℃加热至 80℃，流量为 8.32kg/s。外壳中通入水蒸气进行加热。(1)试求管壁对该流体的传热系数。(2)当管内流体的流量提高一倍，传热系数有何变化？设管内流体充分发展，其物性参数已知为：密度 $\rho = 860\text{kg/m}^3$；比热容 $c_p = 1.80\text{kJ/(kg·℃)}$；黏度 $\mu = 0.45\text{mPa·s}$；导热系数 $\lambda = 0.14\text{W/(m·℃)}$。

解 加热管内流体的流速为

$$u = \frac{q_v}{\frac{\pi}{4} d_i^2 n} = \frac{\frac{8.32}{860}}{0.785 \times 0.02^2 \times 38} = 0.81(\text{m/s})$$

$$Re = \frac{d_i u \rho}{\mu} = \frac{0.02 \times 0.81 \times 860}{0.45 \times 10^{-3}} = 30960(>10000)$$

$$\frac{c_p \mu}{\lambda} = \frac{1.80 \times 10^3 \times 0.45 \times 10^{-3}}{0.14} = 5.79$$

$$\alpha = 0.023 \frac{\lambda}{d_i} Re^{0.8} Pr^{0.4} = 0.023 \times \frac{0.14}{0.02} \times 30960^{0.8} \times 5.79^{0.4} = 1272[\text{W/(m}^2 \cdot ℃)]$$

管内流体的流量增加一倍时，传热系数为 α'：

$$\alpha' = \alpha \left(\frac{u'}{u} \right)^{0.8} = 1272 \times 2^{0.8} = 2215[\text{W/(m}^2 \cdot ℃)]$$

4.3.4 流体有相变对流传热

流体有相变对流传热包括蒸气冷凝传热和液体沸腾传热。这类传热过程的特点是相变流体放出或吸收大量的潜热(如水的沸腾或水蒸气冷凝)，对流传热系数比无相变时的数值更大。

1. 蒸气冷凝传热

当饱和蒸气与低于饱和温度的壁面接触时，在壁面上冷凝成液体时放出潜热；同时，形成的液体在重力作用下向下流动。蒸气冷凝有膜状冷凝和滴状冷凝两种方式(图 4-7)。

1) 膜状冷凝

蒸气冷凝后形成冷凝液且润湿壁面形成一层液膜覆盖在壁面上，称为膜状冷凝[图 4-7(a)和(b)]。在饱和蒸气冷凝放热过程中，气相内部温度均匀不存在温度梯度，即蒸气冷凝时放出的潜热通过液膜后传给壁面。蒸气冷凝传热的主要热阻几乎都集中在形成的冷凝液膜内。随着冷凝液膜在重力作用下沿壁面流动，形成的液膜逐渐增厚，对流传热系数逐渐减小。

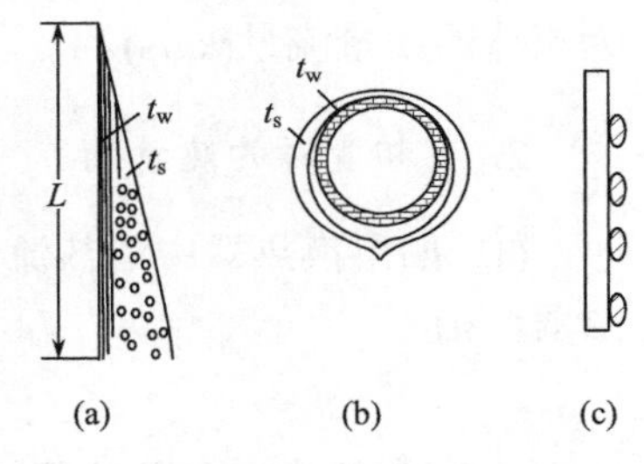

图 4-7　蒸气冷凝方式

2) 滴状冷凝

当蒸气冷凝形成的冷凝液不能润湿壁面，而是在壁面上形成许多液滴并沿壁面流下，称为滴状冷凝，如图 4-7(c)所示。滴状冷凝过程的传热壁面大部分直接与蒸气接触而使其冷凝。因为没有大面积的冷凝液膜阻碍传热，所以滴状冷凝传热系数是膜状冷凝的几倍到十几倍。滴状冷凝通常要对壁面进行特殊处理，且受到诸多因素限制而较难获得和保持。因此，虽然滴状冷凝具有诱人的应用前景，但目前工业冷凝器的设计还是按膜状冷凝进行计算处理。

2. 液体沸腾传热

在液体的对流传热中，液相内部产生气膜或气泡的过程称为液体沸腾，依设备的尺寸和形状不同，可分为大容积沸腾和管内沸腾两种。

(1) 大容积沸腾：加热壁面沉浸在无强制对流的液体中发生的沸腾现象。此情况下，加热面上产生的气泡变大到一定尺寸后脱离表面自由上浮。大容积沸腾时，液体中同时存在由温差引起的自然对流与气泡扰动引起的液体运动。

(2) 管内沸腾：又称为强制对流沸腾，是液体在一定压差作用下以一定的流速流经加热管时发生的沸腾现象。管内沸腾时，管壁上产生的气泡不能自由上浮，而是随液体一起流动，从而造成复杂的两相流动。因此，管内沸腾的机理比大容积沸腾更复杂。

4.4　传热过程的计算

4.4.1　热量衡算

流体在间壁两侧进行稳定传热且不考虑热损失的情况下，单位时间热流体放出的热量应等于冷流体吸收的热量：

$$Q = Q_c = Q_h \tag{4-16}$$

式中，Q 为单位时间热流体向冷流体传递的热量(换热器的热负荷，W)；Q_h 为单位时间热流体放出的热量(W)；Q_c 为单位时间冷流体吸收的热量(W)。

1. 无相变时的热量衡算

换热器间壁两侧流体无相变化，且流体的比热容不随温度变化或取平均温度下的比热容时，式(4-16)可表示为

$$Q = W_h c_{ph}(T_1 - T_2) = W_c c_{pc}(t_2 - t_1) \tag{4-17}$$

式中，c_p 为流体的平均比热容[J/(kg·℃)]；t 为冷流体的温度(℃)；T 为热流体的温度(℃)；W

为流体的质量流量(kg/s)。

2. 有相变时的热量衡算

(1) 如果换热器中的热流体有相变化，如饱和蒸气冷凝，当冷凝液于饱和温度下离开换热器，则

$$Q = W_h r = W_c c_{pc}(t_2 - t_1) \tag{4-18}$$

式中，W_h为饱和蒸气的冷凝速率(kg/s)；r为饱和蒸气的冷凝潜热(J/kg)；其他符号含义同前。

(2) 如果冷凝液的温度低于饱和温度，则热流体放出的热量包括两部分：一部分为饱和蒸气冷凝为饱和液体而放出的潜热；另一部分为饱和液体继续降温释放的显热，此时式(4-18)变为

$$Q = W_h[r + c_{ph}(T_s - T_w)] = W_c c_{pc}(t_2 - t_1) \tag{4-19}$$

式中，c_{ph}为冷凝液的比热容[J/(kg·℃)]；T_s为饱和液体的温度(℃)；其他符号含义同前。

4.4.2 总传热速率微分方程

换热器中的热流体温度沿着流动方向逐渐降低，冷流体温度沿着流动方向逐渐升高，因此换热器中的冷、热流体温度差在各处都不相同。选取逆流操作套管换热器中一微元管段 dL为研究对象，如图 4-8 所示。该管段的内、外表面积和平均传热面积分别为 dS_i、dS_o和 dS_m，热量依次经过热流体、管壁和冷流体三个环节；在稳定传热的情况下，通过各环节的传热速率应相等，即

$$\mathrm{d}Q = \frac{T - T_w}{\dfrac{1}{\alpha_1 \mathrm{d}S_i}} = \frac{T_w - t_w}{\dfrac{b}{\lambda \mathrm{d}S_m}} = \frac{t_w - t}{\dfrac{1}{\alpha_2 \mathrm{d}S_o}} \tag{4-20}$$

式中，t_w、T_w 分别为冷、热流体侧的壁温(℃)；α_1、α_2分别为传热管壁内、外侧流体的对流传热系数[W/(m^2·℃)]；λ为管壁材料的导热系数[W/(m·℃)]；b 为管壁厚度(m)；S_i、S_o和 S_m分别为换热器管的内表面积、外表面积和对数平均面积(m^2)。

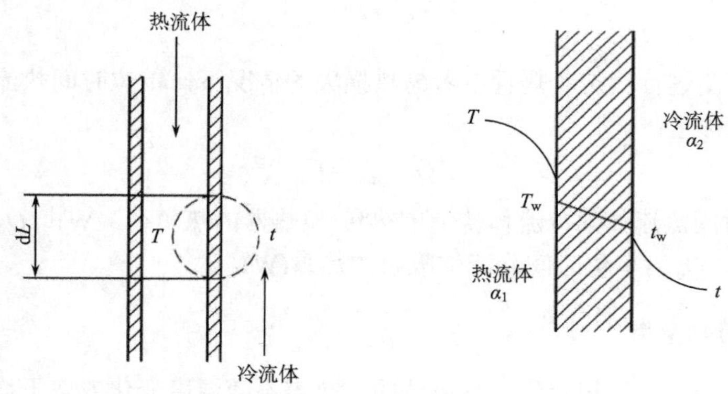

图 4-8 微元管段上的传热

式(4-20)可改写为

$$dQ = \frac{T - t}{\dfrac{1}{\alpha_1 dS_i} + \dfrac{b}{\lambda dS_m} + \dfrac{1}{\alpha_2 dS_o}} = \frac{\text{总推动力}}{\text{总阻力}} \tag{4-21}$$

式中，$\dfrac{1}{\alpha_1 dS_i}$、$\dfrac{1}{\lambda dS_m}$、$\dfrac{1}{\alpha_2 dS_o}$分别为各传热环节的热阻(℃/W)。

令

$$\frac{1}{KdS} = \frac{1}{\alpha_1 dS_i} + \frac{b}{\lambda dS_m} + \frac{1}{\alpha_2 dS_o} \tag{4-22}$$

则可得总传热速率方程的微分表达式

$$dQ = KdS(T - t) \tag{4-23}$$

式中，dS 为微元管的传热面积(m^2)；K 为定义在 dS 上的总传热系数[W/(m^2·℃)]。

总传热系数在数值上等于单位温度差下的总传热通量，它表示冷、热流体进行传热的能力，总传热系数的倒数 $1/K$ 代表间壁两侧流体传热的总热阻。

4.4.3　总传热系数

1. 总传热系数的计算表达式

总传热系数 K 在选择时，应与所选的传热面积相对应，即 K 的值随所选传热面积的不同而变化。

1) 传热面为平壁

此时 $dS_o = dS_i = dS_m$，则由式(4-22)可得

$$\frac{1}{K} = \frac{1}{\alpha_1} + \frac{b}{\lambda} + \frac{1}{\alpha_2} \tag{4-24}$$

2) 传热面为圆筒壁

此时 dS_o、dS_i、dS_m 三者不等，则由式(4-22)可得

$$\frac{1}{K} = \frac{dS}{\alpha_1 dS_i} + \frac{bdS}{\lambda dS_m} + \frac{dS}{\alpha_2 dS_o} \tag{4-25}$$

分别以管外表面积、内表面积或对数平均面积为基准时，可分别得到

$$\frac{1}{K_o} = \frac{dS_o}{\alpha_1 dS_i} + \frac{bdS_o}{\lambda dS_m} + \frac{1}{\alpha_2} = \frac{d_o}{\alpha_1 d_i} + \frac{bd_o}{\lambda d_m} + \frac{1}{\alpha_2} \tag{4-26a}$$

$$\frac{1}{K_i} = \frac{1}{\alpha_1} + \frac{bd_i}{\lambda d_m} + \frac{d_i}{\alpha_2 d_o} \tag{4-26b}$$

$$\frac{1}{K_m} = \frac{d_m}{\alpha_1 d_i} + \frac{b}{\lambda} + \frac{d_m}{\alpha_2 d_o} \tag{4-26c}$$

式中，d_i、d_o 和 d_m 分别为管内径、管外径和对数平均直径(m)；K_i、K_o 和 K_m 分别为基于管外表面积、内表面积和对数平均面积的总传热系数[W/(m^2·℃)]。

3) 污垢热阻

在实际操作中，换热器的传热表面上会有污垢积存，从而产生附加热阻，使总传热系数降低。污垢层的厚度及其导热系数难以直接测量，因此通常选用污垢热阻的经验值作为计算

K 值的依据，则式(4-26a)变为

$$\frac{1}{K_o}=\frac{d_o}{\alpha_1 d_i}+R_{S_i}\frac{d_o}{d_i}+\frac{bd_o}{\lambda d_m}+R_{S_o}+\frac{1}{\alpha_2} \tag{4-27}$$

式中，R_{S_i} 和 R_{S_o} 分别为管内和管外的污垢热阻[(m²·℃)/W]。

工业上常见流体的污垢热阻见表 4-2。

表 4-2　常见流体的污垢热阻

流体种类	污垢热阻/[(m²·℃)/W)]	流体种类	污垢热阻/[(m²·℃)/W)]
水(1m/s，t>50℃)		蒸气	
海水	0.0001	有机蒸气	0.00014
河水	0.0006	水蒸气(不含油)	0.000052
井水	0.00058	水蒸气废气(含油)	0.00009
蒸馏水	0.0001	制冷剂蒸气(含油)	0.0004
锅炉给水	0.00026	气体	
未处理的凉水塔用水	0.00058	空气	0.00026～0.00053
经处理的凉水塔用水	0.00026	压缩气体	0.0004
多泥沙的水	0.0006	天然气	0.002
盐水	0.0004	焦炉气	0.002

2. 提高总传热系数的途径

传热过程的总热阻 $1/K$ 是由各串联环节的热阻叠加而成的；当各环节的热阻相差较大时，强化传热的关键在于提高具有最大热阻环节的传热系数。若污垢热阻为控制因素，则必须设法减慢污垢形成速率或及时清除污垢。

【例 4-4】　冷却管外径 d_o = 18mm，壁厚 b = 2mm，管壁的 λ = 50W/(m·℃)。冷流体在管内流过，α_1 = 1100W/(m²·℃)。热流体在冷却管管外流过，α_2 = 80W/(m²·℃)。

(1) 试求总传热系数 K_o。

(2) 管外对流传热系数 α_2 增加一倍，总传热系数变为多少？

(3) 管内对流传热系数 α_1 增加一倍，总传热系数变为多少？

解　(1) 由式(4-26a)可知

$$K_o=\frac{1}{\dfrac{d_o}{\alpha_1 d_i}+\dfrac{bd_o}{\lambda d_m}+\dfrac{1}{\alpha_2}}=\frac{1}{\dfrac{1}{1100}\times\dfrac{18}{14}+\dfrac{0.002}{50}\times\dfrac{18}{16}+\dfrac{1}{80}}$$

$$=\frac{1}{0.00117+0.00004+0.0125}=72.9[\text{W/(m}^2\cdot℃)]$$

可见管壁热阻很小，通常可以忽略不计。

(2) α_2 增加一倍，则

$$K_o = \frac{1}{0.00117 + \frac{1}{2 \times 80}} = 134.8[\mathrm{W/(m^2 \cdot ℃)}]$$

(3) α_1 增加一倍，则

$$K_o = \frac{1}{\frac{1}{2 \times 1100} \times \frac{18}{14} + 0.0125} = 76.4[\mathrm{W/(m^2 \cdot ℃)}]$$

以上结果说明，要提高 K 值，应提高较小的 α_2 值。

4.4.4 总传热速率方程

随着传热过程的进行，换热器不同截面上冷、热流体的温差$(T-t)$是不同的，因此若以 Δt 表示整个传热面积的平均推动力且 K 为常量，则有总传热速率方程

$$Q = KS\int \frac{\mathrm{d}T}{T-t} \tag{4-28}$$

K 在工程上通常取平均温度下流体的物性来计算并将其视为常数。下面讨论不同情况下传热平均推动力的计算和总传热速率方程的表达式。

1. 恒温传热

换热器间壁两侧的流体均有相变化时，如饱和蒸气和沸腾液体间的传热，此时冷、热流体的温度沿管长均不发生变化，为恒温传热，即 $\Delta t = T - t$，流体的流动方向对 Δt 也无影响。式(4-28)变为

$$Q = KS(T-t) = KS\Delta t \tag{4-29}$$

2. 变温传热

变温传热时，两流体相互的流向不同会对温度差产生不同的影响。本节只对逆流和并流两种情况予以分别讨论。

换热器中两流体以相反的方向流动称为逆流；以相同的方向流动称为并流(图 4-9)。

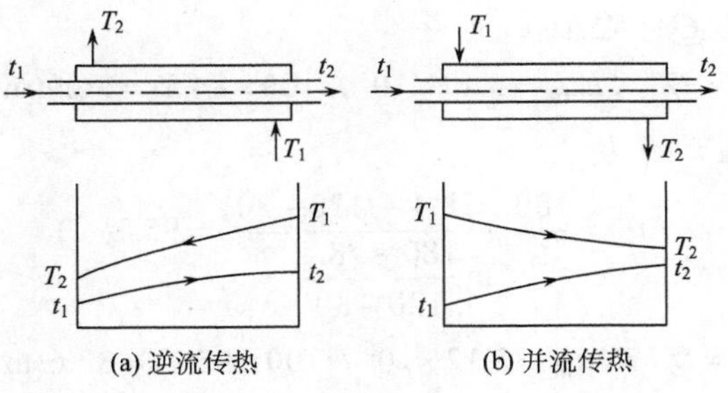

图 4-9　变温传热

可用传热计算的基本方程[式(4-30)]描述上述过程。

$$Q = KS\frac{\Delta t_2 - \Delta t_1}{\ln\frac{\Delta t_2}{\Delta t_1}} = KS\Delta t_m \tag{4-30}$$

式中，Δt_m 称为对数平均温度差

$$\Delta t_m = \frac{\Delta t_2 - \Delta t_1}{\ln\frac{\Delta t_2}{\Delta t_1}} \tag{4-31}$$

式中，Δt_1 和 Δt_2 为换热器同侧温差。例如，图 4-9 中的并流传热时，$\Delta t_2 = T_1 - t_1$，$\Delta t_1 = T_2 - t_2$(在实际计算中，一般取大者为 Δt_2，小者为 Δt_1)；图 4-9 中的逆流传热时，Δt_2 为 $T_1 - t_2$ 或 $T_2 - t_1$ 中较大的，Δt_1 为 $T_1 - t_2$ 或 $T_2 - t_1$ 中较小的。当 $\Delta t_2/\Delta t_1 < 2$ 时，可用算术平均温度差 $(\Delta t_2+\Delta t_1)/2$ 代替 Δt_m。

在工业生产中一般采用逆流操作，因为逆流操作有以下优点：

(1) 在换热器的传热速率 Q 及总传热系数 K 相同的条件下，逆流时的 Δt_m 大于并流时的 Δt_m，因此采用逆流操作可节省传热面积。

【例 4-5】 在一列管式换热器中，用初温为 30℃的原油将重油由 180℃冷却到 120℃，已知重油和原油的流量分别为 1×10^4kg/h 和 1.4×10^4kg/h，比热容分别为 0.52kcal/(kg·℃)和 0.46kcal/(kg·℃)，传热系数 K = 100kcal/(m²·h·℃)。试分别计算并流和逆流时的传热推动力 Δt_m。

解 已知 $T_1 = 180$℃，$T_2 = 120$℃，$t_1 = 30$℃，$W_c = 1.4\times10^4$kg/h，$W_h = 1\times10^4$kg/h，c_{pc} = 0.46kcal/(kg·℃)，c_{ph} = 0.52kcal/(kg·℃)，K = 100kcal/(m²·h·℃)。根据热量衡算，有

$$Q = W_c c_{pc}(t_2 - t_1) = W_h c_{ph}(T_1 - T_2)$$

$$Q = 1\times10^4\times0.52\times(180-120) = 3.12\times10^5(\text{kcal/h})$$

$$t_2 = 3.12\times10^5/(1.4\times10^4\times0.46) + 30 = 78.4(℃)$$

并流时，传热推动力为

$$\Delta t_m = \frac{180-30-(120-78.4)}{\ln\frac{180-30}{120-78.4}} = 84.5(℃)$$

根据总传热速率方程 $Q = KS\Delta t_m$，可得

$$S = Q/K\Delta t_m = 3.12\times10^5/(100\times84.5) = 36.9(\text{m}^2)$$

逆流时，同理传热推动力为

$$\Delta t_m = \frac{180-78.4-(120-30)}{\ln\frac{180-78.4}{120-30}} = 95.7(℃)$$

$$S = Q/K\Delta t_m = 3.12\times10^5/(100\times95.7) = 32.6(\text{m}^2)$$

(2) 逆流操作可节省加热介质或冷却介质的用量。

一般只有对加热或冷却的流体有特定的温度限制时，才采用并流。

【例 4-6】 某套管式换热器的内管直径为 ϕ89mm×3.5mm，流量为 2000kg/h 的热流体在内管中从 80℃冷却到 50℃。冷流体在环隙由 15℃加热到 35℃。热流体的对流传热系数 α_h =

230W/(m²·℃)，比热容 $c_{ph}=1.86\times10^3$J/(kg·℃)；冷流体的对流传热系数 $\alpha_c=290$W/(m²·℃)，比热容 $c_{pc}=4.178\times10^3$J/(kg·℃)。换热器壁的导热系数 $\lambda=45$W/(m·℃)。忽略污垢热阻。试求：(1)冷流体的消耗量；(2)并流和逆流操作时所需传热面积；(3)如果逆流操作时采用的传热面积与并流时的相同，计算冷流体出口温度与消耗量(假设比热容和总传热系数随温度的变化忽略不计)。

解　(1) $Q=W_h c_{ph}(T_1-T_2)=W_c c_{pc}(t_2-t_1)$ (忽略热损失)

热负荷

$$Q=\frac{2000}{3600}\times1.86\times10^3\times(80-50)=3.1\times10^4(\mathrm{W})$$

冷流体消耗量

$$W_c=\frac{Q}{c_{pc}(t_2-t_1)}=\frac{3.1\times10^4\times3600}{4.178\times10^3\times(35-15)}=1336(\mathrm{kg/h})$$

(2) 以内表面积 S_i 为基准的总传热系数为 K_i，有

$$\begin{aligned}\frac{1}{K_i}&=\frac{1}{\alpha_h}+\frac{bd_i}{\lambda d_m}+\frac{d_i}{\alpha_c d_o}=\frac{1}{230}+\frac{0.0035\times0.082}{45\times0.0855}+\frac{0.082}{290\times0.089}\\&=4.35\times10^{-3}+7.46\times10^{-5}+3.18\times10^{-3}\\&=7.54\times10^{-3}(\mathrm{m^2\cdot℃/W})\end{aligned}$$

则 $K_i=133$W/(m²·℃)，本题管壁热阻与其他传热阻力相比很小，可忽略不计。

并流操作

$$\Delta t_{m并}=\frac{65-15}{\ln\dfrac{65}{15}}=34.1(℃)$$

传热面积

$$S_{i并}=\frac{Q}{K_i\Delta t_{m并}}=\frac{3.1\times10^4}{133\times34.1}=6.8(\mathrm{m^2})$$

逆流操作

$$\Delta t_{m逆}=\frac{45+35}{2}=40(℃)$$

传热面积

$$S_{i逆}=\frac{Q}{K_i\Delta t_{m逆}}=\frac{3.1\times10^4}{133\times40}=5.8(\mathrm{m^2})$$

因 $\Delta t_{m并}<\Delta t_{m逆}$，故 $S_{i并}>S_{i逆}$

$$\frac{S_{i并}}{S_{i逆}}=\frac{\Delta t_{m逆}}{\Delta t_{m并}}=1.17$$

(3) 逆流操作 $S_i=6.8\mathrm{m^2}$，则

$$\Delta t_m = \frac{Q}{K_i S_i} = \frac{3.1\times 10^4}{133\times 6.8} = 34.1(℃)$$

设冷流体出口温度为 t_2'，则

$$\Delta t_m = \frac{\Delta t' + 35}{2} = 34.1，\Delta t' = 33.2(℃)$$

$$t_2' = 80 - 33.2 = 46.8(℃)$$

冷却水消耗量

$$W_c = \frac{Q}{c_{pc}'(t_2' - t_1')} = \frac{3.1\times 10^4 \times 3600}{4.178\times 10^3 \times (46.8-15)} = 840(kg/h)$$

逆流操作比并流操作可节省冷流体：$\frac{1336-840}{1336}\times 100\% = 37.1\%$。

若使逆流与并流操作时的传热面积相同，则逆流时冷流体的出口温度由原来的35℃变为46.8℃，在热负荷相同的条件下，冷流体消耗量减少了37.1%。

4.5 间壁式换热器简介

换热器是化工、石油、动力、食品及其他许多工业部门的通用设备，在生产中占有重要地位。根据冷、热流体热量交换的原理和方式，换热器基本上可分为三大类，即混合式、蓄热式和间壁式，其中应用最多的是间壁式换热器，以下仅讨论此类换热器。间壁式换热器的类型很多，传统的类型有列管式、套管式、蛇管式、夹套式等。为了提高传热效率和节约金属材料用量，近年来一些比较先进的间壁式换热设备，如板式换热器、螺旋板式换热器、螺纹管换热器等，在我国正得到广泛应用。此外，热管换热器、平板型太阳集热器等新型换热设备的设计研究及工程应用工作也正在进行。

1. 夹套式换热器

夹套式换热器是在容器外壁安装夹套制成的(图 4-10)，具有结构简单的优点；但其加热面受容器壁面限制，总传热系数不高。为提高总传热系数且使釜内液体受热均匀，可在釜内安装搅拌器。当夹套中通入冷却水或无相变的加热剂时，可在夹套中设置螺旋板或其他增加湍动的措施，以提高夹套一侧的对流传热系数。为补充传热面的不足，也可在釜内部安装蛇管。夹套式换热器广泛用于反应过程的加热和冷却。

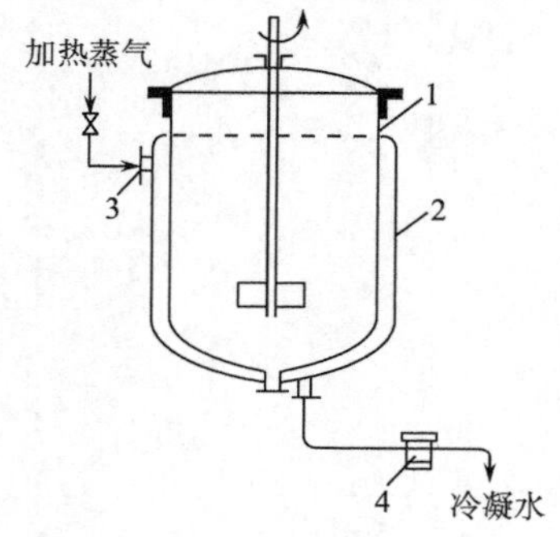

图 4-10 夹套式换热器

1. 釜；2. 夹套；3. 蒸气进口；4. 疏水器

2. 蛇管式换热器

蛇管式换热器分为两种，一种是沉浸式，另一种是喷淋式。

(1) 沉浸式蛇管换热器。这种换热器是将金属管弯绕成各种与容器相适应的形状(图 4-11)并沉浸在容器内的液体中。沉浸式蛇管换热器的优点是结构简单、能承受高压，可用耐腐蚀材料制造；其缺点是容器内液体湍动程度低，管外对流传热系数小。为提高总传热系数，容器内可安装搅拌器。

(2) 喷淋式蛇管换热器。这种换热器是将换热管成排地固定在钢架上，如图 4-12 所示，热流体在管内流动，冷却水从上方喷淋装置均匀淋下，故也称喷淋式冷却器。喷淋式蛇管换热器的管外是一层湍动程度较高的液膜，管外对流传热系数比沉浸式蛇管换热器增大很多。另外，这种换热器大多放置在空气流通之处，冷却水的蒸发也可带走一部分热量，可起到降低冷却水温度、增大传热推动力的作用。因此，与沉浸式蛇管换热器相比，喷淋式蛇管换热器的传热效果大为改善。

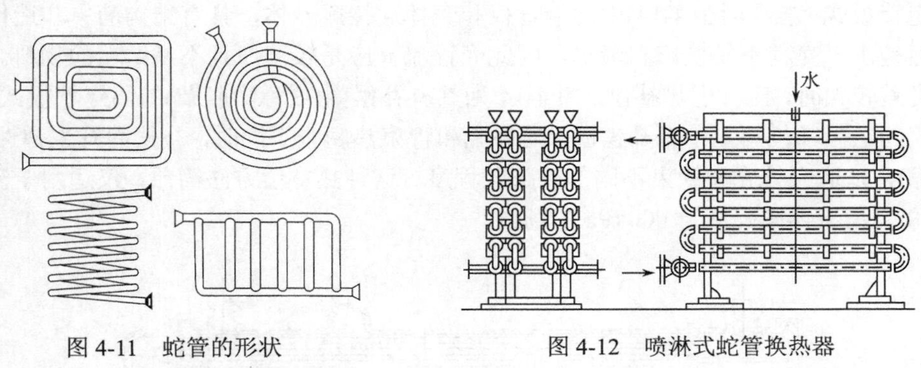

图 4-11　蛇管的形状　　图 4-12　喷淋式蛇管换热器

3. 套管式换热器

套管式换热器是用管件将两种尺寸不同的标准管连接成同心圆的套管，然后用 180°的回弯管将多段套管串联而成，如图 4-13 所示。每一段套管称为一程，程数可根据传热要求增减。每程的有效长度为 4～6m，若管子太长，管中间会向下弯曲，使环形中的流体分布不均匀。套管式换热器结构简单，能承受高压，应用方便(可根据需要增减管段数目)。特别是套管式换热器同时具备总传热系数大、传热推动力大及能够承受高压的优点，在超高压生产过程(如操作压力为 300MPa 的高压聚乙烯生产过程)中所用的换热器几乎全部是套管式。

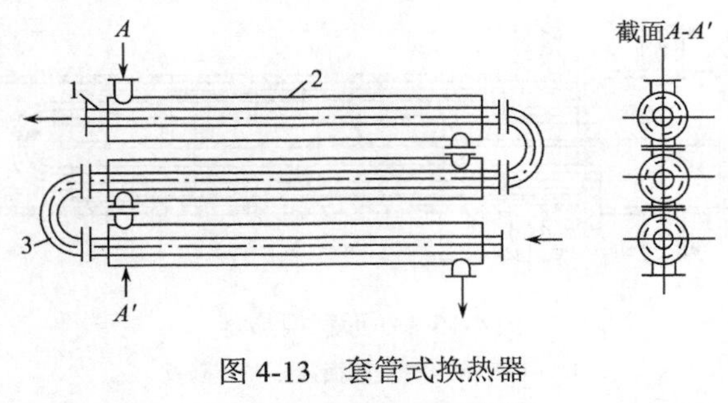

图 4-13　套管式换热器

1. 内管；2. 外管；3. U 形管

4. 列管式换热器

列管式换热器主要由壳体、管束、管板和封头等部分组成，流体在管内每通过管束一次称为一个管程，每通过壳体一次称为一个壳程。为提高管外流体对流传热系数，通常在壳体内安装一定数量的横向折流挡板。折流挡板不仅可防止流体短路，使流体速度增加，还迫使流体按规定路径多次错流通过管束，使湍动程度大为增加。

列管式换热器中，由于两流体的温度不同，管束和壳体的温度也不相同，因此它们的热膨胀程度也有差别。若两流体的温度差较大(50℃以上)时，就可能由于热应力而引起设备的变形，甚至弯曲或破裂，因此必须考虑这种热膨胀的影响。根据热补偿方法的不同，列管式换热器有以下几种形式。

1) 固定管板式换热器

固定管板式换热器(图 4-14)由两端管板和壳体连接成一体，具有结构简单和造价低廉的优点。但是由于壳程不易检修和清洗，因此壳程流体应是较洁净且不易结垢的物料。当两流体的温度差较大时，应考虑热补偿。图 4-14 为具有补偿圈(或称膨胀节)的固定管板式换热器，即在外壳的适当部位焊上一个补偿圈，当外壳和管束热膨胀不同时，补偿圈发生弹性变形(拉伸或压缩)，以适应外壳和管束不同的热膨胀程度。这种热补偿方法简单，仅适用于温度差小于 70℃和壳程流体压强低于 600kPa 的场合。

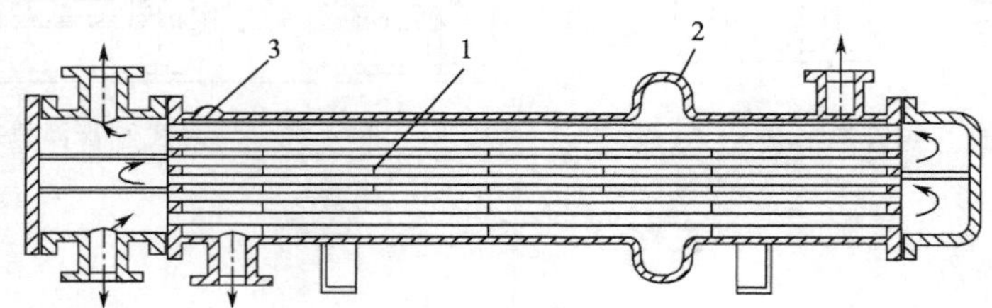

图 4-14　具有补偿圈的固定管板式换热器

1. 挡板；2. 补偿圈；3. 放气嘴

2) U 形管换热器

U 形管换热器(图 4-15)的每根换热管都弯成 U 形，进、出口分别安装在同一管板的两侧，每根管子均可自由伸缩，而与外壳及其他管子无关。

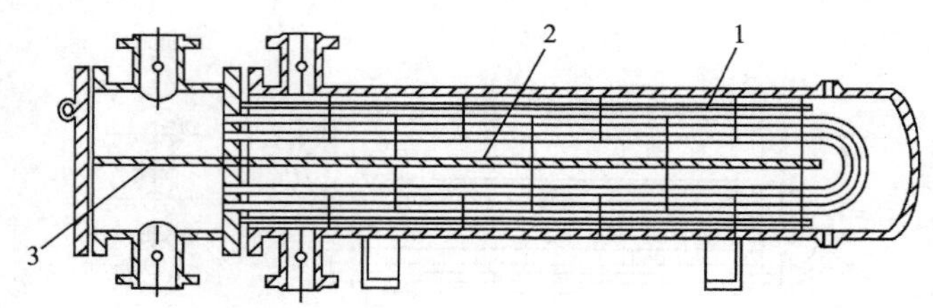

图 4-15　U 形管换热器

1. U 形管；2. 壳程隔板；3. 管程隔板

U 形管换热器的结构比较简单，质量轻，适用于高温和高压的场合。其主要缺点是管内清洗比较困难，因此管内流体必须洁净；此外，因管子需一定的弯曲半径，故管板的利用率较低。

3) 浮头式换热器

浮头式换热器如图 4-16 所示，两端管板之一不与外壳固定连接，该端称为浮头。当管子受热(或受冷)时，管束连同浮头可以自由伸缩，而与外壳的膨胀无关。浮头式换热器不但可以补偿热膨胀，而且由于固定端的管板是以法兰与壳体相连接的，因此管束可从壳体中抽出，便于清洗和检修，故浮头式换热器应用较为普遍。但这种换热器结构较复杂，金属耗量较多，造价也较高。

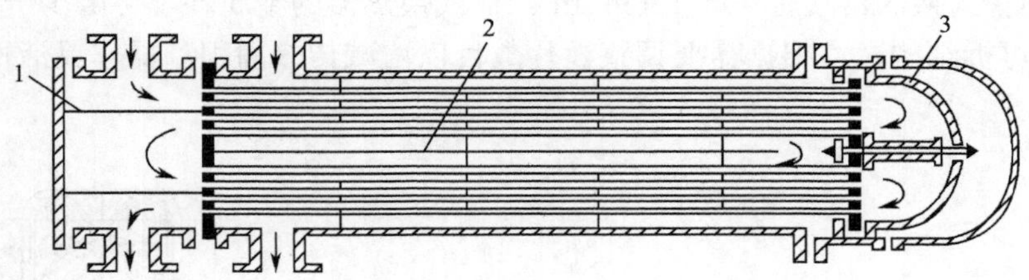

图 4-16 浮头式换热器

1. 管程隔板；2. 壳程隔板；3. 浮头

5. 热管式换热器

热管是一种新型传热元件，如图 4-17 所示。它通过在真空封闭金属管内充入的某种工作液体的蒸发与凝结来传递热量，具有传热能力高、等温性好、结构简单、应用范围广等优点。当热管加热段受热时，工作液体遇热沸腾，产生的蒸气流至冷却段凝结放出潜热，冷凝液在吸液芯毛细作用下回流至加热段再次沸腾，如此反复循环。对于热管式换热器，冷、热流体均在管外进行换热，易采用管外加装翅片的方法进行强化，对于品位较低的热能回收场合非常经济，如对冷、热流体传热系数都很小的气-气换热过程(锅炉排出的废气预热燃烧所需空气)。热管式换热器可通过中隔板使冷、热流体完全分开，在运行过程中单根热管因为磨损、腐蚀、超温等被破坏时基本不影响换热器运行；在热管内部，热量通过沸腾、冷凝过程进行传递，由于有相变的传热系数很大，蒸气流动阻力损失又很小，管壁温度分布相当均匀。热管式换热器尤其适用于某些等温性要求高的换热场合。

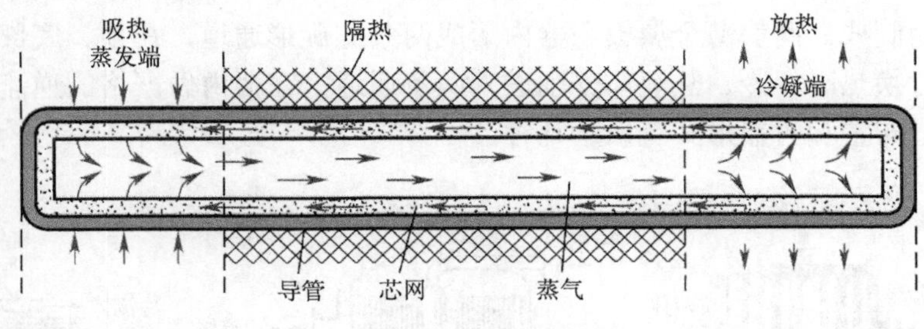

图 4-17 热管结构

6. 板式换热器

板式换热器最初用于食品工业，后来逐渐推广到化工等其他工业部门，现已发展成为高效紧凑的换热设备。板式换热器由一组金属薄板、相邻薄板之间衬以垫片并用框架夹紧组装而成(图 4-18)。矩形板片的四角开有圆孔，形成流体通道。冷、热流体交替地在板片两侧流过，通过板片进行换热。板片厚度为 0.5～3mm，通常压制成各种波纹形状，既可增加刚度，又使流体分布均匀，提高总传热系数。

板式换热器的主要优点是：

(1) 由于流体在板片间流动湍动程度高，而且板片又薄，故总传热系数 K 大。

(2) 板片间隙小(一般为 4～6mm)，结构紧凑，单位容积提供的传热面积可高达 250～1000m^2；而列管式换热器只有 40～150m^2/m^3。板式换热器的金属耗量可减少一半以上。

(3) 具有可拆结构，可根据需要调整板片数目以增减传热面积。操作灵活性大，检修清洗也方便。

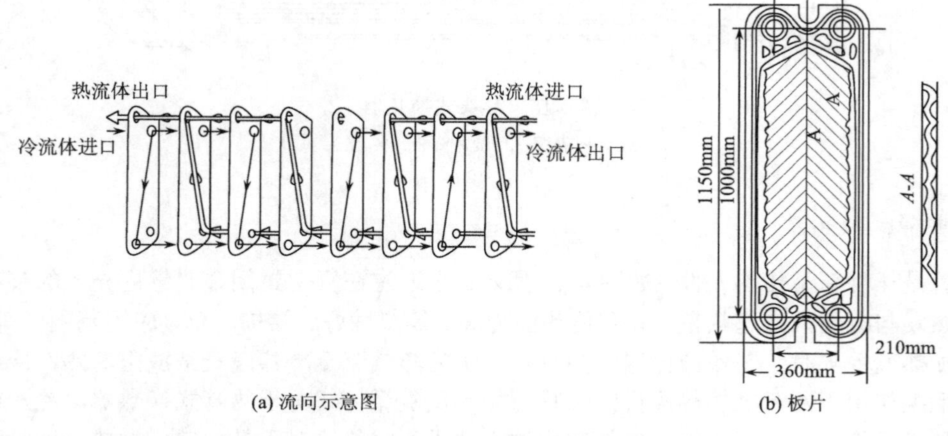

(a) 流向示意图　　(b) 板片

图 4-18　板式换热器示意图

板式换热器的主要缺点是允许的操作压强和温度比较低。通常操作压强不超过 2MPa，压强过高容易渗漏。操作温度受垫片材料的耐热性限制，一般不超过 250℃。

7. 螺旋板式换热器

如图 4-19 所示，螺旋板式换热器由两块薄金属板焊接在一块分隔挡板(图中心的短板)上并卷成螺旋形而制成。两块薄金属板在器内形成两条螺旋形通道，在顶、底部上分别焊有盖板或封头。进行换热时，冷、热流体分别进入两条通道，在器内做严格的逆流流动。螺旋板式换热器的流道布置和封盖形式有以下几种：

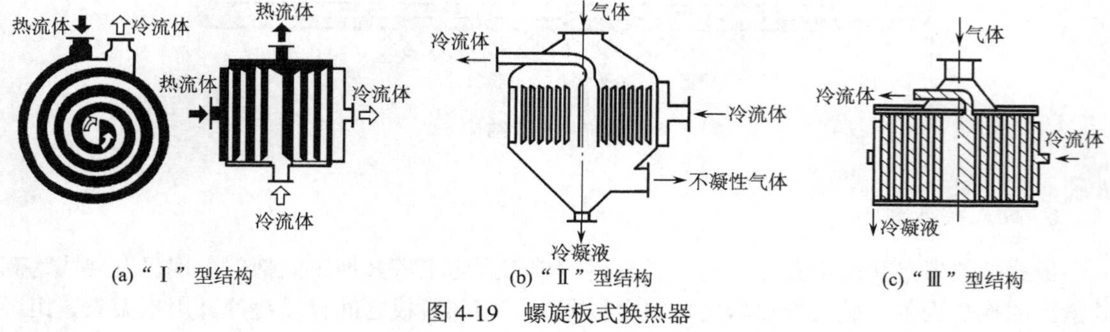

(a)“Ⅰ”型结构　　(b)“Ⅱ”型结构　　(c)“Ⅲ”型结构

图 4-19　螺旋板式换热器

(1) “Ⅰ”型结构：两个螺旋流道的两侧完全为焊接密封的“Ⅰ”型结构，是不可拆结构，如图 4-19(a)所示。两流体均做螺旋流动，通常冷流体由外周流向中心，热流体从中心流向外周，即完全逆流流动。这种形式主要应用于液体与液体间传热。

(2) “Ⅱ”型结构：“Ⅱ”型结构如图 4-19(b)所示。一个螺旋流道的两侧为焊接密封，另一流道的两侧是敞开的，因而一流体在螺旋流道中做螺旋流动，另一流体则在另一流道中做轴向运动。这种形式适用于两流体流量差别很大的场合，常用作冷凝器、气体冷却器等。

(3) “Ⅲ”型结构：“Ⅲ”型结构如图 4-19(c)所示。一种流体做螺旋流动，另一流体是轴向流动和螺旋流动的组合。适用于蒸气的冷凝和流体冷却。

螺旋板式换热器的直径一般在 1.6m 以内，板宽 20～1200mm，板厚 2～4mm，两板间的距离为 5～25mm。

8. 翅片管式换热器

如图 4-20 所示，翅片管式换热器的构造特点是在管子表面上装有径向或轴向翅片。常见的翅片形式如图 4-21 所示。当两种流体的对流传热系数相差很大时，如用水蒸气加热空气，此传热过程的热阻主要在气体一侧。若气体在管外流动，则在管外装置翅片，既可扩大传热面积，又可增加流体的湍动程度，从而提高换热器的传热效果。一般来说，当两种流体的对流传热系数之比为 3∶1 或更大时，宜采用翅片管式换热器。

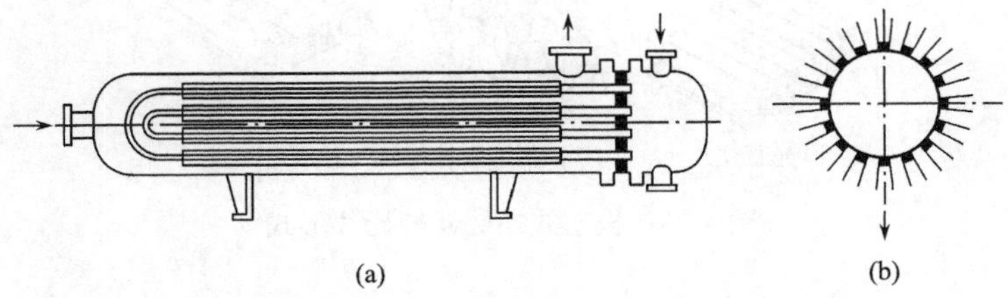

图 4-20　翅片管式换热器(a)及翅片管断面(b)

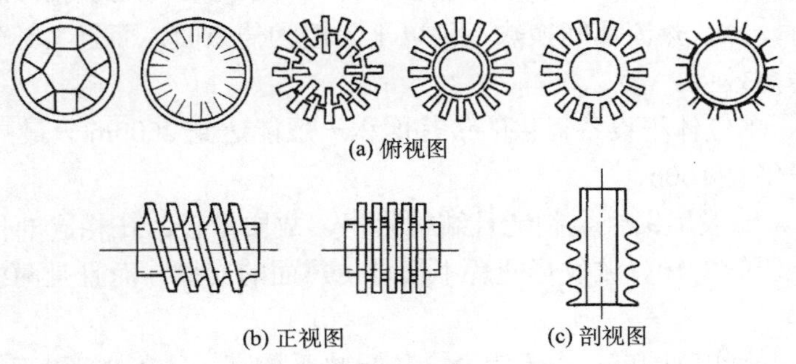

图 4-21　常见的翅片形式

翅片的种类很多，按翅片高度的不同，可分为高翅片和低翅片两种，低翅片一般为螺纹管。高翅片适用于管内、外对流传热系数相差较大的场合，现已广泛地应用于空气冷却器。低翅片适用于两流体的对流传热系数相差不太大的场合，如黏度较大液体的加热或冷却等。

9. 板翅式换热器

板翅式换热器的结构形式很多，但其基本结构元件相同，即在两块平行的薄金属板(平隔板)间夹入波纹状的金属翅片，两边以侧条密封，组成一个单元体。将各单元体进行不同的叠积和适当排列，再用钎焊固定，即可得到常用的逆、并流和错流的板翅式换热器的组装件，称为芯部或板束，如图 4-22 所示。将带有流体进、出口的集流箱焊到板束上，就成为板翅式换热器。目前常用的翅片形式有光直翅片、锯齿翅片和多孔翅片，如图 4-23 所示。

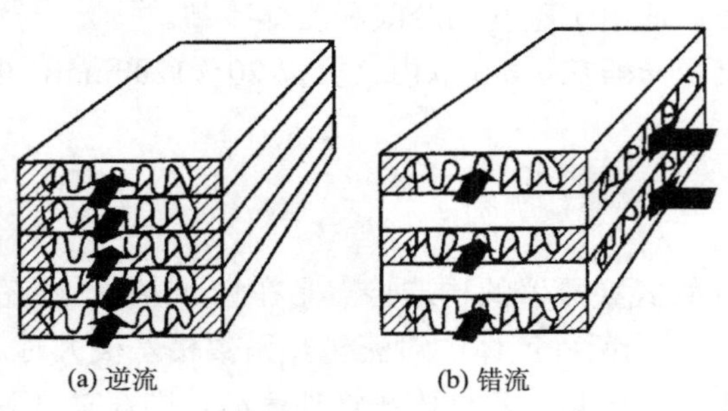

图 4-22　板翅式换热器的板束

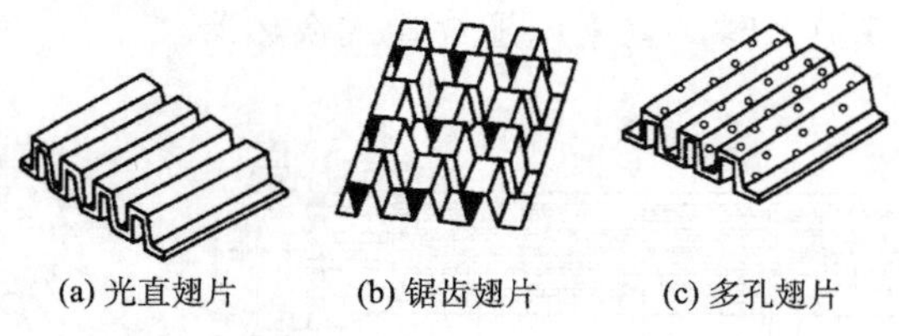

图 4-23　板翅式换热器的翅片形式

板翅式换热器的主要优点有：

(1) 总传热系数高，传热效果好。由于翅片在不同程度上促进了流体的湍动程度，故总传热系数高。同时，冷、热流体间换热不仅以平隔板为传热面，而且大部分热量通过翅片传递，因此提高了传热效果。

(2) 结构紧凑。单位体积设备提供的传热面积一般能达到 $2500m^2$，最高可达 $4300m^2$，而列管式换热器一般仅有 $160m^2$。

(3) 轻巧牢固。一般用铝合金制造且结构紧凑，故质量轻。在相同的传热面积下，其质量约为列管式换热器的 1/10。波纹形翅片不仅是传热面的支撑，而且是两板间的支撑，故其强度很高。

(4) 适应性强、操作范围广。由于铝合金的导热系数高，且在 0℃以下操作时，其延性和抗拉强度都可提高，故操作范围广，可在−200～0℃使用，适用于低温和超低温的场合。适应性较强，既可用于各种情况下的热交换，也可用于蒸发或冷凝。操作方式可以是逆流、并流、错流或错逆流同时并进等，还可用于多种不同介质在同一设备内进行换热。

板翅式换热器的缺点有：

(1) 由于设备流道很小，故易堵塞，压强降增加；换热器一旦结垢，清洗和检修很困难，因此处理的物料应较洁净或预先进行精制。

(2) 由于隔板和翅片都由薄铝片制成，故要求介质对铝不产生腐蚀。

习　　题

1. 某燃烧炉的平壁由耐火砖、绝热砖和普通砖三种砖砌成，它们的导热系数分别为 1.2W/(m·℃)、0.16W/(m·℃)和 0.92W/(m·℃)，耐火砖和绝热砖厚度都是 0.5m，普通砖厚度为 0.25m。已知炉内壁温为 1000℃，外壁温度为 55℃，设各层砖间接触良好，求每平方米炉壁散热速率。

2. 在外径 100mm 的蒸气管道外包绝热层。绝热层的导热系数为 0.08W/(m·℃)，已知蒸气管外壁 150℃，要求绝热层外壁温度在 50℃以下，且每米管长的热损失不应超过 150W/m，试求绝热层厚度。

3. ϕ 38mm×2.5mm 的钢管用作蒸气管。为了减少热损失，在管外保温。第一层是 50mm 厚的氧化锌粉，其平均导热系数为 0.07W/(m·℃)；第二层是 10mm 厚的石棉层，其平均导热系数为 0.15W/(m·℃)。若管内壁温度为 180℃，石棉层外表面温度为 35℃，试求每米管长的热损失及两保温层界面处的温度。

4. 在长为 3m、内径为 53mm 的管内加热某液体。该液体的质量流速为 172kg/(s·m^2)。该液体在定性温度下的物性数据如下：$\mu = 49\times10^{-5}\,\mathrm{Pa\cdot s}$；$\lambda = 0.14\mathrm{W/(m\cdot ℃)}$；$c_{\mathrm{p}} = 1.8\mathrm{kJ/(kg\cdot ℃)}$。试求该液体对管壁的对流传热系数。

5. 在一套管式换热器中，用冷却水将 1.25kg/s 的苯由 350K 冷却至 300K，冷却水在 ϕ 25mm×2.5mm 的管内流动，其进、出口温度分别为 290K、320K。已知水和苯的对流传热系数分别为 0.85kW/(m^2·℃)和 1.7kW/(m^2·℃)，又两侧污垢热阻忽略不计，试求所需的管长和冷却水消耗量。

6. 用一传热面积为 3m^2(以外表面积为准)、由 ϕ 25mm×2.5mm 管子组成的单程列管式换热器，用初温为 10℃的水将机油由 200℃冷却至 100℃，水走管内，油走管间。已知水和机油的质量流量分别为 1000kg/h 和 1200kg/h，其比热容分别为 4.18kJ/(kg·℃)和 2.0kJ/(kg·℃)，水侧和油侧的对流传热系数分别为 2000W/(m^2·℃)和 250W/(m^2·℃)，两侧可视为呈逆流流动，若不计算管壁及污垢热阻，试通过计算说明该换热器是否合用。

7. 某车间有一台运转中的单程列管式换热器，热空气走管程，由 120℃降至 80℃，其对流传热系数 α_1 = 50W/(m^2·℃)。壳程的水被加热，水进口温度为 15℃，出口升至 90℃，其对流传热系数为 α_2 = 2000W/(m^2·℃)。管壁热阻、壁厚及污垢热阻可不计，换热器为逆流操作，水的流量为 2700kg/h，平均比热容为 4.18kJ/(kg·℃)，试计算换热器的传热面积。

8. 逆流换热器中，用初温为 20℃的水将 1.25kg/s 的液体[比热容为 1.9kJ/(kg·℃)，密度为 850kg/m^3]由 80℃冷却到 30℃，换热器列管直径为 ϕ 25mm×2.5mm，水走管内。水侧和液体侧的对流传热系数分别为 0.85kW/(m^2·℃)和 1.70kW/(m^2·℃)，污垢热阻可忽略。

(1) 若水的出口温度不能高于 50℃，求换热器的传热面积。

(2) 换热器使用一段时间后，管壁两侧均有污垢生成，水侧污垢热阻 R_{S_i} = 0.00026m^2·℃/W，油侧污垢热阻 R_{S_o} = 0.000176m^2·℃/W，求此时基于管外表面的总传热系数 K_o。

(3) 计算产生污垢后热阻增加的百分数。管壁导热系数为 λ = 45W/(m·℃)。

9. 在一列管式换热器内用水冷却苯。苯走管程，流量为 1.25kg/s，由 80℃冷却至 30℃。冷却水在壳程内呈湍流流动，且与苯逆流流动，其进口温度为 20℃，出口温度为 50℃。已估算出苯侧和水侧的对流传热系数分别为 850W/(m^2·℃)、1700W/(m^2·℃)；苯的平均比热容为 1.9kJ/(kg·℃)。若列管为 ϕ 25mm×2.5mm 的钢管，长 3m，其导热系数为 45W/(m^2·℃)，并忽略污垢热阻及换热器的热损失。

(1) 传热速率为多少？

(2) 总传热系数 K 为多少？

(3) 所需换热器的列管数为多少？

10. 有一逆流套管式换热器，由 ϕ 57mm×3.5mm 与 ϕ 89mm×4.5mm 钢管组成。甲醇在管内流动，流量为 5000kg/h，由 60℃冷却至 30℃，甲醇侧的对流传热系数为 1512W/(m^2·℃)，冷却水在环隙流过，入口温度 20℃，出口温度 35℃，忽略热损失、管壁及污垢热阻，且已知甲醇的平均比热容为 2.6kJ/(kg·℃)，定性温度下水的黏度为 0.84cP，导热系数为 0.61W/(m·℃)，比热容为 4.174kJ/(kg·℃)，密度为 1000kg/m^3，冷却水在环隙中流动的对流传热系数可由下式计算：$\alpha_o = 0.023\dfrac{\lambda}{d_e}Re^{0.8}\left(\dfrac{\mu c_p}{\lambda}\right)^{0.4}$，求：

(1) 冷却水用量。

(2) 总传热系数 K。

(3) 所需套管长度。

11. 一套管式换热器，用热柴油加热原油，热柴油与原油进口温度分别为 155℃和 20℃。已知逆流操作时，柴油出口温度 50℃，原油出口 60℃，若采用并流操作，两种油的流量、物性数据、初温和传热系数均与逆流时相同，则并流时柴油温度可冷却到多少摄氏度？

第5章 蒸 发

5.1 概 述

蒸发是指采用加热方法，使含有不挥发性溶质的溶液沸腾，溶剂气化并移除部分溶剂，从而提高溶液浓度的过程。简单地说，蒸发是一种浓缩溶液的单元操作，采用的设备称为蒸发器。蒸发操作广泛应用于化工、石油、制药、制糖、造纸、海水淡化及原子能等工业中。

5.1.1 蒸发操作的目的和流程

工业生产中蒸发操作的目的是：

(1) 获得浓缩的溶液直接作为化工产品或半成品。

(2) 脱除溶剂，将溶液增浓至饱和状态，随后加以冷却，析出固体产物，即采用蒸发、结晶的联合操作以获得固体溶质。

(3) 去除杂质，获得纯净的溶剂。

图 5-1 为典型的蒸发装置示意图。来自锅炉的蒸气(称为加热蒸气)作为加热剂使溶液受热沸腾。溶液在蒸发器内因各处密度的差异而形成某种循环流动，被浓缩到规定浓度后排出蒸发器外。气化的蒸气常夹带较多的雾沫和液滴，因此蒸发器内须备有足够的分离空间，往往还装有适当形式的除沫器以除去液沫。蒸发出的蒸气(称为二次蒸气)若不再利用，应将其在冷凝器中加以冷凝。未冷凝的部分经喷射泵、分离器，由真空泵抽出排入大气。这种蒸发装置称为单效蒸发。若将二次蒸气引到下一蒸发器作为加热蒸气，以利用其冷凝热，这种串联蒸发操作称为多效蒸发。

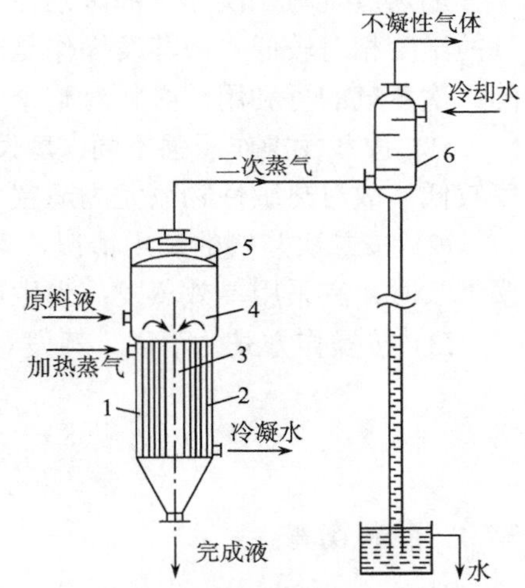

图 5-1 蒸发装置示意图

1. 加热管；2. 加热室；3. 中央循环管；4. 蒸发室；5. 除沫器；6. 冷凝器

蒸发操作可连续或间歇地进行，工业上大量物料的蒸发通常是连续的定态过程。

5.1.2 蒸发操作的特点

蒸发操作的目的是将溶剂与溶质分离开，但其过程的实质是热量传递而非物质传递。溶剂的气化量和气化速率均受传热量和传热速率的控制，因此蒸发应属于传热操作的范畴。但由于传热对象的特殊性，蒸发传热过程又不同于一般的传热过程，因为蒸发过程具有下述特点：

(1) 对于含有不挥发性溶质的溶液，溶液的蒸气压低于同温度下纯溶剂的蒸气压，故在相同的压强下，溶液的沸点高于纯溶剂的沸点。因此，当加热蒸气的温度一定时，蒸发操作的传热温度差小于加热纯溶剂时的温度差，且溶液的浓度越大，这种现象就越明显。

(2) 溶液在蒸发沸腾的过程中，可能会在加热表面上析出溶质而结垢，从而使传热系数减小，传热速率下降。因此，在进行蒸发器的结构设计时，应确保加热表面易于清洗。

(3) 溶液物性的影响。许多药品具有热敏性，不宜在高温下过久停留，因此应设法减少溶液在蒸发器中的停留时间。此外，在蒸发操作中，还应考虑某些溶液可能因浓缩而出现黏度和腐蚀性增大的现象，故蒸发器的结构还应具有良好的适应性。

(4) 通常蒸发时溶剂的气化量较大，能耗较高。因此，如何充分利用加热蒸气带入的热量，将对蒸发操作费用产生很大的影响，节能是蒸发操作应予考虑的重要问题(经济性)。

(5) 蒸发过程中，传热壁面两侧的流体均有相变化，即加热侧的蒸气冷凝和受热侧的溶剂气化。

5.1.3　蒸发的分类

蒸发操作中，用于加热的热源多为饱和或过热的水蒸气，而被蒸发的物料也多为水溶液，气化后的溶剂也形成水蒸气。习惯上将用于加热的水蒸气称为加热蒸气或生蒸气，而将溶剂气化产生的水蒸气称为二次蒸气。

加热蒸气与二次蒸气的区别在于两者的温度不同，即加热蒸气的温度相对较高，二次蒸气的温度相对较低，故蒸发操作是一个由高温蒸气向低温蒸气转化的过程。因此，温度较低的二次蒸气的再利用率必将对整个蒸发操作的能耗产生重要的影响。

(1) 按蒸发操作压强不同，蒸发可分为常压、加压、减压(真空)蒸发。由于减压蒸发的温度较低，故对热敏性物系尤为适宜。

(2) 按二次蒸气的利用情况，蒸发可分为单效蒸发和多效蒸发。一般情况下，当生产规模不大时，宜采用单效蒸发；当生产规模较大时，则宜采用多效蒸发。

(3) 按操作方式的不同，蒸发可分为间歇蒸发和连续蒸发。

5.2　单 效 蒸 发

5.2.1　物料衡算

溶质在蒸发过程中不挥发，且蒸发过程是定态过程，因此单位时间进入和离开蒸发器的溶质的质量相等(图 5-2)，即

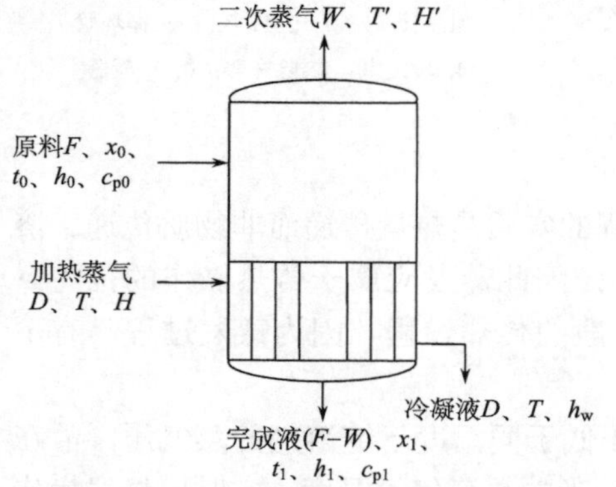

图 5-2　单效蒸发示意图

$$Fx_0 = (F - W)x_1$$

则水分蒸发量

$$W = F\left(1 - \frac{x_0}{x_1}\right) \tag{5-1}$$

式中，F 为原料液的流量(kg/h)；W 为单位时间内蒸发的水分量，即蒸发量(kg/h)；x_0 为原料液的质量组成；x_1 为完成液的质量组成。

式(5-1)表明了在初始浓度不太高的条件下，随水分蒸发量(W/F)的增加，溶液浓度 x 起初变化并不大。

只是在蒸发后期 W/F 较大时，溶液浓度 x 才显著上升。因此，对浓缩要求较高(W/F 较大)的蒸发操作，以分两段操作为宜，以使大部分水分的蒸发在浓度和黏度较小的条件下进行。

5.2.2　热量衡算

1. 浓缩热显著的热量衡算

对于浓缩热显著的溶液，溶液浓缩时须向溶液提供浓缩热。当溶液浓度变化较大时的浓缩热更为显著，此时应以焓的变化进行热量衡算。对图 5-2 的蒸发器做热量衡算：

$$DH + Fh_0 = WH' + (F-W)h_1 + Dh_W + Q_L \tag{5-2}$$

则加热蒸气的消耗量 D 为

$$D = \frac{WH' + (F-W)h_1 - Fh_0 + Q_L}{H - h_W} \tag{5-3}$$

式中，D 为加热蒸气的消耗量(kg/h)；H 为加热蒸气的焓(kJ/kg)；h_0 为原料液的焓(kJ/kg)；H'为二次蒸气的焓(kJ/kg)；h_1 为完成液的焓(kJ/kg)；h_W 为冷凝水的焓(kJ/kg)；Q_L 为热损失(kJ/h)。

根据式(5-3)可知，只要能查得该种溶液在不同浓度、不同温度下的焓(h_0，h_1)，就可以求出加热蒸气消耗量 D。图 5-3 为 NaOH 水溶液以 0℃为基准的焓浓图。

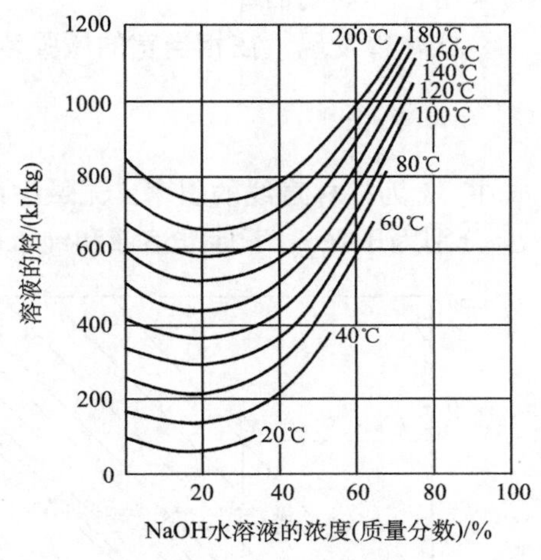

图 5-3　NaOH 水溶液的焓浓图

2. 忽略浓缩热的热量衡算

用式(5-2)和式(5-3)进行计算时，必须预知溶液在一定浓度和温度下的焓。对于大多数物料的蒸发，可以不计溶液的浓缩热，因此可用比热容近似计算其焓。习惯上取 0℃为基准，如以 c_{p0} 和 c_{p1} 分别表示原料液和完成液的比热容[kJ/(kg·℃)]，t_0 和 t_1 分别表示原料液和完成液的温度(℃)，则有

$$Dr = Wr' + Fc_{p0}(t_1 - t_0) + Q_L \tag{5-4}$$

式中，r 为加热蒸气的气化热(kJ/kg)；r' 为二次蒸气的气化热(kJ/kg)。

蒸发器的热负荷为

$$Q = Dr$$

5.2.3　蒸发速率和传热温度差

1. 蒸发速率

蒸发过程的速率受到传热速率的控制。在蒸发操作中，热流体是温度为 T 的饱和蒸气，冷流体是沸点为 t 的沸腾溶液，因此传热推动力为$(T-t)$，传热速率为

$$Q = Dr = KS\Delta t_m = KS(T-t) \tag{5-5}$$

当加热蒸气的操作压强一定时，传热推动力取决于溶液的沸点 t。

2. 溶液的沸点

溶液的沸点不仅受蒸发器内操作压强的影响，而且受溶液浓度、液位深度等因素影响。因此，在计算传热推动力时需考虑这些因素。

1) 溶质造成的沸点升高 Δ'

水溶液中由于有溶质存在，因此其蒸气压比纯水的低。换言之，一定压强下水溶液的沸点比纯水高，它们的差值称为溶质造成的沸点升高，以 Δ'表示。影响 Δ'的主要因素为溶液的性质及其浓度。一般有机物溶液的 Δ'较小；无机物溶液的 Δ'较大；稀溶液的 Δ'不大，但随着浓度增大，其值增高较大。例如，7.4%的 NaOH 溶液在 101.33kPa 下其沸点为 102℃，Δ'仅为 2℃，而 48.3% NaOH 溶液，其沸点为 140℃，Δ'达 40℃。

常压下不同浓度溶液的沸点可用实验测定，也可查附录。但非常压溶液的沸点不易得到，可采用杜林规则估算。

杜林曾发现，在相当宽的压强范围内，溶液的沸点与同压强下溶剂的沸点呈线性关系：

$$k = \frac{t'_A - t_A}{t'_W - t_W} \tag{5-6}$$

式中，k 为杜林直线的斜率，无量纲；t_A 和 t_W 分别为压强 p_M 下溶液和纯水的沸点(℃)；t'_A 和 t'_W 分别为压强 p_N 下标准溶液和纯水的沸点(℃)。

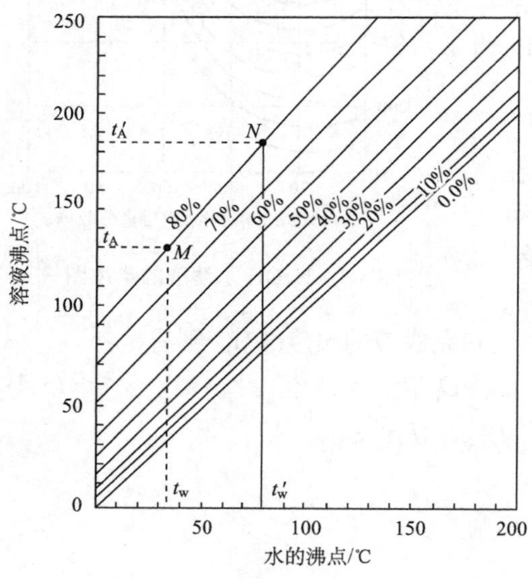

图 5-4　NaOH 水溶液的杜林线图

图 5-4 为不同浓度 NaOH 水溶液的沸点与对应压强下纯水的沸点的关系。由图可以看出，当 NaOH 水溶液浓度为零时，它的沸点线为一条对角线，即水的沸点线，其他浓度下溶液的沸点线大致为一组平行直线。由该图可以看出：

(1) 在浓度不太高的范围内，由于沸点线近似为一组平行直线，因此可以合理地认为沸点的升高与压强无关，故可取大气压下的数值。

(2) 在高浓度范围内，只要已知两个不同压强下溶液的沸点，则其他压强下的溶液沸点可按杜林规则进行计算。

2) 蒸发器内溶液的静压强使溶液的沸点升高 Δ''

通常，蒸发器操作需维持一定液位高度，尤其是具有长加热管的蒸发器，液面深度可达 3～6m。这样液面下的压强比液面上的压强(分离室中的压强)高，即液面下的沸点比液面上的高，二者之差为液柱的静压强使溶液的沸点升高，以 Δ''表示。为简便计算，以液面下 $L/5$ 处的压强进行计算。根据流体静力学方程，液面下 $L/5$ 处的压强 p_m 为

$$p_m = p + \frac{\rho g L}{5} \tag{5-7}$$

式中，p 为液面上方二次蒸气的压强(通常用冷凝器中压强代替)(Pa)；ρ 为溶液的平均密度

(kg/m^3)；L 为液层高度(m)。

由水蒸气表查出 p_m、p 对应的饱和蒸气温度，两者之差可作为液柱静压强使溶液的沸点升高 Δ''。

总的温度升高(温度差损失)：

$$\Delta = \Delta' + \Delta'' \tag{5-8}$$

设蒸气在冷凝器压强下的饱和温度为 t^0，则加热室内溶液的平均沸点 t 为

$$t = t^0 + \Delta' + \Delta'' = t^0 + \Delta \tag{5-9}$$

因此传热的平均温度差为

$$\Delta t = T - t = (T - t^0) - \Delta \tag{5-10}$$

【例 5-1】 某垂直长管蒸发器用于增浓 NaOH 水溶液，蒸发器内的液面高度约 3m。已知完成液的浓度为 50%(质量分数)，密度为 1500kg/m^3，加热用饱和蒸气的压强(表压)为 0.3MPa，冷凝器真空度为 53kPa，求传热温度差。

解 由附录 7 查出水蒸气的饱和温度为 0.3MPa(表压)下 T = 143.5℃；48.3kPa 绝对压强下 t^0 = 80.1℃。

蒸发器内的液体充分混合，器内溶液浓度即为完成液浓度。由图 5-4 查得水的沸点为 80.1℃时，50% NaOH 溶液沸点为 120℃，溶液的沸点升高

$$\Delta' = 120 - 80.1 = 39.9(℃)$$

液面高度为 3m，取

$$p_m = p + \frac{\rho g L}{5} = 48.3\times10^3 + \frac{1}{5}\times1500\times9.81\times3 = 57.1\times10^3\,(\text{Pa})$$

在此压强下水的沸点为 84.3℃，故溶液静压强引起的液温升高为

$$\Delta'' = 84.3 - 80.1 = 4.2(℃)$$

总温度差损失为

$$\Delta = \Delta' + \Delta'' = 39.9 + 4.2 = 44.1(℃)$$

有效传热温度差为

$$\Delta t = (T - t^0) - \Delta = (143.5 - 80.1) - 44.1 = 19.3(℃)$$

5.2.4 单效蒸发过程的计算

单效蒸发过程的计算问题可联立求解物料衡算式(5-1)、热量衡算式(5-2)或式(5-4)及过程速率方程式(5-5)获得解决。在联立求解过程中，还必须具备溶液沸点上升和其他有关物性的计算式。

1. 设计型计算

给定蒸发任务，要求设计经济上合理的蒸发器。

给定条件：原料液流量 F、浓度 x_0、温度 t_0 及完成液浓度 x_1。

设计条件：加热蒸气的压强及冷凝器的操作压强。

计算目的：根据选用的蒸发器形式确定传热系数 K，计算所需供热面积 S 及加热蒸气用

量 D。

2. 操作型计算

(1) 给定条件：蒸发器的传热面积 S 与传热系数 K，原料液的进口状态 x_0 与 t_0，完成液的浓度 x_1，加热蒸气与冷凝器内的压强。

计算目的：核算蒸发器的处理能力 F 和加热蒸气用量 D。

(2) 给定条件：蒸发器的传热面积 S，原料液流量 F，原料液的进口状态 x_0 与 t_0，蒸发量，加热蒸气与冷凝器内的压强。

计算目的：反算蒸发器的传热系数 K，并求加热蒸气用量 D。

【例 5-2】 在单效蒸发器中每小时将 5400kg 20% NaOH 水溶液浓缩至 50%。原料液温度为 60℃，比热容为 3.4kJ/(kg·℃)，加热蒸气和二次蒸气的绝对压强分别为 400kPa 和 50kPa。操作条件下溶液的沸点为 126℃，总传热系数 K_0 为 1560W/(m^2·℃)。加热蒸气的冷凝水在饱和温度下排出。热损失可以忽略不计。考虑浓缩热时，试求：(1)加热蒸气消耗量；(2)传热面积。

解 从附录中分别查出加热蒸气、二次蒸气及冷凝水的有关参数为

400kPa：蒸气的焓 $H = 2742.1$kJ/kg，气化热 $r = 2138.5$kJ/kg，冷凝水的焓 $h = 603.61$kJ/kg，温度 $T = 143.4$℃。

50kPa：蒸气的焓 $H' = 2644.3$kJ/kg，气化热 $r' = 2304.5$kJ/kg，温度 $T' = 81.2$℃。

(1) 加热蒸气消耗量

蒸发量

$$W = F\left(1 - \frac{x_0}{x_1}\right) = 5400 \times \left(1 - \frac{0.2}{0.5}\right) = 3240(\text{kg/h})$$

由图 5-3 查出 60℃时 20% NaOH 水溶液的焓、126℃时 50% NaOH 水溶液的焓分别为 $h_0 = 210$kJ/kg、$h_1 = 620$kJ/kg。

用式(5-3)求加热蒸气消耗量，即

$$D = \frac{WH' + (F - W)h_1 - Fh_0 + Q_L}{H - h_W} = \frac{3240 \times 2644.3 + (5400 - 3240) \times 620 - 5400 \times 210}{2138.5} = 4102(\text{kg/h})$$

(2) 传热面积

$$S = \frac{Q}{K\Delta t}$$

$$Q = Dr = 4102 \times 2138.5 = 8772 \times 10^3(\text{kJ/h}) = 2437(\text{kW})$$

$$K = 1560\ \text{W/(m}^2\cdot℃) = 1.56\text{kW/(m}^2\cdot℃)$$

所以

$$S = \frac{2437}{1.56 \times (143.4 - 126)} = 89.78(\text{m}^2)$$

取 20%的安全系数，则

$$S = 1.2 \times 89.78 = 107.7(\text{m}^2)$$

5.3　蒸发操作的经济性和多效蒸发

5.3.1　衡量蒸发操作经济性的方法

1. 蒸发器生产强度

蒸发器的生产能力是指单位时间内被蒸发溶剂的质量，即 W 值。蒸发器的生产能力仅反映蒸发器生产量的大小，而引入蒸发强度的概念可反映蒸发器的优劣。蒸发器的生产强度为单位时间单位传热面积(S)上被蒸发溶剂的质量，即

$$U=\frac{W}{S} \tag{5-11}$$

式中，U 为蒸发器的生产强度[$\text{kg/(m}^2\cdot\text{s)}$]。

对于多效蒸发，W 为各效溶剂蒸发量之和，S 为各效传热面积之和。蒸发强度通常可用于评价蒸发器的优劣，对于一定的蒸发任务，若蒸发强度越大，则所需的传热面积越小，即设备的投资就越低。

若不计热损失和浓缩热，原料液又为沸点进料，则蒸发器的传热速率 $Q=Wr$(r 为水的气化热)，则

$$U=\frac{Q}{Sr}=\frac{1}{r}K\Delta t$$

由此式可知，提高蒸发强度的主要途径是提高传热温度差 Δt 和总传热系数 K。

(1) 提高传热温度差 Δt。提高传热温度差可从提高热源的温度或降低溶液的沸点等角度考虑，工程上通常采用下列措施实现：

(i) 真空蒸发：真空蒸发可以降低溶液沸点，增大传热推动力，提高蒸发器的生产强度，同时由于沸点较低，可减少或防止热敏性物料的分解；另外，真空蒸发可降低对加热热源的要求，即可利用低温位的水蒸气作热源。但是，应该指出，溶液沸点降低，其黏度会增大，并使总传热系数 K 下降。当然，真空蒸发要增加真空设备并增加动力消耗。

(ii) 高温热源：提高 Δt 的另一个措施是提高加热蒸气的压强，但这时要对蒸发器的设计和操作提出严格要求。一般加热蒸气压强不超过 0.6MPa。对于某些物料，如果加压蒸气仍不能满足要求，则可选用高温导热油、熔盐或改用电加热，以增大传热推动力。

(2) 提高总传热系数。蒸发器的总传热系数主要取决于溶液的性质、沸腾状况、操作条件及蒸发器的结构等。因此，合理设计蒸发器以实现良好的溶液循环流动，及时排出加热室中不凝性气体，定期清洗蒸发器(加热室内管)，均是提高和保持蒸发器在高强度下操作的重要措施。

2. 加热蒸气的经济性(利用率)

蒸发过程是一个能耗较大的单元操作，通常把能耗也作为评价其优劣的另一个重要指标，或称为加热蒸气的经济性，它的定义为 1kg 蒸气可蒸发的水分量，即 W/D。在单效蒸发

中，若物料为预热至沸点的水溶液，并忽略加热蒸气与二次蒸气的气化热差异和浓缩热，且不计热量损失，则 1kg 加热蒸气可气化 1kg 水，即 $W/D=1$。对于大规模工业蒸发，溶剂气化量 W 很大，加热蒸气消耗在全厂蒸气动力费用中占很大比例。为了提高加热蒸气的利用率，可采取多种措施，详见 5.3.2 小节。

5.3.2　蒸发操作的节能方法

1. 采用多效蒸发

蒸发操作过程中，若将第一个蒸发器气化的二次蒸气作为热源通入第二个蒸发器的加热室用于加热，称为双效蒸发。如果再将第二效的二次蒸气通入第三效加热室作为热源，并依次进行多个串接，则称为多效蒸发。采用多效蒸发，由于生产给定的总蒸发水量 W 分配于各个蒸发器中，而只有第一效才使用加热蒸气，故加热蒸气的经济性大大提高。

多效蒸发中物料与二次蒸气的流向可有多种组合，常用的有：

(1) 并流加料。如图 5-5 所示，物料与二次蒸气沿同方向流过各效。此种加料方式的优点是从一效到四效，蒸发室操作压强递减，所以原料液在效间流动不需用泵；前一效的原料液进入后一效蒸发室时为过热进料，产生自蒸发，增加了蒸发器的蒸发量；多数情况下，并流加料蒸发末效中的压强为负压，相应的溶液沸点较低，因而完成液带走的热量较少。但缺点是从一效到四效，原料液黏度增大，蒸发传热系数下降。

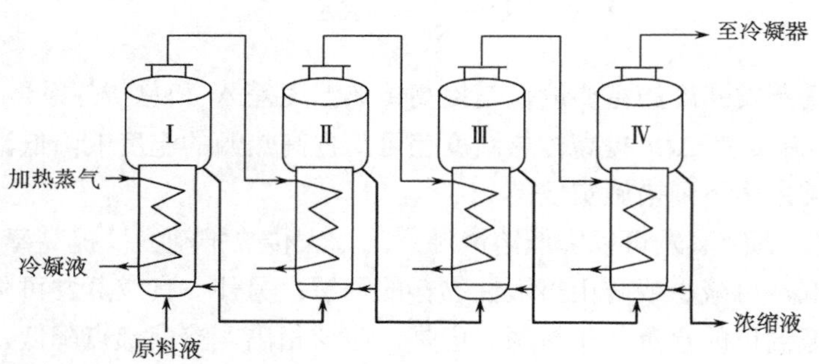

图 5-5　并流加料四效蒸发流程

(2) 逆流加料。如图 5-6 所示，原料液与二次蒸气流向相反。优点是从一效到四效，原料液黏度降低，各效均有较好的传热效果。缺点是原料液流向为由低压向高压，所以原料液效间流动需泵输送，能量消耗大；后一效比前一效操作压强高，所以从后一效向前一效进料为冷液进料，加热蒸气消耗量大。逆流法用于处理黏度随温度和浓度变化大的物料，不宜处理热敏性物料。

(3) 平流加料。如图 5-7 所示，二次蒸气多次利用，但物料每效单独进出。对于在蒸发过程中易结晶的物料，为避免溶液夹带晶体在各效之间流动，一般采用平流加料蒸发流程。

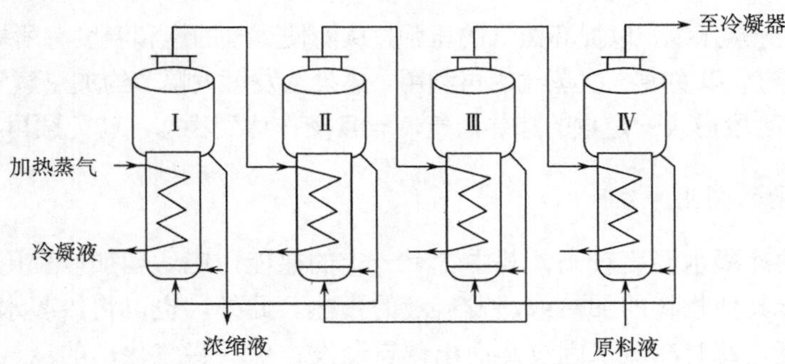

图 5-6　逆流加料四效蒸发流程

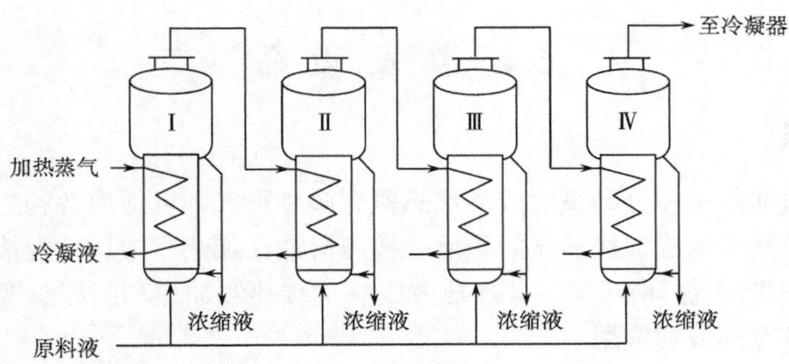

图 5-7　平流加料四效蒸发流程

2. 额外蒸气的引出

可将单效乃至多效蒸发中的二次蒸气引出，并用作其他加热设备的热源，同样能提高加热蒸气的热能利用率，此种节能方法称为额外蒸气的引出。

与单效蒸发不同，多效蒸发中的各效均会产生二次蒸气，但其中包含的气化潜热各不相同，因此额外蒸气的利用效果与引出蒸气的效数有关。在多效蒸发中，无论蒸气由第几效引出，均需对第一效中的加热蒸气进行适当补充，以确保给定蒸发任务的顺利完成。

蒸发是蒸气由高温向低温不断转化的过程。若额外蒸气是从第 i 效引出，则当加热蒸气的热量传递至额外蒸气引出时，已在前 i 效蒸发器中反复利用。因此，在引出蒸气的温度能够满足加热设备需要的前提下，应尽可能从效数较高的蒸发器中引出额外蒸气，从而保证蒸气在引出前已得到充分利用，且此时需补充的加热蒸气量也较少。

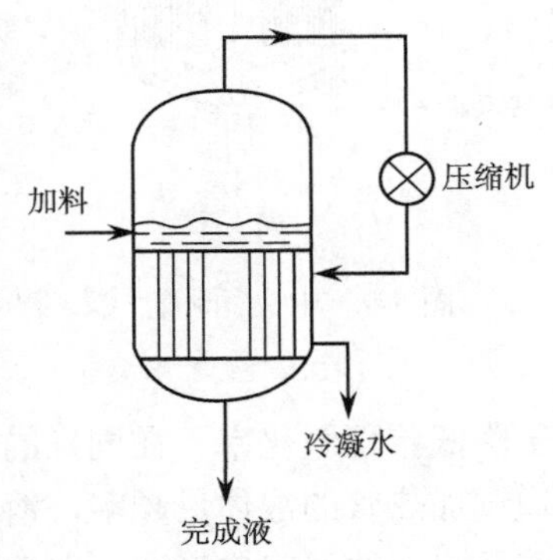

图 5-8　二次蒸气再压缩蒸发流程

3. 热泵蒸发(二次蒸气的再压缩)

在蒸发操作中，虽然二次蒸气含有较高的热能，其热焓值一般并不比加热蒸气低太多，但由于二次蒸气的压强和温度不及加热蒸气，故限制了二次蒸气的用途。为此，工业上常采用热泵蒸发的处理方法，如图 5-8 所示。热泵蒸发是指通过对二次蒸气的绝热压缩，以提高蒸气的压强，从而使蒸气的饱和温度有所提高，再将其引至加热室用作加热蒸气，以实现二次蒸气的再利用。热泵蒸发可大幅节约加热蒸气的用量，操作时仅需在蒸发的启动阶段通入一定量的加热蒸气，一旦操作达到稳态，就无须再补充加热蒸气。

4. 冷凝水热量的利用

加热室排出的冷凝水温度较高，其中含有一定的热能，应适当加以利用。通常，温度较高的冷凝水可用于其他物料的加热或蒸发料液的预热。此外，也可将冷凝水减压，使其饱和温度低于现有温度，此时冷凝水因过热而出现自蒸发，然后将气化出的蒸气与二次蒸气混合并一起送入后一效的加热室，即用于后一效的蒸发加热。

5.4 蒸发设备

5.4.1 各种蒸发器

蒸发器主要由加热室和分离室组成。加热室有多种形式，以适应各种生产工艺的不同要求，它是原料液受热并形成二次蒸气的场所。按照溶液在加热室中运动的情况，可将蒸发器分为循环型和单程型(不循环)两类。其加热方式有直接热源加热和间接热源加热两种，其中尤以间接热源加热方式最为常用。

1. 循环型蒸发器

溶液在蒸发器中循环流动，因而可以提高传热效果。根据引起循环运动的原因不同，又分为自然循环型和强制循环型两类。自然循环是溶液受热程度不同产生密度差引起的；强制循环则是用泵迫使溶液沿一定方向流动。

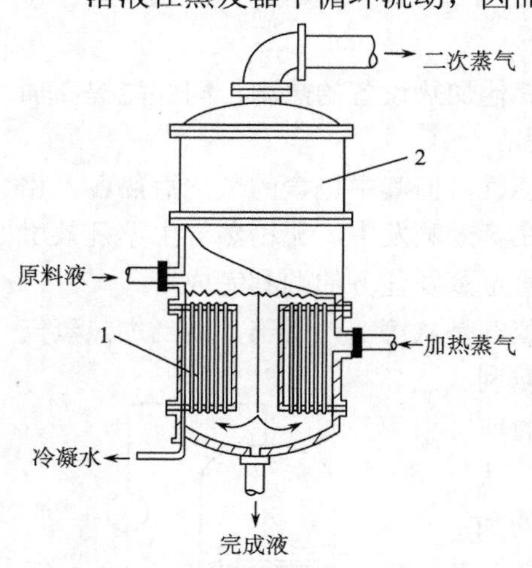

图 5-9　中央循环管式蒸发器

1. 加热室；2. 分离室

(1) 垂直短管式。如图 5-9 所示，溶液沿加热管中央上升，然后循着悬筐式加热室外壁与蒸发器内壁间的环隙向下流动而构成循环，溶液循环速度一般为 0.1～0.5m/s。优点是蒸发器的加热室可由顶部取出进行清洗、检修或更换，而且热损失也较小。缺点则是结构复杂，单位传热面积的金属消耗较多。

(2) 外加热式。如图 5-10 所示，加热室单独放置，好处之一是可以降低整个蒸发器的高度，便于清洗和更换；好处之二是可将加热管做得长些，循环管不受热，从而加速液体循环，溶液循环速度可达 1.5m/s。提高循环速度不仅在于提高沸腾传热系数，其主要目的在于降低单程气化率。在同样的蒸发能力(单位时间的溶剂气化量)下，循环速度越大，单位时间通过加热管的液体量越多，溶液一次通过加热管后气化的百分数(气化率)就越低。溶液在加热壁面附近的局部浓度增大现象减轻，加热面上结垢现象可以延缓。此外，高速流体对管壁的冲刷也使污垢不易沉积。

(3) 强制循环蒸发器。如图 5-11 所示，采用泵进行强制循环，溶液循环速度可达 1.8～5m/s 以上，故总传热系数也较大。缺点是液柱静压头效应引起的温度差损失较大，要求加热蒸气有较高的压强；另外，所需设备庞大，消耗的材料多，需要高大的厂房。

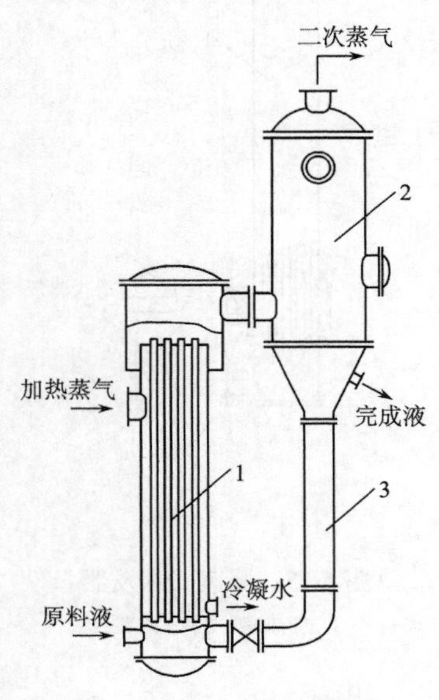

图 5-10　外加热式蒸发器

1. 加热室；2. 分离室；3. 循环管

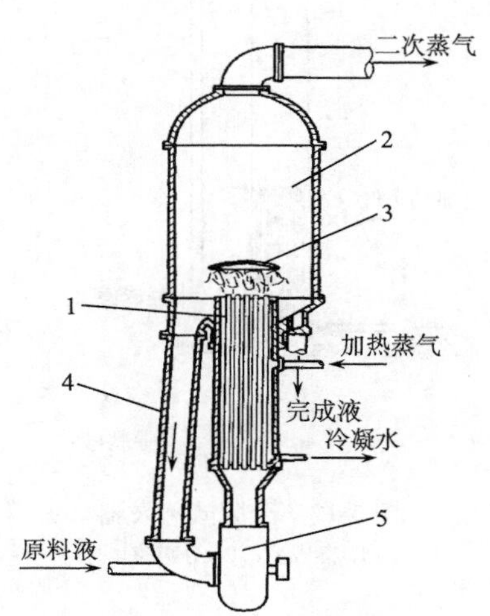

图 5-11　强制循环型蒸发器

1. 加热室；2. 分离室；3. 除沫器；4. 循环管；5. 循环泵

2. 单程型蒸发器

单程型蒸发器也称为非循环型蒸发器，其特点是溶液只流经加热管一次，即以完成液的形式排出蒸发器。为此，必须确保溶液在较短的停留时间内能够浓缩至预定浓度。与循环型蒸发器相比，单程型蒸发器的设计和操作难度均较大。单程型蒸发器较适用于中草药等热敏性物料的蒸发。由于溶液在单程型蒸发器的加热管壁上一般呈膜状流动，故又称为膜式蒸发器。

(1) 升膜式蒸发器。如图 5-12 所示，原料液在加热管内受热气化，生成的蒸气在加热管内高速上升(常压下气速为 20～50m/s，减压下气速可达 100～160m/s 或更大)。溶液被上升的蒸气带动，沿管壁呈膜状上升并继续蒸发，气、液混合物在分离器内分离。常适用于蒸发量大(较稀的溶液)、热敏性及易起泡的溶液。但不适用于高黏度、易结晶、易结垢的溶液。

(2) 降膜式蒸发器。如图 5-13 所示，原料液从蒸发器的顶部加入，在重力作用下沿管壁呈膜状下降，并在此过程中蒸发增浓，在其底部得到浓缩液。降膜式蒸发器可以蒸发浓度较高、黏度较大(0.05～0.45Pa·s)、蒸发量较小、热敏性的物料。传热系数比升膜式蒸发器的小，不适用于易结晶或易结垢的物料。

(3) 刮板式蒸发器。如图 5-14 所示，刮板式蒸发器的加热管是一根垂直安装的空心圆管，管外设有加热蒸气夹套，内部装有可旋转的刮板。刮板有固定式和活动式之分，但与管内壁之间均留有较小的空隙。刮板式蒸发器的特点是借外力强制原料液呈膜状流动，适用于高黏度、易结晶、易结垢的浓溶液蒸发。但缺点是结构复杂，制造要求高，加热面大，且需要消耗一定的动力。

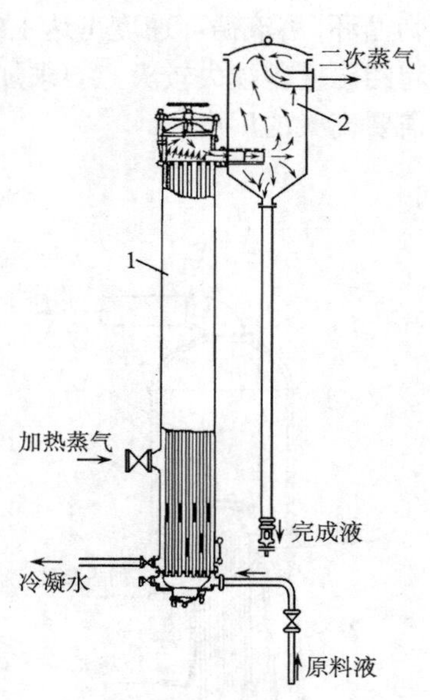

图 5-12　升膜式蒸发器

1. 蒸发室；2. 分离室

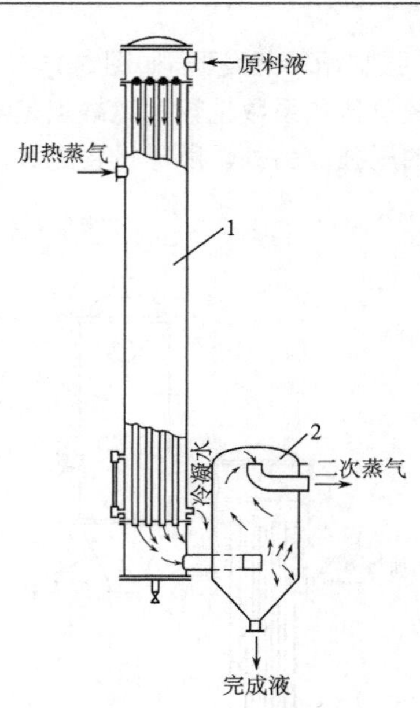

图 5-13　降膜式蒸发器

1. 加热室；2. 分离器

3. 直接接触式传热蒸发器

直接接触式传热蒸发器如图 5-15 所示，其优点是结构简单，适用于易结晶、易结垢和具有腐蚀性物料的蒸发；传热效果好，热利用率高。其缺点是不适用于不可被烟气污染物料的处理，且二次蒸气利用受到限制。

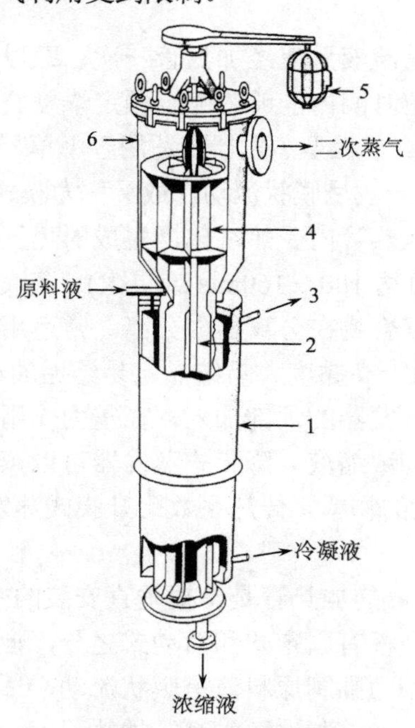

图 5-14　刮板式蒸发器

1. 蒸气夹套；2. 刮板；3. 排气孔；4. 静止板；5. 电动机；6. 分离器

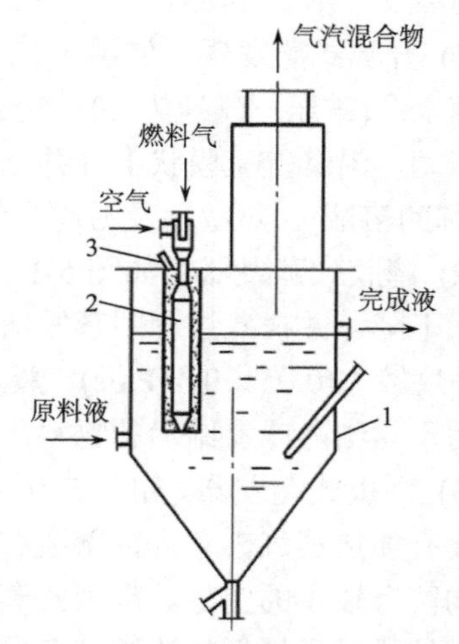

图 5-15　直接接触式传热蒸发器

1. 外壳；2. 燃烧室；3. 点火管

5.4.2　蒸发器的传热系数

1. 蒸发器的热阻分析

蒸发器的传热系数可由式(5-12)计算：

$$\frac{1}{K}=\frac{1}{\alpha_o}+\frac{\delta}{\lambda}\times\frac{d_o}{d_m}+\left(\frac{1}{\alpha_i}+R_i\right)\frac{d_o}{d_i} \tag{5-12}$$

(1) 管外蒸气冷凝热阻 $1/\alpha_o$ 一般很小，但须注意及时排出加热室中不凝性气体，否则不凝性气体在加热室内不断积累，将使此项热阻明显增加。

(2) 加热管壁热阻 δ/λ 一般可以忽略。

(3) 管内壁液一侧的污垢热阻 R_i 取决于溶液的性质、污垢的结构及管内液体的运动状况。降低污垢热阻的方法主要有：定期清理污垢；加快流体的循环速度，由自然循环变为强制循环；加入微量阻垢剂以延缓形成污垢；在处理有结晶物析出的物料时，可加入少量晶种(结晶颗粒)，使结晶尽可能在溶液主体中进行，而不是在加热面进行。也可以加入表面活性剂，降低相界面之间的张力，从而产生润湿、抗再黏附作用，既增大了沸腾传热系数，又可使沸腾侧的加热面不生成污垢。

(4) 管内沸腾传热热阻 $1/\alpha_i$ 主要取决于溶液的性质、沸腾传热的状况、操作条件和蒸发器的结构等。

2. 管内气液两相流动形式

垂直管内气液两相流动形式主要有气泡流、塞状流、翻腾流、环状流、雾流。

目前虽然对管内沸腾做过不少研究，但推荐的经验关联式并不可靠，并且管内污垢热阻变化较大，因此目前蒸发器的总传热系数仍主要靠现场实测，以此作为设计计算的依据。表 5-1 中列出了常用蒸发器总传热系数的大致范围，供设计计算参考。

表 5-1　常用蒸发器总传热系数 *K* 的经验值

蒸发器的形式	总传热系数 $K/[W/(m^2\cdot K)]$
标准式(自然循环)	600～3000
标准式(强制循环)	1200～6000
悬筐式	600～3000
升膜式	1200～6000
降膜式	1200～3500

5.4.3　蒸发附属设备

蒸发辅助设备有除沫器、冷凝器、疏水器、真空泵等。

(1) 除沫器。蒸发器内产生的二次蒸气会夹带许多液沫，尤其是处理易产生泡沫的液体时，夹带现象更为严重。一般蒸发器均带有足够大的气液分离空间，并设置各种形式的除沫器(图 5-16)，借惯性或离心力分离液沫。

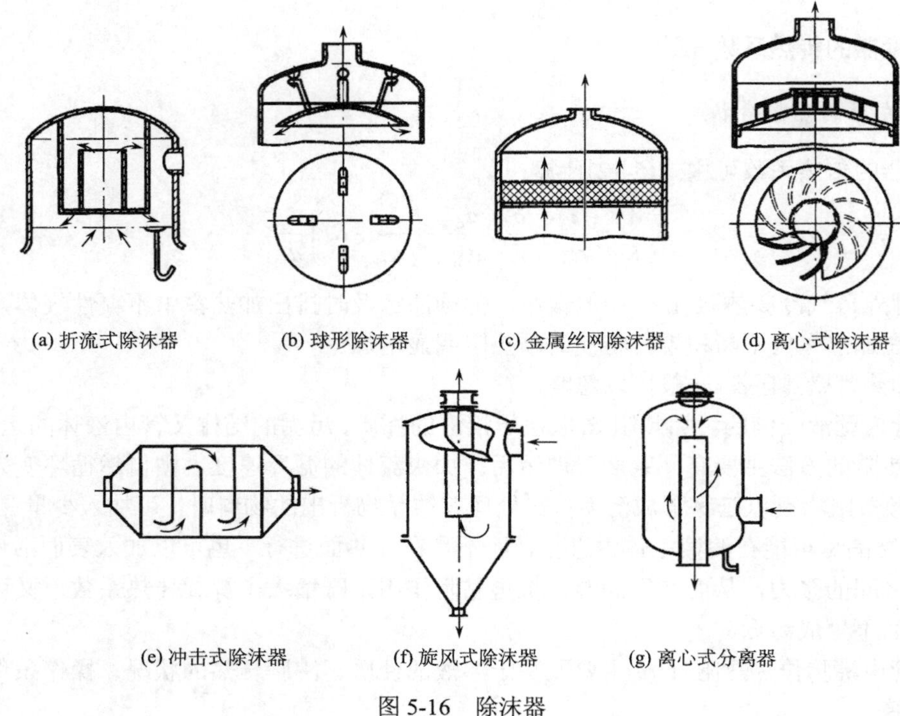

(a) 折流式除沫器　(b) 球形除沫器　(c) 金属丝网除沫器　(d) 离心式除沫器

(e) 冲击式除沫器　(f) 旋风式除沫器　(g) 离心式分离器

图 5-16　除沫器

(2) 冷凝器。若二次蒸气的潜热不需重新利用，则可将其通入冷凝器进行冷却。蒸发生产中的冷凝器常采用间壁式或直接混合式冷凝器。若二次蒸气含有有价值组分或有毒有害污染物，则应选用间壁式冷凝器。反之，制药生产中的蒸发对象多为水溶液，水蒸气是二次蒸气的主要成分，因此宜采取直接与冷却水混合的方法冷凝二次蒸气，即选用直接混合式冷凝器进行冷却。

习　题

1. 在一套三效蒸发器内将 1500kg/h 的某种原料液由浓度 15%(质量分数，下同)浓缩到 45%。设第二效蒸出的水量比第一效多 10%，第三效蒸出的水量比第一效多 20%，求总蒸发量及各效溶液的浓度。

2. 完成液浓度 30%(质量分数)的 NaOH 水溶液，在压强为 450mmHg(绝压)的蒸发室内进行单效蒸发操作。已知器内溶液深度为 2m，溶液密度为 1280kg/m^3，加热室用 0.1MPa(表压)的饱和蒸气加热，试求传热的有效温度差。

3. 采用真空蒸发将浓度为 15%(质量分数，下同)的 NaOH 水溶液在蒸发器内浓缩至 50%，进料温度为 60℃，加料量为 2.1kg/s，完成液沸点为 124.2℃。已知蒸发器的传热系数为 1600W/(m^2·K)。操作条件如下：加热用压强为 0.3MPa(表压)的饱和蒸气，冷凝器真空度为 53kPa。试求加热蒸气消耗量及蒸发器的传热面积。设蒸发器的热损失为加热蒸气放热量的 3%。

第6章　吸　　收

利用不同气相组分在液体中溶解度的差异实现气相中组分分离的操作称为吸收。吸收是化学工业中常见的一种分离操作。吸收所用液体称为吸收剂，气相中能被液相吸收的组分称为溶质或吸收质，不被吸收的组分称为惰性气体或载体。气相混合物与液相吸收剂接触，气相中的一个或多个组分溶解于液相中，不能溶解的组分仍保留在气相中，于是混合气相得到分离。

在吸收过程中，按溶质与溶剂之间发生物理作用或化学作用的方式不同可分为物理吸收和化学吸收。若溶质与溶剂之间不发生显著化学反应，而主要因溶解度大被吸收，称为物理吸收，如用洗油吸收粗苯等。若溶质与溶剂之间发生显著化学反应，则称为化学吸收，如用硫酸吸收氨、用碱液吸收二氧化碳等。物理吸收溶质与溶剂结合力较弱，较易解吸；化学吸收溶质与溶剂结合力较强，较难解吸，且具有较高的选择性。按照吸收组分数目的不同，可分为单组分吸收和多组分吸收。如果混合气相中只有一个组分进入液相，则称为单组分吸收。如果混合气相中有两个或更多个组分进入液相，则称为多组分吸收。按照吸收过程是否伴有溶解热或反应热，吸收过程还可以分为等温吸收过程与非等温吸收过程。本章主要讨论单组分等温物理吸收过程。

吸收在化工生产中应用相当广泛，主要为了达到以下目的：

(1) 制取成品。例如，用水吸收氯化氢以制取盐酸，用浓硫酸吸收三氧化硫以制取更浓硫酸或发烟硫酸等。

(2) 从气体中回收有用的组分和分离气体混合物。例如，用洗油从炼焦炉气中回收苯；用油吸收石油裂解气中 C_2 以上组分，使其与氢和甲烷分离；乙烯直接氧化制环氧乙烷时，用水吸收反应后气体中的环氧乙烷等。

(3) 吸收气体中的有害物质以净化气体。例如，合成氨、基本有机合成中用吸收除去原料气中的硫化氢等对反应有害的物质；合成氨工业中用铜氨液吸收除去原料气中的微量一氧化碳等。

(4) 作为生产的辅助环节。例如，氨碱法生产中用饱和盐水吸收氨以制备原料氨盐水等。

(5) 作为环境保护和职业保健的重要手段。例如，硫酸厂用吸收除去废气中二氧化硫；过磷酸钙厂用吸收除去废气中含氟气体等。在净化这类废气时，还可以回收有用的副产品。

根据生产的需要，吸收可以单独进行，也可以与解吸联合应用，如炼焦厂中轻油的回收、合成氨厂中二氧化碳的利用等。

6.1　吸收过程及吸收剂

在实际生产中，吸收经常伴随着解吸过程(将吸收的溶质气相组分从液相中释放出来)，通过吸收与解吸两个过程的相互协作，吸收剂可以循环使用，溶质气相组分也可以回收再利用，吸收与解吸一起构成生产上的一个完整流程。如图 6-1 所示，在合成氨原料气的净化和精制过程中需要除去 CO_2 气体，而 CO_2 又是制取尿素、碳酸氢铵和干冰的原料，可以设计吸收与解吸的相互协作过程，实现 CO_2 的回收再利用。将含 30% CO_2 的合成氨原料气从底部送入吸收塔，塔顶喷淋乙醇胺溶液，乙醇胺吸收 CO_2 后从塔底排出，从塔顶排出的气体中 CO_2 含量可降到 0.2%～0.5%。将吸收塔塔底排出的含 CO_2 乙醇胺溶液用泵送至加热器，加热至 130℃左右后从解吸塔塔顶喷淋下来，塔底通入水蒸气，CO_2 在高温、低压(3×10^5Pa)下从溶液中解吸。解吸塔塔顶排出的气体经冷却、冷凝后得到可用的 CO_2。从解吸塔塔底排出的溶液经降温加压后仍可以作为吸收剂。这样就完成了吸收剂的循环使用过程。

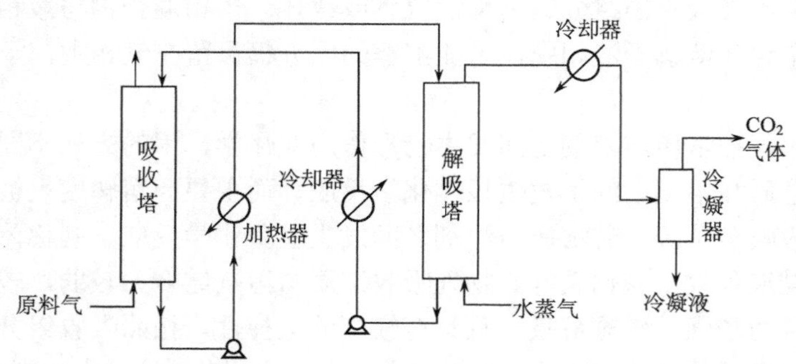

图 6-1　吸收与解吸流程

用吸收操作进行气相混合物的分离，必须解决下述三方面的问题：

(1) 选择合适的溶剂。

(2) 提供传质设备以实现气液两相接触，使溶质从气相转移至液相。

(3) 溶剂再生。

吸收的操作费用除输送气相组分、液相组分至吸收设备所需的能量费用之外，主要是溶剂再生费用，因为溶剂在吸收设备与解吸设备间的循环，以及中间的加热、冷却及加压等过程要消耗较多能量。若溶剂对溶质的溶解能力差，离开吸收设备的溶液中溶质的浓度就低，则所需溶剂循环量大，使能量消耗增大，再生时的能量消耗也增大。因此，溶剂对溶质溶解能力的大小对节约能量有重要意义。评价吸收剂性能优劣的依据是：

(1) 对需吸收的组分有较大的溶解度。

(2) 对所处理的气相组分有较好的选择性，对溶质的溶解度很大而对其他气相组分几乎不溶解。

(3) 有较低的蒸气压，以减少吸收过程中溶剂的挥发损失；有较好的化学稳定性，以免使用过程中变质。

(4) 吸收后的溶剂易于再生。

吸收设备以塔式设备最为常用，塔式设备可分为板式塔与填料塔两大类。板式塔为级式接触设备，其结构示意图如图 6-2(a)所示。填料塔结构示意图如图 6-2(b)所示，塔内充以瓷环之类的填料，液体在填料表面逐渐向下流，气相混合物通过各个填料的间隙上升，与液相进行连续的逆流接触。气相中的溶质不断地被吸收，浓度自下而上连续降低；液相则相反，其浓度由上而下连续地增高，故该类设备又称为微分接触设备。

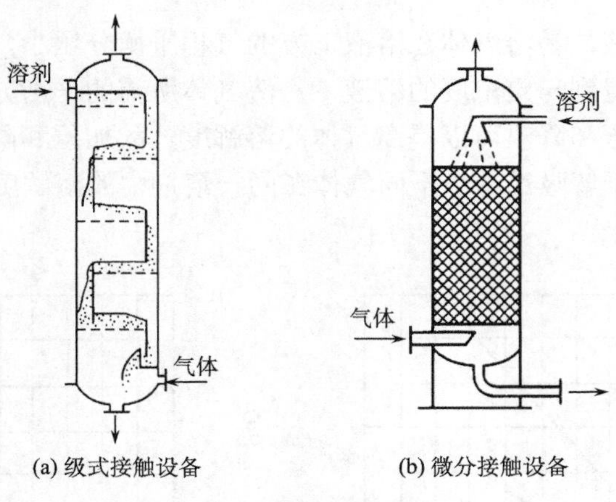

图 6-2　两类吸收设备

6.2　吸收的相平衡

气液两相的相平衡关系，即平衡条件下吸收质在溶液中的溶解度决定吸收的极限，以及系统的吸收速率和吸收的方向。相平衡关系是研究传质过程的基础。

6.2.1　溶解度

在恒定的温度和压强下气液两相接触，溶质气体开始向液相转移，使其在液相中的浓度增加，当接触时间足够长之后，液相中溶质浓度不再增加，气液两相达到平衡。此时，溶质在液相中的浓度称为溶解度，平衡时溶质在气相中的分压称为平衡分压。溶解度随温度和溶质气体的分压不同而发生变化。对于氨在水中的溶解，平衡分压 p^* 与溶解度之间的关系如图 6-3 所示，图中的曲线称为溶解度曲线。

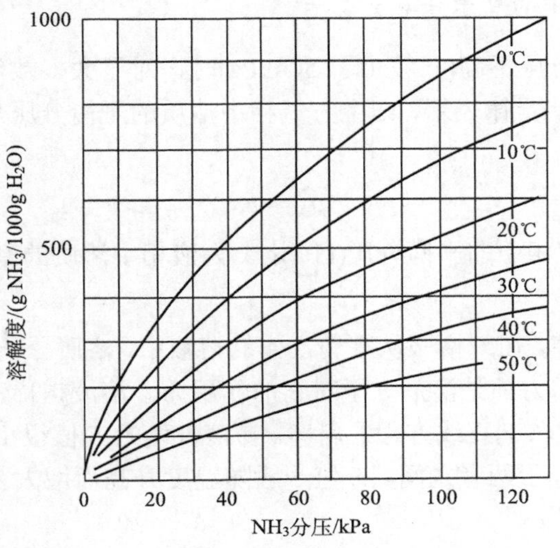

图 6-3　NH_3 在水中的溶解度

对于同样浓度的溶液，易溶气体在溶液上方的气相平衡分压小，难溶气体在溶液上方的平衡分压大。同时，欲得到一定浓度的溶液，易溶气体所需的平衡分压较低，而难溶气体所需的平衡分压很高。加压和降温可以提高气体的溶解度，故加压和降温有利于吸收操作。反之，升温和减压则有利于解吸过程。不同气体在同一溶剂中的溶解度差异很大，这从图 6-3、图 6-4 和图 6-5 可以看出。

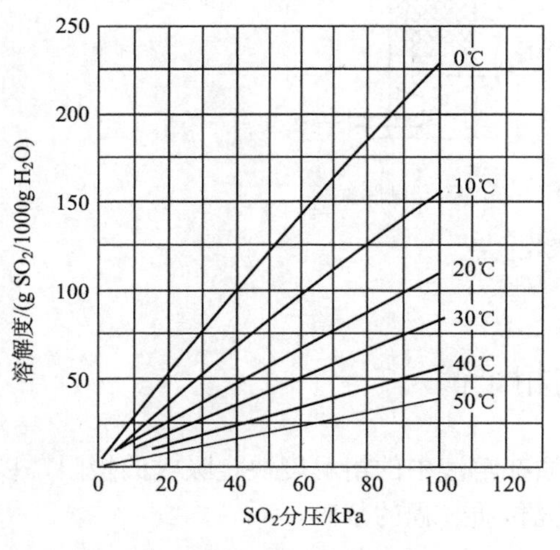

图 6-4　SO_2 在水中的溶解度

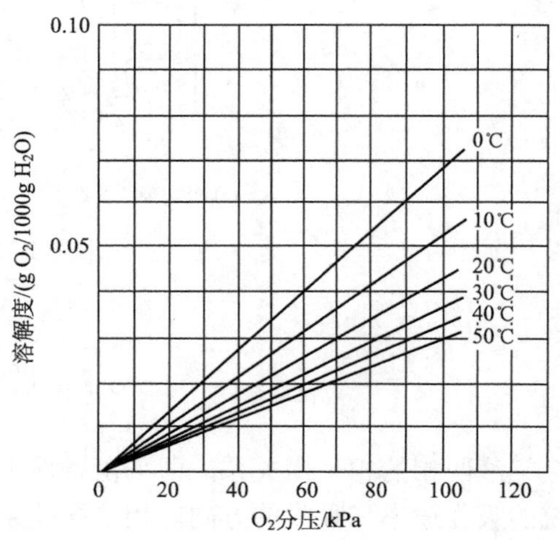

图 6-5　O_2 在水中的溶解度

溶质在气液相中的组成可以用摩尔分数 y(或 x)、物质的量浓度 c 或平衡分压表示。以摩尔分数 y(或 x)表示的相平衡关系可方便地与物料衡算等其他关系式一起对整个吸收过程进行数学描述；以平衡分压表示的溶解度曲线可以直接反映相平衡的本质。

6.2.2　亨利定律

1. 用吸收质在溶液中的摩尔分数 x 表示

在一定温度下，当总压不高(一般小于 500kPa)时，对于大多数气体的稀溶液，气液间的平衡关系可用亨利(Henry)定律表示，即上方气相中溶质的平衡分压与液相中溶质的摩尔分数成正比，其表达式为

$$p_A^* = Ex \tag{6-1}$$

式中，p_A^* 为溶质 A 在气相中的平衡分压(kPa)；x 为液相中溶质的摩尔分数；E 为比例系数，也称为亨利系数(kPa)。

式(6-1)即为亨利定律。在严格服从亨利定律的溶液中，溶质分子周围几乎全是溶剂分子。因而溶质分子所受的作用力都是溶剂分子对它的作用力。溶液越稀，溶质越能较好地服从亨利定律。亨利系数 E 是式(6-1)直线方程的斜率。易溶气体的 E 值很小，难溶气体的 E 值很大，溶解度居中的气体 E 值介于两者之间。E 值一般随温度升高而增大。常见气体水溶液的 E 值列于表 6-1。

表 6-1　常见气体水溶液的亨利系数

气体	温度/℃															
	0	5	10	15	20	25	30	35	40	45	50	60	70	80	90	100
	$E\times10^{-6}$/kPa															
H_2	5.87	6.16	6.44	6.70	6.92	7.16	7.39	7.52	7.61	7.70	7.75	7.75	7.71	7.65	7.61	7.55
N_2	5.35	6.05	6.77	7.48	8.15	8.76	9.36	9.98	10.5	11.0	11.4	12.2	12.7	12.8	12.8	12.8
空气	4.38	4.94	5.56	6.15	6.73	7.30	7.81	8.34	8.82	9.23	9.59	10.2	10.6	10.8	10.9	10.8
CO	3.57	4.01	4.48	4.95	5.43	5.88	6.28	6.68	7.05	7.39	7.71	8.32	8.57	8.57	8.57	8.57
O_2	2.58	2.95	3.31	3.69	4.06	4.44	4.81	5.14	5.42	5.70	5.96	6.37	6.72	6.96	7.08	7.10
CH_4	2.27	2.62	3.01	3.41	3.81	4.18	4.55	4.92	5.27	5.58	5.85	6.34	6.75	6.91	7.01	7.10
NO	1.71	1.96	2.21	2.45	2.67	2.91	3.14	3.35	3.57	3.77	3.95	4.24	4.44	4.54	4.58	4.60
C_2H_6	1.28	1.57	1.92	2.90	2.66	3.06	3.47	3.88	4.29	4.69	5.07	5.72	6.31	6.70	6.96	7.01
	$E\times10^{-5}$/kPa															
C_2H_4	5.59	6.62	7.78	9.07	10.3	11.6	12.9	—	—	—	—	—	—	—	—	—
N_2O	—	1.19	1.43	1.68	2.01	2.28	2.62	3.06	—	—	—	—	—	—	—	—
CO_2	0.738	0.888	1.05	1.24	1.44	1.66	1.88	2.12	2.36	2.60	2.87	3.46	—	—	—	—
C_2H_2	0.73	0.85	0.97	1.09	1.23	1.35	1.48	—	—	—	—	—	—	—	—	—
Cl_2	0.272	0.334	0.399	0.461	0.537	0.604	0.669	0.74	0.80	0.86	0.90	0.97	0.99	0.97	0.96	—
H_2S	0.272	0.319	0.372	0.418	0.489	0.552	0.617	0.686	0.755	0.825	0.689	1.04	1.21	1.37	1.46	1.50
	$E\times10^{-4}$/kPa															
SO_2	0.167	0.203	0.245	0.294	0.355	0.413	0.485	0.567	0.661	0.763	0.871	1.11	1.39	1.70	2.01	—

2. 用溶液中吸收质的物质的量浓度表示

$$p_A^* = \frac{c_A}{H} \tag{6-2}$$

式中，c_A 为液相中溶质的物质的量浓度(kmol/m^3)；H 为溶解度系数[kmol/(m^3·kPa)]。溶解度系数 H 可视为在一定温度下，溶质气体分压为 1kPa 的平衡浓度。易溶气体 H 值很大，难溶气体 H 值很小。H 值一般随温度升高而减小。

H 和 E 之间的关系可以推导如下：

$$c_A = \frac{\rho}{Mx + M_s(1-x)}x \tag{6-3}$$

式中，ρ 为溶液的密度(kg/m^3)；M 和 M_s 分别为吸收质和溶剂的摩尔质量(kg/mol)。

联立式(6-1)～式(6-3)得

$$E = \frac{\rho}{Mx + M_s(1-x)} \cdot \frac{1}{H} \tag{6-4}$$

对稀溶液有

$$E \approx \frac{\rho}{M_s} \cdot \frac{1}{H} \tag{6-5}$$

3. 用吸收质在两相中的摩尔分数表示

根据道尔顿分压定律，气液两相组成分别用溶质 A 的摩尔分数 y 与 x 表示，则亨利定律可表示为

$$y^* = \frac{E}{P}x = mx \tag{6-6}$$

式中，y^*为溶质在气相中的平衡摩尔分数；m 为相平衡常数；P 为混合气体的总压强(Pa)。与 E 相似，m 值越大，溶解度越小，且 m 值随温度升高而增大。

在典型的吸收过程中，气相中的吸收质进入液相，气相的吸收质的量发生变化，液相的溶质的量也随之变化，这使吸收的计算变得复杂。为使计算简便，工程中常采用在吸收过程中数量不变的气相中的惰性组分和液相中的纯溶剂为基准，即用摩尔比表示气相和液相中吸收质的含量：

对液相，溶质的摩尔比 X 为

$$X = \frac{\text{液相中溶质的摩尔分数}}{\text{液相中溶剂的摩尔分数}} = \frac{x}{1-x} \tag{6-7}$$

对气相，溶质的摩尔比 Y 为

$$Y = \frac{\text{气相中溶质的摩尔分数}}{\text{气相中惰性气体的摩尔分数}} = \frac{y}{1-y} \tag{6-8}$$

$$x = \frac{X}{1+X} \tag{6-9}$$

$$y = \frac{Y}{1+Y} \tag{6-10}$$

将式(6-9)及式(6-10)代入式(6-6)整理后可得

$$Y^* = \frac{mX}{1+(1-m)X} \tag{6-11}$$

当溶液浓度很低时，可以近似得到

$$Y^* = mX \tag{6-12}$$

【例 6-1】 在一个标准大气压(101.325kPa)下测得氨在水中的平衡数据为：15g NH_3/100g H_2O 浓度的稀氨水上方的平衡分压为 400Pa，在该浓度下相平衡关系可用亨利定律表示，试求溶解度系数 H、亨利系数 E 和相平衡常数 m(氨水密度可取 1000kg/m^3)。

解 首先将此气液相组成换算为 y 与 x。NH_3 的摩尔质量为 17kg/kmol，溶液的质量为 15kg NH_3 与 100kg 水之和，故

$$x = \frac{n_A}{n} = \frac{n_A}{n_A + n_B} = \frac{15/17}{15/17 + 100/18} = 0.1371$$

$$y^* = \frac{p_A^*}{P} = \frac{400}{101325} = 0.00395$$

$$m = \frac{y^*}{x} = \frac{0.00395}{0.1371} = 0.0288$$

由式(6-6)得

$$E = Pm = 101325 \times 0.0288 = 2918(\text{Pa})$$

或者由式(6-1)得

$$E = \frac{p_A^*}{x} = \frac{400}{0.1371} = 2918(\text{Pa})$$

溶剂水的密度 $\rho_s = 1000\text{kg/m}^3$，摩尔质量 $M_s = 18\text{kg/kmol}$，由式(6-5)计算 H

$$H \approx \frac{\rho_s}{EM_s} = \frac{1000}{2918 \times 18} = 1.9 \times 10^{-2}[\text{kmol/(m}^3 \cdot \text{Pa)}]$$

H 值也可直接由式(6-2)算出，溶液中 NH_3 的浓度为

$$c_A = \frac{n_A}{V} = \frac{m_A / M_A}{(m_A + m_s) / \rho_s} = \frac{15/17}{(15+100)/1000} = 7.67(\text{kmol/m}^3)$$

$$H = \frac{c_A}{p_A^*} = \frac{7.67}{400} = 1.9 \times 10^{-2}\ [\text{kmol/(m}^3 \cdot \text{Pa)}]$$

6.2.3　相平衡与吸收过程的关系

将实际气液相浓度和相应条件下的平衡浓度进行比较，可判别过程进行的方向、指明过程的极限及计算过程的推动力。

1. 判别过程的方向

若某一吸收过程的气液相平衡关系为 $y^* = mx$ 或 $x^* = y/m$，则与实际液相浓度 x 平衡的气相浓度为 y^*(或与实际气相浓度 y 平衡的液相浓度为 x^*)。将实际浓度与平衡浓度进行比较，如果 $y > y^*$(或 $x < x^*$)，则说明溶液尚未达到饱和状态，传质的方向是由气相到液相，发生吸收过程；反之，发生解吸过程。

2. 指明过程的极限

将溶质浓度为 y_1 的混合气送入吸收塔的底部，溶剂自塔顶淋入做逆流吸收，如图 6-6(a)所示。若将喷淋的溶剂量减少，则溶剂在塔底出口的浓度 x_1 必将提高。但是，即使在塔很高、吸收剂量很少的情况下，x_1 也不会无限地增大，其极限是气相浓度 y_1 的平衡浓度 x_1^*，即

$$x_{1\max} = x_1^* = y_1/m$$

反之，当吸收剂用量很大而气体流量较小时，即使在无限高的塔内进行逆流吸收，如图 6-6(b)所示，出口气体的溶质浓度也不会低于吸收剂入口浓度 x_2 的平衡浓度 y_2^*，即

$$y_{2\min} = y_2^* = mx_2$$

由此可见，相平衡关系限制了吸收剂离塔时的最高浓度和气体混合物离塔时的最低浓度。

3. 计算过程的推动力

平衡是过程的极限，只有不平衡的两相互相接触才会发生气体的吸收或解吸。实际浓度偏离平衡浓度越远，过程的推动力越大，过程的速率也越大。在吸收过程中，通常以实际浓

度与平衡浓度的偏离程度表示吸收的推动力。图 6-7 所示为吸收塔某一截面，该处气相溶质浓度为 y，液相溶质浓度为 x，在 y-x 表示的平衡溶解度曲线上，该截面的两相实际浓度如 A 点所示。由于相平衡关系的存在，气液两相间的吸收推动力并非为$(y-x)$，而分别用气相或液相浓度差表示为$(y-y^*)$或(x^*-x)。其中，$(y-y^*)$称为以气相浓度差表示的吸收推动力；(x^*-x)称为以液相浓度差表示的吸收推动力。

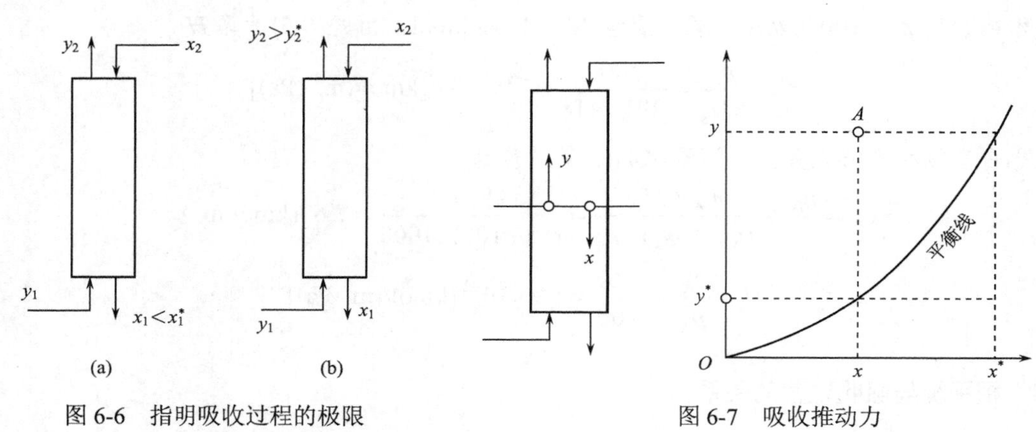

图 6-6　指明吸收过程的极限　　　　图 6-7　吸收推动力

6.3　传质机理与吸收过程的速率

吸收过程就是气液两相间的物质传递过程，吸收的极限取决于相平衡关系，而对物质传递过程还需要研究物质的传质速率，即单位时间内从一相传递到另一相的量。本节主要讨论物质传递的机理及吸收过程的速率。吸收过程包括三个步骤：①溶质自气相主体传递到气液两相界面，即气相内的物质传递；②溶质在相界面上溶解进入液相；③经相界面进入液相的溶质向液相主体传递，即液相内的物质传递。单相内的物质传递机理是凭借分子扩散的作用。当流体内部某一组分存在浓度差时，微观的分子热运动使组分从浓度高处传递至较低处，这种现象称为分子扩散。例如，将一勺糖加入一杯水中，一段时间后整杯水都变甜，此现象即为分子扩散。分子扩散按扩散介质的不同，可分为气体中的扩散、液体中的扩散和固体中的扩散几种类型，本节主要讨论气体中的稳态扩散过程。

6.3.1　菲克定律

由于分子扩散与流体在层流条件下流动时的动量传递以及导热造成的热量传递过程均是分子微观热运动的宏观结果，因而也具有与后两者类似的传递性质。实验表明，在恒定温度和压强条件下，均相混合物中的分子扩散通量可以用菲克(Fick)定律描述。在菲克定律中，单位时间通过单位面积扩散的物质的量称为扩散速率，以符号 J 表示，对于恒温恒压(指总压强 P)条件下 A、B 两组分组成的混合物，组分 A 只沿 Z 方向扩散，依据菲克定律，A 组分的分子扩散速率 J_A 与浓度梯度 dc_A/dZ 成正比，其表达式为

$$J_A = -D_{AB}\frac{dc_A}{dZ} \tag{6-13}$$

式中，J_A 为组分 A 的扩散速率[$kmol/(m^2·s)$]；dc_A/dZ 为组分 A 沿 Z 方向上扩散的浓度梯度($kmol/m^4$)；D_{AB} 为比例系数，称为分子扩散系数，或简称为扩散系数(m^2/s)。下标 AB 表示组分 A 在组分 B 中扩散。式中负号表示扩散沿着组分 A 浓度降低的方向进行，与浓度梯度方向相反。要特别说明的是，菲克定律是在食盐溶解实验中发现的经验定律，只适用于双组分混合物。

对于理想气体混合物，组分 A 的浓度 c_A 与其分压强 p_A 的关系为 $c_A = \dfrac{p_A}{RT}$，$dc_A = \dfrac{dp_A}{RT}$，代入式(6-13)，得菲克定律的另一表达式为

$$J_A = -\frac{D_{AB}}{RT}\frac{dp_A}{dZ} \tag{6-14}$$

式中，p_A 为气体混合物中组分 A 的分压强(Pa)；T 为热力学温度(K)；R 为摩尔气体常量[8.314kJ/(kmol·K)]。

分子扩散系数是物质的物性常数之一，表示物质在介质中的扩散能力。扩散系数随介质的种类、温度、浓度及压强的不同而不同。扩散系数一般由实验测得。某些组分在空气和水中的扩散系数分别见表 6-2 和表 6-3。气体扩散系数一般为 0.1～1.0cm^2/s。液体扩散系数一般比气体的小得多，一般为 $1×10^{-5}$～$5×10^{-5}cm^2/s$。

表 6-2 某些组分在空气中的分子扩散系数(25℃，101.325kPa)

组分	$D/(cm^2/s)$	组分	$D/(cm^2/s)$
H_2	0.410	CH_3OH	0.159
H_2O	0.256	CH_3COOH	0.133
NH_3	0.236	C_2H_5OH	0.119
O_2	0.206	C_6H_6	0.088
CO_2	0.164	$C_6H_5CH_3$	0.084

表 6-3 某些组分在水中的分子扩散系数(20℃，稀溶液)

组分	$D/(×10^{-5}cm^2/s)$	组分	$D/(×10^{-5}cm^2/s)$
H_2	5.13	H_2S	1.41
O_2	1.80	CH_3OH	1.28
NH_3	1.76	Cl_2	1.22
N_2	1.64	C_2H_5OH	1.00
CO_2	1.74	CH_3COOH	0.88

在化工传质单元操作过程中，分子扩散有两种形式：①双组分等摩尔相互扩散，或称等摩尔逆向扩散；②单方向扩散，或称组分 A 通过静止组分 B 的扩散。下面分别讨论这两种分子扩散。

6.3.2 等摩尔逆向扩散

如图 6-8 所示，有温度和总压强均相同的两个大容器，分别装有不同浓度的 A、B 混合气体，中间用直径均匀的细管连通，两容器内装有搅拌器，各自保持气体浓度均匀。由

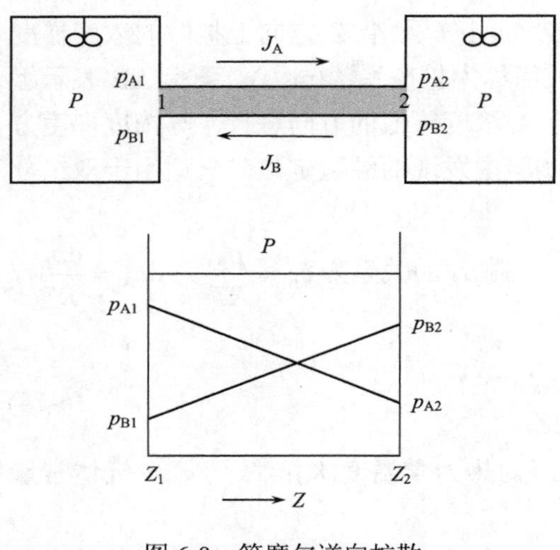

图 6-8　等摩尔逆向扩散

于 $p_{A1}>p_{A2}$，$p_{B1}<p_{B2}$，在连通管内将发生分子扩散现象，且为稳定状态下的分子扩散。

因为两容器中气体总压相同，所以 A、B 两组分相互扩散的物质的量必相等，故称为等摩尔逆向扩散。此时，两组分的扩散速率相等，但方向相反，若以 A 的扩散方向(Z)为正，则有

$$J_A = -J_B \tag{6-15}$$

在恒温、恒压(总压强 P)下，当组分 A 产生分压强梯度时，组分 B 也会相应产生相反方向的分压强梯度，其扩散速率表达式为

$$J_B = -\frac{D_{BA}}{RT}\frac{dp_B}{dZ} \tag{6-16}$$

式中，D_{BA} 为组分 B 在组分 A 中的分子扩散系　数(m^2/s)。

如图 6-8 所示，在稳态等摩尔逆向扩散过程中物系内任一点的总压强 P 都保持不变，总压强 P 等于组分 A 的分压强 p_A 与组分 B 的分压强 p_B 之和，即

$$P = p_A + p_B = \text{常数}$$

因此

$$\frac{dP}{dZ} = \frac{dp_A}{dZ} + \frac{dp_B}{dZ} = 0$$

则

$$\frac{dp_A}{dZ} = -\frac{dp_B}{dZ} \tag{6-17}$$

由式(6-14)～式(6-17)可得

$$D_{AB} = D_{BA} = D$$

可见，对于双组分混合物，在等摩尔逆向扩散时，组分 A 与组分 B 的分子扩散系数相等，以 D 表示。

根据图 6-8 所示的边界条件，将式(6-14)在 $Z_1 = 0$ 与 $Z_2 = Z$ 范围内积分，求得等摩尔逆向扩散时的传质速率方程为

$$J_A = \frac{D}{RTZ}(p_{A1} - p_{A2}) = \frac{D}{Z}(c_{A1} - c_{A2}) \tag{6-18}$$

可见，在等摩尔逆向扩散过程中，分压强梯度为常数。这种形式的扩散发生在蒸馏等过程中。例如，易挥发组分 A 与难挥发组分 B 的摩尔气化热相等，冷凝 1mol 难挥发组分 B 所放出的热量正好气化 1mol 易挥发组分 A，这样两组分以相等的量逆向扩散。当两组分 A 与 B 的摩尔气化热近似相等时，可近似按等摩尔逆向扩散处理。

6.3.3　单方向扩散

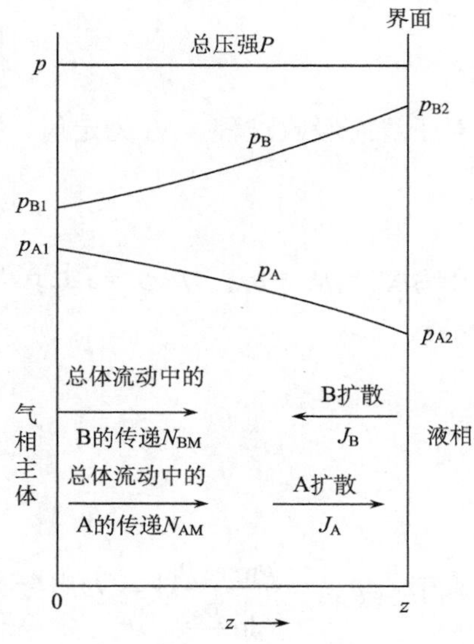

图 6-9　单方向扩散

如图 6-9 所示，在气液界面附近的气相中，界面组分 A 向液相溶解，其浓度降低，分压强减小。因此，在气相主体与两相界面之间产生分压强梯度，则组分 A 从气相主体向界面扩散。同时，界面附近的气相总压强比气相主体的总压强稍微低一点，有 A、B 混合气体从主体向界面移动，称为整体移动，又称主体流动，这是由分子扩散引起的自身对流，不同于分子扩散。分子扩散是分子微观运动的宏观结果，而整体移动是物质的宏观运动。对于组分 B，在气液界面附近不仅不被液相吸收，而且随整体移动从气相主体向界面附近传递。因此，界面处组分 B 的浓度增大，即在界面与主体之间产生组分 B 的分压强梯度，则组分 B 从界面向主体扩散，扩散速率用 J_B 表示。而从主体向界面的整体移动所携带的 B 组分，其传质速率以 N_{BM} 表示。J_B 与 N_{BM} 两者数值相等、方向相反，表观上没有组分 B 的传递，表示为

$$J_B=-N_{BM} \tag{6-19}$$

对于组分 A，其扩散方向与气体整体移动方向相同，所以与等摩尔逆向扩散时相比，组分 A 的传质速率较大。下面推导其传质速率计算式。

在气相的整体移动中，组分 A 的量与组分 B 的量之比等于它们的分压强之比，即

$$\frac{N_{AM}}{N_{BM}}=\frac{p_A}{p_B} \tag{6-20}$$

式中，N_{AM} 和 N_{BM} 分别为整体移动中组分 A 和 B 的传质速率[kmol/(m^2·s)]；p_A 和 p_B 分别为组分 A 和 B 的分压强(kPa)。则

$$N_{AM}=N_{BM}\frac{p_A}{p_B} \tag{6-21}$$

组分 A 从气相主体至界面的传质速率为分子扩散与整体移动两者速率之和，即

$$N_A=J_A+N_{AM}=J_A+\frac{p_A}{p_B}N_{BM} \tag{6-22}$$

气相主体与界面间的微小压强差便足以造成必要的整体移动，因此气相各处的总压强仍可认为基本相等，即 $J_A=-J_B$ 的前提依然成立，由此 $N_{BM}=-J_B=J_A$，代入式(6-22)得

$$N_A=\left(1+\frac{p_A}{p_B}\right)J_A$$

将式(6-14)代入上式，求得

$$N_A=-\frac{D}{RT}\left(1+\frac{p_A}{p_B}\right)\frac{dp_A}{dZ}=-\frac{D}{RT}\frac{P}{P-p_A}\frac{dp_A}{dZ} \tag{6-23}$$

式中的总压强 $P=p_A+p_B$。

将式(6-23)在 $Z=0$、$p_A=p_{A1}$ 与 $Z=Z$、$p_A=p_{A2}$ 之间进行积分：

$$\int_0^Z N_A \mathrm{d}Z = -\int_{p_{A1}}^{p_{A2}} \frac{DP}{RT}\frac{\mathrm{d}p_A}{P-p_A} \tag{6-24}$$

对于稳态吸收过程，N_A 为定值。操作条件一定时，D、P、T 均为常数，积分得

$$N_A = \frac{DP}{RTZ}\ln\frac{P-p_{A2}}{P-p_{A1}}$$

$P=p_{A1}+p_{B1}=p_{A2}+p_{B2}$，将上式改写为

$$N_A = \frac{DP}{RTZ}\frac{p_{A1}-p_{A2}}{p_{B2}-p_{B1}}\ln\frac{p_{B2}}{p_{B1}}$$

或

$$N_A = \frac{D}{RTZ}\frac{P}{p_{Bm}}(p_{A1}-p_{A2}) \tag{6-25}$$

式中，$p_{Bm}=\dfrac{p_{B2}-p_{B1}}{\ln\dfrac{p_{B2}}{p_{B1}}}$，为组分 B 分压强的对数平均值。式(6-25)即为所推导的单方向扩散时的传质速率方程。

式(6-25)中的 P/p_{Bm} 总是大于 1，与式(6-18)比较可知，单方向扩散的传质速率 N_A 比等摩尔逆向扩散时的传质速率 J_A 大。这是因为在单方向扩散时除了有分子扩散，还有混合物的整体移动。P/p_{Bm} 值越大，表明整体移动在传质中所占分量就越大。当气相中组分 A 的浓度很小时，各处 p_B 都接近于 P，即 P/p_{Bm} 接近于 1，此时整体移动便可忽略不计，可看作等摩尔逆向扩散。P/p_{Bm} 称为漂流因子。

根据气体混合物的浓度 c 与压强 p 的关系 $c=p/RT$，可将总浓度 $c=P/RT$、分浓度 $c_A=p_A/RT$ 与 $c_{Bm}=p_{Bm}/RT$ 代入式(6-25)，得

$$N_A = \frac{D}{Z}\frac{c}{c_{Bm}}(c_{A1}-c_{A2}) \tag{6-26}$$

式(6-26)也适用于液相。

【例 6-2】 常温常压条件下，一股含 CO_2 的混合气体缓慢地沿 Na_2CO_3 溶液液面流过，混合气体的其他组分可视为惰性气体，不溶于 Na_2CO_3 溶液。Na_2CO_3 溶液上方存在一层 1mm 厚的静止惰性气体层，CO_2 需要通过该惰性气体层才能扩散至溶液。气体中 CO_2 的摩尔分数为 0.2。在 Na_2CO_3 溶液液面上，CO_2 被迅速吸收，故相界面上 CO_2 的浓度可忽略不计。CO_2 在空气中 20℃时的扩散系数 D 为 $0.18\text{cm}^2/\text{s}$，则 CO_2 的扩散速率是多少？

解 此题属单方向扩散，可用式(6-25)计算。常温常压条件，可取压强为 101.325kPa，温度取 20℃；扩散系数 $D=0.18\text{cm}^2/\text{s}=1.8\times10^{-5}\text{m}^2/\text{s}$，扩散距离 $Z=1\text{mm}=0.001\text{m}$；气相总压强 $P=101.325\text{kPa}$，气液界面上 CO_2 的分压强 $p_{A2}=0$。

气相主体中 CO_2 的分压强

$$p_{A1}=Py_{A1}=101.325\times0.2=20.26(\text{kPa})$$

气相主体中惰性气体的分压强 p_{B1} 为

$$p_{B1}=P-p_{A1}=101.325-20.26=81.06(\text{kPa})$$

气液界面上惰性气体的分压强为

$$p_{B2}=101.325\text{kPa}$$

惰性气体在气相主体和界面上分压强的对数平均值为

$$p_{Bm}=\frac{p_{B2}-p_{B1}}{\ln\dfrac{p_{B2}}{p_{B1}}}=\frac{101.325-81.06}{\ln\dfrac{101.325}{81.06}}=90.8(\text{kPa})$$

代入式(6-25)，得

$$N_A=\frac{D}{RTZ}\frac{P}{p_{Bm}}(p_{A1}-p_{A2})=\frac{1.8\times10^{-5}}{8.314\times293\times0.001}\times\frac{101.325}{90.8}\times(20.26-0)$$

$$=1.67\times10^{-4}[\text{kmol/(m}^2\cdot\text{s)}]$$

6.3.4　单相内的对流传质

1. 单相内对流传质的有效膜模型

将单相内的传质阻力看成全部集中在一层虚拟的流体膜层内，这种处理方式是膜模型的基础。设有一直立圆管，吸收剂由上方注入且沿管内壁呈液膜状流下，混合气体自下方进入，两流体做逆流接触传质。圆管的一小段示意图如图 6-10(a)所示，取一截面，分析其上气相浓度的变化，如图 6-10(b)所示，横轴表示离开相界面的扩散距离 Z，纵轴表示此截面上的分压强 p_A。在靠近两相界面处仍有一层层流膜，厚度以 Z_G' 表示，湍流程度越强烈，Z_G' 越小。

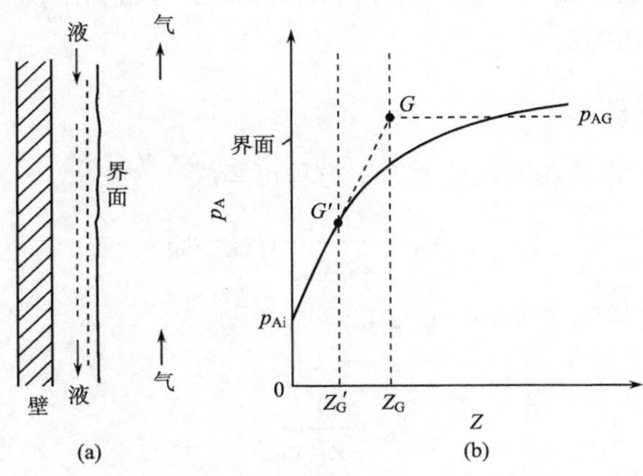

图 6-10　传质的有效层流膜层

层流膜以内为分子扩散，层流膜以外为涡流扩散。溶质 A 自气相主体向界面转移时，由于气体做湍流流动，大量旋涡的混合作用使气相主体内溶质的分压强趋于一致，分压强线几乎为水平线，靠近层流膜层时才略向下弯曲。在层流膜层内，溶质只能靠分子扩散而转移，没有涡流的帮助，需要较大的分压强差才能克服扩散阻力，故分压强迅速下降。将层流膜以外的涡流扩散折合为通过一定厚度的静止气体的分子扩散。气相主体的平均分压强用 p_{AG} 表示。若将层流膜内的分压强梯度线段 $\overline{p_{Ai}G'}$ 延长与分压强线 p_{AG} 相交于 G 点，G 点与相界面

的垂直距离为 Z_G。厚度为 Z_G 的膜层称为有效层流膜或虚拟膜。可以认为由气相主体到界面的对流扩散速率等于通过厚度为 Z_G 的膜层的分子扩散速率。

2. 气相传质速率方程

按如上所述的膜模型，将流体的对流传质折合成有效层流膜的分子扩散，仿照式(6-25)，将式中扩散距离写为 Z_G，p_{A1} 与 p_{A2} 分别写为 p_{AG} 与 p_{Ai}，则得气相对流传质速率方程为

$$N_A = \frac{D}{RTZ_G}\frac{P}{p_{Bm}}(p_{AG} - p_{Ai}) \tag{6-27}$$

式中，N_A 为气相对流传质速率[kmol/(m^2·s)]。

式(6-27)中有效层流膜(气膜)厚度 Z_G 实际上不能直接计算，也难以直接测定。式中 $\frac{D}{RTZ_G}\frac{P}{p_{Bm}}$ 的 D 对于一定物系为定值；操作条件一定时，P、T、p_{BM} 也为定值；在一定的流动状态下，Z_G 也是定值。令

$$k_G = \frac{D}{RTZ_G}\frac{P}{p_{Bm}}$$

且省略 p_{AG} 下标中的 G 以及 p_{Ai} 下标中的 A，式(6-27)可改写为下列气相传质速率方程：

$$N_A = k_G(p_A - p_i) = \frac{p_A - p_i}{\dfrac{1}{k_G}} = \frac{\text{气膜传质推动力}}{\text{气膜传质阻力}} \tag{6-28}$$

式中，k_G 为气膜传质系数，或称气相传质分系数[kmol/(m^2·s·kPa)]；$p_A - p_i$ 为溶质 A 在气相主体与界面间的分压强差(kPa)。

3. 液相传质速率方程

同理，仿照式(6-25)，液相对流传质速率方程可写成

$$N_A = \frac{D}{Z_L}\frac{c}{c_{Bm}}(c_{Ai} - c_{AL}) \tag{6-29}$$

式中，N_A 为液相对流传质速率[kmol/(m^2·s)]。

令

$$k_L = \frac{D}{Z_L}\frac{c}{c_{Bm}} \tag{6-30}$$

也省略 c_{AL} 下标中的 L 以及 c_{Ai} 下标中的 A，则式(6-29)可写为下列液相传质速率方程：

$$N_A = k_L(c_i - c_A) = \frac{c_i - c_A}{\dfrac{1}{k_L}} = \frac{\text{液膜传质推动力}}{\text{液膜传质阻力}} \tag{6-31}$$

式中，k_L 为液膜传质系数，或称液相传质分系数[kmol/(m^2·s·kmol/m^3)或 m/s]；$c_i - c_A$ 为溶质 A 在界面与液相主体间的浓度差(kmol/m^3)。

如式(6-28)和式(6-31)所示，把对流传质速率方程写成了与对流传热方程 $q = \alpha(T - t_w)$ 类似的形式。k_G 或 k_L 类似于对流传热系数 α，可由实验测定并整理成准数关联式。

6.3.5　双膜理论

关于两相间传质的机理应用最广泛的是惠特曼(Whitman)于 1923 年提出的双膜理论，它的基本论点是：

(1) 气液界面上存在气膜和液膜，气膜和液膜的厚度或状态会受流体主体滞流或湍流程度的影响，但膜层总是存在的。吸收质以分子扩散方式通过气膜和液膜。

(2) 气相主体和液相主体为湍流，主体中各点的吸收质浓度基本上是均一的，无所谓传质的阻力。相界面上吸收质的溶解由于不需要活化能而能较快地进行，但吸收质必须扩散穿过气膜和液膜，通过膜层的扩散是传质的主要阻力，在膜层中存在吸收质扩散形成的浓度梯度。

(3) 界面上吸收质的溶解能较快地进行，吸收质在两相界面间处于平衡状态，即液相界面的溶液是气相界面吸收质分压强下的饱和溶液，气相界面吸收质的分压强等于液相界面溶液吸收质的平衡分压强。但两相主体中的吸收质相互间不存在特定的依赖关系。

(4) 若气相主体中吸收质的分压强为 p，界面气膜的吸收质分压强为 p_i，$p-p_i$ 即为吸收过程的推动力。同理，若液相主体中吸收质的浓度为 c，两相界面的液膜中的浓度为 c_i，c_i-c 也是吸收过程的推动力的一种表达方式。当 $p>p_i$ 或 $c_i>c$ 时，吸收过程能持续进行。图 6-11 为双膜理论示意图。

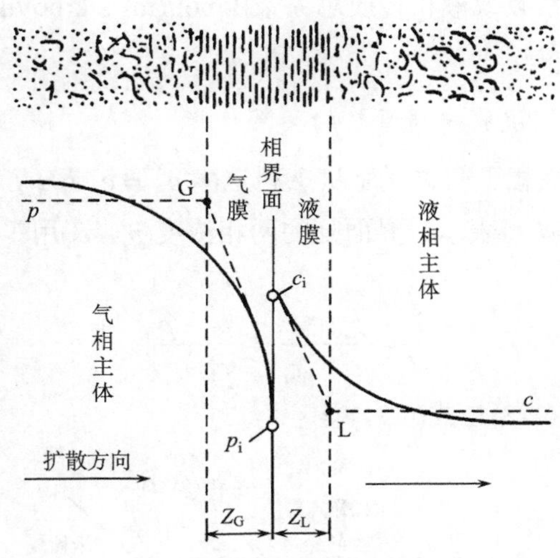

图 6-11　双膜理论示意图

当然，双膜理论有其自身应用的局限性。双膜理论对于湿壁塔、低气速填料塔等具有固定传质界面的吸收设备有实用意义。对于具有自由相界面的气液系统，当流速较高时，相接触面不再是稳定状态，在这种情况下，双膜理论与实验结果不符合。但是，目前双膜理论仍是解释吸收机理的重要学说。

6.3.6　总传质速率方程

对于气体吸收过程，虽然理论上可用单相内的传质速率方程式(6-28)和式(6-31)计算吸收速率，但实际上有困难，因为界面状态参数 p_i、c_i 很难确定，从而使气膜、液膜传质系数 k 的实验测定产生困难。通常依据两相间传质的双膜理论，以分压强差 $(p_A - p_A^*)$ 或浓度差 $(c_A^* - c_A)$ 作为传质推动力，建立总传质速率方程。

1. 总传质速率方程

用分压强差 $(p_A - p_A^*)$ 或浓度差 $(c_A^* - c_A)$ 作为吸收过程的总推动力表示传质速率，则总传质速率方程式写成

$$N_A = K_G(p_A - p_A^*) = \frac{p_A - p_A^*}{\dfrac{1}{K_G}} \tag{6-32}$$

或

$$N_A = K_L(c_A^* - c_A) = \frac{c_A^* - c_A}{\dfrac{1}{K_L}} \tag{6-33}$$

式中，p_A^* 为与液相主体浓度 c_A 平衡的气相平衡分压强(kPa)；c_A^* 为与气相主体分压强 p_A 平衡的液相平衡浓度(kmol/m^3)；K_G 为以气相推动力 $(p_A - p_A^*)$ 为基准的总传质系数，简称气相总传质系数或气相传质总系数[kmol/(m^2·s·kPa)]；K_L 为以液相推动力 $(c_A^* - c_A)$ 为基准的总传质系数，简称液相总传质系数或液相传质总系数[kmol/(m^2·s·kmol/m^3)或 m/s]。$1/K_G$ 或 $1/K_L$ 为跨过气膜与液膜的总阻力。

2. 总传质系数与气膜、液膜传质系数的关系

若吸收过程物系的气液相平衡关系服从亨利定律 $p_A^* = c_A / H$，气液两相的主体溶质浓度 $(p_A，c_A)$可用图 6-12 上的 M 点表示，界面处的两相浓度$(p_i，c_i)$用平衡线上的 I 点表示。从图中可知

$$\frac{1}{H} = \frac{p_A - p_i}{c_A^* - c_i} = \frac{p_i - p_A^*}{c_i - c_A} \tag{6-34}$$

在稳态传质过程中，由式(6-28)与式(6-31)得

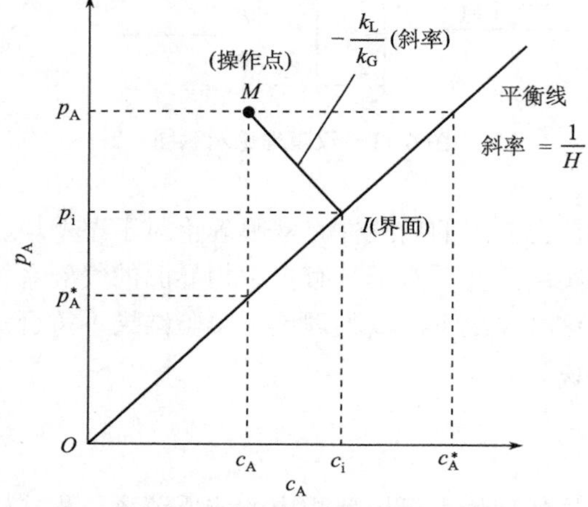

图 6-12 主体浓度与界面浓度

$$N_A = \frac{p_A - p_i}{\dfrac{1}{k_G}} = \frac{c_i - c_A}{\dfrac{1}{k_L}} \tag{6-35}$$

将式(6-35)右边的分子、分母均除以 H，并根据串联过程加和性原则，利用式(6-34)得到

$$N_A = \frac{p_A - p_i + (c_i - c_A)/H}{1/k_G + 1/Hk_L} = \frac{(p_A - p_i) + (p_i - p_A^*)}{1/k_G + 1/Hk_L} = \frac{p_A - p_A^*}{1/k_G + 1/Hk_L}$$

与式(6-32)比较可知

$$\frac{1}{K_G} = \frac{1}{k_G} + \frac{1}{Hk_L} \tag{6-36}$$

即

相间传质总阻力 = 气膜阻力 + 液膜阻力

式(6-36)中，k_G 与 k_L 的单位不同，但 k_L 与 H 相乘之后，Hk_L 与 k_G、K_G 三者单位就一致了。同理，可将式(6-35)中间一项的分子、分母均乘以 H，并根据串联过程加和性原则，利用式(6-34)得到

$$N_A = \frac{(p_A - p_i)H + (c_i - c_A)}{H/k_G + 1/k_L} = \frac{c_A^* - c_A}{H/k_G + 1/k_L} = K_L(c_A^* - c_A)$$

其中

$$\frac{1}{K_L} = \frac{H}{k_G} + \frac{1}{k_L} = \text{气膜阻力} + \text{液膜阻力} \tag{6-37}$$

式(6-36)与式(6-37)相比较，可知两种总传质系数的关系为

$$K_G = HK_L$$

3. 气、液两相界面的浓度

由式(6-28)与式(6-31)可得

$$\frac{p_A - p_i}{c_i - c_A} = \frac{k_L}{k_G}$$

或

$$\frac{p_A - p_i}{c_A - c_i} = -\frac{k_L}{k_G} \tag{6-38}$$

如图 6-12 所示，M 点坐标为(p_A，c_A)，I 点坐标为(p_i，c_i)，故 MI 连线的斜率为 $-k_L/k_G$。这表明当气膜、液膜的传质系数 k_G、k_L 为已知时，从 M 点出发，以 $-k_L/k_G$ 为斜率作一条直线，此直线与平衡线交点 I 的坐标(p_i，c_i)即为所求的气、液两相界面的浓度。

4. 气膜控制与液膜控制

(1) 当溶质的溶解度很大，即其溶解度系数 H 很大时，由式(6-36)可知，液膜传质阻力 $1/Hk_L$ 比气膜传质阻力 $1/k_G$ 小很多，则式(6-36)可简化为

$$K_G \approx k_G \tag{6-39}$$

此时，传质阻力集中于气膜中，称为气膜阻力控制或气膜控制。氯化氢溶于水或稀盐酸中、

氨溶于水或稀氨水中可看成气膜控制。

气膜控制时，液相界面浓度 $c_i \approx c_A$(为液相主体溶质 A 的浓度)，气膜推动力 $p_A - p_i \approx p_A - p_A^*$(为气相总推动力)，如图 6-13(a)所示。溶解度系数 H 很大时，平衡线斜率很小。此时，较小的气相分压强 p_A(或浓度)能与较大的液相浓度 c_A^* 相平衡；气膜控制时，要提高总传质系数 K_G，应加大气相湍动程度。

(2) 当溶质的溶解度很小，即 H 值很小时，气膜阻力 H/k_G 比液膜阻力 $1/k_L$ 小很多，则式(6-37)可简化为

$$K_L \approx k_L \tag{6-40}$$

此时，传质阻力集中于液膜中，称为液膜阻力控制或液膜控制。用水吸收氧气或氢气是典型的液膜控制的例子。

液膜控制时，气相界面分压强 $p_i \approx p_A$(为气相主体溶质 A 的分压强)，液膜推动力 $c_i - c_A \approx c_A^* - c_A$(为液相总推动力)，如图 6-13(b)所示。液膜控制时，要提高总传质系数 K_L，应增大液相湍动程度。

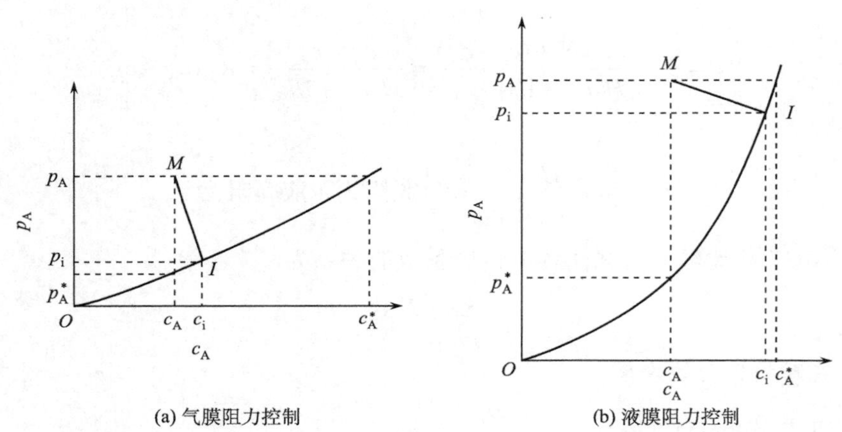

(a) 气膜阻力控制 (b) 液膜阻力控制

图 6-13 吸收传质阻力在两相中的分配

6.3.7 传质速率方程的其他表示形式

假设气、液两相的浓度分布如图 6-14 所示，根据气液推动力的表示方法不同，单相传质速率方程和总传质速率方程汇总如下。

单相传质速率方程：

$$N_A = k_G(p_A - p_i) = k_L(c_i - c_A) = k_y(y - y_i) = k_x(x_i - x) = k_Y(Y - Y_i) = k_X(X_i - X) \tag{6-41}$$

总传质速率方程：

$$N_A = K_G(p_A - p_A^*) = K_L(c_A^* - c_A) = K_Y(Y - Y^*) = K_X(X^* - X) = K_y(y - y^*) = K_x(x^* - x) \tag{6-42}$$

传质系数之间的关系：

$$k_y = Pk_G, \quad k_x = ck_L, \quad K_Y = PK_G, \quad K_X = cK_L \tag{6-43}$$

总传质系数与单相传质系数之间的关系(气液平衡关系服从亨利定律)：

$$\frac{1}{K_G}=\frac{1}{k_G}+\frac{1}{Hk_L} \qquad \frac{1}{K_L}=\frac{H}{k_G}+\frac{1}{k_L} \tag{6-44}$$

$$\frac{1}{K_y}=\frac{1}{k_y}+\frac{m}{k_x} \qquad \frac{1}{K_x}=\frac{1}{mk_y}+\frac{1}{k_x} \tag{6-45}$$

$$\frac{1}{K_Y}=\frac{1}{k_Y}+\frac{m}{k_X} \qquad \frac{1}{K_X}=\frac{1}{mk_Y}+\frac{1}{k_X} \tag{6-46}$$

式中，N_A为传质速率[kmol/(m^2·s)]；k_G、k_y、k_Y为气膜传质系数，单位分别为 kmol/(m^2·s·kPa)、kmol/(m^2·s)、kmol/(m^2·s)；k_L、k_x、k_X为液膜传质系数，单位分别为 kmol/(m^2·s·kmol/m^3)、kmol/(m^2·s)、kmol/(m^2·s)；K_G、K_y、K_Y 为气相总传质系数，单位分别与 k_G、k_y、k_Y的相同；K_L、K_x、K_X为液相总传质系数，单位分别与 k_L、k_x、k_X 的相同；H 为溶解度系数[kmol/(m^3·kPa)]；m 为气液相平衡常数，无量纲；P 为气相总压强(kPa)；c 为溶液总浓度[kmol(溶质+溶剂)/m^3]。

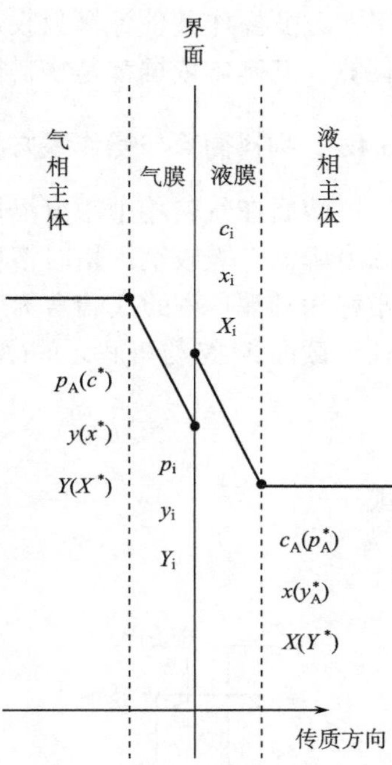

图 6-14 传质推动力

【例 6-3】 常温常压下，用水吸收混合气体中含量极低的氨气。已知气膜传质系数 $k_G = 3.15\times10^{-6}$kmol/(m^2·s·kPa)，液膜传质系数 $k_L = 1.81\times10^{-4}$kmol/(m^2·s·kmol/m^3)，溶解度系数 $H = 1.5$kmol/(m^3·kPa)。求气相总传质系数 K_G、K_Y，液相总传质系数 K_L、K_X。

解 因为物系的气液平衡关系服从亨利定律：

$$\frac{1}{K_G}=\frac{1}{k_G}+\frac{1}{Hk_L}=\frac{1}{3.15\times10^{-6}}+\frac{1}{1.5\times1.81\times10^{-4}}=3.21\times10^5$$

$$K_G = 3.12\times10^{-6}\text{kmol/(m}^2\cdot\text{s}\cdot\text{kPa)}$$

由结果可知 $K_G\approx k_G$。此物系中氨极易溶于水，溶解度很大，属气膜控制系统。

依题意，此系统为低浓度气体的吸收。

$$K_Y = PK_G = 101.325\times3.12\times10^{-6} = 3.16\times10^{-4}[\text{kmol/(m}^2\cdot\text{s)}]$$

根据式(6-44)求 K_L：

$$\frac{1}{K_L}=\frac{H}{k_G}+\frac{1}{k_L}=\frac{1.5}{3.15\times10^{-6}}+\frac{1}{1.81\times10^{-4}}=4.82\times10^5$$

$$K_L = 2.07\times10^{-6}\ \text{kmol/(m}^2\cdot\text{s}\cdot\text{kmol/m}^3)$$

同理，对于低浓度气体的吸收，可用式(6-43)求 K_X。

$$K_X = cK_L$$

由于溶液浓度极稀，c 可按纯溶剂水计算。

$$c=\frac{\rho_s}{M_s}=\frac{1000}{18}=55.6\,(\text{kmol/m}^3)$$

$$K_X = cK_L = 55.6\times2.07\times10^{-6} = 1.15\times10^{-4}[\text{kmol/(m}^2\cdot\text{s)}]$$

6.4　填料吸收塔的计算

填料吸收塔中，气液两相多是逆流接触，塔中填放大量填料以提供气液接触表面。填料吸收塔的计算可分为设计型计算和操作型计算。设计型计算的内容主要是确定吸收剂的用量和塔设备的主要尺寸，包括塔径和塔的有效高度。操作型计算主要是在填料高度不变的情况下，改变操作条件计算吸收剂用量、气液相出塔浓度等。本节以设计型计算为主，无论哪种计算，其基本依据都是物料衡算、相平衡关系及吸收速率方程。

6.4.1　物料衡算与操作线方程

溶质在气液相中浓度沿塔高不断地变化，入塔气体中溶质的含量高，经吸收后出塔气体浓度降低。吸收剂入塔时溶质含量为零或很低，离塔时溶质浓度增高。因此，吸收塔的顶端常称为稀端，塔的底端常称为浓端。在稳定状态下连续逆流操作的塔内，如图 6-15 所示，在任一截面 M-N 与塔底之间(图示的虚线范围)做溶质的物料衡算得

$$LX + VY_1 = LX_1 + VY$$

$$V(Y_1 - Y) = L(X_1 - X)$$

或

$$Y = \frac{L}{V}X + \left(Y_1 - \frac{L}{V}X_1\right) \tag{6-47}$$

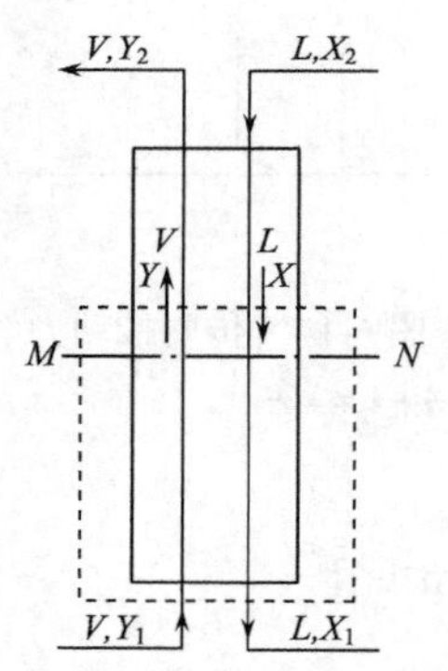

图 6-15　逆流吸收塔操作示意图

式中，V 为通过吸收塔的惰性气体流量(kmol/s)；L 为通过吸收塔的溶剂流量(kmol/s)；Y 和 Y_1 分别为 M-N 截面和塔底气相中溶质的摩尔比(kmol 溶质/kmol 惰性气体)；X 和 X_1 分别为 M-N 截面和塔底液相中溶质的摩尔比(kmol 溶质/kmol 溶剂)。

同样，如果在任一截面 M-N 与塔顶之间做溶质的物料衡算，可得

$$Y = \frac{L}{V}X + \left(Y_2 - \frac{L}{V}X_2\right) \tag{6-48}$$

式中，Y_2 为塔顶气相中溶质的摩尔比(kmol 溶质/kmol 惰性气体)；X_2 为塔顶液相中溶质的摩尔比(kmol 溶质/kmol 溶剂)。

式(6-47)及式(6-48)均称为逆流吸收操作线方程。吸收操作线方程描述了塔内任一截面上气液两相浓度之间的关系。如果表示在坐标图中，操作线是一条直线，其斜率为 L/V，在 Y-X 图上的截距为 $Y_1 - \frac{L}{V}X_1$ 或 $Y_2 - \frac{L}{V}X_2$ 。

式(6-48)中的 X 和 Y 如果用塔顶截面的 X_2 和 Y_2 代替，便成为全塔的物料衡算式

$$Y_2 = \frac{L}{V}X_2 + \left(Y_1 - \frac{L}{V}X_1\right) \tag{6-49}$$

在图 6-16 所示的 X-Y 坐标图上，操作线通过点 $A(X_2, Y_2)$和点 $B(X_1, Y_1)$。点 A 代表塔顶的状态，点 B 代表塔底的状态。AB 就是操作线，操作线上任意一点代表塔内某一截面上气、液浓度的大小。

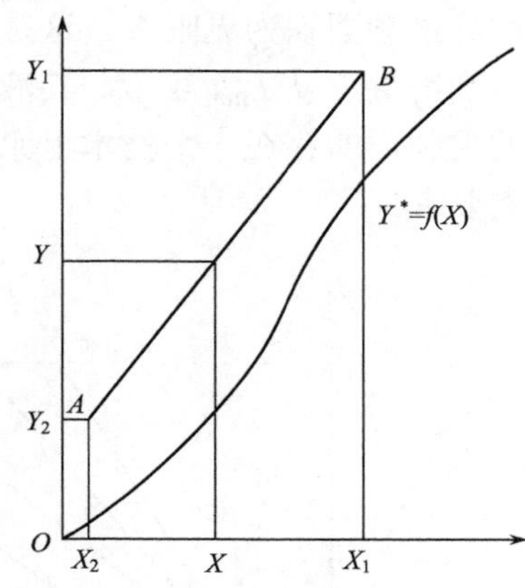

图 6-16　吸收过程的操作线

由于吸收过程气相中的溶质分压强总是大于液相中溶质的平衡分压强，因此吸收操作线 AB 总是在平衡线的上方。操作线上任一点与平衡线之间的垂直距离和水平距离分别代表以气相表示的推动力$(Y-Y^*)$和以液相表示的推动力(X^*-X)。

若所处理的气体浓度较低(低于 5%)，所形成的溶液浓度也较低，此时 $Y\approx y$，$X\approx x$，而且通过任一截面上混合气体量近似等于惰性气体量，通过任一截面上的溶液量近似等于纯溶剂量，气、液浓度可用摩尔分数 y、x 表示，则式(6-47)可写成

$$y=\frac{L}{V}x+\left(y_1-\frac{L}{V}x_1\right) \tag{6-50}$$

式(6-50)表示对于低浓度气体的吸收，在 x-y 坐标上绘出的操作线基本上呈直线，其斜率为 L/V。

式(6-47)及式(6-48)是从溶质的物料平衡关系出发得到的关系式，它仅取决于气液两相的流量 L、V，以及吸收塔内某截面上的气、液浓度，而与相平衡关系、塔型(板式塔或填料塔)、相际接触情况及操作条件无关。

6.4.2　吸收剂用量

如果已知气体的处理量、进塔气体的浓度 Y_1、吸收剂的入塔浓度 X_2 以及分离要求等条件，即可确定吸收剂的用量。在吸收操作中，分离要求常用两种方式表示。当吸收的目的是回收有用物质，通常规定溶质的回收率(或称为吸收率)η，回收率定义为

$$\eta=\frac{\text{被吸收的溶质量}}{\text{进塔气体的溶质量}}=\frac{Y_1-Y_2}{Y_1}=1-\frac{Y_2}{Y_1} \tag{6-51}$$

当吸收的目的是除去气体中的有害物质，一般直接规定气体中残余有害溶质的浓度 Y_2。当气体处理量一定时，操作线的斜率 L/V 取决于吸收剂用量的多少，L/V 称为吸收剂的单位耗用量或液气比。如图 6-17(a)所示，操作线从 A 点(塔顶)出发，终止于纵坐标为 Y_1 的某点(X 待定)上，若增加吸收剂用量，即操作线的斜率 L/V 增大，则操作线向远离平衡线方向偏移，如图 6-17(a)中 AC 线所示。此时，操作线与平衡线间距离加大，也就是吸收过程推动力$(Y-Y^*)$加大，即在单位时间内吸收同量溶质时，设备尺寸可以减小。但溶液浓度变小，吸收剂再生所需解吸的设备费和操作费用增大。这里有一个经济最优化的问题，需要对吸收、解吸做多个方案比较。若减少吸收剂用量，操作线的斜率减小，向平衡线靠近，如 AB 线所示，溶液浓度变大，推动力$(Y-Y^*)$减小，吸收必将困难，气液两相的接触面积必须加大，塔也必须加高才行。若吸收剂用量减小到使操作线与平衡线相交[图 6-17(a)中 D 点]或相切[图 6-17(b)中 g 点]，在交点或切点处相遇的气液两相浓度已相互平衡，此时吸收的推动力为零，所需的

相际接触面积为无限大。这是一种达不到的极限情况。此时所需的吸收剂用量称为最小吸收剂用量，以 L_{min} 表示。其液气比称为最小液气比 $(L/V)_{min}$。吸收剂的最小用量存在技术上的限制，即存在一个技术上允许的最小值。若以最小液气比操作，便不可能达到规定的分离要求。

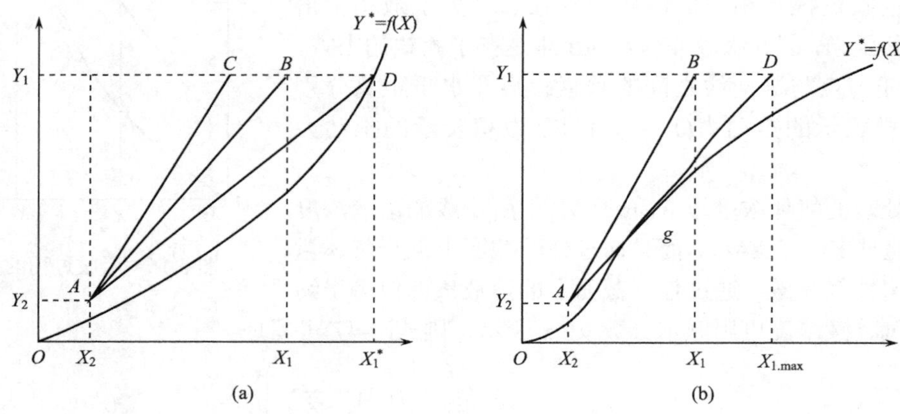

图 6-17　吸收塔的最小液气比

最小液气比可由物料衡算求得。如果平衡曲线是如图 6-17(a)所示的一般情况，则需由图读得 X_1^* 的数值，然后用式(6-52)计算最小液气比：

$$\left(\frac{L}{V}\right)_{min}=\frac{Y_1-Y_2}{X_1^*-X_2} \tag{6-52}$$

如果平衡曲线呈图 6-17(b)中所示的形状，则应读得 D 点的横坐标 $X_{1,max}$ 的数值，然后按式(6-53)计算最小液气比：

$$\left(\frac{L}{V}\right)_{min}=\frac{Y_1-Y_2}{X_{1,max}-X_2} \tag{6-53}$$

若气液浓度都低，平衡关系可以用亨利定律表示时，则式(6-52)可改写为

$$\left(\frac{L}{V}\right)_{min}=\frac{Y_1-Y_2}{\dfrac{Y_1}{m}-X_2} \tag{6-54}$$

通常做设计计算时，为避免做多方案计算，可先求出最小液气比，然后乘以某一经验的倍数作为适宜的液气比。一般取 $\frac{L}{V}=(1.1\sim2.0)\left(\frac{L}{V}\right)_{min}$。

【例 6-4】　硫铁矿焙烧炉所得气体的组成为：SO_2、O_2 和 N_2 所占的摩尔分数分别为 0.09、0.09 和 0.82。用清水在 20℃和常压下吸收，处理的气量为 $1m^3/s$，要求 SO_2 的回收率为 95%，吸收用液气比为最小液气比的 120%。试求吸收所得溶液的浓度和吸收用水量。在已知操作条件下 SO_2 在水中的溶解度如本题附图所示。

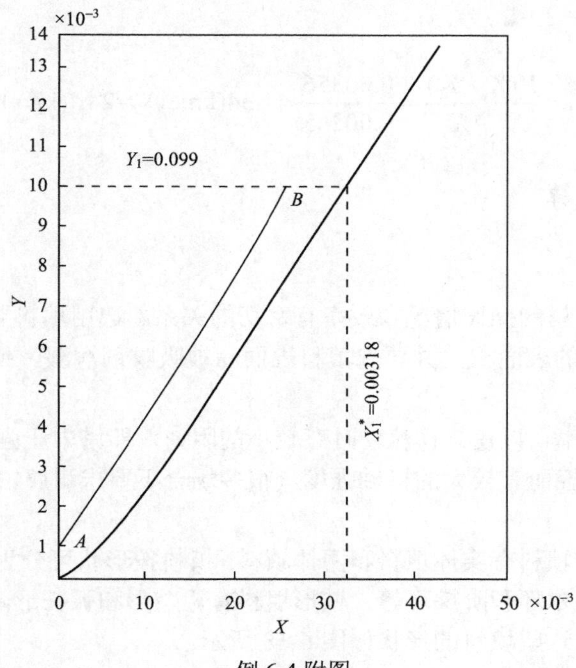

例 6-4 附图

解 求出塔底和塔顶两相组成：

$$Y_1 = \frac{0.09}{1-0.09} = 0.099$$

$$Y_2 = 0.099 \times (1-0.95) = 0.00495$$

$$X_2 = 0$$

从附图中查得

$$X_1^* = 0.00318$$

实际液气比是最小液气比的 120%，因

$$\left(\frac{L}{V}\right)_{\min} = \frac{Y_1 - Y_2}{X_1^* - X_2} = \frac{0.099 - 0.00495}{0.00318 - 0} = 29.6$$

$$\frac{L}{V} = \frac{Y_1 - Y_2}{X_1 - X_2} = 1.2\left(\frac{L}{V}\right)_{\min} = 1.2 \times 29.6 = 35.5$$

解得

$$X_1 = 0.00265$$

惰性气体的摩尔流量：

$$V = \frac{1}{22.4} \times (100-9)\% \times \frac{273}{293} = 0.0379(\text{kmol/s})$$

SO_2 被吸收量为

$$N = V(Y_1 - Y_2) = 0.0379 \times (0.099 - 0.00495) = 0.00356(\text{kmol})$$

实际吸收用水量为

$$L = \frac{V(Y_1 - Y_2)}{X_1 - X_2} = \frac{0.00356}{0.00265} = 1.34(\text{kmol/s}) = 24.1(\text{kg/s})$$

6.4.3　填料层高度的计算

1. 填料

填料的选择与填料塔的操作情况和效率有密切的关系。选用填料要考虑以下条件：

(1) 单位体积有大的表面积，并要求填料表面易被吸收剂润湿，使其能在吸收时形成充分的有效接触面。

(2) 有较大的空隙率，以使气体流动时有较小的阻力，即塔中压强降较小。

(3) 填料要求质量轻而有较大的机械强度，很多场合下要求耐腐蚀。

(4) 价廉易得。

工业填料塔所用的填料有实体填料和网体填料。填料按形状可分为环形、鞍形和波纹形。环形填料有拉西环、鲍尔环和阶梯环等；鞍形填料有矩鞍形和弧鞍形两种；波纹形填料有板形波纹和网状波纹等。这些填料的形状如图 6-18 所示。

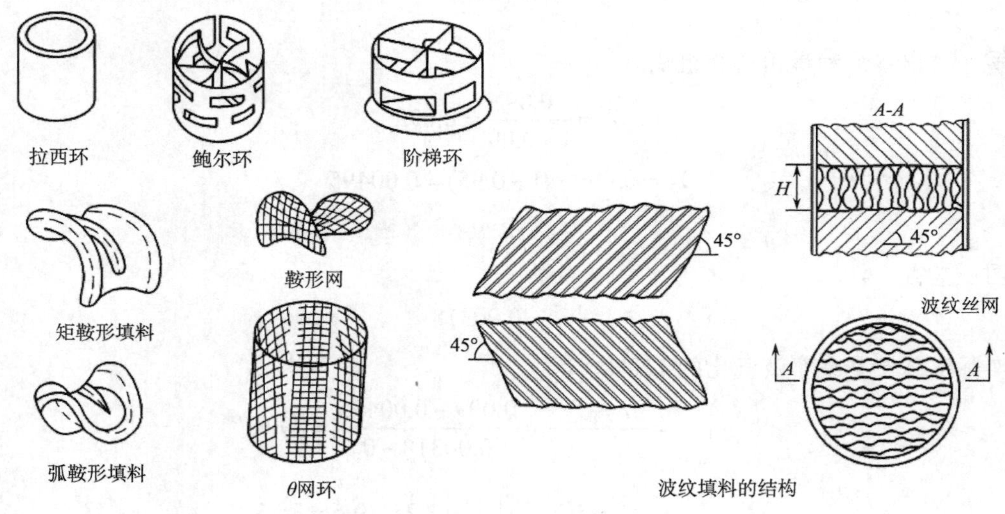

图 6-18　各种填料

1) 拉西环

拉西环是一种最古老的填料，形状简单。常用的拉西环为外径与高相等的圆筒。对其流体力学及传质规律研究得比较完善。目前拉西环虽仍是一种应用较广泛且具有代表性的填料，但阻力大，传质效率差。

2) 鲍尔环

鲍尔环的形状是在普通拉西环的壁上开一层(25mm 以下的环)或两层(50mm 以上的环)长方形小窗，制造时窗孔的母材并不从环上剪下而是向中心弯入，在中心处相搭，上下两层窗位置交错。

3) 鞍形填料

鞍形填料是一种马鞍形的敞开式填料。它与鲍尔环都被认为是效率高、阻力小的性能较好的工业用填料。

4) 金属波纹网填料

金属波纹网填料是 20 世纪 60 年代发展起来的一种新型规整填料，填料由平行丝网波纹片垂直排列组装而成。网片波纹的方向与塔轴成一定的倾角(一般为 30°或 45°)，相邻两网片的波纹倾斜方向相反，使波纹片之间形成一系列相互交叉的三角形流道，相邻两片成 90°交叉安放。

填料可用陶瓷、金属、塑料等不同材料制成，按装填方法可分为乱堆与整砌两种。乱堆填料做无规则堆积而成，装卸较方便，但压强降大，一般直径在 50mm 以下的填料用乱堆；整砌填料常用规整的填料整齐砌成，适用于直径在 50mm 以上的填料，压强降小。

各种填料反映出来的性能不同，其特性数据主要有下列几种。

(1) 填料个数 n。单位体积填料中的填料个数 n，对于乱堆填料来说是一个统计数字，其值需实测求得。

(2) 比表面积 a_t。单位体积填料中的填料表面积称为比表面积 a_t：

$$a_t = na_0$$

式中，a_t 为比表面积(m^2/m^3)；a_0 为一个填料的表面积(m^2/个)；n 为单位体积填料个数(个/m^3)。

(3) 空隙率 ε。空隙率指干塔状态时单位体积填料具有的空隙体积：

$$\varepsilon = 1 - nV_o$$

式中，V_o 为一个填料的体积(m^3/个)。

在操作时由于填料壁上附有一层液体，故实际的空隙率小于上述的空隙率。一般来说，填料具有的空隙率较大时，气液阻力较小，流通能力较大，塔的操作弹性范围较宽，但不能根据空隙率一项指标的大小评价填料的优劣。

(4) 干填料因子及填料因子。比表面积和空隙率两个填料特性组成的复合量 a_t/ε^3 称为干填料因子。气体通过干填料层的流动特性往往用干填料因子来关联。在有液体喷淋的填料上，部分空隙被液体占据，空隙率有所减小，比表面积也会发生变化，因而提出了一个相应的湿填料因子，简称填料因子 φ，用来关联对填料层内两相流动的影响。填料因子需由实验测定。各种填料的特性数据见表 6-4。

表 6-4　几种常用填料的特性数据

填料名称	规格(直径×高×厚)/(mm×mm×mm)	材质及堆积方式	比表面积/(m^2/m^3)	空隙率	每立方米填料个数	堆积密度/(kg/m^3)	干填料因子/m^{-1}	填料因子/m^{-1}
拉西环	10×10×1.5	瓷质乱堆	440	0.7	720×10^3	700	1280	1500
	25×25×2.5	瓷质乱堆	190	0.78	49×10^3	505	400	450
	50×50×4.5	瓷质乱堆	93	0.81	6×10^3	457	177	205
	80×80×9.5	瓷质乱堆	76	0.68	1.91×10^3	714	243	280
	25×25×0.8	钢质乱堆	220	0.92	55×10^3	640	290	260
	50×50×1	钢质乱堆	110	0.95	7×10^3	430	130	175
	76×76×1.5	钢质乱堆	68	0.95	1.87×10^3	400	80	105
	50×50×4.5	瓷质乱堆	124	0.72	8.83×10^3	673	339	

续表

填料名称	规格(直径×高×厚)/(mm×mm×mm)	材质及堆积方式	比表面积/(m^2/m^3)	空隙率	每立方米填料个数	堆积密度/(kg/m^3)	干填料因子/m^{-1}	填料因子/m^{-1}
鲍尔环	25×25	瓷质乱堆	220	0.76	48×10^3	565		300
	50×50×4.5	瓷质乱堆	110	0.81	6×10^3	457		130
	25×25×0.6	钢质乱堆	209	0.94	61.1×10^3	480		160
	50×50×0.9	钢质乱堆	103	0.95	6.2×10^3	355		66
	25	塑料乱堆	209	0.90	51.1×10^3	72.6		107
阶梯环	25×12.5×1.4	塑料乱堆	223	0.90	81.5×10^3	27.8		172
	38.5×19×1.0	塑料乱堆	132.5	0.91	27.2×10^3	57.5		115
弧鞍环	25	瓷质	252	0.69	78.1×10^3	725		360
	25	钢质	280	0.83	88.5×10^3	1400		148
	50	钢质	106	0.72	8.87×10^3	645		
矩鞍环	40×20×3.0	瓷质	258	0.775	84.6×10^3	548		320
	75×45×5.0	瓷质	120	0.79	9.4×10^3	532		130

2. 填料层高度的计算式

就计算逻辑而言，吸收塔填料层高度等于所需的填料层体积除以塔截面积；填料层体积则取决于完成规定任务所需的总传质面积和每立方米填料层所能提供的气液有效接触面积。在填料吸收塔中任意截取一段高度为 dZ 的微元填料层研究，如图 6-19 所示。

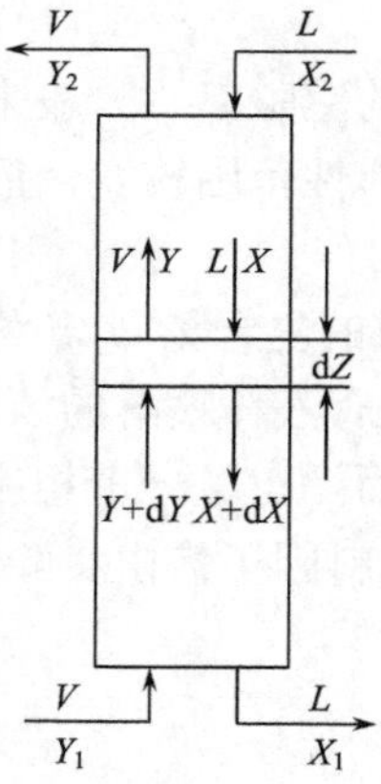

图 6-19 微元填料层的物料衡算

对此微元填料层做组分 A 的衡算可知，单位时间内由气相转入液相的 A 的物质的量为

$$\mathrm{d}G_\mathrm{A} = V\mathrm{d}Y = L\mathrm{d}X \tag{6-55}$$

在此微元填料层内，因气液浓度变化极小，故可认为吸收速率 N_A 为定值，则

$$\mathrm{d}G_\mathrm{A} = N_\mathrm{A}\mathrm{d}A = N_\mathrm{A}(a\Omega\,\mathrm{d}Z) \tag{6-56}$$

式中，dA 为微元填料层内的传质面积(m^2)；a 为单位体积填料层提供的有效接触面积(m^2/m^3)；Ω 为塔截面积(m^2)。

微元填料层中的吸收速率方程可写为

$$N_\mathrm{A} = K_\mathrm{Y}(Y - Y^*)$$

及

$$N_\mathrm{A} = K_\mathrm{X}(X^* - X)$$

将上述两式分别代入式(6-56)，则得

$$\mathrm{d}G_\mathrm{A} = K_\mathrm{Y}(Y - Y^*)a\,\Omega\,\mathrm{d}Z$$

及

$$\mathrm{d}G_\mathrm{A} = K_\mathrm{X}(X^* - X)a\,\Omega\,\mathrm{d}Z$$

再将式(6-55)代入上述两式，可得

$$V\mathrm{d}Y = K_{\mathrm{Y}}(Y - Y^{*})a\,\Omega\,\mathrm{d}Z$$

及

$$L\mathrm{d}X = K_{\mathrm{X}}(X^{*} - X)a\,\Omega\,\mathrm{d}Z$$

整理上述两式，分别得到

$$\frac{\mathrm{d}Y}{Y - Y^{*}} = \frac{K_{\mathrm{Y}}a\Omega}{V}\mathrm{d}Z \tag{6-57}$$

及

$$\frac{\mathrm{d}X}{X^{*} - X} = \frac{K_{\mathrm{X}}a\Omega}{L}\mathrm{d}Z \tag{6-58}$$

对于稳态操作的吸收塔，L、V、a 及 Ω 均不随时间和位置而变化，K_{Y} 及 K_{X} 通常也可视为常数。对式(6-57)及式(6-58)可在全塔范围内积分如下：

$$\int_{Y_2}^{Y_1}\frac{\mathrm{d}Y}{Y - Y^{*}} = \frac{K_{\mathrm{Y}}a\Omega}{V}\int_{0}^{Z}\mathrm{d}Z$$

及

$$\int_{X_2}^{X_1}\frac{\mathrm{d}X}{X^{*} - X} = \frac{K_{\mathrm{X}}a\Omega}{L}\int_{0}^{Z}\mathrm{d}Z$$

由此得到低浓度气体吸收时计算填料层高度的基本关系式，即

$$Z = \frac{V}{K_{\mathrm{Y}}a\Omega}\int_{Y_2}^{Y_1}\frac{\mathrm{d}Y}{Y - Y^{*}} \tag{6-59}$$

及

$$Z = \frac{L}{K_{\mathrm{X}}a\Omega}\int_{X_2}^{X_1}\frac{\mathrm{d}X}{X^{*} - X} \tag{6-60}$$

一般来说，a 为单位体积填料层内的有效接触面积，也称为有效比表面积。a 值与填料的形状、尺寸及充填状况有关，而且受流体物性及流动状况的影响。a 总要小于单位体积填料层中固体表面积，其准确数值很难直接测定。为了避开难以测得的有效比表面积 a，常将它与吸收系数的乘积视为一体，作为一个完整的物理量来看待，这个乘积称为体积吸收系数。体积吸收系数的物理意义是在推动力为一个单位的情况下，单位时间、单位体积填料层内吸收的溶质量。例如，$K_{\mathrm{Y}}a$ 及 $K_{\mathrm{X}}a$ 分别称为气相总体积吸收系数及液相总体积吸收系数，其单位均为 $\mathrm{kmol/(m^3 \cdot s)}$。

式(6-59)及式(6-60)是根据总吸收系数 K_{Y}、K_{X} 与相应的吸收推动力计算填料层高度的关系式。填料层高度还可根据膜系数与相应的吸收推动力来计算。但式(6-59)及式(6-60)反映了所有此类填料层高度计算式的共同点。现就式(6-59)来分析它所反映的这种共同点。

$$Z = \frac{V}{K_{\mathrm{Y}}a\Omega}\int_{Y_2}^{Y_1}\frac{\mathrm{d}Y}{Y - Y^{*}}$$

上式等号右端因式 $\dfrac{V}{K_{\mathrm{Y}}a\Omega}$ 的单位为 $\dfrac{[\mathrm{kmol/s}]}{[\mathrm{kmol/m^3 \cdot s}][\mathrm{m^2}]} = [\mathrm{m}]$，而 m 是高度的单位，因此可将

$\frac{V}{K_Y a\Omega}$理解为由过程条件所决定的某种单元高度，此单元高度称为气相总传质单元高度，以H_{OG}表示，即

$$H_{OG} = \frac{V}{K_Y a\Omega} \tag{6-61}$$

积分号内的分子与分母具有相同的单位，因此整个积分必然得到一个无量纲的数值，可认为它代表所需填料层高度Z相当于气相总传质单元高度H_{OG}的倍数，此倍数称为气相总传质单元数，以N_{OG}表示，即

$$N_{OG} = \int_{Y_2}^{Y_1} \frac{dY}{Y - Y^*} \tag{6-62}$$

于是，式(6-59)可写成如下形式：

$$Z = H_{OG} N_{OG} \tag{6-63}$$

同理，式(6-60)可写成如下形式：

$$Z = H_{OL} N_{OL} \tag{6-64}$$

式中，H_{OL}为液相总传质单元高度(m)；N_{OL}为液相总传质单元数，无量纲。

H_{OL}及N_{OL}的计算式分别为

$$H_{OL} = \frac{L}{K_X a\Omega} \tag{6-65}$$

$$N_{OL} = \int_{X_2}^{X_1} \frac{dX}{X^* - X} \tag{6-66}$$

依此类推，可以写出如下通式：

填料层高度 ＝ 传质单元高度 × 传质单元数

当式(6-59)及式(6-60)中的总吸收系数与总推动力分别换成膜系数及其相应的推动力时，则可分别写成

$$Z = H_G N_G$$

及

$$Z = H_L N_L$$

式中，H_G及H_L分别为气相传质单元高度及液相传质单元高度(m)；N_G及N_L分别为气相传质单元数及液相传质单元数，无量纲。

对于传质单元高度的物理意义，可通过以下分析加以理解。以气相总传质单元高度H_{OG}为例：假定某吸收过程所需的填料层高度恰等于一个气相总传质单元高度，如图 6-20(a)所示，即

$$Z = H_{OG}$$

由式(6-62)可知，此情况如下：

$$N_{OG} = \int_{Y_2}^{Y_1} \frac{dY}{Y - Y^*} = 1$$

在整个填料层中，吸收推动力$(Y - Y^*)$虽然是变量，但总可以找到某一平均值$(Y - Y^*)_m$用来代

替积分式中的$(Y-Y^*)$而不改变积分值，即

$$\int_{Y_2}^{Y_1}\frac{\mathrm{d}Y}{Y-Y^*}=\int_{Y_2}^{Y_1}\frac{\mathrm{d}Y}{(Y-Y^*)_\mathrm{m}}=1$$

于是可将$(Y-Y^*)_\mathrm{m}$作为常数提到积分号之外，得出

$$N_\mathrm{OG}=\frac{1}{(Y-Y^*)_\mathrm{m}}\int_{Y_2}^{Y_1}\mathrm{d}Y=\frac{Y_1-Y_2}{(Y-Y^*)_\mathrm{m}}=1$$

即

$$(Y-Y^*)_\mathrm{m}=Y_1-Y_2$$

由此可见，如果气体流经一段填料层前后的浓度变化(Y_1-Y_2)恰好等于此段填料层内以气相浓度差表示的总推动力的平均值$(Y-Y^*)_\mathrm{m}$[图 6-20(b)]，则这段填料层的高度就是一个气相总传质单元高度。

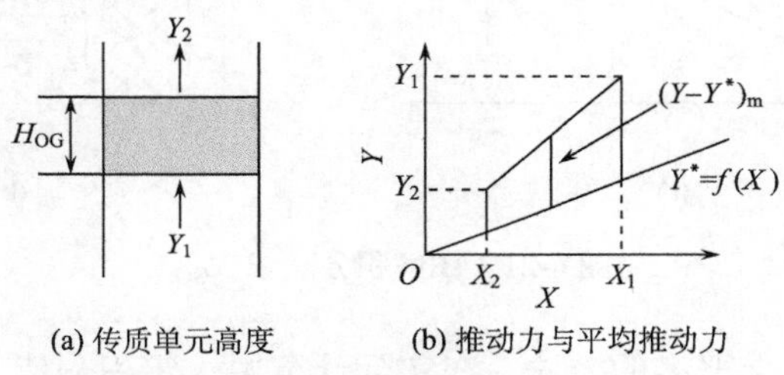

(a) 传质单元高度　(b) 推动力与平均推动力

图 6-20　气相总传质单元高度

传质单元高度的大小是由过程条件所决定的。因为

$$H_\mathrm{OG}=\frac{V/\Omega}{K_\mathrm{Y}a}$$

式中，除去单位塔截面上惰性气体的摩尔流量V/Ω之外，就是体积吸收系数 $K_\mathrm{Y}a$，它反映传质阻力的大小、填料性能的优劣及润湿情况的好坏。吸收过程的传质阻力越大，填料层的有效比表面积越小，每个传质单元所相当的填料层高度就越大。

传质单元数(如$N_\mathrm{OG}=\int_{Y_2}^{Y_1}\frac{\mathrm{d}Y}{Y-Y^*}$)反映吸收过程的难度。任务所要求的气体浓度变化越大，过程的平均推动力越小，意味着过程难度越大，此时所需的传质单元数也越大。

3. 传质单元数的求法

1) 图解积分法和数值积分法

图解积分法是直接根据定积分的几何意义引出的一种计算传质单元数的方法。它普遍适用于平衡关系的各种情况，特别适用于平衡线为曲线的情况。以气相总传质单元数N_OG的计算为例。由式(6-62)可以看到，等号右侧的被积函数$\frac{1}{Y-Y^*}$中有 Y 与 Y^*两个变量，但 Y^*与 X 之间存在相平衡关系，而任一横截面上的 X 与 Y 之间又存在操作关系(物料平衡关系)。因此，只要有了相平衡方程及操作线方程，即有了 Y-X 图上的平衡线及操作线，便可由任一 Y 值求

出相应截面上的推动力$(Y-Y^*)$值，继而求出$\dfrac{1}{Y-Y^*}$的数值。再在直角坐标系中将$\dfrac{1}{Y-Y^*}$与Y的对应数值进行标绘，所得函数曲线与$Y=Y_1$、$Y=Y_2$及$\dfrac{1}{Y-Y^*}=0$三条直线之间所包围的面积便是定积分$\int_{Y_2}^{Y_1}\dfrac{\mathrm{d}Y}{Y-Y^*}$的值，也就是气相总传质单元数$N_{OG}$，如图 6-21 所示。

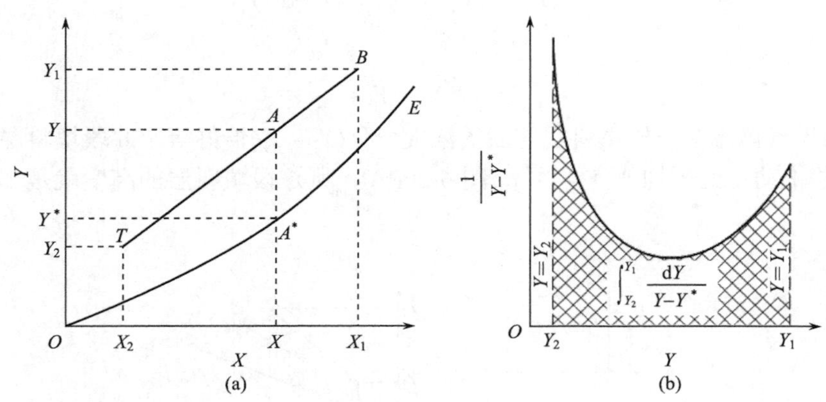

图 6-21　图解积分法求 N_{OG}

上述方法是一种理论上严格的方法，在实际计算中，定积分值N_{OG}既可通过计量被积函数曲线下的面积求得，也可通过适宜的近似公式算出。例如，可利用定步长辛普森(Simpson)数值积分公式求解：

$$\int_{Y_0}^{Y_n} f(Y)\mathrm{d}Y \approx \frac{\Delta Y}{3}[f_0+f_n+4(f_1+f_3+\cdots+f_{n-1})+2(f_2+f_4+\cdots+f_{n-2})] \tag{6-67}$$

$$\Delta Y=\frac{Y_n-Y_0}{n} \tag{6-68}$$

式中，n为在Y_0与Y_n之间划分的区间数目，可取为任意偶数，n值越大计算结果越准确；ΔY为把$(Y_0，Y_n)$进行n等分的每一小区间的步长；Y_0为出塔气相组成，$Y_0=Y_2$；Y_n为入塔气相组成，$Y_n=Y_1$；f_0，f_1，…，f_n为$Y=Y_0$，Y_1，…，Y_n对应的纵坐标值。至于相平衡关系，如果没有形式简单的相平衡方程来表达，也可根据过程涉及的浓度范围内所有已知数据点拟合得到相应的曲线方程。按此处理，则平衡关系为曲线时传质单元数的求取不必经过烦琐的画图来计量积分面积，而可借助计算机进行运算。

若用图解积分法求液相总传质单元数N_{OL}或其他形式的传质单元数(如N_G、N_L)，其方法步骤与此相同。

2) 解析法

若吸收过程所涉及的浓度区间内平衡关系可用直线方程$Y^*=mX+b$表示，即在此浓度区间内平衡线为直线时，便可根据传质单元数的定义导出相应的解析式用来计算N_{OG}，此即脱吸因数法。仍以气相总传质单元数N_{OG}为例。依定义式(6-62)得

$$N_{OG}=\int_{Y_2}^{Y_1}\frac{\mathrm{d}Y}{Y-Y^*}=\int_{Y_2}^{Y_1}\frac{\mathrm{d}Y}{Y-(mX+b)} \tag{6-69}$$

由逆流吸收塔的操作线方程[式(6-48)]可知

$$X = X_2 + \frac{V}{L}(Y - Y_2) \tag{6-70}$$

代入式(6-69)得

$$N_{\mathrm{OG}} = \int_{Y_2}^{Y_1} \frac{\mathrm{d}Y}{Y - m\left[\frac{V}{L}(Y - Y_2) + X_2\right] - b} = \int_{Y_2}^{Y_1} \frac{\mathrm{d}Y}{\left(1 - \frac{mV}{L}\right)Y + \left[\frac{mV}{L}Y_2 - (mX_2 + b)\right]}$$

令 $\frac{mV}{L} = S$，则

$$N_{\mathrm{OG}} = \int_{Y_2}^{Y_1} \frac{\mathrm{d}Y}{(1-S)Y + (SY_2 - Y_2^*)} = \frac{1}{1-S}\int_{Y_2}^{Y_1} \frac{\mathrm{d}[(1-S)Y + (SY_2 - Y_2^*)]}{(1-S)Y + (SY_2 - Y_2^*)}$$

积分上式并化简，得

$$N_{\mathrm{OG}} = \frac{1}{1-S}\ln\left[(1-S)\frac{Y_1 - Y_2^*}{Y_2 - Y_2^*} + S\right] \tag{6-71}$$

式中，$S = \frac{mV}{L}$ 称为脱吸因数，是平衡线斜率与操作线斜率的比值，无量纲。

由式(6-71)可以看出，N_{OG} 的数值取决于 S 与 $\frac{Y_1 - Y_2^*}{Y_2 - Y_2^*}$ 这两个因素。当 S 值一定时，N_{OG} 与 $\frac{Y_1 - Y_2^*}{Y_2 - Y_2^*}$ 值之间有一一对应的关系。为便于计算，按式(6-71)，以 S 为参数，在半对数坐标上标绘出 N_{OG}-$\frac{Y_1 - Y_2^*}{Y_2 - Y_2^*}$ 的函数关系，得到如图 6-22 所示的一组曲线。若已知 V、L、Y_1、Y_2、X_2 及平衡线斜率 m 时，利用此图可方便地读出 N_{OG} 的数值。

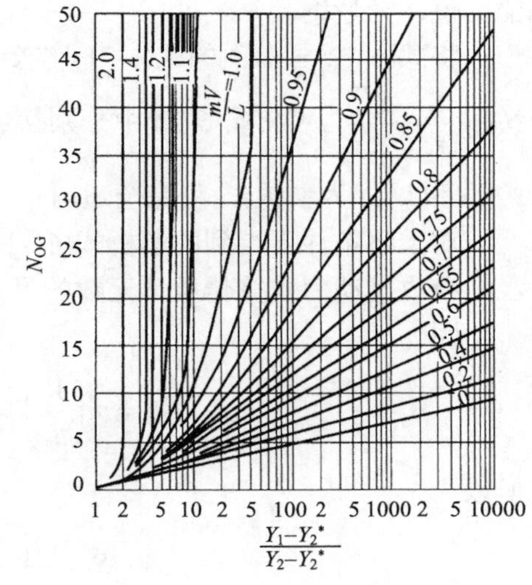

图 6-22 N_{OG}-$\frac{Y_1 - Y_2^*}{Y_2 - Y_2^*}$ 关系图

图 6-22 中，横坐标 $\frac{Y_1 - Y_2^*}{Y_2 - Y_2^*}$ 值的大小反映溶质吸收率的高低。在气液进口浓度一定的情况下，要求的吸收率越高，Y_2 越小，横坐标的数值越大，对应于同一 S 值的 N_{OG} 值也越大。

参数 S 反映吸收推动力的大小。在气液进口浓度及溶质吸收率已知的条件下，横坐标 $\frac{Y_1 - Y_2^*}{Y_2 - Y_2^*}$ 值已确定，此时若增大 S 值就意味着减小液气比，其结果是使溶液出口浓度提高而塔内吸收推动力变小，N_{OG} 值必然增大。反之，若参数 S 值减小，则 N_{OG} 值变小。

为了使吸收过程获得最高的吸收率，必然力求使出塔气体与进塔液体趋近平衡，这就必须采用较大的液体量，使操作线斜率大于平衡线斜率($S<1$)才有可能。反之，若要获得最浓的吸收液，必然力求使出塔液体与进塔气体趋近平衡，这就必须采用较小的液体量，使操作

线斜率小于平衡线斜率(S>1)才有可能。一般吸收操作以获得溶质的最高吸收率为目标，故 S 值常小于 1。有时为了加大液气比，或为达到其他目的，还采用液体循环的操作方式，这样能够有效地降低 S 值，但同时又在一定程度上丧失了逆流操作的优点。通常认为取 $S = 0.7$～0.8 是经济适宜的。

图 6-22 用于 N_{OG} 的求算及其他有关吸收过程的分析估算十分方便。但必须指出，只有在 $\frac{Y_1 - Y_2^*}{Y_2 - Y_2^*}$＞20 及 $S \leqslant 0.75$ 使用该图时，读数才较准确，否则误差较大。必要时仍可直接根据式(6-71)计算。

同理，当 $Y^* = mX + b$ 时，从式(6-66)出发可导出关于液相总传质单元数 N_{OL} 的如下关系式：

$$N_{OL} = \frac{1}{1 - \frac{L}{mV}} \ln\left[\left(1 - \frac{L}{mV}\right)\frac{Y_1 - Y_2^*}{Y_1 - Y_1^*} + \frac{L}{mV}\right] = \frac{1}{1 - A}\ln\left[(1 - A)\frac{Y_1 - Y_2^*}{Y_1 - Y_1^*} + A\right] \tag{6-72}$$

式中，$A = \frac{L}{mV}$，即脱吸因数 S 的倒数，称为吸收因数。吸收因数是操作线斜率与平衡线斜率的比值，无量纲。

将式(6-72)与前面的式(6-71)比较便可看出，二者具有同样的函数形式，只是式(6-71)中的 N_{OG}、$\frac{Y_1 - Y_2^*}{Y_2 - Y_2^*}$ 与 S 在式(6-72)中分别换成了 N_{OL}、$\frac{Y_1 - Y_2^*}{Y_1 - Y_1^*}$ 与 A。若将图 6-22 用于表示 N_{OL}-$\frac{Y_1 - Y_2^*}{Y_1 - Y_1^*}$ 的关系(以 A 为参数)，将完全适用。

对上述条件下得到的解析式(6-71)再加以分析研究，还可获得由吸收塔塔顶、塔底两端面上的吸收推动力求算传质单元数的另一种解析式。

因为

$$S = m\left(\frac{V}{L}\right) = \frac{Y_1^* - Y_2^*}{X_1 - X_2}\left(\frac{X_1 - X_2}{Y_1 - Y_2}\right) = \frac{Y_1^* - Y_2^*}{Y_1 - Y_2}$$

所以

$$1 - S = \frac{(Y_1 - Y_1^*) - (Y_2 - Y_2^*)}{Y_1 - Y_2} = \frac{\Delta Y_1 - \Delta Y_2}{Y_1 - Y_2}$$

将上式代入式(6-71)，得

$$\begin{aligned} N_{OG} &= \frac{Y_1 - Y_2}{\Delta Y_1 - \Delta Y_2}\ln\left[\left(\frac{\Delta Y_1 - \Delta Y_2}{Y_1 - Y_2}\right)\frac{Y_1 - Y_2^*}{Y_2 - Y_2^*} + \frac{Y_1^* - Y_2^*}{Y_1 - Y_2}\right] \\ &= \frac{Y_1 - Y_2}{\Delta Y_1 - \Delta Y_2}\ln\left\{\left[\frac{(Y_1 - Y_1^*) - (Y_2 - Y_2^*)}{Y_1 - Y_2}\right]\frac{Y_1 - Y_2^*}{Y_2 - Y_2^*} + \frac{Y_1^* - Y_2^*}{Y_1 - Y_2}\right\} \end{aligned}$$

由上式可以推得

$$N_{OG} = \frac{Y_1 - Y_2}{\Delta Y_1 - \Delta Y_2}\ln\frac{\Delta Y_1}{\Delta Y_2}$$

或写成

$$N_{OG} = \frac{Y_1 - Y_2}{\dfrac{\Delta Y_1 - \Delta Y_2}{\ln \dfrac{\Delta Y_1}{\Delta Y_2}}} = \frac{Y_1 - Y_2}{\Delta Y_m} \tag{6-73}$$

式中

$$\Delta Y_m = \frac{\Delta Y_1 - \Delta Y_2}{\ln \dfrac{\Delta Y_1}{\Delta Y_2}} = \frac{(Y_1 - Y_1^*) - (Y_2 - Y_2^*)}{\ln \dfrac{Y_1 - Y_1^*}{Y_2 - Y_2^*}} \tag{6-74}$$

ΔY_m 是塔顶与塔底两截面上吸收推动力 ΔY_2 与 ΔY_1 的对数平均值，称为对数平均推动力。同理，当 $Y^* = mX + b$ 时，从式(6-72)出发可导出关于液相总传质单元数 N_{OL} 的相应解析式：

$$N_{OL} = \frac{X_1 - X_2}{\Delta X_m} \tag{6-75}$$

式中

$$\Delta X_m = \frac{\Delta X_1 - \Delta X_2}{\ln \dfrac{\Delta X_1}{\Delta X_2}} = \frac{(X_1^* - X_1) - (X_2^* - X_2)}{\ln \dfrac{X_1^* - X_1}{X_2^* - X_2}} \tag{6-76}$$

由式(6-73)及式(6-75)可知，传质单元数是全塔范围内某相浓度的变化与按该相浓度差计算的对数平均推动力的比值。

当 $\frac{1}{2} < \frac{\Delta Y_1}{\Delta Y_2} < 2$ 或 $\frac{1}{2} < \frac{\Delta X_1}{\Delta X_2} < 2$ 时，相应的对数平均推动力也可用算术平均推动力代替而不会带来大的误差。

【例 6-5】 流量为 0.04kmol/(m^2·s)的空气混合气中含氨 2%(摩尔比)，拟用一逆流操作的填料吸收塔回收其中 95%的氨。塔顶喷入浓度为 0.0004(摩尔比)的稀氨水溶液，液气比为最小液气比的 1.5 倍，操作范围内的平衡关系为 $Y = 1.2X$，所用填料的气相总体积传质系数 K_Ya = 0.052kmol/(m^3·s)，试求：(1)液体离开塔底时的浓度；(2)全塔平均推动力；(3)填料层高度。

解 (1) 气相出塔组成

$$Y_2 = Y_1 \times (1 - \eta) = 2\% \times (1 - 95\%) = 0.001$$

最小液气比

$$\left(\frac{L}{V}\right)_{\min} = \frac{Y_1 - Y_2}{\dfrac{Y_1}{m} - X_2} = \frac{0.02 - 0.001}{\dfrac{0.02}{1.2} - 0.0004} = 1.17$$

实际液气比为

$$\frac{L}{V} = 1.5\left(\frac{L}{V}\right)_{\min} = 1.5 \times 1.17 = 1.76$$

出塔液相组成

$$X_1 = \frac{V(Y_1 - Y_2)}{L} + X_2 = \frac{0.02 - 0.001}{1.76} + 0.0004 = 0.0112$$

(2)

$$\Delta Y_1 = Y_1 - mX_1 = 0.02 - 1.2 \times 0.0112 = 0.00656$$

$$\Delta Y_2 = Y_2 - mX_2 = 0.001 - 1.2\times 0.0004 = 0.00052$$

$$\Delta Y_{\mathrm{m}} = \frac{\Delta Y_1 - \Delta Y_2}{\ln\dfrac{\Delta Y_1}{\Delta Y_2}} = \frac{0.00656 - 0.00052}{\ln\dfrac{0.00656}{0.00052}} = 0.00238$$

(3)
$$N_{\mathrm{OG}} = \frac{Y_1 - Y_2}{\Delta Y_{\mathrm{m}}} = \frac{0.02 - 0.001}{0.00238} = 7.98$$

$$H_{\mathrm{OG}} = \frac{V/\Omega}{K_{\mathrm{Y}}a} = \frac{0.04}{0.052} = 0.77(\mathrm{m})$$

$$Z = H_{\mathrm{OG}}N_{\mathrm{OG}} = 0.77\times 7.98 = 6.1(\mathrm{m})$$

6.4.4 填料塔的操作计算

对于一定物系和一定填料层高度 Z 的吸收塔，通常气相流量 V 及其入口组成 Y_1 已被生产任务规定，控制的目标主要是气相出口组成 Y_2[或溶质的吸收率 $\eta=(Y_1-Y_2)/Y_1$]。可调节的操作条件有操作温度 t、压强 P、吸收剂流量 L(或液气比 L/V)及其进口组成 X_2 等。在操作中要想提高吸收率 η，可以增大液气比 L/V，改变操作线的位置；或者降低操作温度、提高操作压强，以降低平衡常数 m，使平衡线下移，平均推动力增大；或者降低吸收剂进口组成 X_2，使液相入口推动力增大，全塔平均推动力也随之增大。适当调节上述四个变量，都能增大传质推动力，提高传质速率，强化吸收过程。

当吸收和解吸操作联合进行时，吸收剂的入口条件将受解吸操作的制约。如果解吸不良，吸收剂进塔含量将上升；如果解吸后的吸收剂冷却不足，吸收剂温度将升高。解吸中出现的这些情况都会给吸收操作带来不良影响。对于填料吸收塔，无论是设计计算(求填料层高度)还是操作计算，都要用到物料衡算(操作线方程)、气液相平衡关系(对稀溶液，用亨利定律表达式)和传质速率方程(N_{A}=传质系数×传质推动力)，以及由它们联立求得的填料层高度 Z 计算式(Z=传质单元高度×传质单元数)。

【例 6-6】 一股含 NH_3 0.015(摩尔比)的混合气体通过填料塔，用清水吸收其中的 NH_3，气液逆流流动。平衡关系为 $Y^* = 0.8X$，液气比取最小液气比的 1.2 倍。单位塔截面的气体流量为 0.024kmol/(m²·s)，体积总传质系数 $K_{\mathrm{Y}}a = 0.06\mathrm{kmol/(m^3\cdot s)}$，填料层高为 6m。(1)试求出塔气体 NH_3 的组成；(2)拟用加大溶剂量以使吸收率达到 99.5%，此时液气比应为多少？

解 (1) 求 Y_2 应用式(6-71)求解。

$$N_{\mathrm{OG}} = \frac{1}{1-\dfrac{mV}{L}}\ln\left[\left(1-\frac{mV}{L}\right)\frac{Y_1 - mX_2}{Y_2 - mX_2} + \frac{mV}{L}\right]$$

已知 $V/\Omega = 0.024\mathrm{kmol/(m^2\cdot s)}$，$K_{\mathrm{Y}}a = 0.06\mathrm{kmol/(m^3\cdot s)}$，$Z = 6\mathrm{m}$，求得

$$H_{\mathrm{OG}} = \frac{V}{K_{\mathrm{Y}}a\Omega} = \frac{0.024}{0.06} = 0.4(\mathrm{m})$$

$$N_{\mathrm{OG}} = \frac{Z}{H_{\mathrm{OG}}} = \frac{6}{0.4} = 15 \qquad \text{(a)}$$

已知 $Y_1=0.015$，$m=0.8$，$X_2=0$，$\frac{L}{V}=1.2\left(\frac{L}{V}\right)_{min}$，求得

$$\left(\frac{L}{V}\right)_{min}=\frac{Y_1-Y_2}{X_1^*-X_2}=\frac{Y_1-Y_2}{\frac{Y_1}{m}-X_2}=\frac{0.015-Y_2}{\frac{0.015}{0.8}-0}=\frac{0.8(0.015-Y_2)}{0.015}$$

$$\frac{mV}{L}=\frac{m}{L/V}=\frac{m}{1.2(L/V)_{min}}=\frac{0.8}{1.2\times\frac{0.8(0.015-Y_2)}{0.015}}=\frac{0.0125}{0.015-Y_2}\tag{b}$$

$$\frac{Y_1-mX_2}{Y_2-mX_2}=\frac{0.015-0}{Y_2-0}=\frac{0.015}{Y_2}\tag{c}$$

将式(a)、式(b)及式(c)代入式(6-71)，得

$$15=\frac{1}{1-\frac{0.0125}{0.015-Y_2}}\ln\left[\left(1-\frac{0.0125}{0.015-Y_2}\right)\left(\frac{0.015}{Y_2}\right)+\frac{0.0125}{0.015-Y_2}\right]$$

用试差法求解 Y_2，可直接先假设 Y_2，也可先假设回收率(吸收率)η，由吸收率定义式 $\eta=\frac{Y_1-Y_2}{Y_1}$ 求出 Y_2，代入上式，看等号右侧是否等于左侧的 15，即 $N_{OG}=15$。若等于 15，则此假定值即为出塔气体的浓度，计算见本题附表。

例 6-6 附表

η	Y_2	Y_1/Y_2	mV/L	N_{OG}	η	Y_2	Y_1/Y_2	mV/L	N_{OG}
0.9	0.0015	10	0.926	6.9	0.99	0.00015	100	0.842	17.8
0.95	0.00075	20	0.877	9.8	0.983	0.000255	58.8	0.848	15

(2) 吸收率提高到 99.5%，应增大液气比。由原来液气比

$$\frac{mV}{L}=\frac{0.8}{\frac{L}{V}}=0.848$$

$$\frac{L}{V}=\frac{0.8}{0.848}=0.943$$

当 $\eta=99.5\%$时

$$Y_2=Y_1(1-\eta)=0.015\times(1-0.995)=7.5\times10^{-5}$$

$$\frac{Y_2-mX_2}{Y_1-mX_2}=\frac{7.5\times10^{-5}-0}{0.015-0}=0.005$$

$$N_{OG}=15$$

从图 6-22 查得，$L/mV=1.35$，则

$$L/V=1.35\times m=1.35\times0.8=1.08$$

即吸收率提高 99.5%时，液气比应由 0.943 增大到 1.08。

6.5 解　吸　塔

使溶液中的溶质释放出来的操作过程称为解吸，其作用是回收溶质，同时再生吸收剂(恢复其吸收溶质的能力)，是构成完整吸收操作的重要环节。解吸方法有多种，常见的有气(汽)提解吸、减压解吸、加热解吸和加热减压解吸等。

解吸操作常用的解吸剂(或称载体)有空气、水蒸气及其他惰性气体。采用吸收剂蒸气作解吸载体的操作与精馏塔提馏段的操作相同。若用水蒸气作为解吸的载体并且解吸出来的溶质不与水混合时，从解吸塔排出的混合蒸气经冷凝后分层，可将溶质分离出来。解吸过程是与吸收相反的过程。与逆流吸收塔相比，解吸塔的塔顶为浓端，塔底为稀端。只有当液相中溶质的平衡分压强 p^*大于气相中溶质的分压强 p，溶质才能解吸出来。因此解吸的推动力是(Y^*-Y)或$(X-X^*)$，如图 6-23(b)所示，操作线 AB 在平衡线的下方，与吸收相反。

气提解吸的主要计算内容如下。

1. 解吸用气量与最小气液比

设计计算中(图 6-23)，解吸塔进、出口液体组成 X_1、X_2 及入口气体组成 Y_2 都是规定的，多数情况下 $Y_2=0$，出口气体组成 Y_1 则根据适宜的气液比计算。

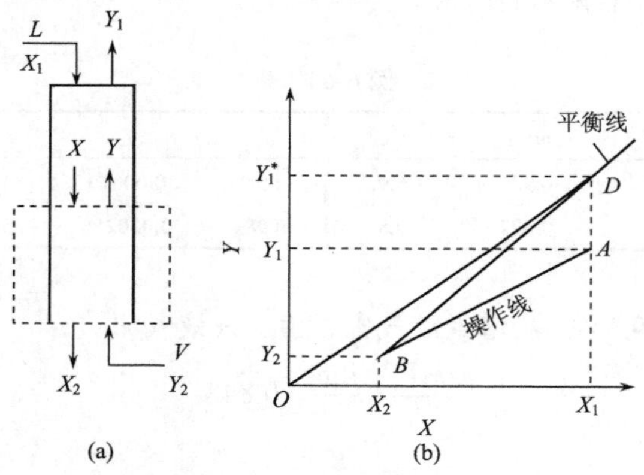

图 6-23　解吸的操作线和最小气液比

当解吸所用惰性气体量减少，出口气体 Y_1 增大，操作线的 A 点向平衡线靠近，但 Y_1 增大的极限为与 X_1 成平衡，即到达 D 点时，解吸操作线斜率 L/V 最大，即气液比为最小。

$$\left(\frac{V}{L}\right)_{\min}=\frac{X_1-X_2}{Y_1^*-Y_2} \tag{6-77}$$

实际操作时，为使塔顶有一定的推动力，气液比应大于最小气液比。

2. 解吸塔填料层高度

解吸塔填料层高度计算式与吸收塔的计算式基本相同。由于解吸的溶质量以 $L\mathrm{d}X$ 表示方便，通常用以液相组成为推动力的计算式。当气液平衡关系服从亨利定律 $Y^*=mX$，或在操作线范围内平衡线可用 $Y^*=mX+b$ 表达时，计算填料层高度的计算式为

$$Z = H_{OL}N_{OL} = \frac{L}{K_X a\Omega}\int_{X_2}^{X_1}\frac{dX}{X - X^*} \tag{6-78}$$

传质单元数的计算方法与吸收过程相同。用与吸收塔 N_{OG} 相同的推导方法，可得下列解吸塔 N_{OL} 的计算式。

1) 对数平均推动力法

$$N_{OL} = \frac{X_1 - X_2}{\Delta X_m} \tag{6-79}$$

式中

$$\Delta X_m = \frac{(X_1 - X_1^*) - (X_2 - X_2^*)}{\ln\dfrac{X_1 - X_1^*}{X_2 - X_2^*}}$$

2) 解吸因数法

$$N_{OL} = \frac{1}{1-\dfrac{L}{mV}}\ln\left[\left(1-\frac{L}{mV}\right)\frac{X_2 - X_1^*}{X_1 - X_1^*} + \frac{L}{mV}\right] \tag{6-80}$$

式(6-80)与式(6-71)在结构上相同。因此，图 6-22 也可用于求解式(6-80)，只是图中的脱吸因数 mV/L 用吸收因数 L/mV 替换，横坐标的 $\dfrac{Y_1 - Y_2^*}{Y_2 - Y_2^*}$ 用 $\dfrac{X_2 - X_1^*}{X_1 - X_1^*}$ 替换，纵坐标的 N_{OG} 用 N_{OL} 替换。由图 6-22 可知，对于解吸塔，当吸收因数 L/mV 增大，传质单元数 N_{OL} 增大。

6.6　填　料　塔

工业生产中对塔设备的基本要求主要有以下几个方面：

(1) 有大的生产能力，即单位塔截面能允许处理的物料量大。

(2) 有高的传质效率，使达到规定分离要求的塔高较低。

(3) 操作易稳定，并要求当物流流量在相当范围内变化时不致引起传质效率显著的变动。

(4) 对物流的阻力要小，以适合减压操作或节约动力的要求。

(5) 结构简单，易于加工制造，维修方便，节省材料，并能耐腐蚀和不易堵塞。

填料塔是进行吸收操作时的常用设备，尤其是当所需塔径小于 1m 时，因难以采用板式塔而只能采用填料塔。

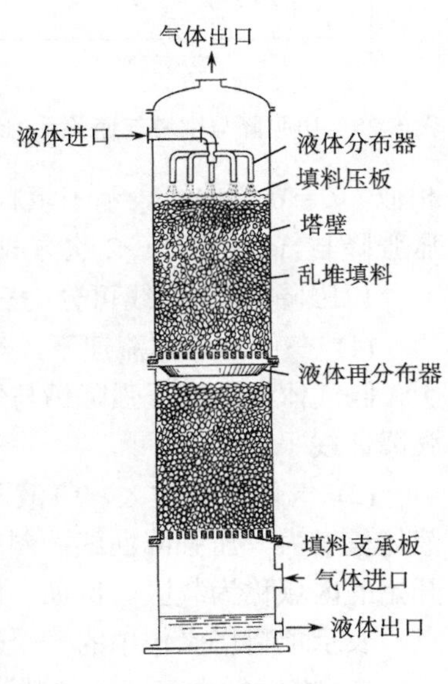

图 6-24　填料塔

6.6.1　填料塔的结构

常用的填料塔，塔体为一圆形筒体，填料塔的结构如图 6-24 所示。圆筒内分层装有一定高度的填料，自塔上部进入的液体通过分布器均匀喷洒于塔截面上。各层填料之间设有液体再分布器，将液体重新均匀分布于塔截面上，再进入下层填料。气体自塔下部进入，通过填料缝隙中自由空间，从塔上部排出。离开填料层的气体可能夹带少量雾状液滴，因此有时需要在塔顶安装除沫器。

6.6.2 填料塔内气液两相流动特性

填料塔内气液两相通常为逆流流动，气体从塔底进入，液体从塔顶进入。液体从上向下流动过程中，在填料表面上形成膜状流动。液膜与填料表面的摩擦，以及液膜与上升气体的摩擦，使液膜产生流动阻力，部分液体停留在填料表面及其空隙中。单位体积填料层中滞留的液体体积称为持液量。液体流量一定时，气体流速(或流量)越大，持液量也越大，则气体通过填料层的压强降也越大。为确定塔径，需要选定空塔气速；为确定动力消耗，需要知道气体的压强降。

1. 气体通过填料层的压强降

当填料塔内有液体喷淋时，由于表面张力作用，液体将使填料的内外表面润湿，形成一层液膜，占据一部分空隙；当气体逆流流动时，液膜使气体流道截面减小，提高了气体在填料床层内的实际流速。同时，由于液体在塔顶喷淋，从上往下流动，气体从塔底进入，从下往上流动，气液两相在同一流道内流过，气体对液体产生曳力，阻碍液体往下流动，使液膜增厚；气液界面的状态，如液膜因气流吹击引起的波纹和旋涡，也增大了界面的阻力。因此，气液两相逆流流动时，填料床层对气体产生的压强降比气体通过干填料床层时大得多。将气体的空塔速度(指气体通过塔的整个截面时的速度)u 与每米填料的压强降 Δp 之间的实测数据标绘于双对数坐标上，并以液体的喷淋密度(单位面积、单位时间液体的喷淋量)L 作参变量，可得如图 6-25 所示的曲线。各种填料的曲线大致相似。$L=0$ 的曲线表示干填料层的情况。压强降主要用来克服流经填料层时的阻力。此时，压强降与气速的 1.8～2 次方成比例，表明气流在实际操作中是湍流。

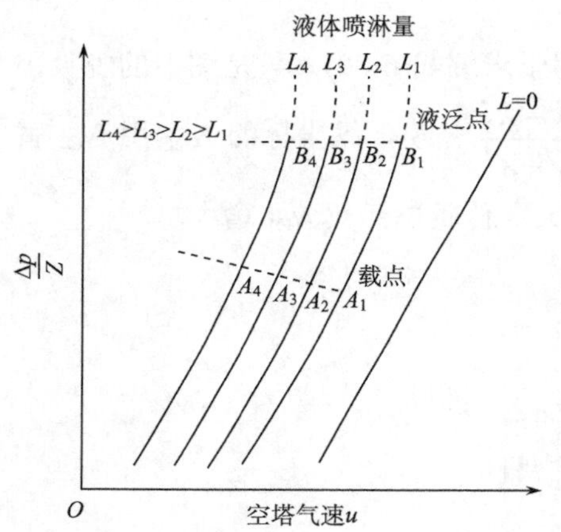

图 6-25　压强降与空塔气速关系的示意图

压强降-流速曲线可分为三个区域：

(1) 在低的气体流速下，气液两相相互干扰少，填料表面上附有液膜，使床层的空隙减少，但气体流动的压强降仍与气体流速的 1.8～2 次方成正比，即压强降曲线与干填料床的压强降曲线平行。

(2) 气体流速增大，气液两相相互干扰，界面接触的曳力使液膜层加厚，床层中持有的液体量增大，压强降曲线的斜率增大(＞2.0)。该点的气速称为载点气速或拦液点气速，由此开始的区域称为载区。例如，图 6-25 中点 A_1 以及其他喷淋密度下相应的点 A_2、A_3、…为载点，表示填料塔操作中的一个转折点。

(3) 继续增大气速，填料床层中液体积累，充满整个床层空隙，液体由分散相变为连续相，气体则由连续相变为分散相，气体以鼓泡形式通过液体，气体的压强降几乎呈直线骤然增大，曲线的斜率进一步增大，这部分区域称为液泛区。转变为液泛区时的气体流速称为液泛速度，是生产上填料塔操作的极限。例如，图 6-25 中点 B_1 以及其他喷淋密度下的相应点 B_2、B_3、…为液泛点。正常操作的气体流速必须低于液泛速度。为使传质情况良好并有较低的压强降和保证正常操作，实际气体流速常选液泛速度的 60%～80%。

2. 压强降与液泛速度的确定

填料塔的液泛速度与下列因素有关：①液体对气体的质量流量之比，比值较大时，即相对液体量较大时，较低气速就会引起液泛；②填料的形状和大小，如拉西环比弧形鞍填料易引起液泛；③气液的物理性质，如液体的黏度越大，相对的液泛速度越小，即越易引起液泛。

液泛速度常用下列关联式计算：

$$\lg\left[\frac{au_0^2}{g\varepsilon^3}\frac{\rho_G}{\rho_L}\left(\frac{\mu}{\mu_0}\right)^{0.16}\right]=b-1.75\left(\frac{L'}{V'}\right)^{1/4}\left(\frac{\rho_G}{\rho_L}\right)^{1/8} \tag{6-81}$$

式中，a 为填料的有效比表面积(m^2/m^3，即 m^{-1})；u_0 为空塔气速(m/s)；L'/V'为液相与气相的质量流量之比；ρ_G和ρ_L 分别为气相和液相的密度(kg/m^3)；ε 为填料的空隙率(自由空间，m^3/m^3)；a/ε^3 称为填料的填料因子 ϕ(m^{-1})；ρ_G/ρ_L 为气体与液体的密度之比；μ/μ_0 为当时条件下的液体与 20℃水的黏度之比；g 为重力加速度($9.81m/s^2$)；b 为常数，对拉西环为 0.022，对弧形鞍填料为 0.26。

6.6.3 塔径的计算

气体沿塔上升可视为通过一个空管，按流量公式计算塔径：

$$D_T=\sqrt{\frac{V_s}{\frac{\pi}{4}u}} \tag{6-82}$$

式中，D_T 为塔径(m)；V_s 为在操作条件下混合气体的体积流量(m^3/s)；u 为混合气体的空塔速度(m/s)。算出的塔径还应按压强容器公称直径标准圆整。

【例 6-7】 用水吸收二氧化硫-空气混合气中的二氧化硫，混合气中含二氧化硫的体积分数为 0.09，处理量为 $0.278m^3/s$。清水喷淋量为 7kg/s。填料为 ϕ 50mm×50mm×4.5mm 瓷质乱堆拉西环，比表面积为 $93m^{-1}$，空隙率为 0.81。操作条件为 101.3kPa 和 20℃。试求其液泛速度和塔径。

解 求气体的密度：气体的平均摩尔质量为

$$M=29\times0.91+64\times0.09=32.15(kg/kmol)$$

气体在当时条件下的密度为

$$\rho=\frac{32.15}{22.4}\times\frac{273}{293}=1.337(kg/m^3)$$

液泛速度关联式为

$$\lg\left[\frac{au_0^2}{g\varepsilon^3}\frac{\rho_G}{\rho_L}\left(\frac{\mu}{\mu_0}\right)^{0.16}\right]=0.022-1.75\left(\frac{L'}{V'}\right)^{1/4}\left(\frac{\rho_G}{\rho_L}\right)^{1/8}$$

式中

$$\left(\frac{L'}{V'}\right)^{1/4}\left(\frac{\rho_G}{\rho_L}\right)^{1/8}=\left(\frac{7}{0.278\times1.337}\right)^{1/4}\times\left(\frac{1.337}{1000}\right)^{1/8}=0.9109$$

$$\lg\left[\frac{au_0^2}{g\varepsilon^3}\frac{\rho_G}{\rho_L}\left(\frac{\mu}{\mu_0}\right)^{0.16}\right]=-1.5721$$

因 $\mu/\mu_0=1$，得 $\frac{au_0^2}{g\varepsilon^3}\frac{\rho_G}{\rho_L}=0.0268$，则

$$u_0^2=0.0268\times\frac{9.81\times0.81^3}{93}\times\frac{1000}{1.337}=1.124$$

解得

$$u_0=1.06\text{m/s}$$

选操作流速为液泛速度的 70%

$$u=1.06\times70\%=0.74(\text{m/s})$$

求得塔径

$$D_T=\sqrt{\frac{4}{\pi}\frac{V_s}{u}}=\sqrt{\frac{4}{3.14}\times\frac{0.278}{0.74}}=0.69(\text{m})$$

求得的塔径不是整数时，按设计应当圆整，塔径在 1m 以下时圆整的直径间隔为 100mm，塔径在 1m 以上时直径间隔取 200mm。故求得的塔径圆整为 0.7m。

6.6.4 填料塔的附件

1. 填料支承装置

填料在塔内无论是乱堆还是整砌，均堆放在支承装置上。支承装置要有足够的强度，足以承受填料层的重量(包括持液的重量)；支承装置的气体通道面积应大于填料层的自由截面积(数值上等于空隙率)，否则不仅在支承装置处有过大的气体阻力，而且当气速增大时将首先在支承装置处出现拦液现象，从而降低塔的通量。

常用的支承装置为栅板式，它是由竖立的扁钢条组成的，如图 6-26(a)所示。扁钢条之间的距离一般为填料外径的 60%～80%。为了克服支承装置的强度与自由截面之间的矛盾，特别是为了适应高空隙率填料的要求，可采用升气管式支承装置，如图 6-26(b)所示。气体由升气管上升，通过顶部的孔及侧面的齿缝进入填料层，而液体经底板上的许多小孔流下。

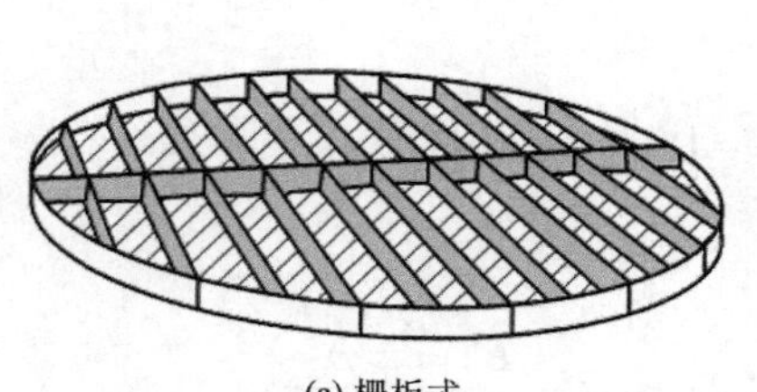
(a) 栅板式

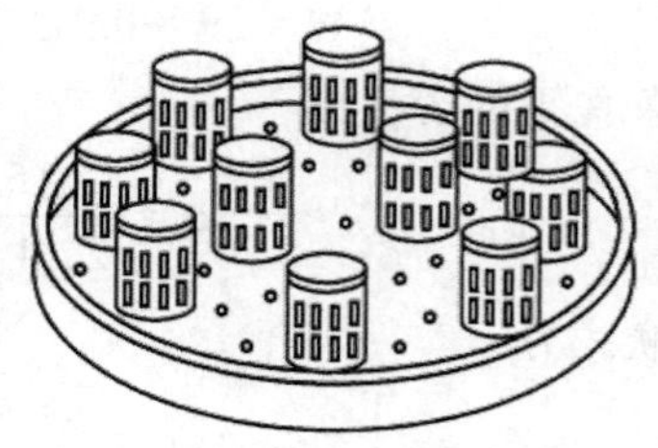
(b) 升气管式

图 6-26 填料支承装置

2. 液体分布装置

液体分布器能为填料层提供良好的液体初始分布，即能提供足够多的均匀分布的喷淋点，且各喷淋点的喷淋液量相等。常用的液体分布装置结构介绍如下。

1) 莲蓬式喷洒器

莲蓬式喷洒器具有半球形外壳，在壳壁上有许多供液体喷淋的小孔，如图 6-27(a)所示。这种喷洒器虽然结构简单，但小孔容易堵塞。液体的喷洒范围与压头密切相关。一般用于直径 600mm 以下的塔中。

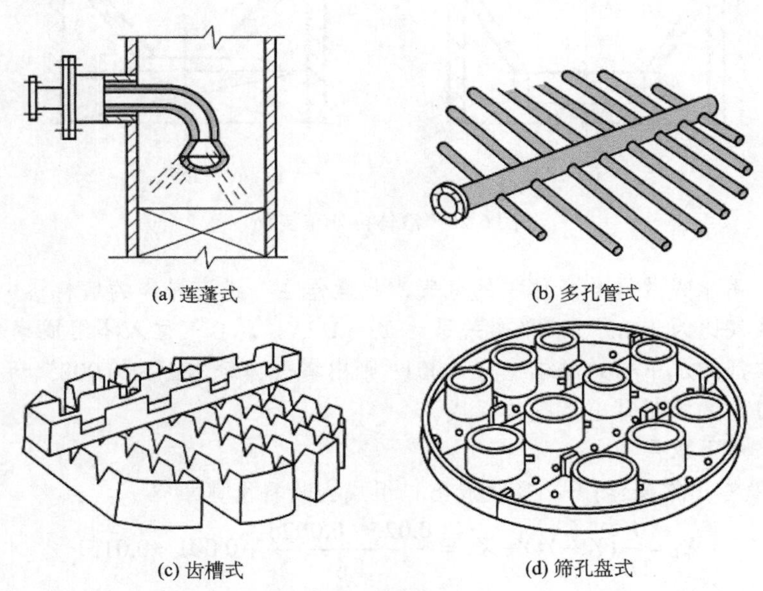

图 6-27 液体分布装置

2) 多孔管式喷淋器

多孔管式喷淋器如图 6-27(b)所示，一般在管底部钻有直径为 3～6mm 的小孔，多用于直径 600mm 以下的塔。

3) 齿槽式分布器

齿槽式分布器如图 6-27(c)所示，用于大直径塔中，对气体阻力小但安装要求水平，以保证液体均匀地流出齿槽。

4) 筛孔盘式分布器

筛孔盘式分布器如图 6-27(d)所示，液体加至分布盘上，由盘上的筛孔流下。盘式分布器适用于直径 800 mm 以上的塔中。其缺点是加工较复杂。

3. 液体再分布器

除塔顶液体的分布外，填料层中液体的再分布是填料塔中的一个重要问题。在离填料顶面一定距离处，喷淋的液体开始向塔壁偏流，然后沿塔壁下流，塔中心处填料得不到好的润湿，减少了气液两相的有效接触面积。液体再分布器就是用于克服此种现象。常用的截锥形再分布装置使塔壁处的液体再导致塔的中央。图 6-28(a)是将截锥体焊(或搁置)在塔体中，截锥上下仍能全部放满填料，不占空间。当需分段卸出填料时则采用图 6-28(b)所示结构，截锥上加设支承板，截锥下要隔一段距离再装填料。截锥式再分布器适用于直径 0.6m 以下的塔。直径 0.6m 以上的塔宜用如图 6-26 所示的升气管式分布板。

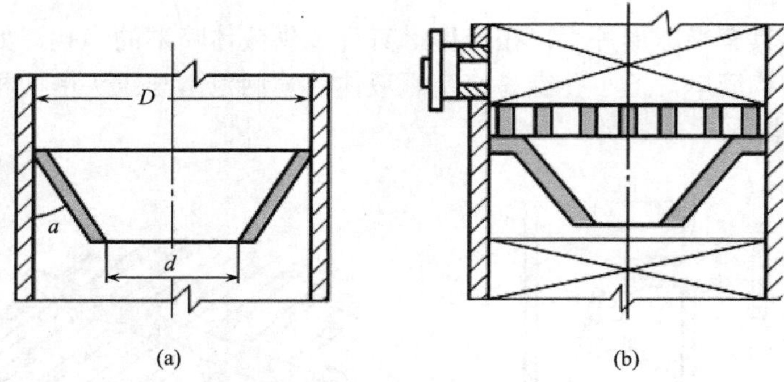

图 6-28　液体再分布装置

【例 6-8】　用水吸收混合气体中的氨气，此操作在一逆流操作的填料塔中进行。确定塔操作条件下，液气比为 1.6，气液平衡关系为 $Y^*=1.2X$。混合气体入塔组成摩尔比为 0.025。原本当作为吸收剂的水中初始摩尔比为 0.001，则出塔气体摩尔比为 0.0025。现在吸收剂初始摩尔比变为 0.01。试求此时出塔气体组成。

解　由原条件下求得 N_{OG}:

原工况(解吸塔正常操作)下，吸收液出口组成由物料衡算求得

$$X_1=\frac{V}{L}(Y_1-Y_2)+X_2=\frac{0.025-0.0025}{1.6}+0.001=0.0151$$

吸收过程平均推动力和 N_{OG} 为

$$\Delta Y_1=Y_1-mX_1=0.025-1.2\times0.0151=0.00688$$

$$\Delta Y_2=Y_2-mX_2=0.0025-1.2\times0.001=0.0013$$

$$\Delta Y_m=\frac{\Delta Y_1-\Delta Y_2}{\ln\dfrac{\Delta Y_1}{\Delta Y_2}}=\frac{0.00688-0.0013}{\ln\dfrac{0.00688}{0.0013}}=0.00335$$

$$N_{OG}=\frac{Y_1-Y_2}{\Delta Y_m}=\frac{0.025-0.0025}{0.00335}=6.72$$

两种工况下，仅吸收剂初始组成不同，但因填料层高度一定，H_{OG} 不变，故 N_{OG} 也相同。

新条件下，设此时出塔气相组成为 Y_2'，出塔液相组成为 X_1'，入塔液相组成为 X_2'，则吸收塔物料衡算可得

$$X_1'=\frac{V}{L}(Y_1-Y_2')+X_2'=\frac{0.025-Y_2'}{1.6}+0.01 \tag{a}$$

Y_2' 由下式求得

$$N_{OG}=\frac{1}{1-S}\ln\left[(1-S)\frac{Y_1-mX_2'}{Y_2'-mX_2'}+S\right]=\frac{1}{1-\dfrac{1.2}{1.6}}\ln\left[\left(1-\frac{1.2}{1.6}\right)\frac{0.025-1.2\times0.01}{Y_2'-1.2\times0.01}+\frac{1.2}{1.6}\right]=6.72$$

解得

$$Y_2'=0.0127$$

代入式(a)中解得

$$X_1'=0.0177$$

吸收平均推动力为

$$\Delta Y_m=\frac{Y_1-Y_2'}{N_{OG}}=\frac{0.025-0.0127}{6.72}=0.00183$$

讨论：计算结果表明，当吸收-解吸联合操作时，解吸操作不正常，使吸收剂初始浓度升高，导致吸收塔平均推动力下降，分离效果变差，出塔气体浓度升高。

习 题

1. 常温常压下氧气在水中的溶解度与气压的关系可用公式 $p = 3.27\times10^4x$ 表示，式中的 p 为氧在气相中的分压(atm)，x 为氧在液相中的摩尔分数。在常温常压下与空气充分接触后的水中，每立方米溶有多少克氧气？

2. 30℃时向水中通入 101.3kPa 的纯 CO_2，测得 CO_2 在水中的平衡溶解度为 28.6mol/m^3，水和水溶液的密度均可近似地取 1000kg/m^3。求该体系的亨利系数 E 和相平衡常数 m。

3. 20℃的水在吹提塔中由氮气逆流吹提以脱去溶解的氧气。氮气含氧为 0.02(体积分数)。设平衡服从亨利定律，此时 $E = 4.06\times10^9$Pa。进入水中的最高含氧量为多少？吹脱后的水中最低含氧量为多少？

4. 在 1.013×10^5Pa、0℃下的 O_2 与 CO 混合气体中发生稳定扩散过程。已知相距 0.2cm 的两截面上 O_2 的分压强分别为 100Pa 和 50Pa，又知扩散系数为 0.18cm^2/s，试计算下列两种情形下 O_2 的传递速率：

(1) O_2 与 CO 两种气体做等分子反向扩散。

(2) CO 气体为停滞组分。

5. 盘中盛清水，液面高 5mm，水分子扩散至大气中。设水及环境均为 20℃，盘中水面至盘上缘为 5mm，此 5mm 空气层可设为静止层，环境中水蒸气分压设为零。20℃水在空气中的扩散系数为 0.257×10^{-4}m^2/s。当时大气压为 101.325kPa。试估算水蒸干所需的时间(h)。

6. 含乙炔为 0.2(体积分数)的乙炔-空气混合气体在 25℃和 101.325kPa 下与乙炔水溶液接触，溶液浓度为 0.3g 乙炔/1000g 水。相平衡关系为 $p = 0.135\times10^6x$，求传质方向和传质推动力 ΔY。

7. 某服从亨利定律的低浓度气体用吸收剂吸收。吸收质的溶解度系数 $H = 0.0015$kmol/(m$^3\cdot$Pa)。气膜分吸收系数 $k_G = 3.0\times10^{-10}$ kmol/(m$^2\cdot$s$\cdot$Pa)，液膜分吸收系数 $k_L = 5\times10^{-5}$m/s。求气相吸收总系数 K_G。

8. 在温度 27℃、压强为 1.013×10^5Pa 条件的吸收塔内用水吸收混于空气中的低浓度甲醇，稳定操作状况下塔内某截面上的气相中甲醇分压为 37.5mmHg，液相中甲醇浓度为 2.11kmol/m^3。平衡关系服从亨利定律。已知 $H = 1.955$kmol/(m$^3\cdot$Pa)，$k_G = 1.55\times10^{-5}$kmol/(m$^2\cdot$s$\cdot$Pa)，液膜分吸收系数 $k_L = 2.08\times10^{-5}$m/s。试计算该截面的吸收速率。

9. 在逆流操作的吸收塔内，于 1.013×10^5Pa、24℃下用清水吸收混合气中的 H_2S，将其浓度由 2%降至 0.1%(体积分数)。该系统符合亨利定律，亨利系数 $E = 545\times1.013\times10^5$Pa。若取吸收剂用量为理论最小用量的

1.2 倍，试计算操作液气比 L/V 及出口液相组成 X_1。

10. ϕ 800mm 的填料塔，在常温常压下用清水吸收氨-空气混合气体中的氨，混合气体中氨气的分压为 1.5kPa，惰性气体质量流量为 0.4kg/s，水用量为最小用量的 1.5 倍，吸收率为 98%，平衡关系为 $Y = 0.76X$，气相体积吸收系数 $K_y a$ 为 0.10kmol/(m^3·s)，试求吸收塔的填料层高度。

11. 一吸收塔于常压下操作，用清水吸收焦炉气中的氨。焦炉气处理量为 5000 标准 m^3/h，氨的浓度为 10g/标准 m^3，要求氨的回收率不低于 99%。水的用量为最小用量的 1.5 倍，焦炉气入塔温度为 30℃，空塔气速为 1.1m/s。操作条件下的平衡关系为 $Y = 1.2X$，气相体积吸收总系数为 $K_Y a$ = 0.0611kmol/(m^3·s)，试分别用对数平均推动力法及解吸因数法求气相总传质单元数，再求所需的填料层高度。

12. 有一直径为 880mm 的填料吸收塔，所用填料为 50mm 拉西环，处理 3000m^3/h 混合气(气体体积按 25℃与 1.013×10^{5}Pa 计算)，其中含丙酮 5%，用水作溶剂。塔顶送出的废气含 0.263%丙酮。塔底送出的溶液含丙酮 61.2g/kg，测得气相总体积传质系数 $K_Y a$ = 211kmol/(m^3·h)，操作条件下的平衡关系为 $Y = 2.0X$。求所需填料层高度。在上述情况下每小时可回收多少丙酮？若将填料层加高 3m，则可多回收多少丙酮？

13. 一吸收塔，用清水吸收某易溶气体，已知其填料层高度为 6m，平衡关系为 $Y = 0.75X$，混合气体流率 G = 50kmol/(m^2·h)，清水流率 L = 40kmol/(m^2·h)，$y_1 = 0.10$，吸收率为 98%。

(1) 试求传质单元高度 H_{OG}。

(2) 若生产情况有变化，新的气体流率为 60kmol/(m^2·h)，新的清水流率为 52kmol/(m^2·h)，塔仍能维持正常操作。欲使其他参数 y_1、y_2、x_2 保持不变，则新情况下填层高度应为多少？假设 $K_Y a = AG^{0.7}L^{0.39}$。

14. 在填料塔中用清水吸收二氧化硫-空气混合气体中的二氧化硫，塔的直径为 1.5m，内装直径为 ϕ 38mm、比表面积为 146m^2/m^3(可设为全部润湿)、空隙率为 0.75 的瓷质弧鞍形填料。以惰性气体计的气体流量为 0.08kmol/s，平均操作压强为 101.325kPa，实测得气相传质单元高度为 1.6m，试求气相总吸收系数 K_Y。

第7章 蒸　　馏

7.1 概　　述

化工生产中处理的原料、中间产物和粗产品等大部分是混合物，为进一步加工和使用，常需要将这些混合物分离为较纯净或几乎纯态的物质。而对于混合物中的均相物系，必须要造成一个两相物系，利用原物系中各组分间某种物性的差异，使其中某个组分(或某些组分)从一相转移到另一相，从而达到分离的目的。物质在相间的转移过程称为质量传递过程。化学工业中常见的传质过程有蒸馏、吸收、干燥和吸附等单元操作。

蒸馏是利用液体混合物中各组分挥发性的差异而实现组分分离或提纯的单元操作。例如，加热苯和甲苯溶液，使其部分气化，由于苯的沸点比甲苯低，即其挥发度比甲苯高，故气化的蒸气中，苯的组成(浓度)必然比原来溶液的高。若将气化的蒸气全部冷凝，则可得到苯含量较高的冷凝液，从而使苯和甲苯得到初步分离。通常将沸点低的组分称为易挥发组分，沸点高的组分称为难挥发组分。多次进行部分气化或部分冷凝以后，最终可以在气相中得到较纯的易挥发组分，而在液相中得到较纯的难挥发组分，这种分离过程就是精馏。

工业上，蒸馏操作可按以下几种方法分类：

(1) 按操作过程的连续性可分为连续蒸馏和间歇蒸馏。生产中多以前者为主，间歇蒸馏主要用于小规模生产或某些有特殊要求的场合。

(2) 按蒸馏方法可分为简单蒸馏、平衡蒸馏、精馏和特殊精馏等。一般较易分离的物系或分离要求不高的场合可采用简单蒸馏或平衡蒸馏，较难分离的可采用精馏，很难分离的或用普通精馏方法不能分离的可采用特殊精馏。生产中以精馏的应用最为广泛。

(3) 按操作压强可分为常压精馏、加压精馏和减压精馏。在一般情况下，多采用常压精馏，若在常压下不能进行分离或达不到分离要求，如在常压下为气体混合物，则可采用加压精馏；又如，沸点较高且是热敏性混合物，则可采用减压精馏。

(4) 按待分离混合物中组分的数目可分为双组分精馏和多组分精馏。在工业生产中以多组分精馏最多，但双组分精馏的原理和计算是基础，且多组分精馏和双组分精馏的基本原理、计算方法均无本质区别。

本章重点讨论常压下双组分连续精馏的原理及相关计算，而气液相平衡是分析精馏原理和进行设备计算的理论依据。下面首先讨论气液相平衡。

7.1.1 双组分理想物系的气液平衡关系

理想物系是指液相和气相应符合以下条件：

(1) 液相为理想溶液，遵循拉乌尔定律。根据溶液中同分子间与异分子间作用力的差异，可将溶液分为理想溶液和非理想溶液。严格地说，理想溶液是不存在的，但对于性质极相近、分子结构相似的组分组成的溶液，如苯-甲苯、甲醇-乙醇、烃类同系物等，都可视为理想溶液。

(2) 气相为理想气体，遵循道尔顿分压定律。当总压不太高(一般不高于 10MPa)时，气相可视为理想气体。

1. 双组分理想物系的相律

在热力学中，将确定系统平衡状态所需的最少物理参量数目称为自由度。自由度可根据吉布斯(Gibbs)相律确定，在无化学反应的前提下，吉布斯相律为

$$F = N - \varphi + 2 \tag{7-1}$$

式中，F 为自由度；N 为独立组分数；φ 为平衡系统涉及的相数；数字 2 表示外界只有温度和压强这两个条件可以影响物系的平衡状态。

在二元系统的气液两相平衡中，相数 $\varphi = 2$、独立组分数 $N = 2$，故自由度 $F = 2$。因此，只要任意给定两个状态参数后，其他状态参数也就一定。考虑到平衡过程涉及的状态参数有：气相平衡总压、平衡温度、气相或液相中的平衡组成(习惯用易挥发组分的含量表示)，因此二元溶液的气液相平衡关系形式有以下几种：

(1) p-x-y 关系(压强-组成图)为恒定温度条件下平衡总压与液相易挥发组分间的关系(p-x 关系)，以及平衡总压与气相易挥发组分间的关系(p-y 关系)的综合，即 t、p 确定后，x、y 也随之确定。

(2) t-x-y 关系(温度-组成图)为恒定压强条件下平衡温度与液相易挥发组分间的关系(t-x 关系)，以及平衡温度与气相易挥发组分间的关系(t-y 关系)的综合。

(3) x-y 关系(气液平衡图)为恒定压强条件下气液两相易挥发组分间的关系。

2. 用饱和蒸气压表示的气液平衡关系

根据拉乌尔定律，理想溶液上方的平衡分压为

$$p_A = p_A^0 x_A \tag{7-2a}$$

$$p_B = p_B^0 x_B = p_B^0 (1 - x_A) \tag{7-2b}$$

式中，p_A、p_B 分别为液相上方 A、B 组分的蒸气压；x_A、x_B 分别为液相中 A、B 组分的摩尔分数；p_A^0、p_B^0 分别为在溶液温度 t 下纯组分 A、B 的饱和蒸气压，它们均是温度的函数，即

$$p_A^0 = f_A(t) \qquad p_B^0 = f_B(t)$$

当溶液沸腾时，溶液上方的总压等于各组分的蒸气压之和，即

$$P = p_A + p_B \tag{7-3}$$

联立式(7-2a)、式(7-2b)和式(7-3)，可得

$$x_A = \frac{P - p_B^0}{p_A^0 - p_B^0} \tag{7-4}$$

式(7-4)表示气液平衡下液相组成与平衡温度间的关系。

纯组分的饱和蒸气压 p^0 与温度 t 的关系通常可用安托万(Antoine)方程表示，即

$$\lg p^0 = A - \frac{B}{t + C}$$

式中，A、B、C 为组分的安托万常数，可由有关手册查得。

当总压不太高时，平衡的气相可视为理想气体，遵循道尔顿分压定律，即

$$y_{\mathrm{A}} = \frac{p_{\mathrm{A}}}{P} \tag{7-5a}$$

$$y_{\mathrm{A}} = \frac{p_{\mathrm{A}}^0}{P} x_{\mathrm{A}} \tag{7-5b}$$

将式(7-4)代入式(7-5b)可得

$$y_{\mathrm{A}} = \frac{p_{\mathrm{A}}^0}{P} \frac{P - p_{\mathrm{B}}^0}{p_{\mathrm{A}}^0 - p_{\mathrm{B}}^0} \tag{7-6}$$

式(7-6)表示气液平衡时气相组成与平衡温度间的关系，式(7-4)和式(7-6)即为用饱和蒸气压表示的气液平衡关系。

若引入相平衡常数 K，则式(7-5b)可写为

$$y_{\mathrm{A}} = K_{\mathrm{A}} x_{\mathrm{A}} \tag{7-7}$$

其中

$$K_{\mathrm{A}} = \frac{p_{\mathrm{A}}^0}{P} \tag{7-8}$$

由式(7-8)可知，在蒸馏过程中，相平衡常数 K 值并非常数，当总压不变时，K 随温度而变。当混合液组成改变时，必引起平衡温度的变化，因此相平衡常数不能保持不变。

式(7-7)即为用相平衡常数表示的气液平衡关系。在多组分精馏中多采用此种平衡方程。

对于任意的双组分理想溶液，恒压下若已知某一温度下的各组分饱和蒸气压数据，就可求得平衡的气液相组成。反之，若已知总压和一相组成，也可求得与其平衡的另一相组成和平衡温度，但一般需用试差法计算。

3. 用相对挥发度表示的气液平衡关系

蒸馏是利用混合液中各组分的挥发度差异达到分离的目的，纯液体的挥发度是指该液体在一定温度下的饱和蒸气压，而溶液中各组分的蒸气压因组分间的相互影响比纯态时的低，故溶液中各组分的挥发度可用它在蒸气中的分压和与其平衡的液相中的摩尔分数之比表示，即

$$v_{\mathrm{A}} = \frac{p_{\mathrm{A}}}{x_{\mathrm{A}}} \tag{7-9a}$$

$$v_{\mathrm{B}} = \frac{p_{\mathrm{B}}}{x_{\mathrm{B}}} \tag{7-9b}$$

式中，v_{A}、v_{B} 分别为溶液中 A、B 组分的挥发度。

对于理想溶液，因符合拉乌尔定律，则有

$$v_{\mathrm{A}} = p_{\mathrm{A}}^0 ,\quad v_{\mathrm{B}} = p_{\mathrm{B}}^0$$

由此可知，溶液中组分的挥发度是随温度而变的，因此在使用上不太方便。在双组分蒸

馏的分析和计算中，应用相对挥发度表示气液平衡函数关系更为简便，故引出相对挥发度的概念。

习惯上将溶液中易挥发组分的挥发度与难挥发组分的挥发度之比称为相对挥发度，以 α 表示，即

$$\alpha = \frac{v_A}{v_B} = \frac{p_A / x_A}{p_B / x_B} \tag{7-10}$$

若操作压强不高，气相遵循道尔顿分压定律，则式(7-10)可改写为

$$\alpha = \frac{Py_A / x_A}{Py_B / x_B} = \frac{y_A x_B}{y_B x_A} \tag{7-11}$$

通常，将式(7-11)作为相对挥发度的定义式。相对挥发度的数值可由实验测得。对于理想溶液，则有

$$\alpha = \frac{p_A^0}{p_B^0} \tag{7-12}$$

式(7-12)表明，理想溶液的相对挥发度仅依赖于各纯组分的性质。纯组分的饱和蒸气压 p_A^0 和 p_B^0 均是温度的函数，由于 p_A^0 和 p_B^0 均随温度沿相同方向变化，因而两者的比值变化不大，故一般可将 α 视为常数，计算时可取操作温度范围内的平均值。

对于双组分溶液，当总压不高时，由式(7-11)可得

$$\frac{y_A}{y_B} = \alpha \frac{x_A}{x_B} \text{ 或 } \frac{y_A}{1-y_A} = \alpha \frac{x_A}{1-x_A}$$

由上式解出 y，并略去下标，可得

$$y = \frac{\alpha x}{1+(\alpha-1)x} \tag{7-13}$$

若 α 为已知时，可利用式(7-13)求得 y-x 关系，式(7-13)称为气液平衡方程。

不同相对挥发度下理想溶液的相平衡曲线如图 7-1 所示。若 $\alpha > 1$，表示组分 A 比 B 容易挥发，α 越大，挥发度差异越大，分离越容易。若 $\alpha = 1$，由式(7-13)可知 $y = x$，即气相组成等于液相组成，此时不能用普通精馏方法分离该混合液。因此，相对挥发度 α 的大小可以用来判断某混合液是否能用蒸馏方法加以分离及分离的难易程度。

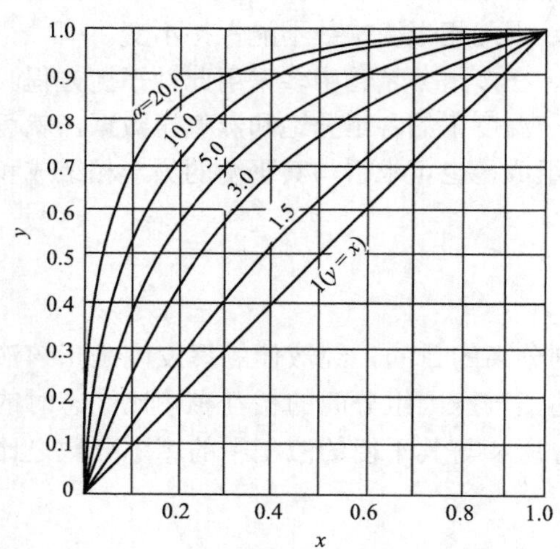

图 7-1　不同相对挥发度下理想溶液的相平衡曲线

7.1.2　双组分理想溶液的气液平衡相图

相图可以直观清晰地表达气液相平衡关系，而且影响蒸馏的因素可在相图上直接反映出来，应用于双组分蒸馏中更为方便。蒸馏中常用的相图有恒压下的温度-组成图和气液平衡图。

1. 温度-组成(t-x-y)图

蒸馏操作通常在一定的外压下进行，溶液的平衡温度随组成而变。溶液的平衡温度-组成图是分析蒸馏原理的理论基础。

常压(101.33kPa)下，苯-甲苯混合液的平衡温度-组成关系如图 7-2 所示。图中以 t 为纵坐标，以 x 或 y 为横坐标。图中有两条曲线，下曲线为 t-x 线，表示混合液的平衡温度 t 与液相组成 x 之间的关系，称为饱和液体线。上曲线为 t-y 线，表示混合气的平衡温度与气相组成 y 之间的关系，称为饱和蒸气线。

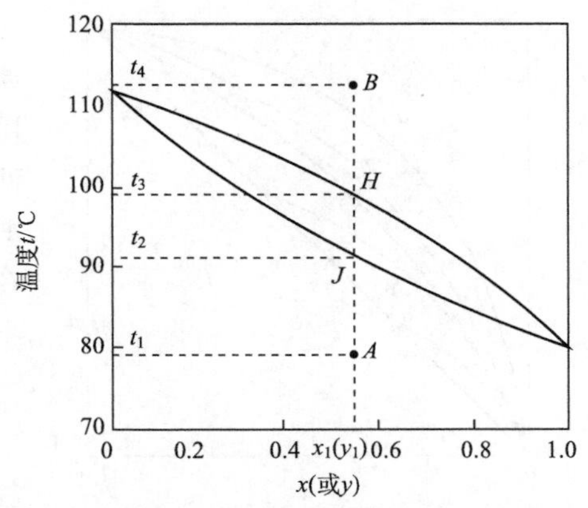

图 7-2 苯-甲苯混合液的 t-x-y 图

上述两条曲线将 t-x-y 图分成三个区域。饱和液体线下方的区域代表未沸腾的液体，称为液相区；饱和蒸气线上方的区域代表过热蒸气，称为过热蒸气区；两条曲线包围的区域表示气、液两相同时存在，称为气液共存区。

若将温度为 t_1、组成为 x_1(图中点 A)的混合液加热，当温度升高到 t_2(点 J)时，溶液开始沸腾，此时产生第一个气泡，相应的温度称为泡点温度，因此饱和液体线又称泡点线。同样，若将温度为 t_4、组成为 y_1(点 B)的过热蒸气冷却，当温度降到 t_3(点 H)时，混合气开始冷凝产生第一滴液体，相应的温度称为露点温度，因此饱和蒸气线又称露点线。

由图 7-2 可见，气、液两相呈平衡状态时，气、液两相的温度相同，但气相组成大于液相组成。若气、液两相组成相同，则气相露点温度总是大于液相的泡点温度。

2. 气液平衡(y-x)图

蒸馏计算中，除使用温度-组成图外，还经常使用气液平衡图。该图表示在一定外压下，气相组成 y 和与其平衡的液相组成 x 之间的关系，又称为 y-x 图。

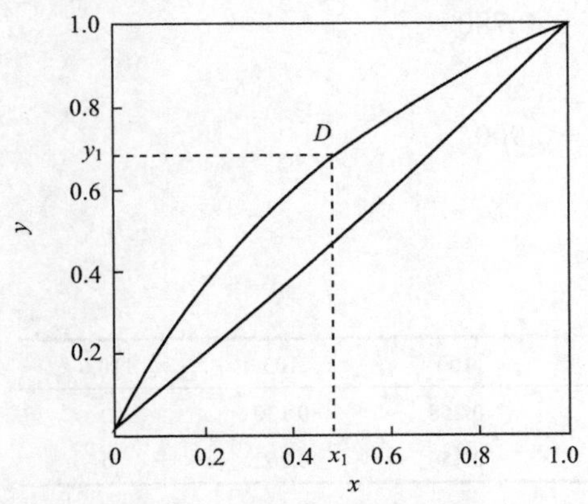

图 7-3 苯-甲苯混合液的 y-x 图

常压(101.33kPa)下，苯-甲苯混合液的气液平衡关系如图 7-3 所示。图中以 x 为横坐标，y 为纵坐标，曲线表示液相组成和与其平衡的气相组成间的关系。图中对角线是 $x=y$ 的直线，用于查图时参考。对于大多数溶液，两相达到平衡时，y 总是大于 x，故平衡线位于对角线上方，平衡线偏离对角线越远，表示该溶液越易分离。

y-x 图可以通过 t-x-y 图作出。图 7-3 就是依据图 7-2 上相应的 x 和 y 的数据标绘而成的。许多常见的双组分溶液在常压下实测出的 y-x 平衡数据可从物理化学或化工手册中查取。

应当指出，上述平衡曲线是在恒定总压下测得的。对于同一物系，混合液的平衡温度越高，各组分间挥发度差异越小，即相对挥发度 α 越小，因此蒸馏压强越高，泡点也随之升高，相对挥发度 α 减小，分离变得困难。

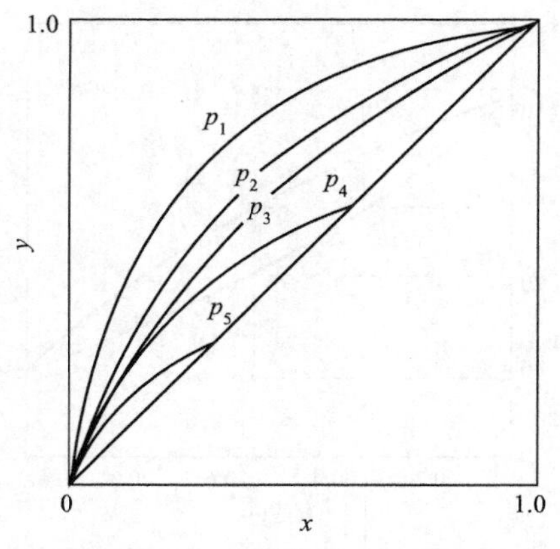

图 7-4 总压对相平衡的影响

图 7-4 表示压强对相平衡曲线的影响。当总压低于两纯组分的临界压强时，蒸馏可在全含量(x = 0～1.0)范围内操作。当压强高于易挥发组分的临界压强时，气液两相共存区缩小，蒸馏分离只能在一定浓度范围内进行，即不可能得到易挥发组分的高纯度产物。但实验也表明，在总压变化范围为20%～30%条件下，y-x 平衡曲线变动不超过 2%，因此在总压变化不大时，外压对平衡曲线的影响可忽略。

【例 7-1】 苯(A)与甲苯(B)的饱和蒸气压和温度的关系数据如本题附表 1 所示。试利用拉乌尔定律和相对挥发度，分别计算苯-甲苯混合液在总压 P 为 101.33kPa 下的气液平衡数据，并作出温度-组成图。该溶液可视为理想溶液。

例 7-1 附表 1

温度/℃	80.1	85	90	95	100	105	110.6
p_A^0 /kPa	101.33	116.9	135.5	155.7	179.2	204.2	240.0
p_B^0 /kPa	40.0	46.0	54.0	63.3	74.3	86.0	101.33

解 (1) 利用拉乌尔定律计算气液平衡数据，在某一温度下由本题附表 1 可查得该温度下纯组分苯与甲苯的饱和蒸气压 p_A^0 与 p_B^0，由于总压 P 为定值，即 $P = 101.33\text{kPa}$，则应用式(7-4)求液相组成 x，再应用式(7-5b)求平衡的气相组成 y，即可得到一组标绘平衡温度-组成(t-x-y)图的数据。

以 $t = 85℃$为例，计算过程如下：

$$x = \frac{P - p_B^0}{p_A^0 - p_B^0} = \frac{101.33 - 46.0}{116.9 - 46.0} = 0.780$$

$$y = \frac{p_A^0}{P}x = \frac{116.9}{101.33} \times 0.780 = 0.900$$

其他温度下的计算结果列于本题附表 2 中。

例 7-1 附表 2

t/℃	80.1	85	90	95	100	105	110.6
x	1.000	0.780	0.581	0.412	0.258	0.130	0
y	1.000	0.900	0.777	0.633	0.456	0.262	0

根据以上数据，可标绘得到如图 7-2 所示的 t-x-y 图。

(2) 利用相对挥发度计算气液平衡数据。因苯-甲苯混合液为理想溶液，故其相对挥发度可用式(7-12)计算，即

$$\alpha = \frac{p_A^0}{p_B^0}$$

以 85℃为例，则

$$\alpha = \frac{116.9}{46.0} = 2.54$$

其他温度下的 α 值列于本题附表 3 中。

例 7-1 附表 3

t/℃	80.1	85	90	95	100	105	110.6
α		2.54	2.51	2.46	2.41	2.37	
x	1.000	0.780	0.581	0.412	0.258	0.130	0
y	1.000	0.897	0.773	0.633	0.461	0.269	0

通常，在利用相对挥发度法求 x-y 关系时，可取温度范围内的平均相对挥发度。在本题条件下，附表 3 中两端温度下的 α 数据应除外(因对应的是纯组分，即为 x-y 曲线上两端点)，因此可取温度为 85℃和 105℃下的 α 平均值，即

$$\alpha_m = \frac{2.54 + 2.37}{2} = 2.46$$

将平均相对挥发度代入式(7-13)中，即

$$y = \frac{\alpha x}{1 + (\alpha - 1)x} = \frac{2.46x}{1 + 1.46x}$$

并按附表 2 中的各 x 值，由上式计算出气相平衡组成 y，计算结果也列于附表 3 中。

比较本题附表 2 和附表 3，可以看出两种方法求得的 x-y 数据基本一致。对于双组分溶液，利用平均相对挥发度表示气液平衡关系比较简单。

7.2　平衡蒸馏和简单蒸馏

7.2.1　平衡蒸馏

平衡蒸馏又称为闪蒸，其工艺流程如图 7-5 所示。操作时，原料液连续输入加热器，加热至一定温度后经节流阀突然减压至规定压强，部分料液迅速气化，产生气液两相，并在分离器中分开，从而在塔顶和塔底分别得到易挥发组分浓度较高的塔顶产品和易挥发组分浓度较低的塔底产品。

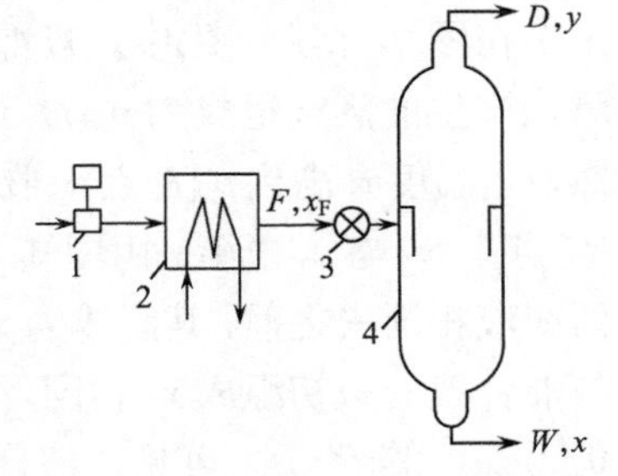

图 7-5　平衡蒸馏装置

1. 泵；2. 加热器；3. 节流阀；4. 分离器

平衡蒸馏时的压强较低，溶液可在较低的温度下沸腾，且部分料液气化所需的潜热来自液体降温放出的显热，因而无须另行加热。蒸气与残液处于恒定压强与温度下，并呈气液平衡状态。平衡蒸馏过程是一种单级分离过程，不能得到高纯组分。但平衡蒸馏是一种连续稳态过程，因而生产能力

较大，在石油化工等大规模工业生产中应用较为广泛。

7.2.2 简单蒸馏

简单蒸馏的工艺流程如图 7-6 所示。操作时，将原料液加入蒸馏釜，在恒定压强下加热至沸腾，使液体不断气化，产生的蒸气经冷凝后作为塔顶产品。设溶液的相对挥发度大于 1，则在蒸馏过程中，任一时刻产生的平衡蒸气中易挥发组分的含量都高于溶液中易挥发组分的含量。随着蒸馏过程的进行，釜内物料中易挥发组分的含量不断下降，因而产生的蒸气中易挥发组分的含量也不断下降。因此，产品通常是按不同的组成范围分罐收集，其最高浓度相当于初始原料液在泡点下的平衡组成，而实际产品浓度是某一阶段的平均浓度。当釜液组成达到规定要求时即一次排出。显然，简单蒸馏过程是一个典型的非稳态过程。

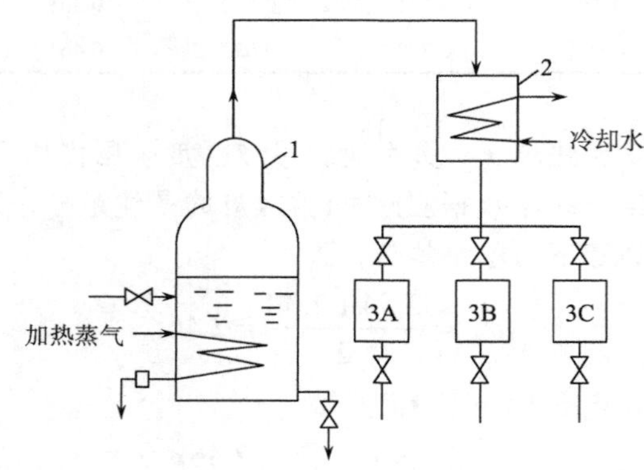

图 7-6 简单蒸馏装置

1. 蒸馏釜；2. 冷凝器；3A、3B、3C. 馏出液收集器

简单蒸馏过程是一种单级分离过程。由于液体混合物仅进行一次部分气化或冷凝，因而不能实现组分之间的完全分离，故仅适用于沸点差较大的易分离物系及分离要求不高的场合，如多组分混合液的初步分离等。

7.3 精馏原理和流程

7.3.1 多次部分气化、部分冷凝

在图 7-7(t-x-y 图)中，若将温度为 t_1、组成为 x_F 的溶液(A 点)加热到 t_2 (J 点)，液体开始沸腾，产生的蒸气组成为 y_1 (D 点)。y_1 与 x_F 平衡，且 $y_1 > x_F$。若不从物系中取出物料继续加热，当温度升高到 t_3 (E 点)，物系内气液两相共存，液相的组成为 x_2 (F 点)，气相的组成为 y_2 (G 点)，y_2 与 x_2 平衡，由图知 $y_2 > x_2$。若再继续升高温度到 t_4 (H 点)时，液相终于完全消失，而在液相消失之前，其组成为 x_3 (C 点)。这时的蒸气量与最初的混合液量相等，蒸气的组成 y_3 与混合液的最初组成 x_F 相同。若再加热到 H 点以上蒸气成为过热蒸气，温度升高组成不变，仍为 y_3，等于 x_F。可见，部分气化(自 J 点向上至 H 点以下的加热过程)和部分冷凝(自 H 点向下至 J 点以上的冷凝过程)可使混合液分离，获得一定量的液体和蒸气，两者的浓度有较显著的差异。若将其蒸气和液体分开，蒸气进行多次部分冷凝，如图 7-8 所示，最后所得蒸气

V_n 含易挥发组分极高(图 7-9 中 y_n)。液体进行多次地部分气化，最后得到的液体(L'_m)几乎不含易挥发组分(图 7-9 中 x'_m)。可见，多次进行部分气化和部分冷凝是使混合液得以完全分离的必要条件。

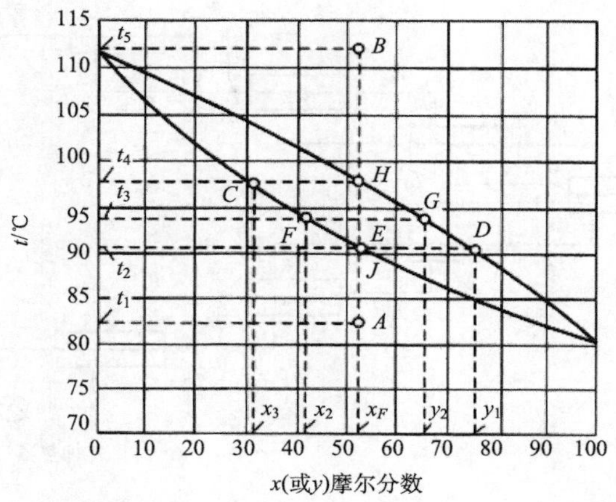

图 7-7　部分气化与部分冷凝

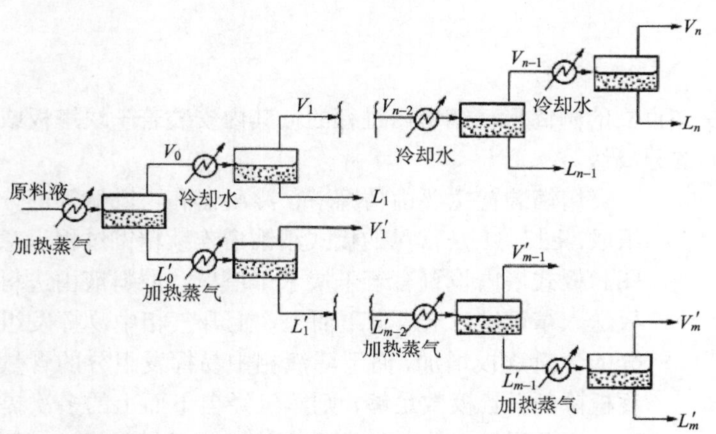

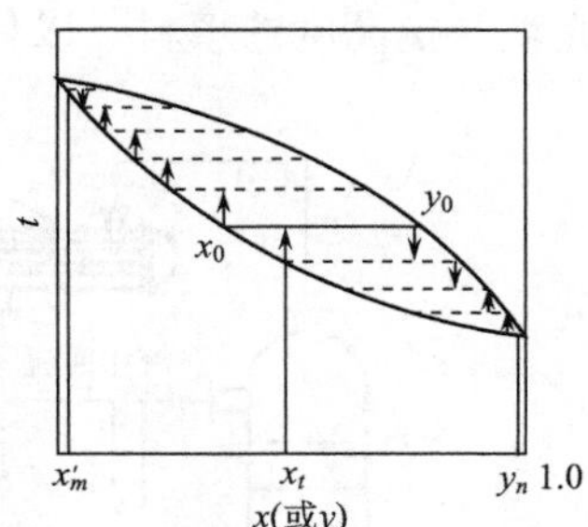

图 7-8　多次部分气化、多次部分冷凝示意图

图 7-9　在 t-x-y 图上示出初、终组分

虽然图 7-8 中所示方法能使混合物分离为几乎纯净的两个组分，但是也存在明显缺陷。首先是分离过程中会产生许多中间馏分，从而使最终产品的收率很低；其次是需要许多部分气化器和部分冷凝器，因而设备繁多，流程复杂，并需消耗大量的加热剂和冷却剂，能量消耗很大，因此工业上不能采用这样的流程。为了改善上述缺点，可将中间产物重新引回分离过程中，即将部分冷凝的液体 L_1、L_2 和部分气化的蒸气 V'_1、V'_2 分别送回与它们组成接近的前一分离器中，如图 7-10 所示。为得到回流的液体 L_n，图 7-10 上半部最上一级还需设置部分冷凝器。为获得上升的蒸气 $V'_{\rm m}$，图 7-10 下半部最下一级还需装置部分气化器。这样，对任一分离器有来自下一级的蒸气和来自上一级的液体，液气两相在本级接触，蒸气部分冷凝同时液体部分气化，又产生新的气液两相。蒸气逐级上升，液体逐级返回下一级。除最上和最下一级之外的其他中间各级既可省去部分冷凝器又无需部分气化器。因此，回流是保证精

馏过程能够连续稳定操作的必要条件之一。

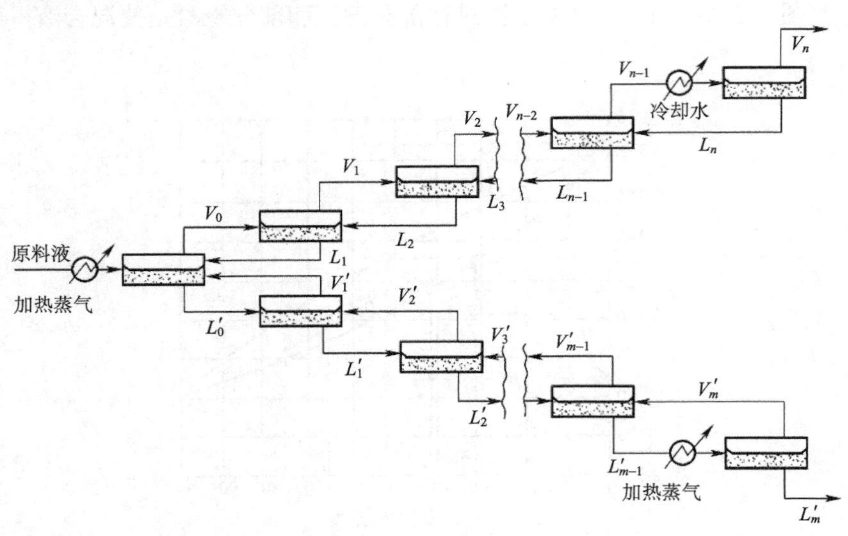

图 7-10　有回流的多次部分气化冷凝示意图

7.3.2　精馏塔分离过程

实际工业生产中，精馏过程是在直立的圆筒形精馏塔内进行的，其内安装若干块塔板或充填一定高度的填料，以代替中间的分离级。

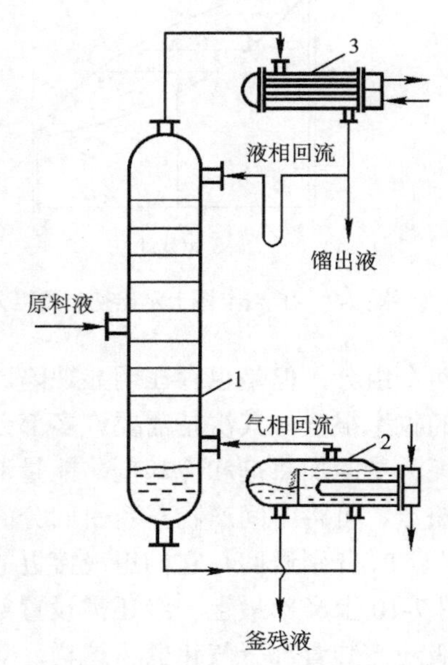

图 7-11　板式精馏塔连续精馏过程示意图

1. 精馏塔；2. 再沸器；3. 冷凝器

精馏装置主要由精馏塔、冷凝器和再沸器等部分组成，图 7-11 是常见的板式精馏塔连续精馏过程示意图。板式塔内设置有若干块水平塔板。原料液由进料板送入精馏塔。全塔自下而上，上升气相中易挥发组分的含量逐板增加，而下降液相中易挥发组分的含量逐板降低。若板数足够，则蒸气经自下而上的多次提浓，从塔顶引出的蒸气几乎为纯净的易挥发组分，经冷凝后一部分作为塔顶产品(馏出液)引出，另一部分作为回流返回顶部塔板。同理，液体经自上而下的多次变稀，在再沸器中部分气化后所剩的液体几乎为纯净的难挥发组分，可作为塔底产品(釜液或残液)引出，而部分气化所得的蒸气则作为上升气相引至最底层塔板的下部。

精馏是气液两相间的传质过程，对于任一块塔板，若缺少气相或液相，精馏过程都将无法进行。因此，塔顶回流和塔底再沸器产生的上升蒸气是保证精馏过程能够连续稳定进行的必要条件。

若某块塔板上的液体组成与原料液组成相等或相

近，原料液就由此板引入，该板称为加料板，其上的部分称为精馏段，加料板及以下的部分称为提馏段。精馏段起使原料中易挥发组分增浓的作用，提馏段则起回收原料中易挥发组分的作用。

精馏是组分在气相和液相间的传质过程，任一块塔板若缺少气相或液相，过程将无法进行。对塔顶第一层板有其下第二层板上升的蒸气，缺少下降液体，回流正是为第一层板提供下降液体。由第二层塔板上升的蒸气浓度已相当高了，根据相平衡原理，与气相接触的液相浓度也应很高才行。显然，用塔顶冷凝液的一部分作为回流液是最简便的方法。

塔底最下一块塔板虽有其上一块塔板下流的液体，为保证操作进行还要有上升蒸气，根据相平衡原理，与塔板上液体接触的蒸气浓度也应很低。因此，将再沸器部分气化的蒸气引入最下一层塔板，正是为它提供低浓度的上升蒸气。塔顶回流、塔底上升蒸气是保证精馏过程连续、稳定操作的充分必要条件。

7.3.3　塔板的作用

最简单的塔板结构(图 7-12)是在圆板上开有许多小孔作为蒸气的通道，液体在重力作用下由上层塔板沿降液管流下，横向流过本层塔板再由降液管流至下层塔板；蒸气在压强差作用下由小孔穿过板上液层。若以任意第 n 层塔板为例，其上为 $n-1$ 板，其下为 $n+1$ 板，在第 n 块板上有来自第 $n-1$ 块板组成为 x_{n-1} 的液体(图 7-13 上的 P 点)与来自第 $n+1$ 块板组成为 y_{n+1} 的蒸气(图 7-13 上的 G 点)接触。由于 x_{n-1} 和 y_{n+1} 不平衡，而且蒸气的温度(t_{n+1})比液体的温度(t_{n-1})高，因而组成为 y_{n+1} 的蒸气在第 n 块板上部分冷凝，使组成为 x_{n-1} 的液体部分气化，在第 n 块板上发生热量交换。如果这两股流体密切而又充分地接触，离开塔板的气液两相达到平衡(O 点)，其气液平衡组成分别为 y_n 和 x_n，气相组成 $y_n > y_{n+1}$，液相组成 $x_n < x_{n-1}$，即每一块塔板所产生的气相中易挥发组分的浓度较下一块板增加，所产生的液相中易挥发组分的浓度较上一块板减少。换言之，在任一塔板上易挥发组分由液相转移至气相，而难挥发组分从气相转移到液相。故塔板上发生物质传递的过程，显然塔板又是质量交换的场所。若该板上冷凝 1mol 蒸气放出的热量正好气化 1mol 液体，则这种精馏过程又常称为等摩尔逆向扩散过程。

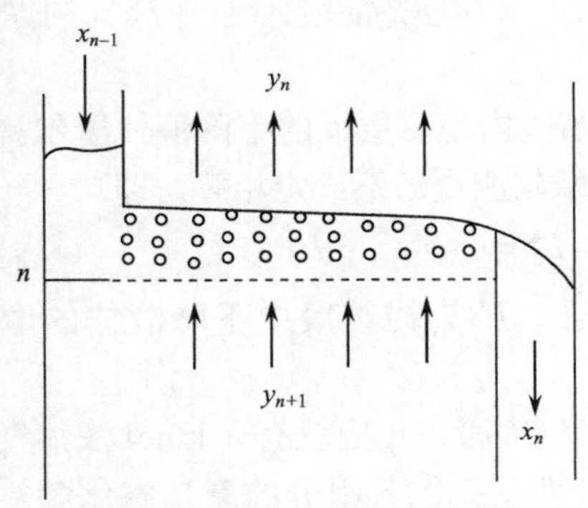

图 7-12　第 n 块塔板的操作情况

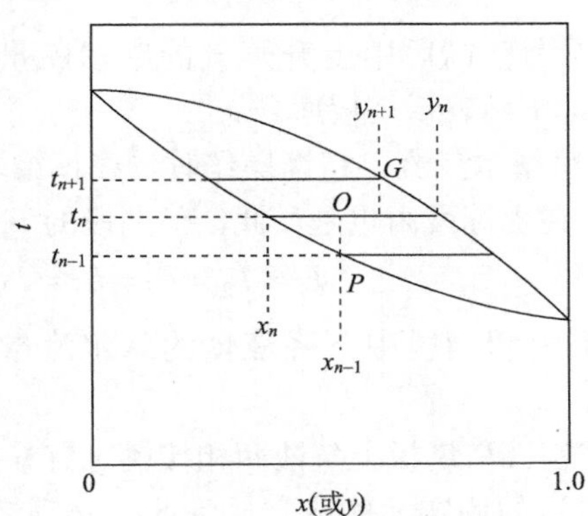

图 7-13　第 n 块塔板组成在 t-x-y 图上的表示

7.4 双组分连续精馏的计算

实际生产中的蒸馏过程多为精馏过程，本节主要讨论双组分连续精馏塔的工艺计算。一般情况下，原料液的处理量、组成及分离要求均由生产任务规定，此时工艺计算内容包括确定馏出液及釜液的流量和组成、塔板数或填料高度、加料板的位置、塔高等。

7.4.1 理论板的概念及恒摩尔流假定

1. 理论板

理论板是指离开这种板的气液两相互成平衡，而且塔板上的液相组成也可视为均匀的。例如，对于任意第 n 层理论板，离开该板的液相组成 x_n 与气相组成 y_n 符合平衡关系。实际上，由于塔板上气液间接触面积和接触时间是有限的，因此在任何形式的塔板上气液两相都难以达到平衡状态，也就是说理论板是不存在的。理论板仅作为衡量实际板分离效率的依据和标准，它是一种理想板。通常，在设计中先求得理论板层数，然后用塔板效率予以校正，即可求得实际板层数。总之，引入理论板的概念对精馏过程的分析和计算是十分有用的。

若已知某系统的气液平衡关系，则离开理论板的气液两相组成 y_n 与 x_n 之间的关系已确定。若能再知道由任意板下降液体的组成 x_n 及由它的下一层板上升的蒸气组成 y_{n+1} 之间的关系，则塔内各板的气液相组成可逐板确定，即可求得在指定分离要求下的理论板层数。而 y_{n+1} 与 x_n 之间的关系是由精馏条件决定的，这种关系可由物料衡算求得，称为操作关系。

2. 恒摩尔流假定

由于精馏过程是既涉及传热又涉及传质的过程，相互影响的因素较多，为了简化计算，通常假定塔内为恒摩尔流动：

(1) 恒摩尔气流。精馏操作时，在精馏塔的精馏段内，每层板的上升蒸气摩尔流量都是相等的，在提馏段内也是如此，但两段的上升蒸气摩尔流量却不一定相等，即

$$V_1 = V_2 = \cdots = V_n = V, \qquad V_1' = V_2' = \cdots = V_\mathrm{m}' = V' \tag{7-14}$$

式中，V 为精馏段中上升蒸气的摩尔流量(kmol/h)；V' 为提馏段中上升蒸气的摩尔流量(kmol/h)；下标表示塔板序号。

(2) 恒摩尔液流。精馏操作时，在精馏塔的精馏段内，每层板的下降液体摩尔流量都是相等的，在提馏段内也是如此，但两段的下降液体摩尔流量却不一定相等，即

$$L_1 = L_2 = \cdots = L_n = L, \qquad L_1' = L_2' = \cdots = L_\mathrm{m}' = L' \tag{7-15}$$

式中，L 为精馏段中下降液体的摩尔流量(kmol/h)；L' 为提馏段中下降液体的摩尔流量(kmol/h)。

若在精馏塔塔板上气液两相接触时有 n kmol 蒸气冷凝，相应就有 n kmol 液体气化，这样恒摩尔流的假定才能成立。为此，必须满足的条件是：①各组分的摩尔气化潜热相等；②气液接触时因温度不同而交换的显热可以忽略；③塔设备保温良好，热损失可以忽略。

精馏操作时，恒摩尔流虽是一项假设，但某些系统能基本符合上述条件，因此可将这些

系统在精馏塔内的气液两相视为恒摩尔流动。

7.4.2　物料衡算和操作线方程

1. 全塔物料衡算

以单位时间为基准，对如图 7-14 所示的连续精馏塔做全塔物料衡算，即

总物料
$$F = D + W \tag{7-16}$$

易挥发组分
$$Fx_F = Dx_D + Wx_W \tag{7-17}$$

式中，F 为原料液的摩尔流量(kmol/h)；D 为塔顶产品(馏出液)的摩尔流量(kmol/h)；W 为塔底产品(釜残液)的摩尔流量(kmol/h)；x_F 为原料液中易挥发组分的摩尔分数；x_D 为馏出液中易挥发组分的摩尔分数；x_W 为釜残液中易挥发组分的摩尔分数。

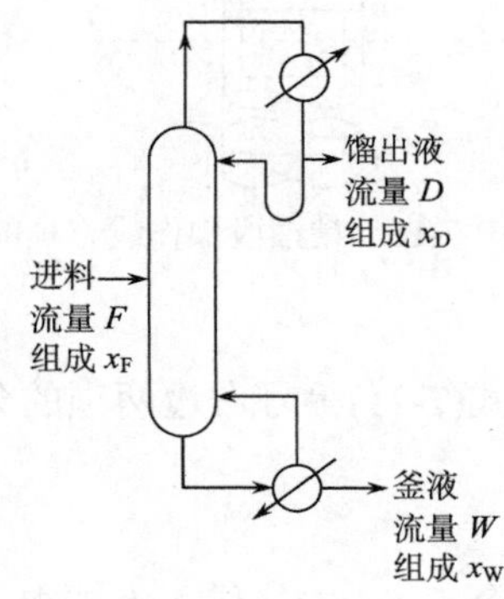

图 7-14　精馏塔的物料衡算

在精馏计算中，分离程度除用两产品的摩尔分数表示外，有时还用回收率表示，即

$$塔顶易挥发组分回收率=\frac{Dx_D}{Fx_F}\times 100\% \tag{7-18a}$$

$$塔底难挥发组分的回收率=\frac{W(1-x_W)}{F(1-x_F)}\times 100\% \tag{7-18b}$$

【例 7-2】　拟用连续精馏塔分离苯和甲苯混合液。已知混合液的进料流量为 175kmol/h，其中含苯 0.44(摩尔分数，下同)，其余为甲苯。要求釜残液中含苯不高于 2.35%，塔顶馏出液中苯的回收率为 97.1%。试求馏出液和釜残液的流量及组成。

解　依题意知

$$Dx_D = Fx_F \times 0.971 \tag{a}$$

所以

$$Dx_D = 175 \times 0.44 \times 0.971 \tag{b}$$

全塔物料衡算

$$D + W = F = 175$$
$$Dx_D + Wx_W = Fx_F$$

或

$$Dx_D + 0.0235W = 175 \times 0.44 \tag{c}$$

联立式(a)、式(b)、式(c)，解得

$$D = 80.0\text{kmol/h},\qquad W = 95.0\text{kmol/h},\qquad x_D = 0.935$$

2. 精馏段操作线方程

对于连续精馏塔，由于原料液不断地进入塔内，故精馏段和提馏段的操作关系是不相同的，应分别予以讨论。

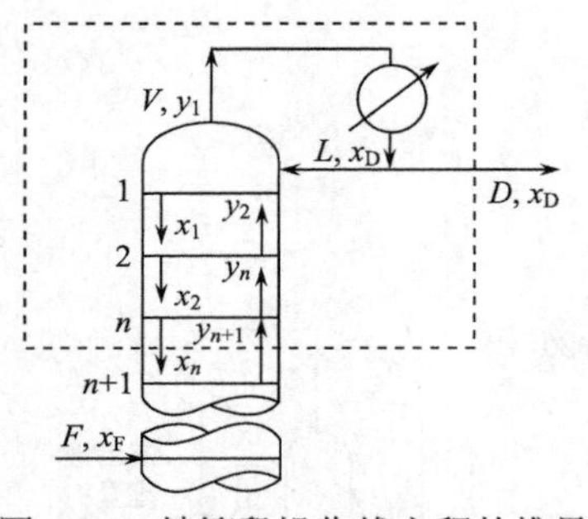

图 7-15　精馏段操作线方程的推导

按图 7-15 虚线范围(包括精馏段的第 $n+1$ 层板以上塔段及冷凝器)做物料衡算，以单位时间为基准，即

总物料　　$V = L + D$　　(7-19)

易挥发组分　　$Vy_{n+1} = Lx_n + Dx_D$　　(7-20)

式中，x_n 为精馏段中第 n 层板下降液体中易挥发组分的摩尔分数；y_{n+1} 为精馏段第 $n+1$ 层板上升蒸气中易挥发组分的摩尔分数。

将式(7-19)代入式(7-20)，并整理得

$$y_{n+1} = \frac{L}{L+D}x_n + \frac{D}{L+D}x_D \tag{7-21}$$

式(7-21)等号右边两项的分子及分母同时除以 D，则

$$y_{n+1} = \frac{L/D}{L/D+1}x_n + \frac{1}{L/D+1}x_D$$

令 $R = L/D$，代入上式得

$$y_{n+1} = \frac{R}{R+1}x_n + \frac{1}{R+1}x_D \tag{7-22}$$

式中，R 称为回流比。根据恒摩尔流假定，L 为定值，且在稳定操作时 D 及 x_D 为定值，故 R 也是常量，其值一般由设计者选定。R 值的确定将在后面讨论。

式(7-21)与式(7-22)均称为精馏段操作线方程。此二式表示在一定操作条件下，精馏段内自任意第 n 层板下降的液相组成 x_n 与其相邻的下一层板(如第 $n+1$ 层板)上升蒸气气相组成 y_{n+1} 之间的关系。该式在 y-x 直角坐标图上为直线，其斜率为 $R/(R+1)$，截距为 $x_D/(R+1)$。

3. 提馏段操作线方程

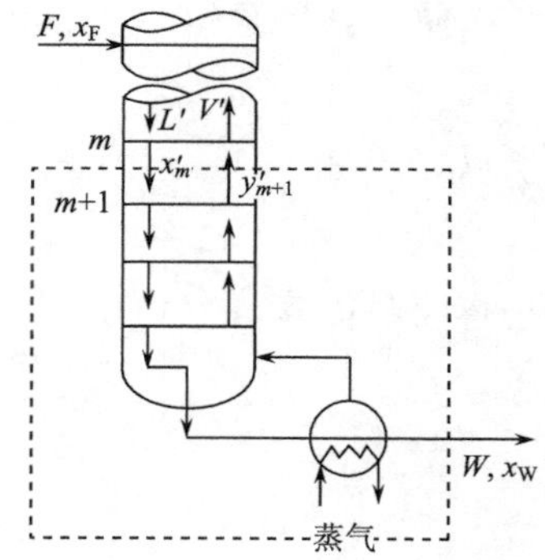

图 7-16　提馏段操作线方程的推导

按图 7-16 虚线范围(包括提馏段第 m 层板以下塔段及再沸器)做物料衡算，以单位时间为基准，即

总物料　　$L' = V' + W$　　(7-23)

易挥发组分　　$L'x'_m = V'y'_{m+1} + Wx_W$　　(7-24)

式中，x'_m 为提馏段第 m 层板下降液体中易挥发组分的摩尔分数；y'_{m+1} 为提馏段第 $m+1$ 层板上升蒸气中易挥发组分的摩尔分数。

将式(7-23)代入式(7-24)，并整理可得

$$y'_{m+1} = \frac{L'}{L'-W}x'_m - \frac{W}{L'-W}x_W \tag{7-25}$$

式(7-25)称为提馏段操作线方程。此式表示在一定操作条件下提馏段内自任意第 m 层板下降液体组成 x'_m 与其相邻的下层板(第 $m+1$ 层)上升蒸气组成 y'_{m+1} 之间的关系。根据恒摩尔流的假定，L' 及 V' 均为定值，对于连续稳态操作，W 和 x_W 也为定值，故式(7-25)在 y-x 图上也是一条直线。

应予指出，提馏段的液体流量L'不如精馏段的回流液流量 L 那样容易求得，因为L'除与L有关外，还受进料量及进料热状况的影响。

7.4.3　进料热状况的影响

在实际生产中，加入精馏塔中的原料液可能有五种热状况：①温度低于泡点的冷液体；②泡点下的饱和液体；③温度介于泡点和露点之间的气液混合物；④露点下的饱和蒸气；⑤温度高于露点的过热蒸气。

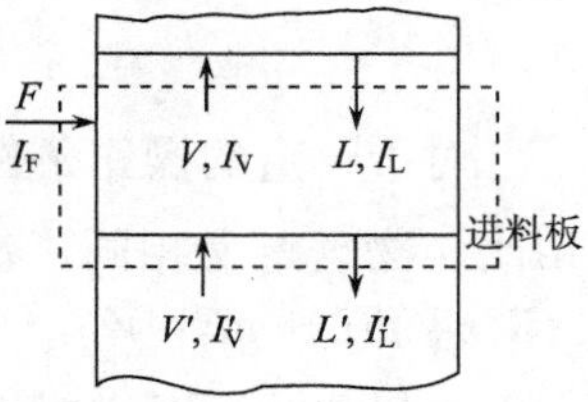

图 7-17　进料板上的物料衡算和热量衡算

为了分析问题方便，首先通过对如图 7-17 所示的加料板进行物料衡算和热量衡算，确定进料热状况参数。

$$F + V' + L = V + L' \tag{7-26}$$

$$FI_F + V'I'_V + LI_L = VI_V + L'I'_L \tag{7-27}$$

式中，I_F为原料液的焓(kJ/kmol)；I_V、I'_V分别为进料板上、下处饱和蒸气的焓(kJ/kmol)；I_L、I'_L分别为进料板上、下处饱和液体的焓(kJ/kmol)。

由于塔中液体和蒸气都呈饱和状态，且进料板上下处的温度及气液相组成各自都比较相近，故

$$I_V \approx I'_V \text{ 及 } I_L \approx I'_L$$

于是，式(7-27)可改写为

$$FI_F + V'I_V + LI_L = VI_V + L'I_L$$

整理得

$$(V - V')I_V = FI_F - (L' - L)I_L$$

将式(7-26)代入上式，可得

$$[F - (L' - L)]I_V = FI_F - (L' - L)I_L$$

或

$$\frac{I_V - I_F}{I_V - I_L} = \frac{L' - L}{F} \tag{7-28}$$

令

$$q = \frac{I_V - I_F}{I_V - I_L} \approx \frac{\text{将1kmol进料变成饱和蒸气所需热量}}{\text{原料液的千摩尔气化潜热}} \tag{7-29}$$

q 值称为进料热状况参数。对各种进料热状况，均可用式(7-29)计算 q 值。

由式(7-28)、式(7-29)可得

$$L' = L + qF \tag{7-30}$$

将式(7-26)代入式(7-30)，并整理得

$$V = V' - (q - 1)F \tag{7-31}$$

由式(7-30)还可从另一方面说明 q 的意义，即以 1kmol/h 进料为基准时，提馏段中的液体流量比精馏段中液体流量增大的 kmol/h 数即为 q 值。对于饱和液体、气液混合物及饱和蒸气三种进料，q 值就等于进料中的液相分数。

引入进料热状况参数 q 也给提馏段操作线方程的计算带来了方便，将式(7-30)代入式(7-25)得

$$y'_{m+1}=\frac{L+qF}{L+qF-W}x'_m-\frac{W}{L+qF-W}x_W \tag{7-32}$$

对于一定的操作条件，式(7-32)中的 L、F、W 及 q 为已知值或易于求算的值。与式(7-25)相比，物理意义相同，在 y-x 图上为同一直线，其斜率为 $(L+qF)/(L+qF-W)$，截距为 $-(Wx_W)/(L+qF-W)$。

进料热状况对进料板上升的蒸气量及下降的液体量均有显著的影响。图 7-18 定性地表示在不同的进料热状况下，由进料板上升的蒸气及下降的液体量的变化情况。

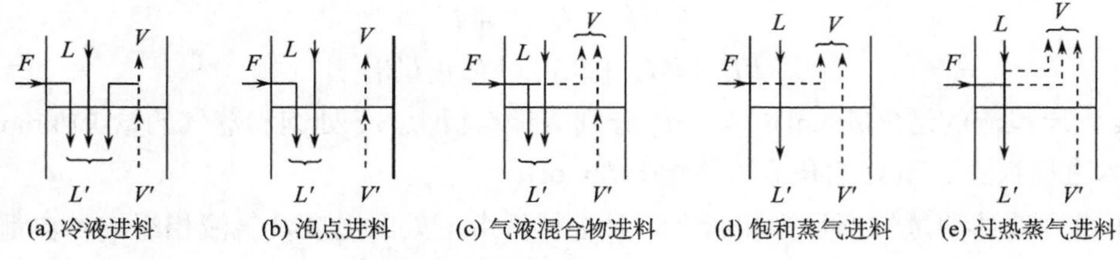

图 7-18　进料热状况对进料板上、下各流股的影响

(1) 对于冷液进料，提馏段下降液体量 L' 包括以下三部分：①精馏段的回流液流量 L；②原料液流量 F；③为将原料液加热到板上温度，自提馏段上升的部分蒸气将被冷凝，冷凝液量也成为 L' 的一部分。由于这部分蒸气的冷凝，故上升到精馏段的蒸气量 V 比提馏段的 V' 少，其差值即为冷凝的蒸气量。

(2) 对于泡点进料，由于原料液的温度与板上液体的温度相近，因此原料液全部进入提馏段，作为提馏段下降的液体，而两段的上升蒸气流量则相等，即

$$L'=L+F\,,\quad V'=V$$

(3) 对于气液混合物进料，进料中液相部分成为 L' 的一部分，而蒸气部分则成为 V 的一部分。

(4) 对于饱和蒸气进料，整个进料变为 V 的一部分，而两段的液体流量则相等，即

$$L=L'\,,\quad V=V'+F$$

(5) 对于过热蒸气进料，情况与冷液进料恰好相反，精馏段上升蒸气流量 V 包括以下三部分：①提馏段上升蒸气流量 V'；②原料液流量 F；③为将进料温度降至板上温度，自精馏段下降的部分液体将被气化，气化的蒸气量也成为 V 的一部分。由于这部分液体的气化，故下降到提馏段的液体量 L' 比精馏段的 L 少，其差值即为气化的液体量。

【例 7-3】　分离例 7-2 中的溶液时，若进料为饱和蒸气，选用的回流比 $R=2.0$，试求提馏段操作线方程，并说明操作线的斜率和截距的数值。

解　由例 7-2 知 $x_W=0.0235$，$W=95$kmol/h，$F=175$kmol/h，$D=80$kmol/h；而 $L=RD=2.0\times80=160$(kmol/h)，因露点进料，故

$$q = \frac{I_V - I_F}{I_V - I_L} = 0$$

将以上数值代入式(7-32)，即可求得提馏段操作线方程

$$y'_{m+1} = \frac{160 + 0 \times 175}{160 + 0 \times 175 - 95} x'_m - \frac{95}{160 + 0 \times 175 - 95} \times 0.0235$$

或

$$y'_{m+1} = 2.46 x'_m - 0.0343$$

该操作线的斜率为 2.46，在 y 轴上的截距为–0.0343。由计算结果可看出，本题提馏段操作线的截距值很小，一般情况下也是如此。

7.4.4　理论板层数的求法

通常，采用逐板计算法或图解法确定精馏塔的理论板层数。求算理论板层数时，必须已知原料液组成、进料热状况、操作回流比和分离程度，并利用：①气液平衡关系；②相邻两板之间气液两相组成的操作关系，即操作线方程。

1. 逐板计算法

参见图 7-19，若塔顶采用全凝器，从塔顶最上一层板(第 1 层板)上升的蒸气进入冷凝器中被全部冷凝，因此塔顶馏出液组成及回流液组成均与第 1 层板的上升蒸气组成相同，即

$$y_1 = x_D = \text{已知值}$$

由于离开每层理论板的气液两相是互成平衡的，故可由 y_1 用气液平衡方程求得 x_1。由于从下一层(第 2 层)板的上升蒸气组成 y_2 与 x_1 符合精馏段操作关系，故用精馏段操作线方程可由 x_1 求得 y_2，即

$$y_2 = \frac{R}{R+1} x_1 + \frac{x_D}{R+1} \tag{7-33}$$

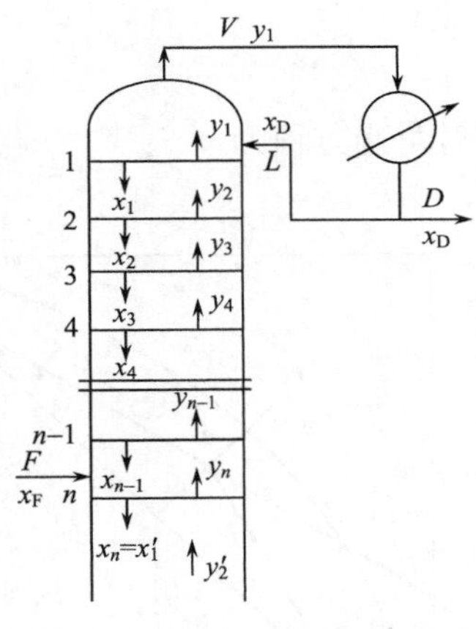

图 7-19　逐板计算法示意图

同理，y_2 与 x_2 互成平衡，即可用平衡方程由 y_2 求得 x_2，再用精馏段操作线方程由 x_2 求得 y_3，如此重复计算，直至计算到 $x_n \leqslant x_F$(仅指饱和液体进料情况)时，说明第 n 层理论板是加料板，因此精馏段所需理论板层数为$(n-1)$。应予注意，在计算过程中，每使用一次平衡关系，表示需要一层理论板。对其他进料状况，应计算到 $x_n \leqslant x_q$(x_q 为两操作线交点的横坐标)。

此后，可改用提馏段操作线方程，继续用与上述相同的方法求提馏段的理论板层数。因 $x'_1 = x_n$ =已知值，故可用提馏段操作线方程求 y'_2，即

$$y'_2 = \frac{L + qF}{L + qF - W} x'_1 - \frac{W}{L + qF - W} x_W \tag{7-34}$$

然后利用平衡方程由 y'_2 求 x'_2，如此重复计算，直至计算到 $x'_m < x_W$ 为止。因一般再沸器内气液两相视为平衡，再沸器相当于一层理论板，故提馏段所需理论板层数为$(m-1)$。

因此，对于给定的分离任务和分离要求，所需的总理论板数为

$$N_T=(n-1)+(m-1)=n+m-2 \tag{7-35}$$

式中，N_T为总理论板数(不含釜)。

逐板计算法是求解理论板数的基本方法，计算结果准确，且可同时获得各块塔板上的气液相组成。但该法较为烦琐，手算较为困难，目前多借助计算机求解。

2. 图解法

图解法求理论板层数的基本原理与逐板计算法完全相同，只是用平衡线和操作线分别代替平衡方程和操作线方程，用简便的图解代替繁杂的计算。虽然图解法的准确性较差，但因其简便，目前在双组分精馏计算中仍被广泛采用。

1) 操作线的作法

如前所述，精馏段和提馏段操作线方程在 y-x 图上均为直线。根据已知条件分别求出两条直线的截距和斜率，便可绘出这两条操作线。但实际作图还可简化，即分别找出该两直线上的固定点，如操作线与对角线的交点及两操作线的交点等，然后由这些点及各线的截距或斜率就可以分别作出两条操作线。

(1) 精馏段操作线的作法。若略去精馏段操作线方程中变量的下标，则式(7-22)可写为

$$y=\frac{R}{R+1}x+\frac{1}{R+1}x_D \tag{7-36}$$

对角线方程为

$$y=x \tag{7-37}$$

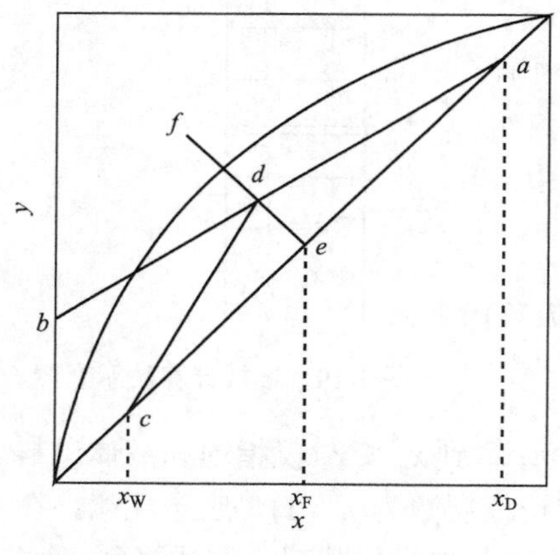

图 7-20　操作线的作法

式(7-36)与式(7-37)联立求解，可得到精馏段操作线与对角线的交点坐标为$x=x_D$、$y=x_D$，如图 7-20 中点 a 所示。根据已知的 R 及 x_D，算出精馏段操作线的截距为$x_D/(R+1)$，依此值定出该线在 y 轴的截距，如图 7-20 中点 b 所示。直线 ab 即为精馏段操作线。当然，也可以从点 a 作斜率为 $R/(R+1)$的直线 ab，得到精馏段操作线。

(2) 提馏段操作线的作法。若略去提馏段操作线方程中变量的上下标，则式(7-32)可写为

$$y=\frac{L+qF}{L+qF-W}x-\frac{W}{L+qF-W}x_W \tag{7-38}$$

式(7-38)与对角线方程[式(7-37)]联立求解，可得到提馏段操作线与对角线的交点坐标为$x=x_W$、$y=x_W$，如图 7-20 中点 c 所示。由于提馏段操作线截距的数值往往很小，交点$c(x_W，x_W)$与代表截距的点可能离得很近，作图不易准确。若利用斜率$(L+qF)/(L+qF-W)$作图，不仅较麻烦，而且在图上不能直接反映出进料热状况的影响。故通常先找出提馏段操作线与精馏段操作线的交点，将点 c 与此交点相连，即可得到提馏段操作线。两操作线的交点可由联立解两操作线方程得到。

精馏段操作线方程和提馏段操作线方程可分别用式(7-20)和式(7-24)表示，因在交点处两式中的变量相同，故可略去式中变量的上下标，即

$$Vy = Lx + Dx_D，\quad V'y = L'x - Wx_W$$

两式相减，可得

$$(V' - V)y = (L' - L)x - (Dx_D + Wx_W) \tag{7-39}$$

由式(7-17)、式(7-30)及式(7-31)知

$$Dx_D + Wx_W = Fx_F，\quad L' - L = qF，\quad V' - V = (q-1)F$$

将上述三式代入式(7-39)并整理可得

$$y = \frac{q}{q-1}x - \frac{x_F}{q-1} \tag{7-40}$$

式(7-40)称为 q 线方程或进料方程，它是描述精馏段与提馏段操作线交点轨迹的方程。该式也是直线方程，其斜率为 $q/(q-1)$，截距为 $-x_F/(q-1)$。

式(7-40)与对角线方程[式(7-37)]联立，解得交点坐标为 $x = x_F$、$y = x_F$，如图 7-20 中点 e 所示。再从点 e 作斜率为 $q/(q-1)$的直线，如图 7-20 中 ef 线，该线与 ab 线交于点 d，点 d 即为两操作线的交点。连接 c 和 d，cd 线即为提馏段操作线。

(3) 进料热状况对 q 线及操作线的影响。进料热状况不同，q 值及 q 线的斜率也就不同，故 q 线与精馏段操作线的交点因进料热状况不同而变动，提馏段操作线的位置也就随之变化。当进料组成、回流比及分离要求一定时，进料热状况对 q 线及操作线的影响如图 7-21 所示。

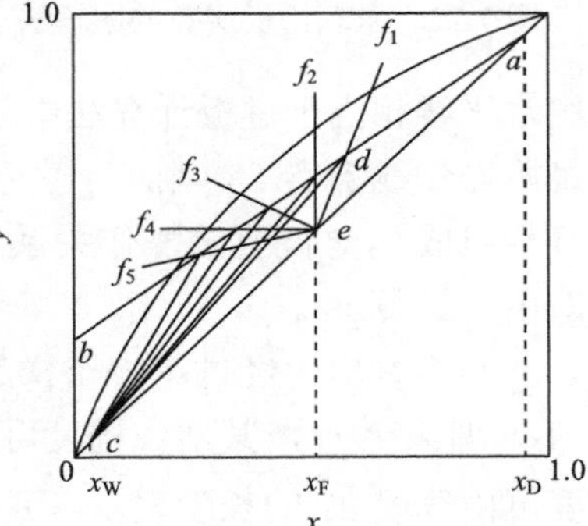

图 7-21　进料热状况对 q 线的影响

不同的进料热状况对 q 值及 q 线的影响见表 7-1 及图 7-21。

表 7-1　进料热状况对 q 值及 q 线的影响

进料热状况	进料的焓 I_F	q 值	$\frac{q}{q-1}$	q 线在 x-y 图上位置
冷液体	$I_F<I_L$	>1	+	ef_1(↗)
饱和液体	$I_F=I_L$	1	∞	ef_2(↑)
气液混合物	$I_L<I_F<I_V$	$0<q<1$	−	ef_3(↖)
饱和蒸气	$I_F=I_V$	0	0	ef_4(←)
过热蒸气	$I_F>I_V$	<0	+	ef_5(↙)

2) 图解方法

理论板层数的图解方法如图 7-22 所示，可按下列步骤进行：

(1) 平衡曲线和对角线。在直角坐标纸上绘出待分离双组分物系的平衡曲线，并作出对角线，如图 7-22 所示。

(2) 精馏段操作线。作垂直线 $x = x_D$，交对角线于 a 点。过 a 点作截距为 $x_D/(R+1)$的直线，得精馏段操作线 ab。

(3) 进料线。作垂直线 $x = x_F$，交对角线于 e 点。过 e 点作斜率为 $q/(q-1)$或截距为 $-x_F/(q-1)$的直线，得进料线 ef，该线与精馏段操作线相交于 d 点。

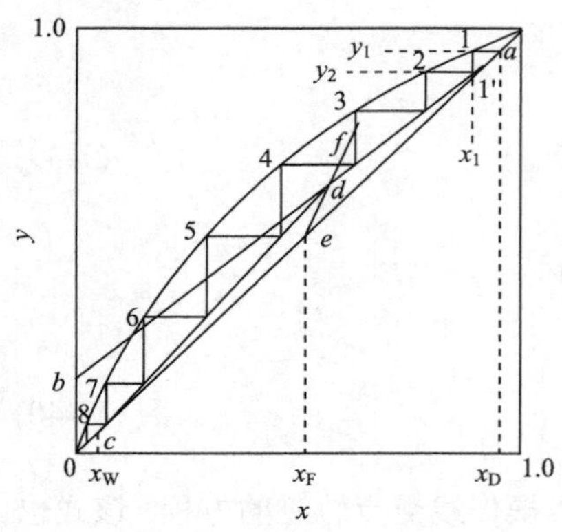

图 7-22　求理论板层数的图解法

(4) 提馏段操作线。作垂直线 $x = x_W$，交对角线于 c 点，连接 c、d 两点即得提馏段操作线 cd。

(5) 直角梯级，求理论板数。从 a 点开始在精馏段操作线与平衡线之间绘制由水平线和铅垂线构成的梯级。当梯级跨过两操作线的交点 d 时，则改在提馏段操作线与平衡线之间绘制梯级，直至梯级的铅垂线达到或跨过 c 点为止。

每一个梯级均代表一块理论板。现以第一个梯级为例，对此做简要分析。图 7-22 中 a 点表示第一块理论板的上升蒸气组成 $y_1 = x_D$。由 a 点引水平线交平衡线于点 1，则点 1 表示气相组成 y_1 与液相组成 x_1 互成平衡。因此，引水平线相当于逐板计算法中使用了一次平衡关系，即由 y_1 计算 x_1，再由点 1 引垂直线交精馏段操作线于点 1′，则点 1′表示自第一块理论板下降的液相组成 x_1 与自第二块理论板上升的气相组成 y_2 之间互成操作关系。因此，引垂直线相当于逐板计算法中使用了一次操作关系，即由 x_1 计算 y_2。

不难看出，经过第一个梯级后，组成为 x_D 的液相与组成为 y_2 的气相接触后，气相浓度由 y_2 增大至 y_1，其增大程度可由线段 11′ 的长度表示；液相浓度由 x_D 减小至 x_1，其减小程度可由线段 a1 的长度表示，可见，第一个梯级即相当于第一块理论板。依此类推，每一个梯级均相当于一块理论板。图 7-22 中共有 7 个梯级，其中的第 4 级跨过 d 点，表示第 4 块塔板为加料板，故精馏段的理论板数为 3，由于再沸器相当于一块理论板，故提馏段的理论板数也为 3。可见，该精馏过程共需 6 块理论板(不包括再沸器)。这种图解理论板层数的方法称为麦克布-蒂利(McCabe-Thiele)法，简称 M-T 法。

有时从塔顶出来的蒸气先在分凝器中部分冷凝，冷凝液作为回流，未冷凝的蒸气再用全凝器冷凝，凝液作为塔顶产品。因为离开分凝器的气相与液相可视为互相平衡，故分凝器也相当于一层理论板。此时，精馏段的理论板层数应比相应的梯级数少 1。

由图 7-21 和图 7-22 可知，当其他条件不变时，q 值越小，两操作线的交点越接近平衡线，因而绘出的梯级数就越多，即所需的理论板数越多。

3. 适宜的进料位置

如前所述，图解过程中当某梯级跨过两操作线交点时，应更换操作线。跨过交点的梯级即代表适宜的加料板(逐板计算时也相同)，这是因为对于一定的分离任务，如此作图所需的理论板层数最少。

如图 7-23(a)所示，若梯级已跨过两操作线的交点 e 而仍在精馏段操作线和平衡线之间绘梯级，由于交点 e 以后精馏段操作线与平衡线之间的距离更接近，故所需理论板层数增多。反之，若没有跨过交点而过早更换操作线，同样会使理论板层数增加，如图 7-23(b)所示。由此可见，当梯级跨过两操作线交点后便更换操作线作图，如图 7-23(c)所示，则定出的加料板为适宜的加料位置。

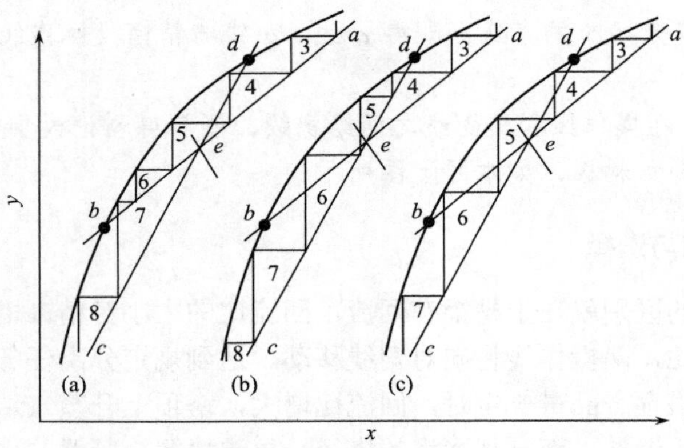

图 7-23 适宜的加料位置

【例 7-4】 用一常压操作的连续精馏塔，分离含苯为 0.44(摩尔分数，下同)的苯-甲苯混合液，要求塔顶产品中含苯不低于 0.975，塔底产品中含苯不高于 0.0235。原料为液化率等于 1/3 的气液混合物，操作回流比为 3.5。试用图解法求理论板层数及加料板位置。苯-甲苯混合液的气液平衡数据及 t-x-y 图见例 7-1 和图 7-1。

解 (1) 利用平衡数据，在直角坐标图上绘平衡曲线及对角线，如本题附图所示。在图上定出点 $a(x_D, x_D)$、点 $e(x_F, x_F)$和点 $c(x_W, x_W)$三点。

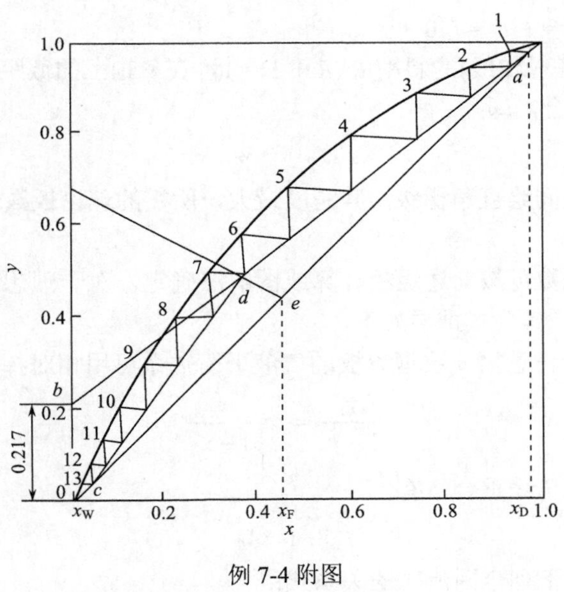

例 7-4 附图

(2) 精馏段操作线截距$=\dfrac{x_D}{R+1}=\dfrac{0.975}{3.5+1}=0.217$，在 y 轴上定出点 b。连接 ab，即得到精馏段操作线。

(3) 由 q 值定义知，$q=1/3$，故 q 线方程为

$$y=\frac{q}{q-1}x-\frac{x_F}{q-1}=\frac{1/3}{1/3-1}x-\frac{0.44}{1/3-1}=-0.5x+0.66$$

(4) 过点 e 作斜率为–0.5 的直线，即得 q 线。q 线与精馏段操作线交于点 d。连接 c、d 两点得提馏段操作线。

(5) 从点 a 开始，在操作线和平衡线之间绘梯级，图解得理论板层数为 13(包括再沸器)，自塔顶往下数第 7 层为加料板，如本题附图所示。

7.4.5 回流比的影响与选择

精馏与简单蒸馏的区别就在于精馏有回流，回流比的大小对精馏塔的设计与操作有着重要的影响。增大回流比，两操作线将向对角线移动，达到规定分离任务所需的理论板数将减少。但另一方面，当塔顶产品量一定时，回流比增大，塔顶上升蒸气量必然增加，这不仅要增加冷却剂和加热剂的消耗，而且精馏塔的塔径、再沸器及冷凝器的传热面积都将相应地增加。因此，回流比是影响精馏塔投资费用和操作费用的重要因素。

以下所涉及回流是指塔顶蒸气冷凝为泡点下的液体回流至塔内，常称为泡点回流。泡点回流时，由冷凝器到精馏塔的外回流与塔内的内回流是相等的。

1. 全回流与最少理论板数

若塔顶上升的蒸气冷凝后全部回流至塔内称为全回流。

全回流操作时，全部物料都在塔内循环，既无进料，又无出料，因而全塔无精馏段和提馏段之分。

全回流时回流比 $R = L/D = L/0 \to \infty$。

精馏段操作线(全塔操作线)的斜率 $R/(R+1)=1$，在 y 轴上的截距 $x_D/(R+1)=0$，操作线与 y-x 图上的对角线重合，即

$$y_{n+1} = x_n \tag{7-41}$$

在操作线与平衡线间绘直角梯级，其跨度最大，所需的理论板数最少，以 $N_{\min}$ 表示，如图 7-24 所示。

全回流时的理论板数可按前述逐板计算或图解法确定，对于理想溶液也可从下述芬斯克(Fenske)方程计算而得，其公式推导如下。

参阅图 7-25，离开任意第 n 层理论板的气液平衡关系可用相对挥发度 α 表示：

$$\frac{y_n}{1-y_n} = \alpha_n \frac{x_n}{1-x_n} \tag{7-42}$$

全回流时，操作线与对角线重合，有

$$y_{n+1} = x_n$$

用上述两个公式可求得下列全回流时的关系式：

$$\begin{aligned}\frac{x_D}{1-x_D} &= \frac{y_1}{1-y_1} = \alpha_1 \frac{x_1}{1-x_1} = \alpha_1 \frac{y_2}{1-y_2} = \alpha_1\left(\alpha_2 \frac{x_2}{1-x_2}\right) \\ &= \alpha_1\alpha_2 \frac{x_2}{1-x_2} = \cdots = \alpha_1\alpha_2 \cdots \alpha_N \alpha_{N+1} \frac{x_{N+1}}{1-x_{N+1}}\end{aligned} \tag{a}$$

再沸器为第 $N+1$ 层理论板，则有 $x_{N+1} = x_W$，$\alpha_{N+1} = \alpha_W$。相对挥发度 α 随溶液组成变化，若取平均相对挥发度 α 代替各板上的相对挥发度，则

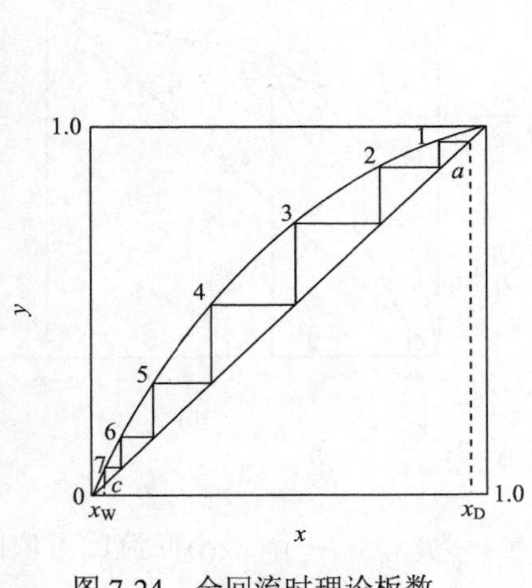

图 7-24　全回流时理论板数

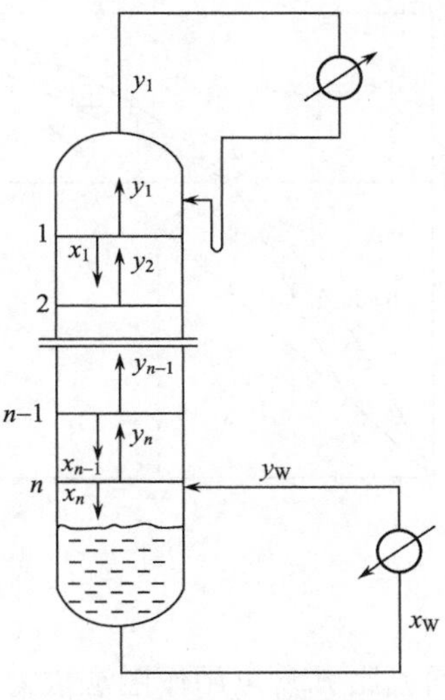

图 7-25　全回流流程

$$\bar{\alpha} = \sqrt[N+1]{\alpha_1 \alpha_2 \cdots \alpha_N \alpha_W}$$

当塔顶、塔底的相对挥发度相差不大时，可近似取 α_1 与 α_W 的几何平均值：

$$\bar{\alpha} = \sqrt{\alpha_1 \alpha_W} \tag{b}$$

则式(a)可写成

$$\frac{x_D}{1-x_D} = \bar{\alpha}^{N+1}\left(\frac{x_W}{1-x_W}\right)$$

用 N_{min} 表示全回流时所需最少理论板数(不包括再沸器)，并将上式两边取对数，整理得

$$N_{min} + 1 = \frac{\lg\left[\left(\frac{x_D}{1-x_D}\right)\left(\frac{1-x_W}{x_W}\right)\right]}{\lg \bar{\alpha}} \tag{7-43}$$

式中，N_{min} 为全回流时所需的最少理论板数(不包括再沸器)；$\bar{\alpha}$ 为全塔平均相对挥发度。式(7-43)称为芬斯克方程，用于计算全回流下采用全凝器时的最少理论板数。若将式中的 x_W 换成进料组成 x_F，α 取塔顶和进料处的平均值，则该式也可用于计算精馏段的最少理论板数及加料板位置。

由于全回流操作得不到产品，因此全回流操作仅用于精馏塔的开工调试和实验研究中，以利于过程的稳定和控制。

2. 最小回流比

减小回流比，两操作线向平衡线移动，达到指定分离程度 x_D、x_W 所需的理论板数增多。当回流比减到某一数值时，两操作线交点 d[图 7-26(a)]落在平衡线上，在平衡线与操作线间绘梯级，需要无穷多的梯级才能达到 d 点。相应的回流比称为最小回流比，以 R_{min} 表示。对于一定的分离要求，R_{min} 是回流比的最小值。由于 d 点上下各板(进料板上下区域)气液两相组成基本不变化，即无增浓作用，故该区域称为恒浓区(或称为夹紧区)，d 点称为夹紧点。

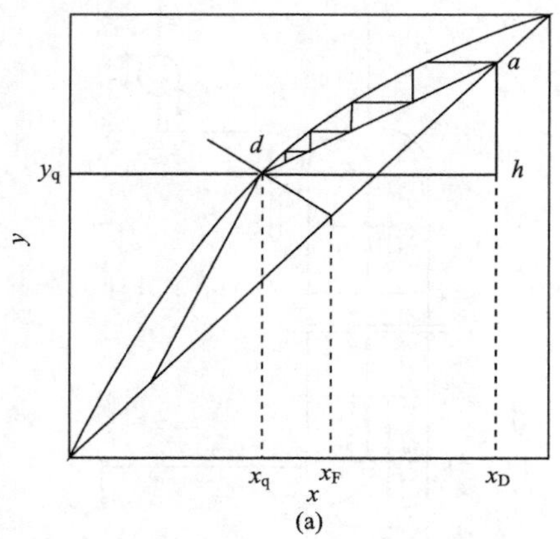

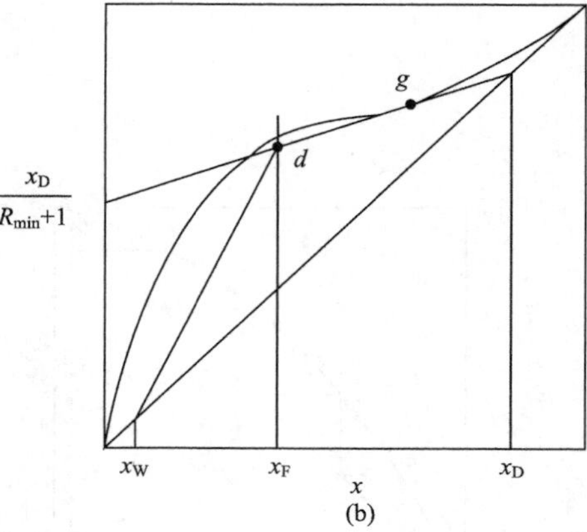

图 7-26　最小回流比

最小回流比 R_{min} 可用作图法求得，设 d 点的坐标为(x_q ， y_q)，最小回流比可依图 7-26(a)中三角形 ahd 的几何关系求算。ad 线的斜率为

$$\frac{R_{min}}{R_{min}+1}=\frac{x_D-y_q}{x_D-x_q}$$

整理得

$$R_{min}=\frac{x_D-y_q}{y_q-x_q} \tag{7-44}$$

最小回流比 R_{min} 与平衡线的形状有关。例如，乙醇水溶液的平衡线如图 7-26(b)所示，当精馏段操作线与下凹部分曲线相切于 g 点时，在 g 点处已出现恒浓区，相应的回流比即为最小回流比 R_{min}。用式(7-44)计算 R_{min} 时，d 点不在平衡线上，是切线与 q 线的交点，x_q 、y_q 不是气液两相的平衡浓度，其值由 y-x 图读得；也可由切线的截距 $x_D/(R_{min}+1)$确定 R_{min}。

3. 适宜回流比

对于给定的分离任务，若在全回流下操作，虽然所需的理论板数最少，但得不到产品；若在最小回流比下操作，则所需的理论板数为无穷多，因此实际回流比总是介于两种极限情况之间，适宜的回流比可通过经济衡算确定。精馏过程的总费用包括操作费用和设备费用两部分，总费用最低时的回流比即为适宜回流比。

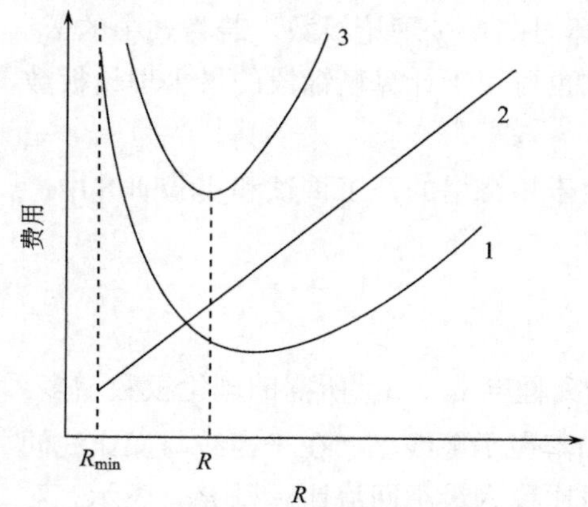

图 7-27　适宜回流比的确定

1. 设备费用；2. 操作费用；3. 总费用

精馏过程的设备主要有精馏塔、再沸器和冷凝器。当回流比最小时，塔板数为无穷大，故设备费为无穷大。当 R 稍大于 R_{min} 时，塔板数从无穷大锐减到某一值，塔的设备费随之锐减。当 R 继续增加时，塔板数固然仍随之减少，但已较缓慢。另外，由于 R 增加，上升蒸气量随之增加，从而使塔径、蒸馏釜、冷凝器等尺寸相应增大，故 R 增加到某一数值以后，设备费用又回升，如图 7-27 中曲线 1 所示。

精馏过程的操作费用主要包括再沸器加热介质和冷凝器冷却介质的费用。当回流比增加时，加热介质和冷却介质消耗量随之增加，使操作费用相应增加，如图 7-27 中曲线 2 所示。

总费用与 R 的大致关系如图 7-27 中曲线 3 所示。曲线 3 的最低点对应的 R，即为适宜回流比。

在精馏设计中，通常采用由实践总结出来的适宜回流比范围为

$$R=(1.2\sim2.0)R_{\min}$$

对于难分离的物系，R 应取得更大些。

对于已建成的精馏装置，其理论板数已经确定，因此调节回流比就成为保持产品纯度的主要手段。操作过程中，若增加回流比，产品的纯度将提高；反之，则会下降。

【例 7-5】 试根据例 7-4 中的数据，计算实际回流比是最小回流比的多少倍。

解 由例 7-4 知，平衡线方程为

$$y=\frac{\alpha x}{1+(\alpha-1)x}=\frac{2.46x}{1+1.46x}$$

q 线方程为

$$y=\frac{q}{q-1}x-\frac{x_{\mathrm{F}}}{q-1}=\frac{1/3}{1/3-1}x-\frac{0.44}{1/3-1}=-0.5x+0.66$$

由以上两式解得 q 线与平衡线的交点坐标为

$$x_{\mathrm{q}}=0.283,\ y_{\mathrm{q}}=0.518$$

根据式(7-44)有

$$R_{\min}=\frac{x_{\mathrm{D}}-y_{\mathrm{q}}}{y_{\mathrm{q}}-x_{\mathrm{q}}}=\frac{0.975-0.518}{0.518-0.283}=1.94$$

$$R/R_{\min}=3.5/1.94=1.8$$

7.4.6 理论板数的简捷计算

精馏塔的理论板数除用前述的逐板法和图解法求算外，还可用简捷法计算。下面介绍一种应用最为广泛的经验关联图的简捷算法。

人们曾对操作回流比 R、最小回流比 $R_{\min}$、理论板数 N 及最少理论板数 $N_{\min}$ 四者之间的关系做过广泛研究，图 7-28 是最常用的关联图，称为吉利兰(Gilliland)关联图。

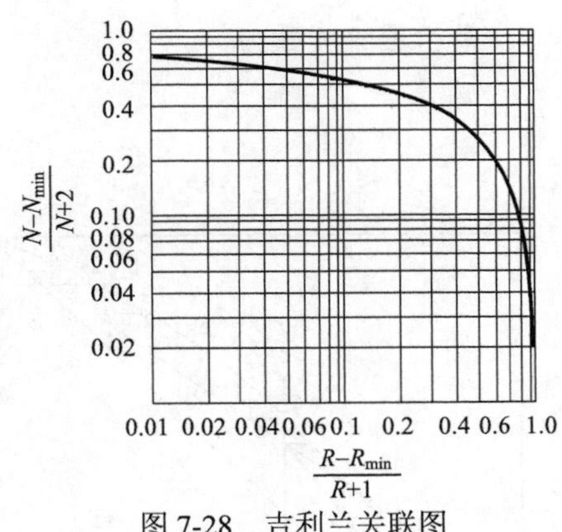

图 7-28　吉利兰关联图

简捷算法计算理论板数的优点是简便、快捷，缺点是误差较大，因此该法常用于精馏塔的初步设计计算。

【例 7-6】 分离正庚烷与正辛烷的混合液(正庚烷为易挥发组分)。要求馏出液组成为 0.95(摩尔分数，下同)，釜液组成不高于 0.02。原料液组成为 0.45，泡点进料，$R=1.5R_{\min}$。气液平衡数据列于附表 1 中。用简捷算法求理论塔板数，塔顶、塔底条件下纯组分的饱和蒸

气压如附表 2 所示。

例 7-6 附表 1　气液平衡数据

x	y	x	y
1.0	1.0	0.311	0.491
0.656	0.81	0.157	0.280
0.487	0.673	0.000	0.000

例 7-6 附表 2　塔顶、塔底条件下纯组分的饱和蒸气压(kPa)

组分	塔顶	塔釜	进料
正庚烷	101.325	205.3	145.7
正辛烷	44.44	101.325	66.18

解　已知 $x_D = 0.95$，$x_F = 0.45$，$x_W = 0.02$。

塔顶相对挥发度

$$\alpha_D = \frac{p_A^0}{p_B^0} = \frac{101.325}{44.44} = 2.28$$

塔釜相对挥发度

$$\alpha_W = \frac{205.3}{101.325} = 2.03$$

全塔平均相对挥发度

$$\overline{\alpha} = \sqrt{2.28 \times 2.03} = 2.15$$

最少理论板数为

$$N_{\min} = \frac{\lg\left[\left(\dfrac{x_D}{1-x_D}\right)\left(\dfrac{1-x_W}{x_W}\right)\right]}{\lg \overline{\alpha}} - 1$$

$$= \frac{\lg\left[\left(\dfrac{0.95}{1-0.95}\right)\left(\dfrac{1-0.02}{0.02}\right)\right]}{\lg 2.15} - 1$$

$$= 7.93$$

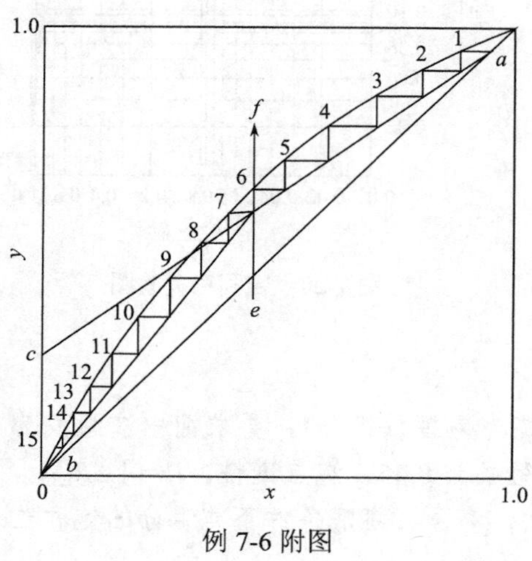

例 7-6 附图

进料为泡点下的饱和液体，因此过 $x_F = 0.45$ 作垂直线即得 q 线(见本题附图)。

由 y-x 图读得 $x_q = x_F = 0.45$，$y_q = 0.64$。

根据式(7-44)有

$$R_{\min} = \frac{x_D - y_q}{y_q - x_q} = \frac{0.95 - 0.64}{0.64 - 0.45} = 1.63$$

$$R = 1.5R_{\min} = 1.5 \times 1.63 = 2.45$$

$$\frac{R-R_{\min}}{R+1}=\frac{2.45-1.63}{2.45+1}=0.24$$

查图 7-28 得

$$\frac{N-N_{\min}}{N+1}=0.4$$

解得

$$N=14.3(\text{不包括釜})$$

将式(7-43)中的釜液组成 x_W 换成进料组成 x_F，则

$$N_{\min}=\frac{\lg\left[\left(\frac{x_D}{1-x_D}\right)\left(\frac{1-x_F}{x_F}\right)\right]}{\lg\overline{\alpha}}-1$$

进料的相对挥发度

$$\alpha_F=\frac{145.7}{66.18}=2.20$$

塔顶与进料的平均相对挥发度

$$\overline{\alpha}=\sqrt{\alpha_D\alpha_F}=\sqrt{2.28\times 2.20}=2.24$$

$$N_{\min}=\frac{\lg\left[\left(\frac{0.95}{1-0.95}\right)\left(\frac{1-0.45}{0.45}\right)\right]}{\lg 2.24}-1=2.9$$

代入

$$\frac{N-N_{\min}}{N+2}=0.4$$

解得

$$N=6.17$$

取整数，精馏段理论板数为 6 块。加料板位置为从塔顶数的第 7 层理论板。

7.4.7　塔高和塔径的计算

1. 塔高的计算

气液两相在实际塔板上接触时，一般不能达到平衡状态，因此完成给定分离任务所需的实际塔板数总是多于理论板数。实际塔板与理论板在分离效果上的差异可用板效率来衡量。对于板式精馏塔，应先利用塔板效率将理论板层数折算为实际板层数，再由实际板层数和板间距(指相邻两层实际板之间的距离，可取经验值，参见《化学工程手册》)计算塔高。塔板效率主要包括单板效率和全塔效率。

1) 单板效率

单板效率又称为默弗里板效率，它是以气相(或液相)经过实际塔板的组成变化值与经过理论塔板时的组成变化值之比表示的，如图 7-29 所示。对于任意的第 n 层塔板，单板效率可分别按气相组成及液相组成的变化表示，即

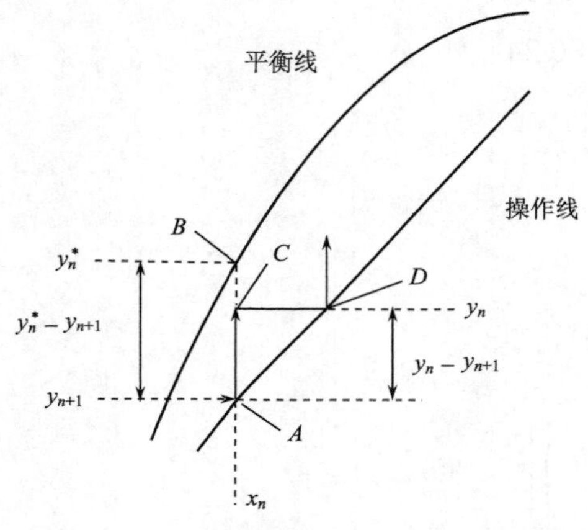

图 7-29　单板效率示意图

$$E_{MV} = \frac{y_n - y_{n+1}}{y_n^* - y_{n+1}} \tag{7-45}$$

$$E_{ML} = \frac{x_{n-1} - x_n}{x_{n-1} - x_n^*} \tag{7-46}$$

式中，y_n^* 为与 x_n 成平衡的气相中易挥发组分的摩尔分数；x_n^* 为与 y_n 成平衡的液相中易挥发组分的摩尔分数；E_{MV} 为气相默弗里板效率；E_{ML} 为液相默弗里板效率。

单板效率通常由实验测定。

2) 全塔效率

理论板层数与实际板层数之比称为全塔效率：

$$E = \frac{N_T}{N_P} \times 100\% \tag{7-47}$$

式中，E 为全塔效率；N_T 为理论板层数；N_P 为实际板层数。

一般情况下，精馏塔内各板的单板效率并不相等，全塔效率反映了塔内各块塔板的平均效率，其值小于 100%。全塔效率一般由实验测定或由经验公式计算，对于双组分溶液，其值一般为 0.5～0.7。若已知一定结构的板式塔在一定操作条件下的全塔效率，可按式(7-47)求实际板层数。

3) 塔高的确定

板式塔有效段(气液接触段)高度由实际板层数和板间距决定，即

$$Z = (N_P - 1)H_T \tag{7-48}$$

式中，Z 为塔的有效段高度(m)；H_T 为板间距(m)。

板间距的数值大多是经验值，请参考《化学工程手册》，全塔高度应为有效段、塔顶及塔釜三部分高度之和。

2. 塔径的计算

精馏塔的直径可由塔内上升蒸气的体积流量及其通过塔横截面的空塔速度求出，即

$$V = \frac{\pi}{4} D^2 u$$

或

$$D = \sqrt{\frac{4V}{\pi u}} \tag{7-49}$$

式中，D 为精馏塔的内径(m)；u 为空塔速度(m/s)；V 为塔内上升蒸气的体积流量(m^3/s)。

空塔速度是影响精馏操作的重要因素，适宜的空塔速度的计算请参考《化学工程手册》。

精馏段和提馏段内上升蒸气的体积流量可能不同，因此两段的直径应分别计算。但当两段的上升蒸气体积流量相差不太大时，为使塔的结构简化，两段宜采用相同的塔径。

7.4.8　精馏塔的操作和调节

1. 影响精馏操作的主要因素

对于特定的精馏装置和分离任务，总是力求在最经济的前提下，达到预计的分离要求(规定的 x_D 和 x_W)或组分的回收率。影响精馏操作的因素十分繁杂，主要有操作压强、物料特性、生产能力和产品质量、塔顶回流比和回流液温度、进料热状况参数和进料位置、全塔效率、再沸器和冷凝器的传热性能等。当其中任意一种因素发生变化时，操作状况也随之改变，精馏操作将打破原来的稳定系统而形成新的工作条件。由此可见，影响精馏操作的因素十分复杂，以下就其中主要因素予以分析。

2. 物料平衡的影响

保持精馏装置的物料平衡是精馏塔定态操作的必要条件。根据全塔物料衡算可知，对于一定的原料液流量 F，只要确定了分离程度 x_D 和 x_W ，馏出液流量 D 和釜残液流量也就确定了。而 x_D 和 x_W 取决于气液平衡关系(α)、 x_F 、q、R 和理论板层数 N_T(适宜的进料位置)，因此 D 和 W 或采出率 D/F 与 W/F 只能根据 x_D 和 x_W 确定，而不能任意增减，否则进出塔的两个组分的量不平衡，必然导致塔内组成变化，操作波动，使操作不能达到预期的分离要求。

3. 回流比的影响

回流比是影响精馏塔分离效果的主要因素，生产中经常通过改变回流比调节、控制产品的质量。塔顶采出量一定的条件下，回流比增加，使塔内上升蒸气量及下降液体量均增加，若塔内气液负荷超过允许值，则应减小原料液流量。回流比变化时，再沸器和冷凝器的传热量也应相应发生变化。

应当指出，在采出率一定的条件下，若以增大 R 来提高 x_D ，则有以下限制：

(1) 受精馏塔理论板层数的限制，对于一定的板数，即使 R 增到无穷大(全回流)， x_D 有一最大极限值。

(2) 受全塔物料平衡的限制，其极限值为 $x_D = F x_F / D$。

4. 进料组成和进料热状况的影响

当进料状况(x_F 或 q)发生变化时，应适当改变进料位置。一般精馏塔常设几个进料位置，以适应生产中进料状况的变化，保证在精馏塔的适宜位置下进料。若进料状况改变而进料位置不变，必然引起馏出液和釜残液组成的变化。

对于特定的精馏塔，若 x_F 减小，则 x_D 和 x_W 均减小，欲保持 x_D 不变，则应增大回流比。

7.4.9　精馏装置的热量衡算

对连续精馏装置进行热量衡算，可以求得再沸器和冷凝器的热负荷，以及加热剂和冷却剂的用量。

1. 冷凝器的热负荷与冷却水用量的计算

精馏塔顶排出的蒸气 $V = D(R+1)$，在冷凝器(为全凝器)中冷凝为液体，放出热量，使冷

却剂由温度 t_1 升高为 t_2。若忽略热损失，则冷凝器的热负荷可用式(7-50)计算：

$$Q_c = D(R+1)(H_v - h_R) \tag{7-50}$$

式中，Q_c 为冷凝器的热负荷(kJ/h)；H_v 为塔顶上升蒸气的摩尔焓(kJ/kmol)；h_R 为馏出液的摩尔焓(kJ/kmol)。

冷却剂用量为

$$G_c = \frac{Q_c}{c_p(t_2 - t_1)} \tag{7-51}$$

式中，G_c 为冷却剂用量(kg/h)；c_p 为冷却剂的平均比热容[kJ/(kg·℃)]；t_1、t_2 分别为冷却剂进、出口温度(℃)。

2. 再沸器的热负荷与加热剂用量的计算

若忽略热损失，再沸器的热负荷 Q_B 可用式(7-52)的全塔热量衡算式计算，即

$$Q_B = Q_D + Q_W + Q_C - Q_F \tag{7-52}$$

式中，Q_D 为塔顶产品带出的热量(kJ/h)；Q_W 为塔底产品带出的热量(kJ/h)；Q_C 为冷凝器中冷却剂带出的热量(kJ/h)；Q_F 为进料带入的热量(kJ/h)。

加热剂用量为

$$G_B = \frac{Q_B}{H_1 - H_2} \tag{7-53}$$

式中，G_B 为加热剂用量(kg/h)；H_1、H_2 分别为加热剂进、出再沸器的焓(kJ/kg)。

一般常用饱和水蒸气作为加热剂，若冷凝水在饱和温度下排出，则 $H_1 - H_2 = r$，r 为饱和水蒸气的气化焓(kJ/kg)。

7.5 间 歇 精 馏

间歇精馏又称为分批精馏，是化工生产中的重要单元操作之一。若混合液的分离要求较高而料液品种或组成经常发生改变，则宜采用间歇精馏。间歇精馏与连续精馏在操作方式上存在显著差异。间歇精馏的流程示于图 7-30。与连续精馏过程相比，间歇精馏过程具有下列特点：

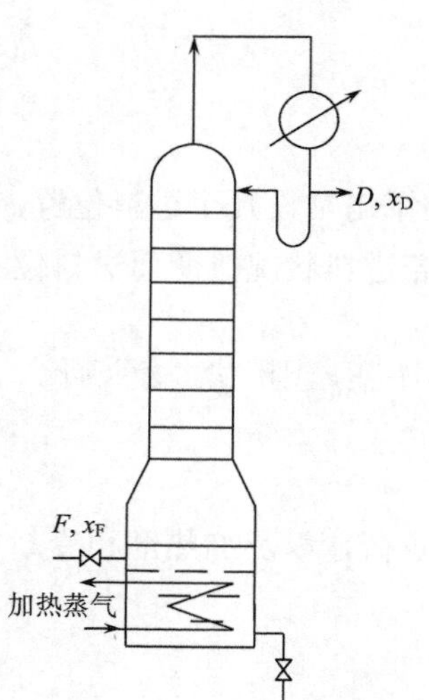

图 7-30 间歇精馏流程

(1) 间歇精馏过程为典型的非稳态过程。

原料在操作前一次加入釜中，其浓度随着操作的进行而不断降低，待釜液组成降至规定值后一次排出。因此，各层板上气液相的浓度也相应地随时在改变，所以间歇精馏属于非稳态操作。

(2) 间歇精馏时全塔均为精馏段，没有提馏段。

实际生产中，间歇精馏有两种典型的操作方式。一种是恒回流比操作，即回流比保持恒定，而馏出液组成逐渐下降的操作；另一种是恒馏出液组成操作，即维持馏出液组成恒定，而回流比逐渐增大的操作。

7.5.1 馏出液组成维持恒定的操作

随着间歇精馏过程的进行，釜液组成将不断下降，对于特定的精馏塔，理论板数保持恒定，若保持馏出液组成恒定，则需相应加大回流比。操作情况如图 7-31 所示。图中是假定在四块理论板下操作，馏出液组成维持 x_D 时，在回流比 R(图中实线所示)下进行操作，釜液组成可降到 x_{W1}。随着操作时间加长，釜液组成不断下降，如降到 x_{W2}，在理论板数维持在 4 块的前提下，要维持 x_D 不变，只有将回流比加大到 R_2，使操作线由 ab_1 移到 ab_2。这样不断加大回流比，直到釜液组成达到规定值，即停止操作。

设原料组成为 x_F (釜液的最初组成)，要求经过分离后，釜液最终组成为 x_{We}，馏出液组成恒定为 x_D。如图 7-32 所示，根据 x_D 确定 a 点，作 $x = x_{We}$ 的直线与平衡线交于 d_1，直线 ad_1 即为操作终了时在最小回流比下的操作线。

$$R_{\min} = \frac{x_D - y_{We}}{y_{We} - x_{We}} \tag{7-54}$$

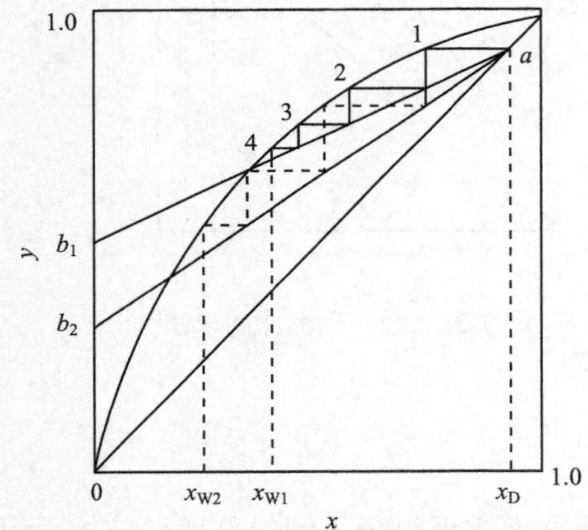

图 7-31　恒馏出液组成间歇精馏示意图

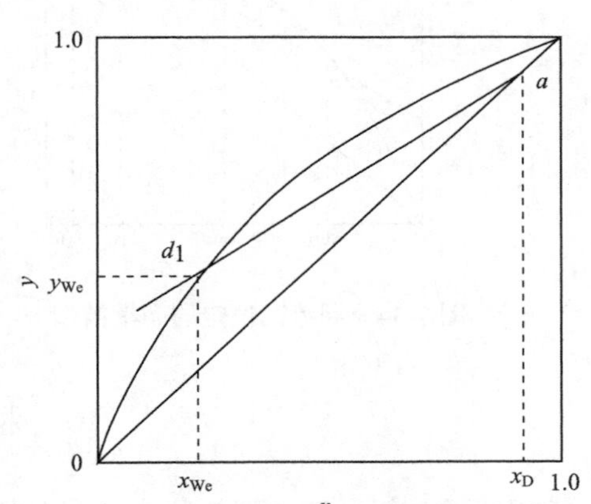

图 7-32　间歇精馏最小回流比的求法

算得 $R_{\min}$ 后，实际回流比可取最小回流比的 1.1～2 倍。对于难分离成分离要求较高的物系，回流比还可取得更大些。再算出操作线在 y 轴上的截距 $x_D/(R+1)$，就可以按一般作图法求所需的理论板数。图 7-33 表示需要 6 层理论板(包括塔釜)。

在每批精馏的后期，由于釜液浓度太低，所需的回流比很大，馏出液量又很小。为了经济上更合理，常在回流比要急剧增大时终止收集原定浓度的馏分，仍保持较小回流比蒸出一部分中间馏分，直至釜液达到规定组成为止。中间馏分则加入下一批料液中再次精馏。

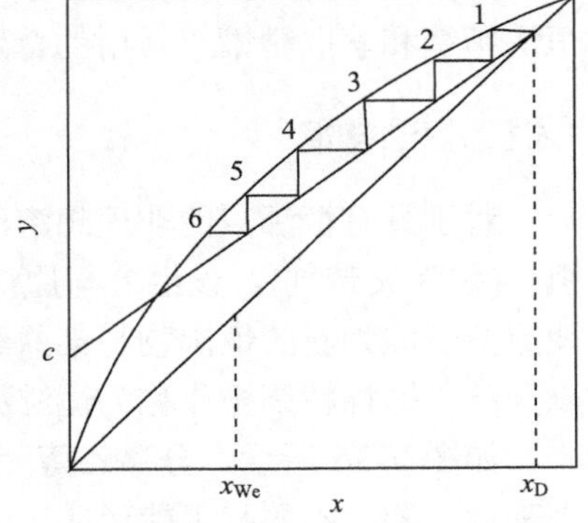

图 7-33　间歇精馏理论板数的图解法

7.5.2 回流比维持恒定的操作

在间歇精馏过程中，若回流比保持恒定，则操作线的斜率保持不变，即各操作线彼此平行，而釜液组成 x_W 与馏出液组成 x_D 均逐渐下降，其变化情况如图 7-34 所示，当馏出液组成为 x_{D1} 时，相应的釜液组成为 x_{W1}；当馏出液组成为 x_{D2} 时，相应的釜液组成为 x_{W2}，直至 x_W 达到规定要求，即可停止操作。显然，最初馏出液组成 x 是恒回流比间歇精馏过程中可能达到的最高馏出液组成，所得馏出液组成是各瞬间组成的平均值。

最小回流比一般情况下可根据釜液的初始组成 x_F 及初始馏液的组成 x_{D1} 用式(7-55)计算

$$R_{\min} = \frac{x_{D1} - y_{Fe}}{y_{Fe} - x_F} \tag{7-55}$$

式中，y_{Fe} 为与原料液相平衡的气相组成。

确定最小回流比后，取适当的倍数可得操作回流比，然后按一般作图法即可求得理论板数(图 7-35)。

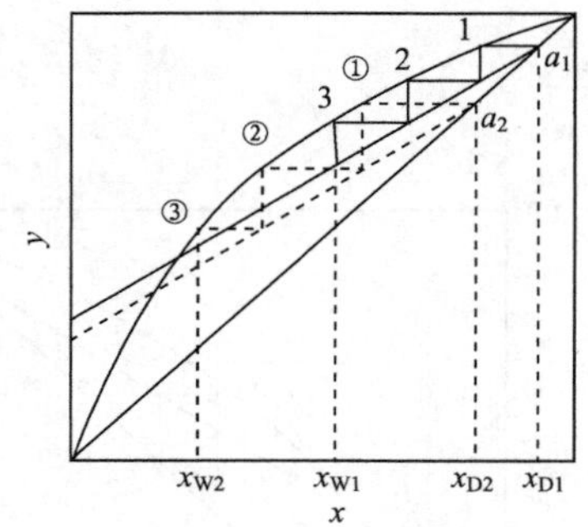

图 7-34　回流比恒定的间歇精馏

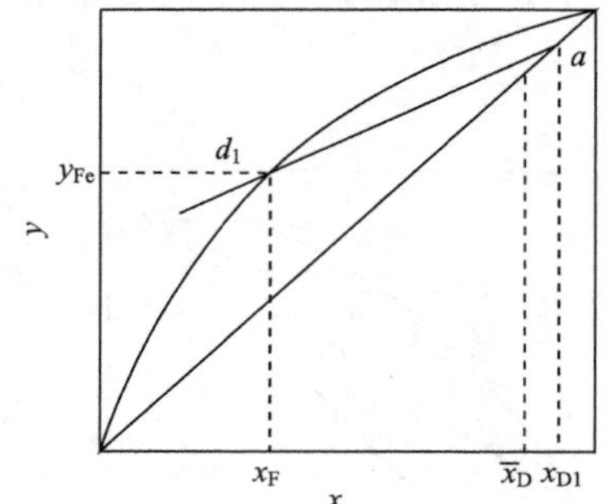

图 7-35　最小回流比的求法

7.6　特 殊 精 馏

常规蒸馏是根据液体混合物中各组分挥发度的不同而实现组分之间的分离。若体系组分间的挥发性相差很小，或者形成了恒沸液，或者被分离物系具有热敏性，则无法用常规精馏分离，此时可采用恒沸精馏、萃取精馏、水蒸气蒸馏和分子蒸馏等特殊蒸馏方式。下面介绍恒沸精馏和萃取精馏等常用的特殊精馏方式。

7.6.1　恒沸精馏

对于具有恒沸点的非理想溶液(相对挥发度接近 1 的双组分溶液)，若在其中加入第三种组分(称为夹带剂)，该组分与原溶液中的一个或两个组分形成新的沸点更低的恒沸物，从而使原溶液成为新的恒沸物与某原组分的新体系，新体系相对挥发度大，能用普通精馏方法予以分离，这种精馏操作称为恒沸精馏。

如图 7-36 所示，分离乙醇-水恒沸物获得无水乙醇是一个典型的恒沸精馏过程，以苯为夹带剂，苯、乙醇和水能形成三元恒沸物。由于新恒沸物与原恒沸物间的沸点相差较大，因而可以获得无水乙醇。

选择适宜的夹带剂是能否采用恒沸精馏方法分离的重要因素，对夹带剂的要求是：

(1) 能与被分离组分形成低恒沸物，且该恒沸物易与塔底组分分离。

(2) 形成恒沸物本身应易于分离，以回收其中的夹带剂。

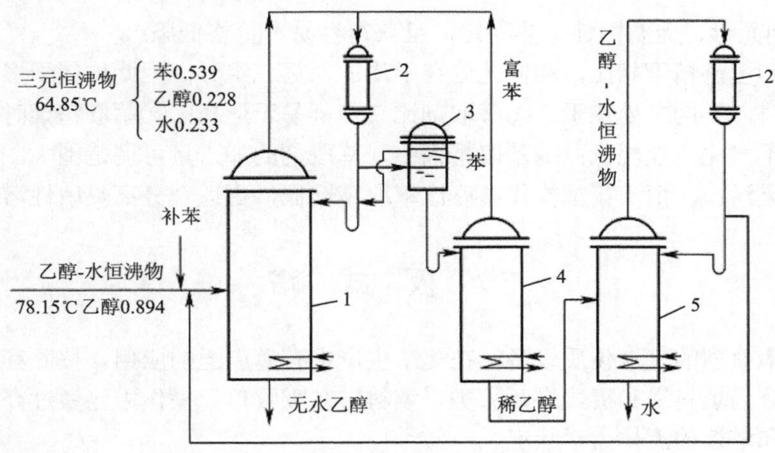

图 7-36　恒沸精馏制备无水乙醇流程图

1. 恒沸精馏塔；2. 冷凝器；3. 分层器；4. 苯回收塔；5. 乙醇回收塔

(3) 夹带剂无毒、无腐蚀性、热稳定，且获得容易，价格低廉。

7.6.2　萃取精馏

若在原溶液中加入某种高沸点添加剂(萃取剂)能够显著改变原溶液中组分间相对挥发度，从而使原溶液易于分离，这种精馏方法称为萃取精馏。

图 7-37 是分离苯−环已烷混合液的萃取精馏流程。在常压下苯的沸点为 80.1℃，环已烷的沸点为 80.73℃，其相对挥发度极小。在溶液中加入糠醛(沸点 161.7℃)作为萃取剂，由于糠醛与苯的结合力相对较强，因此苯和环已烷的相对挥发度大大增加。

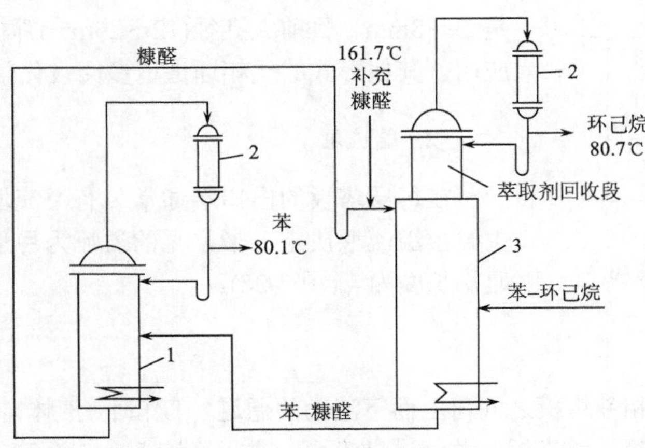

图 7-37　萃取精馏分离苯−环已烷混合物

1. 苯回收塔；2. 冷凝器；3. 萃取精馏塔

选择适宜的萃取剂是能否采用萃取精馏方法分离的重要因素，对萃取剂的要求是：

(1) 能显著改变原溶液中组分间的相对挥发度。

(2) 挥发性弱，但沸点比纯组分高得多，且不形成新的恒沸物。

(3) 萃取剂无毒、无腐蚀性、热稳定，且获得容易，价格低廉。

萃取精馏和恒沸精馏相比，相同之处在于均加入第三组分，因此均属于多组分精馏，均需两个以上的塔。不同之处在于：①萃取剂比夹带剂易于选择；②萃取精馏时，萃取剂在精馏过程中基本不气化，能耗低；③萃取精馏中，萃取剂的加入量可调范围大，比恒沸精馏易于控制，操作灵活；④恒沸精馏操作温度比萃取精馏低，更适合分离热敏性溶液。

7.7　板　式　塔

精馏塔是最典型的气液传质设备，在化工生产中有着广泛的应用。按照其结构形式的不同，精馏塔可分为填料塔和板式塔两大类。填料塔在吸收单元操作中已做过介绍，本节讨论板式塔的结构和塔板的流体力学状况。

7.7.1　塔板结构

板式塔的核心部件为塔板，其功能是使气液两相保持密切而又充分的接触。现以如图 7-38 所示的筛板为例，说明塔板的结构和功能。一般情况下，塔板由气体通道、溢流堰和降液管三部分组成。

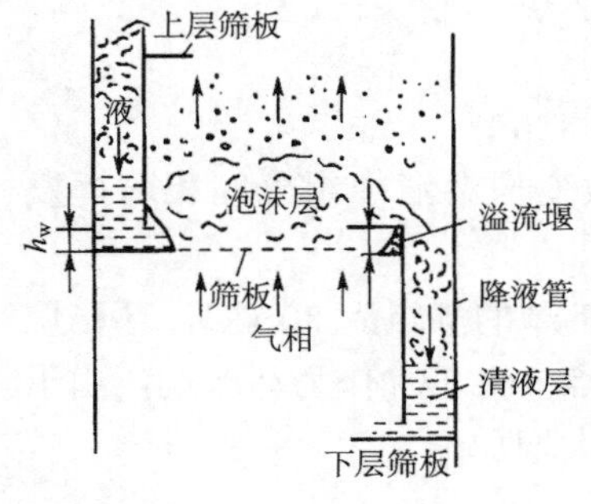

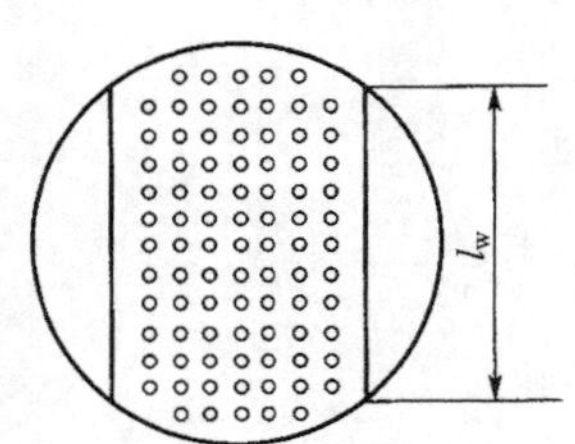

图 7-38　筛板塔示意图

1. 气相通道

塔板上均匀地开有一定数量供气相自下而上流动的通道。气相通道的形式很多，对塔板性能的影响极大，各种形式的塔板主要区别就在于气相通道的形式不同。

结构最简单的气相通道为筛孔(图 7-38)。筛孔的直径通常是 3～8mm。目前大孔径(12～25mm)筛板也得到相当普遍的应用。其他形式的气相通道请参阅《化学工程手册》。

2. 溢流堰

在每层塔板的出口端通常装有溢流堰，板上的液层高度主要由溢流堰决定。最常见的溢流为弓形平直堰，其高度为 h_w，长度为 l_w(图 7-38)。

3. 降液管

降液管是液体在相邻塔板之间自上而下流动的通道。工作时，液体自第 $n-1$ 块塔板的降液管流下，横向流过第 n 块塔板，并越过溢流堰，进入降液管，流至第 $n+1$ 块塔板。为充分利用塔板面积，降液管通常为弓形。为确保降液管中的液体能顺利流出，降液管的下端离下块塔板的高度不能太小，但也不能超过溢流堰的高度，以防气体窜入降液管。

只有一个降液管的塔板称为单流型塔板[图 7-39(a)]。当塔径或液体量很大时，降液管将不止一个。双流型塔板[图 7-39(b)]是将液体分成两半，设有两条溢流堰，来自上一塔板的液体分别从左、右两个降液管进入塔板，流经大约半径的距离后，两股液体进入同一个中间降液管。下一塔板上的液体流向则正好相反，即从中间流向左、右两个降液管。对于特别大的塔径或液体流量特别大的塔，当双流型塔板不能满足要求时，可采用四程流型塔板或阶梯流型塔板。四程流型塔板[图 7-39(c)]设有四个溢流堰，液体只流经约 1/4 塔径的距离。阶梯流型塔板[图 7-39(d)]做成梯级式，在梯级之间增设溢流堰，以缩短液流长度。

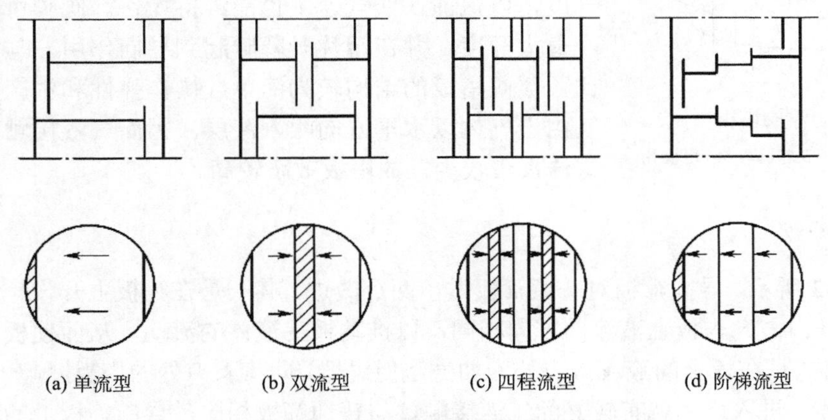

图 7-39　塔板上液流程数的安排

7.7.2　塔板类型

除上面介绍的筛板外，常见的塔板类型还有泡罩塔板、浮阀塔板和导向筛板等。

1. 泡罩塔板

如图 7-40 所示，泡罩塔板的气体通道由升气管和泡罩组成，泡罩的四周开有很多齿缝，齿缝低于板上液层的高度，这样由升气管上升的气体流经齿缝时将被分散成多股细流而喷入液层，使液层中充满气泡，并在液面上形成一层泡沫，从而为气液两相提供了大量的传质界面。由于升气管高出塔板，因而即使在气体负荷很低时也不会发生严重漏液。但泡罩塔板结构复杂，造价较高，安装检修不便，塔板压强降较大，液泛气速较低，生产能力较小，故近年来已逐渐被其他类型的塔板所取代。

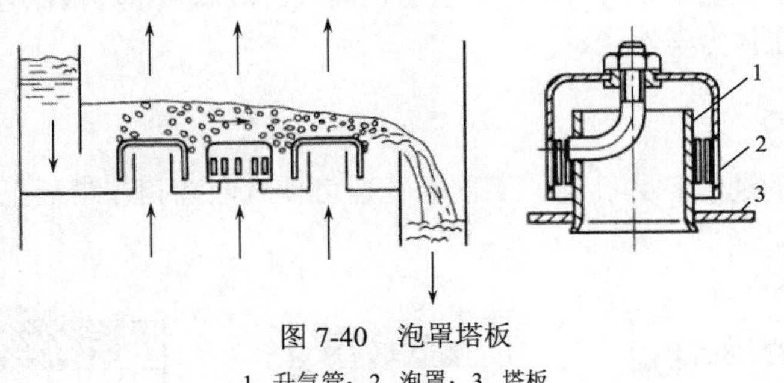

图 7-40　泡罩塔板

1. 升气管；2. 泡罩；3. 塔板

2. 浮阀塔板

浮阀塔板的结构与泡罩塔板相似，只是用浮阀代替了升气管和泡罩，其结构如图 7-41 所示。浮阀是安装于上升蒸气通道上且可上下浮动的阀，当气速较低时，阀片下沉，即阀的开

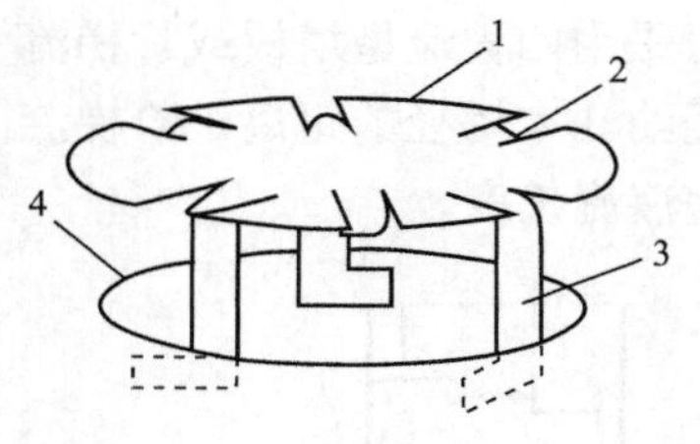

图 7-41　浮阀塔板

1. 阀片；2. 凸缘；3. 阀脚；4. 塔板孔

度减小，从而使气体仍能以足够的气速通过环隙，避免过多的漏液。当气速较大时，阀片浮起，即阀的开度增大，从而使气速不致过高，避免产生液泛。凸缘可使阀保持一个最小开度，以保证在低气速下也能维持操作。阀脚可使阀保持一个最大开度，并在阀片升降时起到导向作用。与泡罩塔板相比，浮阀塔板的结构较为简单，操作弹性和生产能力较大，且由于气体以水平方向吹入液层，因而气液接触时间较长，雾沫夹带较少，故塔板效率较高。

3. 导向筛板

如图 7-42 所示，导向筛板对普通筛板做了两点改进，其一是在筛板上开设一定数量的导向孔，孔的开口方向与板上液流的方向相同，以推动板上液体的流动，从而使板上的液层厚度更均匀；其二是在板上的液流入口处增加鼓泡促进器，即将入口处的塔板翘起一定的角度，这样可使液体一进入塔板就有较好的气液接触。与普通筛板相比，导向筛板上的液面梯度较小，鼓泡较为均匀，因而效率较高，生产能力较大。

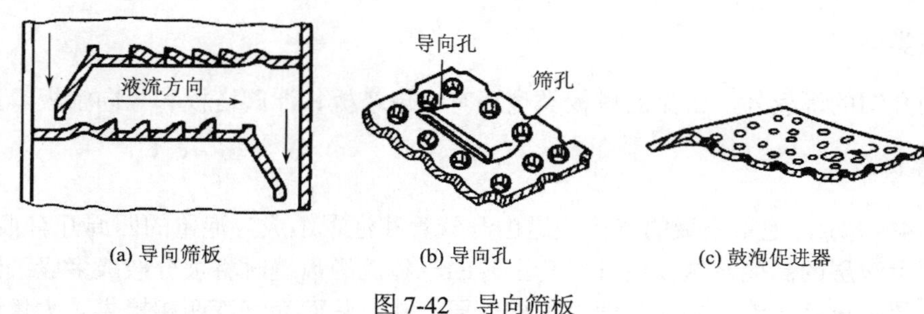

(a) 导向筛板　　(b) 导向孔　　(c) 鼓泡促进器

图 7-42　导向筛板

7.7.3　塔板的流体力学状况

塔板的流体力学性能主要有气液接触状态、漏液、液沫夹带和液泛等，下面以筛板塔为例介绍塔板的主要流体力学性能。

1. 气液接触状态

气体通过筛孔的速度称为孔速，不同的孔速可使气液两相在塔板上呈现不同的接触状态，如图 7-43 所示。

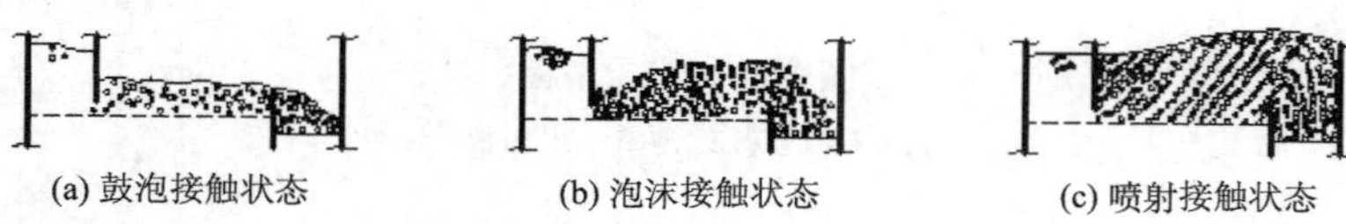

(a) 鼓泡接触状态　　(b) 泡沫接触状态　　(c) 喷射接触状态

图 7-43　塔板上气液接触状态

(1) 鼓泡接触状态。当孔速很低时，气体通过筛孔后，将以鼓泡的形式通过板上的液层，使气液两相呈现鼓泡接触状态。由于两相接触的传质面积仅为气泡表面，且气泡的数量较少，液层的湍动程度不高，故该接触状态的传质阻力较大。

(2) 泡沫接触状态。气相负荷较大，孔速增加时，气泡数量急剧增加，气泡表面连成一片并不断发生合并与破裂，板上液体大部分以高度活动的泡沫形式存在于气泡之中，仅在靠近塔板表面处才有少量清液。这种操作状态称为泡沫接触状态。这时液体仍为连续相，而气相仍为分散相。这种高度湍动的泡沫层为两相传质创造了良好的流体力学条件。

(3) 喷射接触状态。当孔速继续增大时，气体将从孔口高速喷出，从而将板上液体破碎成大小不等的液滴而抛至塔板的上部空间。当液滴落至板上并汇成很薄的液层时将再次被破碎成液滴而抛出。喷射接触状态也为气液两相的传质创造了良好的流体力学条件。

实际生产中使用的筛板，气液两相的接触状态通常为泡沫接触状态或喷射接触状态。

2. 漏液

气相通过筛孔的气速较小时，板上部分液体就会从孔口直接落下，这种现象称为漏液。上层板上的液体未与气相进行传质就落到浓度较低的下层板上，降低了传质效果。严重的漏液将使塔板上不能积液而无法操作，故正常操作时漏液量一般不允许超过某一规定值。

3. 液沫夹带

气相穿过板上液层时，无论是喷射型还是泡沫型操作，都会产生数量甚多大小不一的液滴，这些液滴中的一部分被上升气流夹带至上层塔板，这种现象称为液沫夹带。浓度较低的下层板上的液体被气流带到上层塔板，使塔板的提浓作用变差，对传质是不利因素。

液沫夹带量与气速和板间距有关，板间距越小，夹带量越大。同样的板间距，若气速过大，夹带量也会增加。为保证传质达到一定效果，夹带量不允许超过 0.1kg 液体/kg 干蒸气。

4. 液泛

当气相或液相的流量过大，使降液管内的液体不能顺利流下时，液体开始在管内积累。当管内液位增高至溢流堰顶部时，两板间的液体将连为一体，该塔板便产生积液，并依次上升，这种现象称为液泛或淹塔。发生液泛时，气体通过塔板的压强降急剧增大且气体大量带液，导致精馏塔无法正常操作，故正常操作时应避免产生液泛现象。

习　题

1. 乙苯、苯乙烯混合物是理想体系，纯组分的蒸气压为：

乙苯　$\lg p_A^0 = 6.08240 - 1424.225/(t + 213.206)$

苯乙烯　$\lg p_B^0 = 6.08232 - 1445.58/(t + 209.43)$

式中，压力的单位为 kPa，温度的单位为℃。试求：

(1) 塔顶总压为 8kPa 时，组成为 0.595(乙苯的摩尔分数)的蒸气温度。

(2) 与上述气相成平衡的液相组成。

2. 在 101.33kPa 下正庚烷和正辛烷的平衡数据见附表。

(1) 试求在 101.33kPa 下溶液中含正庚烷为 0.35(摩尔分数)时的泡点及平衡蒸气的瞬间组成。

(2) 在 101.33kPa 下加热到 117℃溶液处于什么状态？各相的组成如何？溶液被加热到什么温度全部气化为饱和蒸气？

习题 2 附表

温度/℃	液相中正庚烷摩尔分数	气相中正庚烷摩尔分数
98.4	1.0	1.0
105	0.656	0.81
110	0.487	0.673
115	0.311	0.491
120	0.157	0.280
125.6	0	0

3. 苯和甲苯在 92℃时的饱和蒸气压分别为 143.73kPa 和 57.6kPa。试求苯的摩尔分数为 0.4、甲苯的摩尔分数为 0.6 的混合液在 92℃时各组分的平衡分压、系统压强及平衡蒸气组成。此溶液可视为理想溶液。

4. 甲醇和乙醇形成的混合液可认为是理想物系，20℃时乙醇的蒸气压为 5.93kPa，甲醇为 11.83kPa。

(1) 两者各用 100g 液体，混合而成的溶液中甲醇和乙醇的摩尔分数各为多少？

(2) 气液平衡时系统的总压和各自的分压为多少？气相组成为多少？

5. 将含 24%(摩尔分数，下同)易挥发组分的某液体混合物送入连续精馏塔中，要求馏出液含 95%易挥发组分，釜液含 3%易挥发组分。送至冷凝器的蒸气摩尔流量为 850kmol/h，流入精馏塔的回流液量为 670kmol/h。

(1) 每小时能获得多少千摩尔的馏出液？多少千摩尔的釜液？

(2) 试求回流比 R。

6. 由正庚烷和正辛烷组成的溶液在常压连续精馏塔中进行分离。混合液的质量流量为 5000kg/h，其中正庚烷的含量为 30%(摩尔分数，下同)，要求馏出液中能回收原料中 88%的正庚烷，釜液中含正庚烷不高于 5%。试求馏出液的摩尔流量及摩尔分数。

7. 苯和甲苯的混合物，含苯 0.40(摩尔分数，下同)，流量为 1000kmol/h，在一常压精馏塔内进行分离，要求塔顶馏出液中含苯 90%以上，苯回收率不低于 90%，泡点进料，泡点回流，取回流比为最小回流比的 1.5 倍。已知相对挥发度 $\alpha = 2.5$，试求：

(1) 塔顶产品量 D。

(2) 塔底残液量 W 及组成 x_W。

(3) 最小回流比。

(4) 精馏段操作线方程。

8. 某一常压连续精馏塔内对苯-甲苯的混合液进行分离。原料液组成为 0.35(摩尔分数，下同)，该物系的平均相对挥发度为 2.5，饱和蒸气进料。塔顶采出率为 $\dfrac{D}{F} = 40\%$，精馏段操作线方程为 $y_{n+1} = 0.75x_n + 0.20$，$F = 100\text{kmol/h}$，求提馏段操作线方程。

9. 相对挥发度为 3 的理想溶液，其中含易挥发组分的组成为 60%(摩尔分数，下同)，泡点进料，要求塔顶馏出液中含易挥发组分的组成为 90%，残液中含易挥发组分的组成为 2%。

(1) 试求每获得 1kmol 馏出液时的原料液用量。

(2) 若 $R = 1.5$，则它是最小回流比的多少倍？

(3) 若 $R = 1.5$，则精馏段需几块理论板？

10. 分离正庚烷与正辛烷的混合液(正庚烷为易挥发组分)。要求馏出液组成为 0.95(摩尔分数，下同)，釜液组成不高于 0.02。原料液组成为 0.45。泡点进料，气液平衡数据列于附表中。求：

(1) 全回流时最少理论板数。

(2) 最小回流比及操作回流比(取为 $1.5R_{min}$)。

习题 10 附表　气液平衡数据

x	y	x	y
1.0	1.0	0.311	0.491
0.656	0.81	0.157	0.280
0.487	0.673	0.000	0.000

11. 在连续精馏塔中分离两组分理想溶液，塔顶全凝器。实验测得第一层塔板的单板效率 $E_{ML1} = 0.6$，相对挥发度为 3，精馏段操作线方程为 $y_{n+1} = 0.833x_n + 0.15$，求离开第二层塔板的上升蒸气组成。

12. 在常压连续精馏塔中分离两组分理想溶液。该物系的平均相对挥发度为 2.5。原料液组成为 0.35(易挥发组分摩尔分数，下同)，饱和蒸气加料。塔顶采出率 $\frac{D}{F}$ 为 40%，且已知精馏段操作线方程为 $y = 0.75x + 0.20$。

(1) 试求提馏段操作线方程。

(2) 若塔顶第一板下降的液相组成为 0.7，求该板的气相默弗里板效率 E_{MV_1}。

第8章　干　　燥

8.1　概　　述

化工生产中的固体物料为了便于储藏、运输、使用或加工，需要去除其中的湿分(有机溶剂或水)，该操作过程简称去湿。例如，在药品储藏过程中，若其中含水较多，必然会导致其变质失效；如果塑料颗粒中含水量超过一定标准(如聚氯乙烯颗粒的含水量规定需低于0.2%)，则在后期的成型加工过程中会产生一定量的气泡，影响最终产品的质量。因此，干燥操作的良好与否直接影响产品的品质。

1. 物料的去湿方法

固体物料去湿方法通常有以下三种：

(1) 吸附去湿。用某种平衡水蒸气分压很低的干燥剂与湿物料并存，使物料中水分相继经气相而转入干燥剂内。吸附去湿可分为物理去湿(如浓硫酸吸收、分子筛吸附、膜法脱湿)和化学去湿(利用化学反应脱除湿分，如 CaO 和水反应)。

(2) 机械去湿。利用沉降、过滤或离心分离等机械方法去除固体物料中的湿分。多用于处理含液量较大的物料的初步去湿，能耗较低。

(3) 供热干燥。利用热能，使湿物料中的湿分气化而去湿。供热方式多样，工业上多使用热空气或其他高温气体(如烟道气)掠过物料表面，向物料供热并带走气化的湿分。这是本章讨论的主要内容。

此外，含有固体溶质的溶液可通过结晶、蒸发的方法去除溶剂以获得固体产物；还可以将此溶液分散成滴，并与热气流接触，使湿分气化，从而获得粉粒状固体产物。前者属于蒸发过程，后者属于干燥过程，工业上称为喷雾干燥。

2. 干燥操作分类

通常，干燥可以按照下列方式分类：

(1) 按操作压强分为常压干燥和真空干燥。真空干燥常适用于处理热敏性和易氧化的物料，或要求产品含湿量低的操作。

(2) 按操作方式分为连续干燥和间歇干燥。连续干燥具有生产能力大、产品质量均匀、热效率高及劳动条件好等优点；间歇干燥适用于处理小批量、多品种或要求干燥时间较长的物料。

(3) 按传热方式可分为传导干燥、辐射干燥、介电加热干燥和对流干燥。

3. 传导干燥

传导干燥是热能通过传热壁面以传导的方式传给湿物料。被干燥的物料与加热介质不直接接触，属于间接干燥。优点是热能利用较多；缺点是与传热壁面接触的物料易局部过热而变质，受热不均匀。

4. 辐射干燥

辐射干燥是热能以电磁波的形式由辐射器发射到湿物料表面，被湿物料吸收转化为热能，从而将水分加热气化。优点是生产能力强，干燥产物均匀；缺点是能耗大。

5. 介电加热干燥

介电加热干燥是将需干燥的物料置于高频电场内，利用高频电场的交变作用将湿物料加热，使水分气化，物料被干燥。优点是干燥时间短，干燥产品均匀而洁净；缺点是费用高。

6. 对流干燥

对流干燥是热能以对流给热的方式由热干燥介质(通常为热空气)传给湿物料，使物料中的水分气化。物料内部的水分以气态或液态形式扩散至物料表面，然后气化的蒸气从表面扩散至干燥介质主体，再由介质带走。优点是受热均匀，所得产品的含水量均匀；缺点是热利用率低。

本章主要讨论以空气为干燥介质、水为湿分的连续对流干燥过程。

8.2　对 流 干 燥

在对流干燥过程中，利用热空气和湿物料做相对运动，气体的热量传递给湿物料，使湿物料的湿分气化并传递到气体中，进而被带走。

对流干燥中，传热和传质同时发生(图 8-1)。

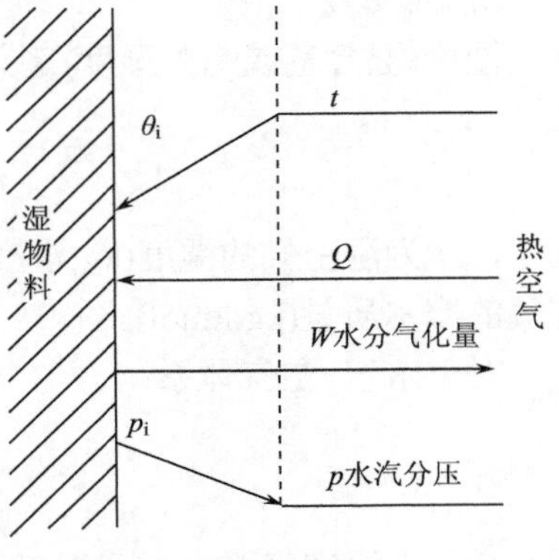

1. 传热过程

对流干燥过程中，由于物料表面温度 θ_i 低于气相主体温度 t，因此热量以对流方式从气相传递到固体物料表面，再由物料表面向内部传递。

2. 传质过程

固体物料表面处水汽压 p_i 高于气相主体中水汽分压 p，因此水汽由固体表面向气相扩散。

图 8-1　对流干燥过程的热量和质量传递

显然，干燥过程中水汽分压差(p_i-p)越大，温差$(t-\theta_i)$越高，干燥过程进行得越快。因此，干燥介质应及时将气化的水汽带走，以维持一定的传质推动力。

干燥操作的经济性主要取决于能耗和热的利用率。为减轻气化水分的热负荷，湿物料中的水分应当尽可能先采用机械分离方法予以除去，因为机械分离方法更经济。在干燥操作中，加热空气所消耗的热量只有一部分用于气化水分，相当可观的一部分热能则随废气(含水分较高)流失。此外，设备的热损失、固体物料的温升也造成了不可避免的能耗。为提高干燥过程的经济性，应采取适当措施降低这些能耗，提高过程的热利用率。

8.3　湿空气的性质及湿度图

对流干燥过程中，作为干燥介质的空气一般来自大气，因大气中多少含有一定的水汽，故为湿空气。由于干燥过程为传热与传质相结合的过程，湿空气的传热与传质性质对干燥过程的影响很大，因此有必要对其进行详尽的讨论。

8.3.1　湿空气的性质

由于在干燥过程中，湿空气中水汽的含量不断增加，但绝干空气质量不变，因此湿空气的许多性质通常以绝干空气为基准。

1. 湿空气中水分含量的表示方法

1) 水汽分压 p

操作压强一定时，湿空气总压 p_t、水汽分压 p、绝干空气分压 p_g 之间的关系如下：

$$p_t = p + p_g$$

空气中水汽分压 p 越大，水汽含量越高。根据道尔顿分压定律，p 与绝干空气分压 p_g 之比满足：

$$\frac{p}{p_g} = \frac{p}{p_t - p} = \frac{n_v}{n_g} \tag{8-1}$$

式中，n_v 为湿空气中水汽的物质的量(mol)；n_g 为湿空气中绝干空气的物质的量(mol)。

2) 湿度 H

湿度(湿含量或绝对湿度)定义为单位质量绝干空气所带有的水汽质量，即

$$H = \frac{\text{湿空气中水汽的质量}}{\text{湿空气中绝干空气的质量}} = \frac{n_v M_v}{n_g M_g} \tag{8-2}$$

式中，H 为湿空气的湿度(kg 水汽/kg 绝干空气)；M_v 为水汽的摩尔质量(kg/kmol)；M_g 为绝干空气的摩尔质量(kg/kmol)。

对于水汽-空气体系：

$$H = \frac{18 n_v}{29 n_g} = 0.622 \frac{n_v}{n_g} \tag{8-3}$$

常压下湿空气可视为理想气体，满足道尔顿分压定律，则

$$H = 0.622 \frac{p}{p_t - p} \tag{8-4}$$

当湿空气中水汽分压等于该温度下水的饱和蒸气压时，说明湿空气呈饱和状态，此时所对应的湿空气的湿度称为饱和湿度 H_s(kg 水汽/kg 绝干空气)：

$$H_s = 0.622 \frac{p_s}{p_t - p_s} \tag{8-5}$$

式中，p_s 为空气温度下水的饱和蒸气压(kPa 或 Pa)。

可知，$H<H_s$ 时，表明物料吸湿；$H=H_s$ 时，表明物料水分处于平衡；$H>H_s$ 时，表明物料反潮。

3) 相对湿度 φ

在总压、温度一定的条件下，湿空气中水汽分压 p 与同温度下的饱和蒸气压 p_s 之比称为相对湿度 φ：

$$\varphi=\frac{p}{p_s}\times 100\% \tag{8-6}$$

可知，$p=0$ 时，$\varphi=0$，表明此时湿空气中不含水分，为绝干空气；$p=p_s$ 时，$\varphi=1$，此时的湿空气为饱和空气，水汽分压达到最大值，此时的湿空气不能用于干燥介质。φ 越小，表明湿空气吸收水分的能力越强。因此，湿度 H 只表明湿空气中水汽含量，不能表明湿空气吸湿能力的强弱，而 φ 代表湿空气的不饱和程度，可以用来判断干燥过程能否进行，以及湿空气的吸湿能力。

基于式(8-4)和式(8-6)可知，总压一定时，湿度为相对湿度和温度的函数：

$$H=0.622\frac{\varphi p_s}{p_t-\varphi p_s}=f(\varphi,t) \tag{8-7}$$

2. 湿空气的比热容和焓

1) 湿空气的比热容 c_H

在常压下将 1kg 绝干空气和其所带有的 H kg 水汽的温度升高(或降低)1℃所需吸收(或释放)的总热量称为湿空气的比热容，简称湿比热或湿热[c_H，kJ/(kg 绝干空气·℃)]：

$$c_H=c_g+c_vH \tag{8-8}$$

式中，c_g 为绝干空气的比热容[kJ/(kg 绝干空气·℃)]；c_v 为水汽的比热容[kJ/(kg 水汽·℃)]。

在工程计算中，c_g、c_v 通常取为常数，c_g = 1.01kJ/(kg 绝干空气·℃)，c_v = 1.88kJ/(kg 水汽·℃)，则

$$c_H=1.01+1.88H \tag{8-9}$$

可见，湿空气的比热容只是湿度的函数。

2) 湿空气(绝干空气和水汽)的焓 I

湿空气中 1kg 绝干空气与 H kg 水汽的焓之和称为湿空气的焓(I，kJ/kg 绝干空气)：

$$I=I_g+I_vH \tag{8-10}$$

式中，I_g 为绝干空气的焓(kJ/kg 绝干空气)；I_v 为水汽的焓(kJ/kg 水汽)。

注意：由于焓值只有相对量没有绝对量，故存在基准问题，由物理化学知识可知焓值取物质常态为基准态，即 0℃的空气和液体水(非蒸汽)。此时，水的气化潜热为 r_0 = 2490kJ/kg 水汽，则

$$I_g=c_g(t-0)=c_gt$$

$$I_v=c_v(t-0)+r_0=c_vt+r_0$$

即湿空气的焓值为

$$I = I_g + I_v H = c_g t + (c_v t + r_0)H = (c_g + c_v H)t + r_0 H \tag{8-11}$$

将 c_g = 1.01kJ/(kg 绝干空气·℃)，c_v = 1.88kJ/(kg 水汽·℃)及 r_0 = 2490kJ/kg 水汽代入式(8-11)，则有

$$I = (1.01 + 1.88H)t + 2490H \tag{8-12}$$

可见，湿空气的焓值随着空气的温度 t、湿度 H 的增大而增加。

3. 湿空气的比容(湿比容)

单位质量干空气的体积和其所带有 H kg 水汽的体积之和称为湿空气的比容，记为 v_H (m^3/kg 绝干空气)，又称为湿体积、比体积，即

$$v_H = v_g + Hv_v \tag{8-13}$$

式中，v_g 为绝干空气的比容(m^3/kg 绝干空气)；v_v 为水汽的比容(m^3/kg 水汽)。

操作压强 P(kPa)下，1kg 绝干空气的比容为

$$v_g = \frac{22.41}{29} \times \frac{t+273}{273} \times \frac{101.33}{P} \tag{8-14}$$

1kg 水汽的比容为

$$v_v = \frac{22.41}{18} \times \frac{t+273}{273} \times \frac{101.33}{P} \tag{8-15}$$

因此，湿空气的比容为

$$v_H = v_g + Hv_v = (0.773 + 1.244H) \times \frac{t+273}{273} \times \frac{101.33}{P} \tag{8-16}$$

【例 8-1】 已知常压下湿空气的温度为 20℃、湿度为 0.014673kg/kg 绝干空气，试求：(1)湿空气的相对湿度；(2)湿空气的比容；(3)湿空气的比热容；(4)湿空气的焓。

解 (1) 由附录 3 查出 20℃时水的饱和蒸气压 $p_s = 2.3346$kPa，代入式(8-7)得

$$0.014673 = 0.622 \times \frac{2.3346\varphi}{101.3 - 2.3346\varphi}$$

故相对湿度 $\varphi = 100\%$(不可用作干燥介质)。

(2) 湿空气的比容 v_H 可由式(8-16)求得

$$v_H = (0.773 + 1.244H) \times \frac{t+273}{273} \times \frac{101.33}{P} = (0.773 + 1.244 \times 0.014673) \times \frac{20+273}{273}$$
$$= 0.848(\text{m}^3\text{湿空气/kg绝干空气})$$

(3) 湿空气的比热容 c_H 可由式(8-9)求得

$$c_H = 1.01 + 1.88H = 1.01 + 1.88 \times 0.014673 = 1.038[\text{kJ/(kg绝干空气·℃)}]$$

(4) 湿空气的焓 I 可由式(8-12)求得

$$I = (1.01 + 1.88H)t + 2490H = (1.01 + 1.88 \times 0.014673) \times 20 + 2490 \times 0.014673$$
$$= 57.29(\text{kJ/kg绝干空气})$$

4. 湿空气的温度

1) 干球温度 t

干球温度简称温度，是指空气的真实温度，可直接用普通温度计测量。

2) 露点温度 t_d

保持空气的湿度 H、总压 p_t 一定，降低温度，使其达到饱和状态($H = H_s$，$\varphi = 1$)时的温度称为露点，用 t_d 表示。根据式(8-5)可知，在一定总压 P 下，只需测出露点温度 t_d，便可从手册中查得此温度下对应的饱和蒸气压 p_s，从而根据式(8-5)求得空气的湿度 H_s。反之，若已知空气的湿度 H_s，可根据式(8-5)求得饱和蒸气压 p_s，再从饱和蒸气压表中查出相应的温度，即为 t_d。

3) 湿球温度 t_w

用水保持湿润的湿纱布包裹温度计的感温部位(水银球)，这种温度计称为湿球温度计，如图 8-2 所示。湿球温度计在温度为 t、湿度为 H 的不饱和空气流中达到平衡或稳定时所显示的温度称为该空气的湿球温度，用 t_w 表示。简言之，湿球温度是大量空气与少量水长期接触后水面的温度，它是空气湿度和干球温度的函数：

$$t_w = t - \frac{k_H}{\alpha} r_w (H_w - H) \tag{8-17}$$

式中，k_H 为以湿度差(ΔH)为推动力的传质系数[kg 水汽/($m^2 \cdot s \cdot \Delta H$)]；$r_w$ 为水在 t_w 下的气化潜热(kJ/kg)；H_w 为空气在 t_w 下的饱和湿度(kg 水汽/kg 绝干空气)。

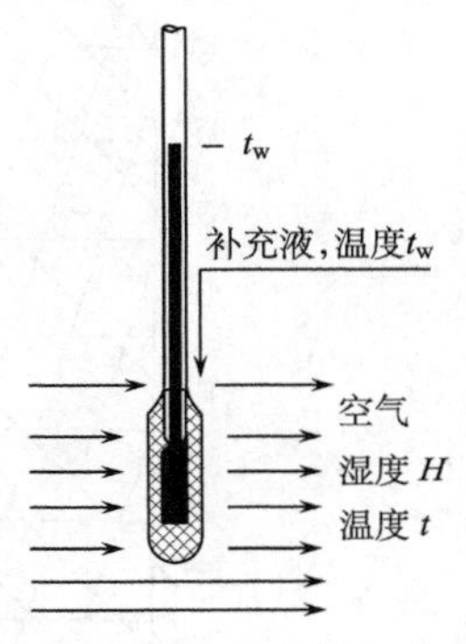

图 8-2　湿球温度的测量

8.3.2　湿度图

湿空气的性质可以根据以上介绍的公式进行计算，当总压一定时，表明湿空气性质的各项参数(t、p、φ、H、I、t_w 等)中只要已知其中任意两个相互独立的参数，湿空气的状态就被唯一确定。为便于工程计算，工程上也将不同状态下的湿空气性质计算绘制成图，即湿度图。可选择不同的独立参数作为坐标，由此所得湿度图的形式也就不同。常用的湿度图有温湿图(t-H 图)和焓湿图(I-H 图)，本小节重点介绍后者。

图 8-3 是以空气的湿度 H 为横坐标和焓 I 为纵坐标的湿度图，称为焓湿图。此图采用两坐标轴交角为 135°的斜角坐标系。为了便于读取湿度数据，将横轴上湿度 H 的数值投影到与纵轴正交的辅助水平轴上。图上任何一点都代表一定温度 t 和湿度 H 的湿空气状态。

图中共有以下五种关系曲线：

(1) 等湿线(等 H 线)：是一组与纵轴平行的直线。在同一条等 H 线上，不同的点都具有相同的湿度值，其值在辅助水平轴上读出。

(2) 等焓线(等 I 线)：是一组与斜轴平行(与纵轴夹角 135°)的直线。在同一条等 I 线上，不同的点所代表的湿空气的状态不同，但都具有相同的值，其值可以在纵轴上读出。

(3) 等温线(等 t 线)：是基于式(8-12)得到的一系列干球温度下 I 和 H 的关系直线。

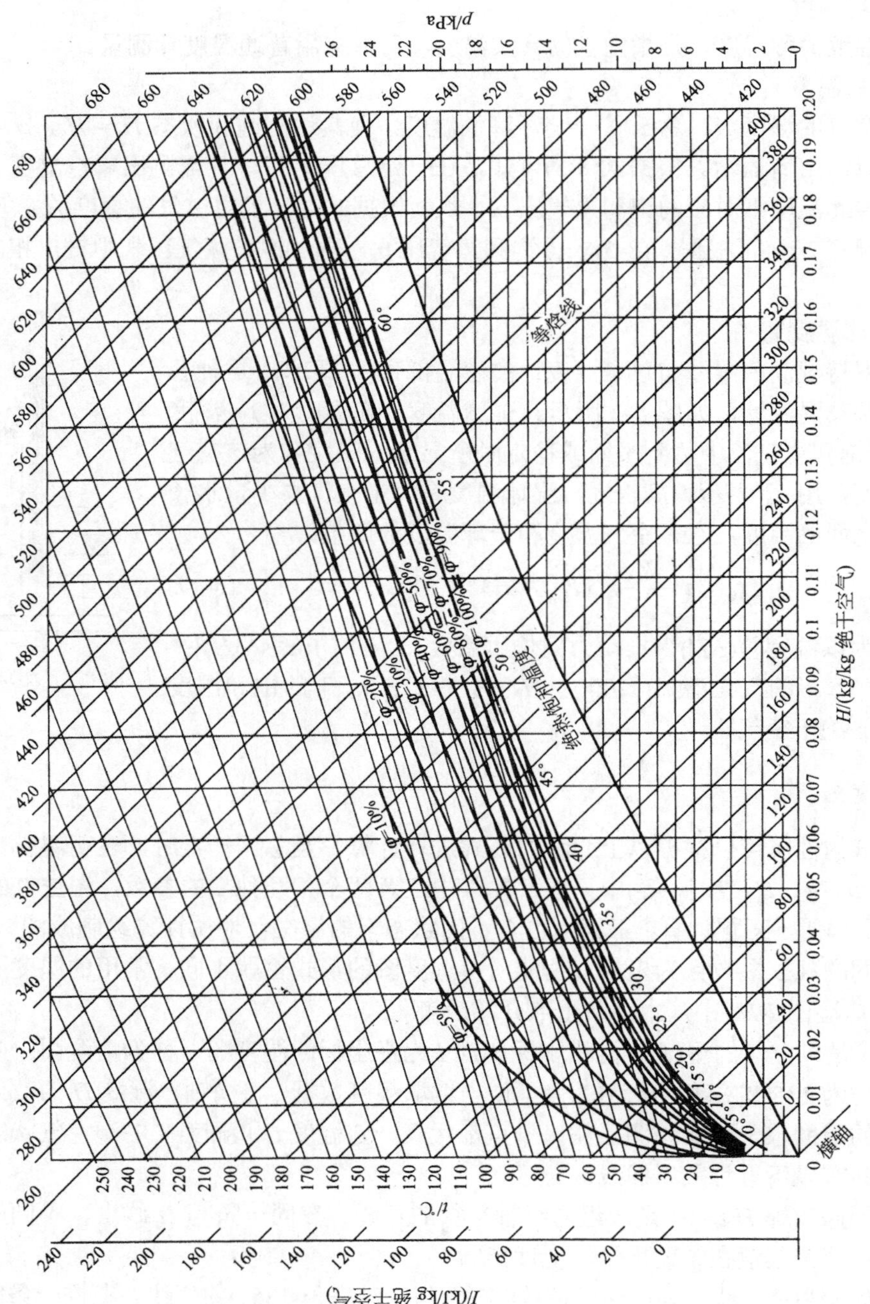

图 8-3　空气-水系统的焓湿图(总压 100kPa)

(4) 等相对湿度线(等 φ 线)：是根据式(8-7)绘制的一组从原点出发的曲线。其中，$\varphi = 100\%$ 的等 φ 线为饱和空气线，此时空气完全被水汽所饱和；饱和空气线以上($\varphi < 100\%$)为不饱和空气区域；$\varphi = 0$ 时的等 φ 线为纵轴。用作干燥介质的湿空气必定在饱和空气线以上。

(5) 水汽分压线：位于饱和空气线下方的一条线，表示空气的湿度 H 与空气中水汽分压 p 之间的关系，可由式(8-4)得到。

8.4　干燥过程的物料衡算和热量衡算

对流干燥过程是利用不饱和的热空气去除湿物料中的水分，因此常温下的空气一般先通过预热器加热至一定温度后再进入干燥器，在干燥器内热空气和湿物料接触，使湿物料表面的水分气化并将水汽带走。在设计干燥器前，通常已知湿物料的处理量、湿物料在干燥前后的含水量及进入干燥器的湿空气的初始状态，要求计算水分蒸发量、空气用量以及干燥过程所需热量和热效率。为此，需对干燥器进行物料衡算和热量衡算，以便选择适宜型号的风机和换热器。

8.4.1　物料中含水量的表示方法

为了确定湿物料干燥到指定的含水量所需除去的水分量及所需的空气量，通常用以下两种方式表示物料中的含水量。

1. 湿基含水量 w

湿物料中所含水分的质量分数称为湿物料的湿基含水量 w，即

$$w = \frac{\text{湿物料中水分的质量}}{\text{湿物料总质量}} \tag{8-18}$$

2. 干基含水量 X

不含水分的物料通常称为绝干物料或干料。湿物料中水分的质量与绝干物料质量之比称为湿物料的干基含水量，即

$$X = \frac{\text{湿物料中水分的质量}}{\text{湿物料中绝干物料质量}} \tag{8-19}$$

可知

$$X = \frac{w}{1-w}\text{(kg水/kg绝干物料)}$$

$$w = \frac{X}{1+X}\text{(kg水/kg湿物料)} \tag{8-20}$$

在干燥过程中，湿物料的质量不断变化，而绝干物料质量不变。因此，在干燥器的物料和热量衡算中，以绝干物料为计算基准，采用干基含水量计算较为方便实用。

8.4.2 干燥器的物料衡算

参见图 8-4 所列参数，以干燥器为控制体对水分做物料衡算可得

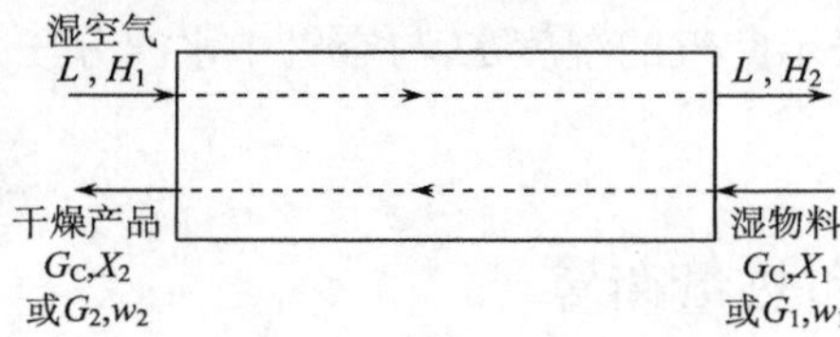

图 8-4　各物料逆流进、出干燥器示意图

$$W = L(H_2 - H_1) = G_C(X_1 - X_2) \tag{8-21}$$

式中，W 为干燥过程中水分蒸发量(kg/s)；L 为以绝干气体计的空气流量(kg 干气/s)；H_1、H_2 分别为空气进、出干燥器的湿度(kg 水汽/kg 绝干空气)；G_C 为湿物料中绝干物料的质量流量(kg/s)；X_1、X_2 分别为干燥前、后物料的干基含水量(kg 水/kg 绝干物料)。

假设 G_1 为进入干燥器的湿物料质量流量(kg/s)，G_2 为出干燥器的产品质量流量(kg/s)，w_1、w_2 分别为干燥前、后物料的湿基含水量(kg 水/kg 湿物料)，则

$$G_C = G_1(1 - w_1) = G_2(1 - w_2) \tag{8-22}$$

故干燥过程中水分蒸发量 W 为

$$W = G_1 - G_2 = G_1 \frac{w_1 - w_2}{1 - w_2} \tag{8-23}$$

8.4.3 热量衡算

1. 预热器的热量衡算

以图 8-5 中的预热器为控制体做热量衡算可得

$$Q_p = L(I_1 - I_0) = L(1.01 + 1.88H_0)(t_1 - t_0) \tag{8-24}$$

式中，Q_p 为单位时间内预热器中空气消耗的热量(kW)；I_0、I_1 分别为新鲜湿空气进入预热器、离开预热器(进入干燥器)时的焓(kJ/kg 绝干空气)；t_0、t_1 分别为新鲜湿空气进入预热器、离开预热器(进入干燥器)时的温度(℃)。

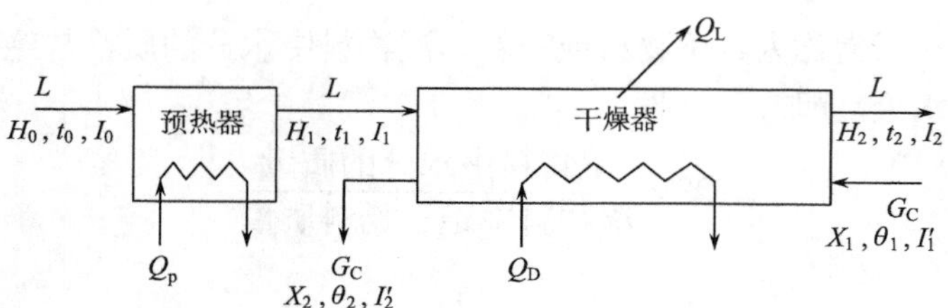

图 8-5　连续干燥过程中的热量衡算示意图

2. 干燥器的热量衡算

以图 8-5 中的干燥器为控制体做热量衡算可得

$$LI_1 + G_C I_1' + Q_D = LI_2 + G_C I_2' + Q_L \tag{8-25}$$

整理得

$$L(I_1 - I_2) + Q_D = G_C(I_2' - I_1') + Q_L \tag{8-26}$$

式中，I_1'、I_2' 分别为湿物料进入、离开干燥器时的焓(kJ/kg 绝干物料)；I_2 为离开干燥器时的焓(kJ/kg 绝干空气)；Q_D 为单位时间内向干燥器补充的热量(kW)；Q_L 为单位时间内干燥器损失的热量(kW)。

3. 干燥系统消耗的总热量 Q

干燥系统消耗的总热量 Q(kW)为 Q_p 与 Q_D 之和，即

$$Q = Q_p + Q_D = L(I_2 - I_0) + G_C(I_2' - I_1') + Q_L \tag{8-27}$$

4. 理想干燥过程的物料和热量衡算

若在干燥过程中，气化的水分都是在物料表面气化阶段去除的，设备的热损失及物料温度的变化可以忽略，同时也未向干燥器补充加热，此时干燥器内气体传给固体的热量全部用于气化水分所需的潜热进入气相。由热量衡算式(8-26)可知，气体在干燥过程中的状态变化为等焓过程，这种简化的干燥过程称为理想干燥过程。

图 8-6 表示理想干燥过程中气体状态的变化过程。由室外空气的初始状态(t_0, H_0)决定 A 点；在预热器中空气沿等湿度线升温至 t_1，即 B 点；进入干燥器后气体沿等焓线降温至出口状态 t_2，即 C 点。这样，气体出口的状态参数便可方便地确定，然后可由物料衡算式(8-21)计算空气用量 L。

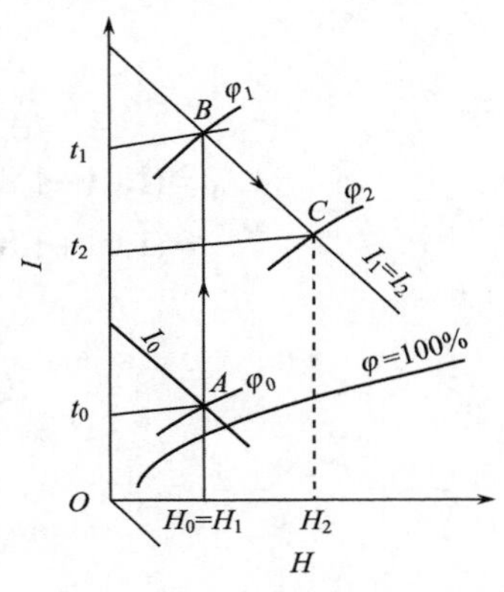

图 8-6　理想干燥过程中湿空气的状态变化示意图

【例 8-2】 在常压下将含水质量分数为 10%的湿物料以 5kg/s 的速率送入干燥器，干燥产物的含水质量分数为 1%。所用空气的温度为 20℃、湿度为 0.007kg/kg 绝干空气，预热温度为 130℃，废气出口温度为 70℃，设为理想干燥过程，试求：(1)空气用量 L；(2)预热器的热负荷。

解　(1) 绝干物料的处理量为

$$G_C = G_1(1 - w_1) = 5 \times (1 - 0.1) = 4.5(\text{kg绝干物料/s})$$

进、出干燥器的含水量为

$$X_1 = \frac{w_1}{1 - w_1} = \frac{0.1}{1 - 0.1} = 0.1111(\text{kg水 / kg绝干物料})$$

$$X_2 = \frac{w_2}{1 - w_2} = \frac{0.01}{1 - 0.01} = 0.0101(\text{kg水 / kg绝干物料})$$

则水分蒸发量为

$$W = G_C(X_1 - X_2) = 4.5 \times (0.1111 - 0.0101) = 0.4545(\text{kg/s})$$

气体进入干燥器的湿度 H_1 为

$$H_1 = H_0 = 0.007(\text{kg/kg绝干空气})$$

由式(8-12)知

$$\begin{aligned} I_1 &= (1.01 + 1.88H_1)t_1 + 2490H_1 \\ &= (1.01 + 1.88 \times 0.007) \times 130 + 2490 \times 0.007 = 150.44(\text{kJ/kg绝干空气}) \end{aligned}$$

气体离开干燥器时的状态为 $t_2 = 70℃$，$I_2 = I_1 = 150.44\text{kJ/kg}$ 干气。

出口气体的湿度 H_2 为

$$H_2 = \frac{I_2 - 1.01t_2}{1.88t_2 + 2490} = \frac{150.44 - 1.01\times 70}{1.88\times 70 + 2490} = 0.0304(\text{kJ/kg绝干空气})$$

则空气用量为

$$L = \frac{W}{H_2 - H_1} = \frac{0.4545}{0.0304 - 0.007} = 19.42(\text{kg绝干空气/s})$$

(2) 预热器的热负荷用式(8-24)计算：

$$Q_\text{p} = L(I_1 - I_0)$$

式中

$$\begin{aligned} I_0 &= (1.01 + 1.88H_0)t_0 + 2490H_0 \\ &= (1.01 + 1.88\times 0.007)\times 20 + 2490\times 0.007 = 37.89(\text{kJ/kg绝干空气}) \end{aligned}$$

则

$$Q_\text{p} = 19.42\times(150.44 - 37.89) = 2186(\text{kW})$$

8.5　干燥速率与干燥时间

基于干燥器的物料衡算及热量衡算可以算出完成一定干燥任务所需的空气流量及热量。但是，需要多大尺寸的干燥器及干燥时间长短等问题则须通过计算干燥速率方可解决。干燥过程中，水分首先由湿物料内部转移到物料表面，再经物料表面气化进入干燥介质中，继而被干燥介质带走。由此可见，干燥速率不仅取决于干燥介质的性质和操作条件，而且取决于物料中所含水分的性质。只有通过对后者的研究，才能知道湿物料中有哪些水分可以用干燥方法除去，以及除去的难易程度，或者哪些水分不能用干燥方法除去。

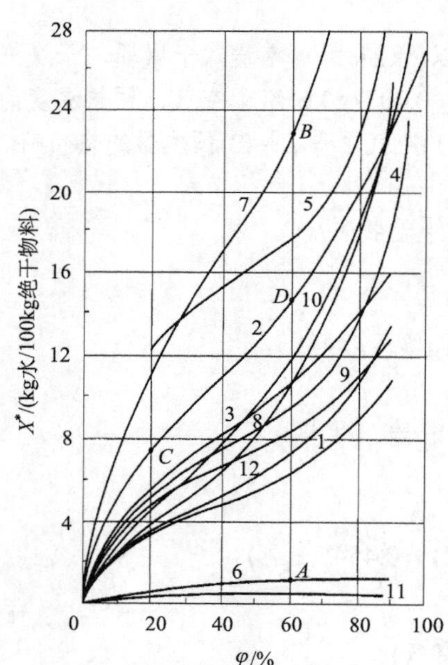

图 8-7　某些物料的平衡含水量曲线(25℃)

1. 新闻纸；2. 羊毛、毛织物；3. 硝化纤维；4. 丝；5. 皮革；6. 陶土；7. 烟叶；8. 肥皂；9. 牛皮胶；10. 木材；11. 玻璃绒；12. 棉花

8.5.1　物料中所含水分的性质

1. 平衡水分与自由水分

在一定条件下，按水分能否用干燥方法除去的原则，可分为平衡水分和自由水分。在一定温度下，平衡水分与自由水分的划分取决于物料性质和空气状态。

1) 平衡水分

湿物料表面水蒸气分压与空气中水蒸气分压相等时物料中所含的水分称为平衡水分，用 X^* 表示。其与物料的种类、温度及空气的相对湿度有关，见图 8-7。由图可知：

(1) 平衡水分因物料种类不同而有很大差别。

(2) 同一种物料的平衡水分因空气的状态不同而不同。平衡水分随温度升高而减小，随湿度的增加而增大。

(3) 在一定空气状态(t，φ)下，平衡水分是湿物料干燥的极限。

(4) 当空气的相对湿度为零时，任何物料的平衡水分均为零。

2) 自由水分

在干燥过程中所能除去的超出平衡水分的那一部分水分称为自由水分。自由水分与平衡水分之和为物料中所含总水分。

2. 结合水分和非结合水分

根据水分与固体物料的结合方式，物料中所含水分可分为结合水分和非结合水分。在一定温度下，结合水分与非结合水分的划分取决于物料性质，而与干燥介质状况无关。

1) 结合水分

通过物理或化学作用与固体物料结合的水分称为结合水分，因而产生的蒸气压低于同温度下纯水的饱和蒸气压。例如，结晶水、溶胀水分和小毛细管中的水分，难以除去。

2) 非结合水分

机械地附着在物料表面的水分称为非结合水分，产生的蒸气压与纯水无异。包括物料中的吸附水分和大孔隙中的水分，容易除去。

3. 物料所含水分关系

结合水分和非结合水分、自由水分和平衡水分以及它们与物料的总水分之间的关系见图 8-8。可知，平衡水分一定是结合水分；自由水分包括全部非结合水分和一部分结合水分。非结合水分和自由水分可全部除去；结合水分可部分除去。

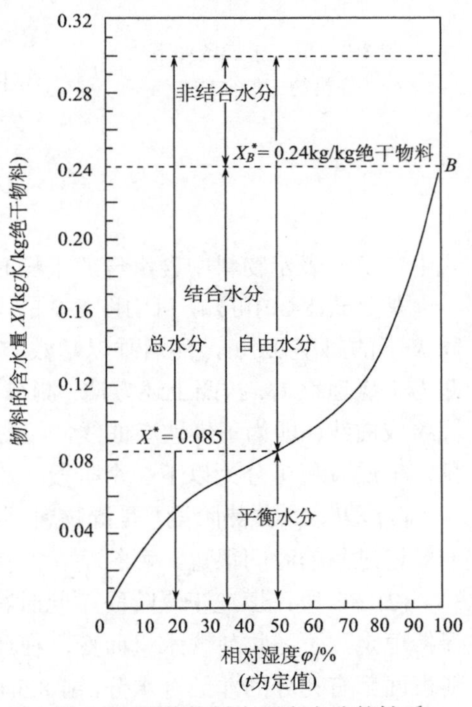

图 8-8　固体物料中所含水分的性质

8.5.2　恒定干燥条件下的干燥速率

为了讨论问题方便，假设干燥条件固定，即空气温度、湿度、流速及与物料的接触方式不变，称为恒定干燥。例如，用大量空气干燥少量物料即属于恒定干燥。

在恒定干燥过程中，随着干燥时间的延续，水分被不断气化，湿物料的质量减少，因而可以记取物料试样的干基含水量(X)与时间(τ)的关系，直到物料质量不再变化为止，此时物料

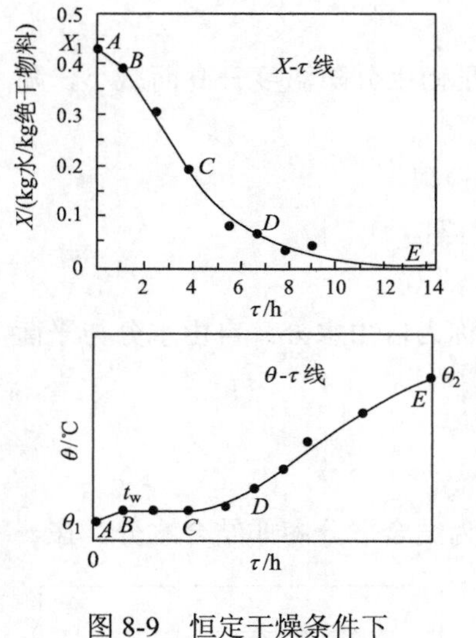

图 8-9　恒定干燥条件下物料的干燥曲线

中所含水分即为平衡水分(X^*)。如图 8-9 所示，此曲线称为干燥曲线。随着干燥时间的延长，物料的自由含水量趋近于零。

干基含水量 X 可由式(8-28)求得

$$X = \frac{G' - G'_C}{G'_C} \tag{8-28}$$

式中，G'为某时刻湿物料的质量(kg)；G'_C 为绝干物料的质量(kg)。

单位时间内在单位干燥面积上气化的水分量称为干燥速率，即

$$U = \frac{dW'}{Sd\tau} \tag{8-29}$$

式中，U 为干燥速率[kg 水/(m^2·s)]；W'为气化水分量(kg)；S 为干燥面积(m^2)；τ 为干燥时间(s)。而 $dW' = -G'_C dX$，故

$$U = \frac{dW'}{Sd\tau} = -\frac{G'_C dX}{Sd\tau} \tag{8-30}$$

式中，负号表示物料中含水量随干燥时间的增加而减少。

基于式(8-30)可知，可由图 8-9 的干燥曲线测出不同 X 下的斜率 $dX/d\tau$，然后乘以常数 G'_C/S 并取负号，即为干燥速率 U。按照上述方法，测得一系列 X 和 U，标绘成曲线，即为干燥速率曲线，如图 8-10 所示。可见，干燥过程可分为以下 3 个阶段。

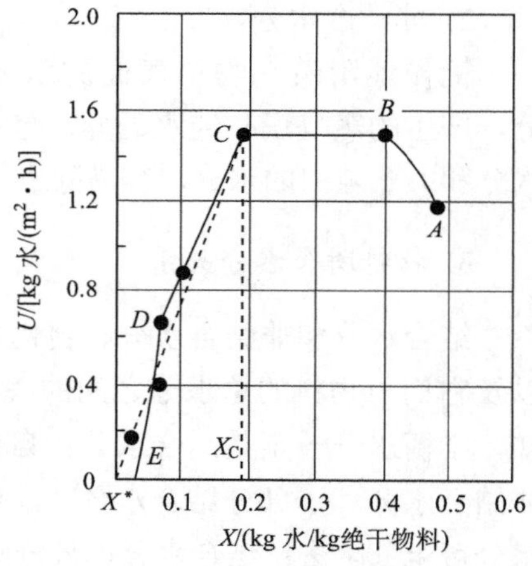

图 8-10　恒定干燥条件下的干燥速率曲线

(1) AB 段：预热阶段，是湿物料不稳定加热过程，一般该过程的时间很短，可忽略。

(2) BC 段：恒速干燥阶段，此时物料的干燥速率保持恒定，不随物料含水量而变。在此阶段，整个物料表面都有充分的非结合水分，由 8.5.1 小节关于物料所带水分的性质可知，物料表面水的蒸气压与同温度下液态水的蒸气压相同。此时，物料表面与空气间的传热和传质过程与湿球温度计的情况一样。物料内部水分从物料内部迁移至表面的速率大于表面水分气化的速率，物料表面保持完全润湿，干燥速率的大小主要取决于物料表面水分的气化速率，故恒速干燥阶段为表面气化控制阶段。空气传给物料的热量等于水分气化所需的热量，物料表面的温度始终保持为空气的湿球温度(忽略辐射热)。该阶段干燥速率的大小主要取决于空气的性质，而与湿物料性质关系很小。

(3) CE 阶段：降速干燥阶段，干燥速率随物料含水量的减少而降低。线段 CE 在 D 点有转折，这是由物料性质决定的，有的平滑，有的有转折。降速原因大致有以下几点。

Ⅰ. 实际气化表面减小(第一降速阶段)

随着干燥过程的进行，物料内部水分迁移到表面的速率低于表面水分的气化速率，此时物料表面不能再维持全部润湿，而出现部分干燥区域，即实际气化表面减少，因此以物料全部外表面积为计算基准的干燥速率下降。此为降速干燥阶段的第一部分，称为不饱和表面干燥，如图 8-10 中 *CD* 段所示。

Ⅱ. 气化面内移(第二降速阶段)

当多孔物料全部表面都成为干区后，水分的气化面逐渐向物料内部移动，直至物料的含水量降至平衡含水量 X^*时，干燥停止。此时，固体内部的热、质传递途径加长，造成干燥速率下降。此为干燥速率曲线中的 *DE* 段，也称为第二降速阶段。

多孔性物料在干燥过程中水分残留的情况如图 8-11 所示。降速阶段干燥速率主要取决于水分在物料内部的迁移速率，所以又称降速阶段为内部扩散控制阶段。这时外界空气条件不是影响干燥速率的主要因素，主要因素是物料的结构、形状和大小等。

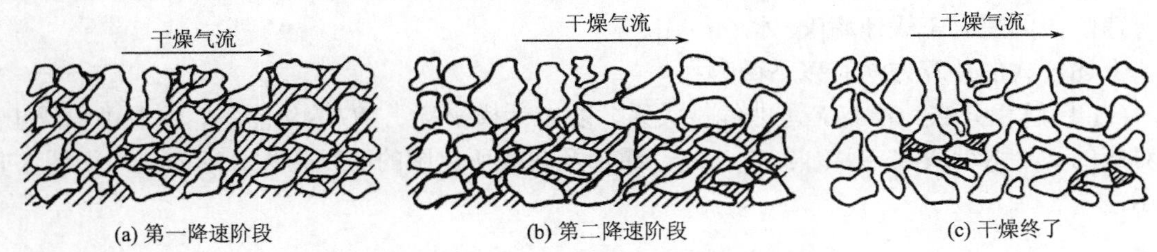

图 8-11　降速干燥阶段水分在固体物料中的分布

临界含水量：图 8-10 中 *C* 点为恒速干燥与降速干燥阶段的分界点，称为临界点。此点所对应的含水量(X_C)称为临界含水量。临界含水量不但与物料本身的结构、分散程度有关，也受干燥介质条件(流速、温度、湿度)的影响。物料分散越细，临界含水量越低。等速阶段的干燥速率越大，临界含水量越高，即降速阶段较早地开始。

综上所述，当物料中含水量大于临界含水量 X_C 时，属于表面气化控制阶段，即等速阶段；而当物料含水量小于临界含水量 X_C 时，属于内部扩散控制阶段，即降速阶段。当达到平衡含水量 X^*时，则干燥速率为零。实际上，在工业生产中，物料不会被干燥到平衡含水量，而是在临界含水量和平衡含水量之间，这要根据产品要求和经济核算决定。

8.5.3　恒定干燥条件下干燥时间的计算

恒定干燥时，物料从最初含水量 X_1 干燥至最终含水量 X_2 所需时间 τ 可根据该条件下测定的干燥速率曲线(图 8-10)和式(8-30)求得。

1. 恒速干燥阶段

设恒速干燥阶段的干燥速率为 U_0，根据式(8-30)有

$$U_0 = -\frac{G_C' \mathrm{d}X}{S \mathrm{d}\tau}$$

积分上式

$$\tau_1=\int_0^{\tau_1}\mathrm{d}\tau=-\frac{G_C'}{SU_0}\int_{X_1}^{X_C}\mathrm{d}X$$

可得

$$\tau_1=\frac{G_C'}{SU_0}(X_1-X_C) \tag{8-31}$$

式中，τ_1为恒速阶段干燥时间(s)；X_1为物料的初始含水量(kg 水/kg 绝干物料)。

2. 降速干燥阶段

在降速干燥阶段内，物料含水量从临界含水量X_C降到X_2所需的时间τ_2为

$$\tau_2=\int_0^{\tau_2}\mathrm{d}\tau=-\frac{G_C'}{S}\int_{X_C}^{X_2}\frac{\mathrm{d}X}{U}=\frac{G_C'}{S}\int_{X_2}^{X_C}\frac{\mathrm{d}X}{U} \tag{8-32}$$

式中，τ_2为降速阶段干燥时间(s)；X_2为降速阶段终了时物料的含水量(kg 水/kg 绝干物料)；U为降速阶段的瞬时干燥速率[kg 水/(m^2·s)]。

上述公式的计算方法有以下两种：

(1) 图解积分法。若 U-X 呈非线性关系，以X为横坐标、$1/U$为纵坐标，在图中标绘$1/U$与对应的X，由纵线$X = X_C$与$X = X_2$、横轴及曲线所包围的面积为积分项的值，如图 8-12 所示。

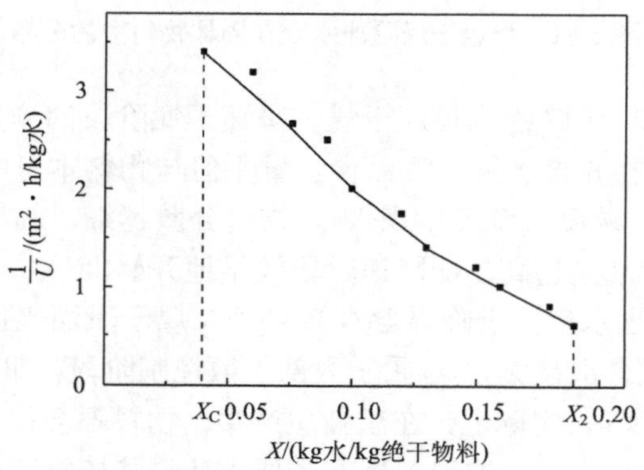

图 8-12　图解积分法求干燥时间

(2) 解析计算法。假设 U-X 呈线性关系，可用临界点 C 与平衡水分 E 所连接的直线(如图 8-10 中虚线所示)代替降速阶段的干燥速率曲线，可知此时干燥速率与物料中自由水分量成正比，即

$$U=-\frac{G_C'\mathrm{d}X}{S\mathrm{d}\tau}=K_X(X-X^*) \tag{8-33}$$

式中，K_X为比例系数[kg/(m^2·ΔX)]，即虚线 CE 的斜率

$$K_X=\frac{U_0}{X_C-X^*}$$

式(8-33)积分可得

$$\tau_2 = \frac{G_C'}{K_X S} \ln \frac{X_C - X^*}{X_2 - X^*} \tag{8-34}$$

因此，物料经恒速和降速阶段的总干燥时间为

$$\tau = \tau_1 + \tau_2 \tag{8-35}$$

【例 8-3】 在常压干燥器中干燥某种湿初料。已知物料的临界含水量为 0.10kg/kg 绝干物料，平衡含水量为 0.01kg/kg 绝干物料。物料初始和最终干基含水量分别为 0.25kg/kg 绝干物料和 0.0204kg/kg 绝干物料。恒速阶段干燥时间为 1h，降速阶段的干燥曲线为直线。试求物料在干燥器中的停留时间至少为若干小时。

解 由已知条件可知，临界含水量(0.10kg/kg 绝干物料)大于最终干基含水量(0.0204kg/kg 绝干物料)，所以干燥过程包括恒速干燥和降速干燥两个阶段。

由式(8-31) $\tau_1 = \frac{G_C'}{SU_0}(X_1 - X_C)$，可知

$$\frac{G_C'}{SU_0} = \frac{\tau_1}{X_1 - X_C} = \frac{1}{0.25 - 0.10} = \frac{1}{0.15}$$

$$\tau_2 = \frac{G_C'}{K_X S} \ln \frac{X_C - X^*}{X_2 - X^*} = \frac{G_C'}{S} \frac{X_C - X^*}{U_0} \ln \frac{X_C - X^*}{X_2 - X^*} = \frac{1}{0.15} \times (0.10 - 0.01) \ln \frac{0.10 - 0.01}{0.0204 - 0.01} = 1.3(\text{h})$$

则总时间为

$$\tau = \tau_1 + \tau_2 = 1 + 1.3 = 2.3(\text{h})$$

8.6 干　燥　器

干燥处理的对象(湿物料)种类众多，对产品的要求各不相同，湿物料可能是块状(矿石)、颗粒状(蔗糖)、液态(牛奶)；有的物料结合水分含量大，有的非结合水分含量大；有的物料具有热敏性不能耐高温，有的要求产品含水量低，有的物料要求无菌操作等。

不同的物料，性质不同，产品要求不同，就需要不同的设备实现干燥过程。为满足生产需要，干燥器应达到以下基本要求：

(1) 适应被干燥物料的多样性和不同产品规格要求。

(2) 设备的生产能力大。

(3) 能耗的经济性。

(4) 便于操作、控制等。

通常可按加热的方式对干燥器进行分类，如表 8-1 所列。本节重点介绍化工生产中最常用的几种对流干燥器的类型和特点。

表 8-1 常用干燥器的分类

类型	干燥器	类型	干燥器
对流干燥器	厢式干燥器 气流干燥器 流化床干燥器 转筒干燥器 喷雾干燥器	传导干燥器	滚筒干燥器 真空盘式干燥器
		辐射干燥器	红外线干燥器
		介电加热干燥器	微波干燥器

8.6.1 常用对流干燥器

1. 厢式干燥器

厢式干燥器又称盘式干燥器，一般小型的称为烘箱，大型的称为烘房，属于典型的常压间歇操作干燥设备，结构如图 8-13 所示。干燥器外壁由砖墙并覆以适当的绝热材料构成。厢内支架上放有许多矩形浅盘，湿物料置于盘中，物料在盘中的堆放厚度为 10～100mm。厢内设有翅片式空气加热器，并用风机造成循环流动。调节风门，可在恒速阶段排出较多的废气而在降速阶段使更多的废气循环。

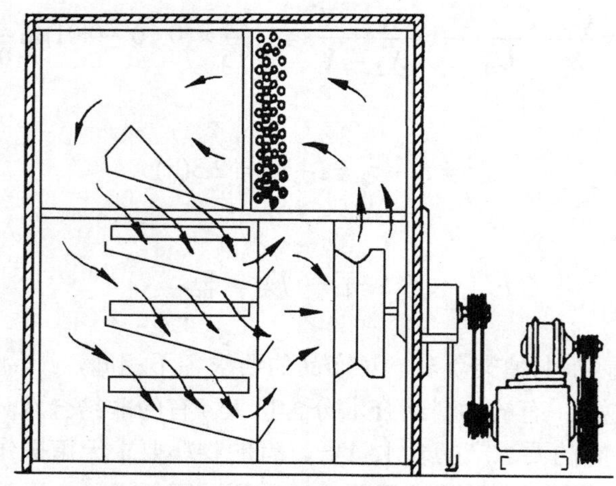

图 8-13 厢式干燥器

厢式干燥器的优点是构造简单，设备投资少，适应性较强。缺点是装卸物料的劳动强度大，设备的利用率、热利用率低及产品质量不易稳定。它适用于小规模多品种、要求干燥条件变动大及干燥时间长等场合的干燥操作，特别适合作为实验室或中间试验的干燥装置。

2. 气流干燥器

当湿物料为粉粒体，经离心脱水后可在气流干燥器中以悬浮的状态进行干燥。气流干燥器的主要部件如图 8-14 所示。空气由风机吸入，经翅片加热器预热至指定温度，然后进入干燥管底部。物料由加热器连续送入，在干燥管中被高速气流分散。在干燥管内气固并流流动，水分气化。干物料随气流进入旋风分离器，与湿空气分离后被收集，还可再经布袋除尘器，进一步提纯产品。由此可见，气流干燥器操作的关键是连续而均匀地加料，并将物料分散于气流中。

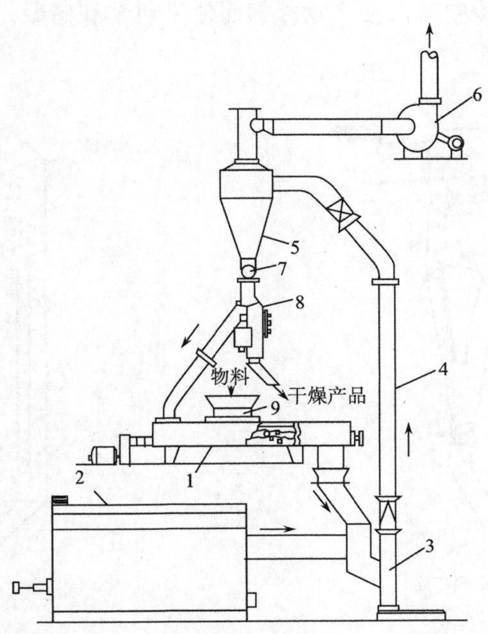

图 8-14　装有粉碎机的直管型气流干燥器装置流程图

1. 螺旋输送混合器；2. 燃烧炉；3. 粉碎机；4. 气流干燥器；5. 旋风分离器；6. 风机；7. 星式加料器；8. 流动固体物料的分配器；9. 加料斗

气流干燥器的优点是气固间传质面积大，高速热气流使得干燥速度快；由于干燥管的高度有限，颗粒在管内停留时间很短(0.2～2s)，所以对热敏性物料的干燥尤为适宜。缺点是必须配套高效的粉尘收集装置；并且，由于物料停留时间很短，只适合去除非结合水分，因此要求干燥产物的含水量很低时，应改用其他低气速干燥器继续干燥；另外，气流干燥系统的流动压强降较大，为3000～4000Pa。

3. 流化床干燥器

流化床干燥器又称沸腾床干燥器，属于流化态原理在干燥中的应用：使用低气速使物料处于流化阶段，可以使其在干燥器中停留足够长的时间，将含水量降至规定值。

图 8-15 为单层圆筒流化床干燥器，多为连续操作。物料自圆筒式或矩形筒体的一侧加入，自另一侧连续排出。颗粒在床层内的平均停留时间(平均干燥时间)τ 为

$$\tau = \frac{\text{床内固体量}}{\text{加料速率}}$$

由于流化床内固体颗粒的均匀混合，每个颗粒在床内的停留时间并不相同，这使部分湿物料未经充分干燥即从出口溢出，而另一些颗粒将在床内高温条件下停留过长。

为避免颗粒混合，可使用多层床，如图 8-16 所示。湿物料逐层下落，自最下层连续排出。

也可采用卧式多室流化床，此床为矩形截面，床内设有若干纵向挡板，将床层分成许多区间，挡板与床底部水平分布板之间留有足够的间距供物料逐室通过，但又不致完全混合。将床层分成多室不但可使产物含水量均匀，且各室的气温和流量可分别调节，有利于热量的充分利用。一般在最后一室吹入冷空气，使产物冷却而便于包装和储藏。

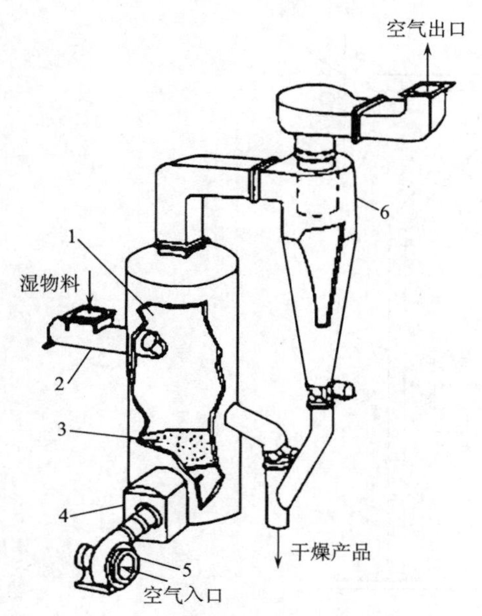

图 8-15　单层圆筒流化床干燥器

1. 流化室；2. 进料器；3. 分布板；4. 加热器；5. 风机；6. 旋风分离器

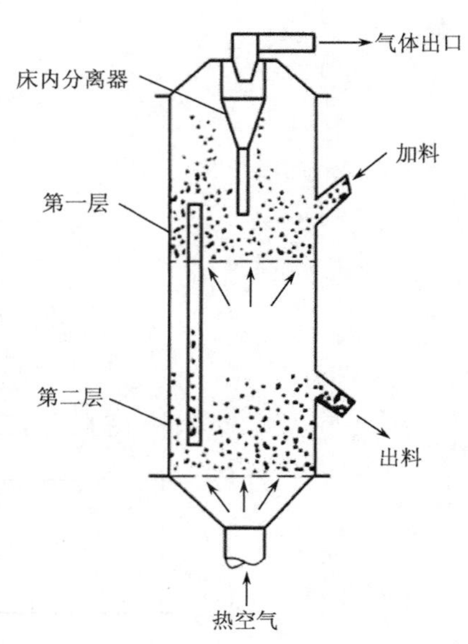

图 8-16　多层圆筒流化床干燥器

流化床干燥器的优点是床内各处的温度均匀一致，避免了物料的局部过热；流化床的停留时间可调，特别适合干燥结合水分；热效率高，对于非结合水分可达 60%～80%，对于结合水分则为 40%～50%。缺点是只适合处理粒径 30μm～6mm 的粉粒状物料；对于湿物料含水量有限制，粉状湿物料含水量一般为 2%～5%，颗粒状湿物料含水量则为 10%～15%；单层流化床干燥器易产生物料的返混或短路，使有的物料未充分干燥，有的却过分干燥，停留时间不均匀。

4. 转筒干燥器

经真空过滤所得的滤渣、团块物料及颗粒较大而难以流化的物料可在转筒干燥器内获得一定程度的分散，使干燥产品的含水量降至较低的数值。干燥器的主体是一个与水平略呈倾斜的圆筒(图 8-17)。圆筒的倾斜度为 1/15～1/50，物料自高端送入，低端排出，转筒以 0.5～4r/min 速度缓慢地旋转。转筒内设置各种抄板，在旋转过程中将物料不断举起、撒下，使物料分散并与气流密切接触，同时使物料向低处移动。

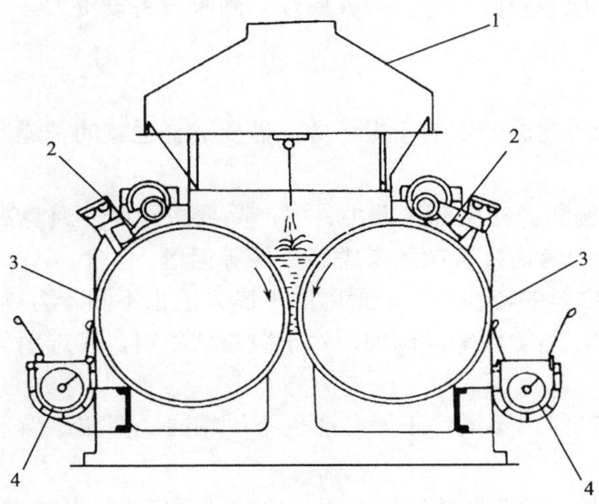

图 8-17 转筒干燥器

1. 排气罩；2. 刮刀；3. 蒸气加热滚筒；4. 螺旋输送器

转筒干燥器的优点是对不同物料适应性强，操作弹性大；机械化程度较高，生产能力大，操作稳定可靠。缺点是设备笨重，金属材料耗量大，一次性投资大；物料停留时间较长，且不均等，故不适合对温度有严格要求的物料；热效率较低，约 50%。

5. 喷雾干燥器

黏性溶液、悬浮液及糊状物等可用泵输送的物料以分散成粒、滴进行干燥最为有利，所用设备为喷雾干燥器，如图 8-18 所示。喷雾干燥器由雾化器、干燥室、产品回收系统、供料及热风系统等部分组成。雾化器的作用是将物料喷洒成直径为 10～60μm 的细滴，从而获得很大的气化表面(100～600m^2/L 溶液)。

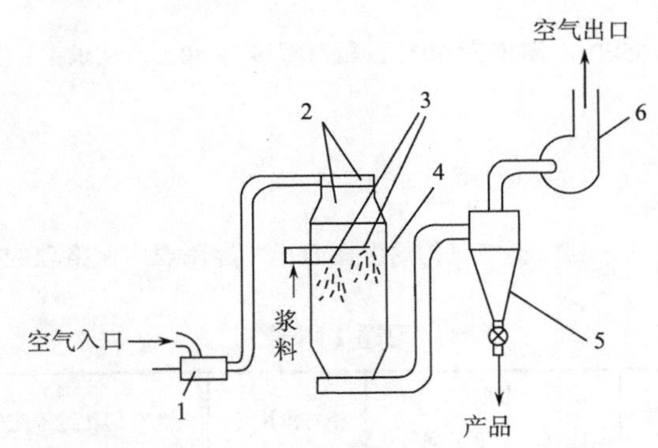

图 8-18 喷雾干燥流程

1. 燃烧炉；2. 空气分离器；3. 压力式喷嘴；4. 干燥塔；5. 旋风分离器；6. 风机

喷雾干燥器的优点是湿物料与热空气接触时间短(5～30s)，对热敏性物料的干燥尤为适宜；直接获得干燥产品，省去蒸发、结晶、过滤、粉碎等工序。缺点是热效率低，操作弹性小；设备占地面积大、成本费高；粉尘回收麻烦，回收设备投资大。

8.6.2　干燥器的选择

在化工生产中，为了完成一定的干燥任务，需要选择适宜的干燥器类型。通常，干燥器选型应考虑以下因素：

(1) 产品的质量。例如，在医药工业中许多产品要求无菌，避免高温分解，此时干燥器的选型主要从保证质量上考虑，其次才考虑经济性等问题。

(2) 物料的特性。物料的特性不同，采用的干燥方法也不同。物料的特性包括物料形状、含水量、水分结合方式、热敏性等。例如，对于散粒状物料，多选用气流干燥器和流化床干燥器。

(3) 生产能力。生产能力不同，干燥方法也不尽相同。例如，当干燥大量浆液时，可采用喷雾干燥器。

(4) 劳动条件。某些干燥器虽然经济适用，但劳动强度大、条件差，且生产不能连续化，这样的干燥器特别不适合处理高温有毒粉尘多的物料。

(5) 经济性。在符合上述要求的基础上，应使干燥器的投资费用和操作费用最低，即采用适宜的或最优的干燥器类型。

(6) 其他要求。例如，设备的制造、维修、操作及设备尺寸是否受到限制等也是应考虑的因素。

因此，干燥器类型的选择可参考下述步骤：

(1) 根据湿物料的形态、干燥特性、产品的要求、处理量，以采用的热源为出发点，进行干燥实验，确定干燥动力学和传递特性。

(2) 确定干燥设备的工艺尺寸，结合环境要求，选择适宜的干燥器类型。

(3) 若几种干燥器同时适用时，要进行成本核算及方案比较，选择其中最佳者。

习　题

1. 已知湿空气总压为50.65kPa，温度为60℃，相对湿度为40%，试求：

(1) 湿空气中水汽分压。

(2) 湿度。

(3) 湿空气的密度。

2. 总压为100kPa的湿空气，利用湿空气的焓湿图查出本题附表中空格项的数值。

习题2附表

序号	干球温度/℃	湿球温度/℃	湿度/(kg水/kg绝干空气)	相对湿度/%	焓/(kJ/kg绝干空气)	水汽分压/kPa	露点/℃
1	80	40					
2	60						29
3	40			43			
4			0.024		120		
5	50					3.0	

3. 将某湿空气($t_0 = 30$℃，$H_0 = 0.0304$kg 水/kg 绝干空气)经预热后送入常压干燥器。试求将该空气预热到 70℃时所需热量(kJ/kg 绝干空气)。

4. 在常压干燥器中，将某物料从含水量 5%干燥到 0.5%(均为湿基)。干燥器生产能力为 1.5kg 绝干物料/s。热空气进入干燥器的温度为 127℃，湿度为 0.007kg 水/kg 绝干空气，出干燥器时温度为 82℃。物料进、出干燥器时的温度分别为 21℃、66℃。绝干物料的比热容为 1.8kJ/(kg·℃)。若干燥器的热损失可忽略不计，试求绝干空气消耗量及空气离开干燥器时的湿度。

5. 一理想干燥器在总压 100kPa 下将物料由含水 60%干燥至含水 1%，湿物料的处理量为 20kg/s。室外空气温度为 25℃，湿度为 0.006kg 水/kg 绝干空气，经预热后送入干燥器。废气排出温度为 55℃，相对湿度为 60%。试求：

(1) 空气用量。

(2) 预热温度。

6. 在恒定干燥条件下，若已知物料含水量由 36%干燥至 8%需要 5h，降速阶段干燥速率曲线可视为直线，试求恒速干燥和降速干燥阶段的干燥时间。已知临界含水量为 14%，平衡含水量为 2%，以上含水量均为湿基。

参考文献

柴诚敬. 2005. 化工原理(上、下册). 2 版. 北京: 高等教育出版社.

柴诚敬, 张国亮. 2010. 化工流体流动与传热. 2 版. 北京: 化学工业出版社.

陈敏恒, 丛德滋, 方图南, 等. 2015. 化工原理(上、下册). 4 版. 北京: 化学工业出版社.

丛德滋, 丛梅, 方图南. 2002. 化工原理详解与应用. 北京: 化学工业出版社.

大连理工大学. 2015. 化工原理(上、下册). 3 版. 北京: 高等教育出版社.

冯霄, 何潮洪. 2007. 化工原理(下册). 2 版. 北京: 科学出版社.

管国锋, 赵汝溥. 2003. 化工原理. 2 版. 北京: 化学工业出版社.

郝晓刚, 樊彩梅, 卫静莉, 等. 2011. 化工原理. 北京: 科学出版社.

何潮洪, 窦梅, 钱栋英. 1998. 化工原理操作型问题的分析. 北京: 化学工业出版社.

何潮洪, 冯霄. 2007. 化工原理(上册). 2 版. 北京: 科学出版社.

黄少烈, 邹华生. 2002. 化工原理. 北京: 高等教育出版社.

蒋维钧, 戴猷元, 顾惠君. 2009. 化工原理(上册). 3 版. 北京: 清华大学出版社.

匡国柱. 2009. 化工原理学习指导. 2 版. 大连: 大连理工大学出版社.

时钧, 汪家鼎, 余国琮, 等. 1996. 化学工程手册(上、下册). 2 版. 北京: 化学工业出版社.

谭天恩, 窦梅, 周明华, 等. 2006. 化工原理(上、下册). 3 版. 北京: 化学工业出版社.

王志魁. 2018. 化工原理. 5 版. 北京: 化学工业出版社.

王志祥. 2009. 制药化工原理. 北京: 化学工业出版社.

沃伦 L. 麦克凯布, 朱利安 C. 史密斯, 彼得·哈里奥特. 2008. Unit Operations of Chemical Engineering(7th ed): 化学工程单元操作(英文改编版). 伍钦, 钟理, 夏清, 等改编. 北京: 化学工业出版社.

夏清, 陈常贵. 2005. 化工原理. 天津: 天津大学出版社.

杨祖荣. 2004. 化工原理. 北京: 化学工业出版社.

姚玉英, 陈常贵, 柴诚敬. 2003. 化工原理学习指南——问题与习题解析. 天津: 天津大学出版社.

曾英. 2013. 化工原理. 北京: 科学出版社.

钟秦, 陈迁乔, 王娟, 等. 2019. 化工原理. 4 版. 北京: 国防工业出版社.

附　录

附录 1　法定单位计量及单位换算

1. SI 基本单位

量的名称	单位名称	单位符号
长度	米	m
质量	千克	kg
时间	秒	s
电流	安[培]	A
热力学温度	开[尔文]	K
物质的量	摩[尔]	mol
发光强度	坎[德拉]	cd

2. 常用物理量符号及单位

物理量名称	符号	SI 单位	
		名称	符号
质量	m	千克	kg
力(重量)	F	牛[顿]	N
压强	p	帕[斯卡]	Pa
密度	ρ	千克每立方米	kg/m^3
黏度	μ	帕[斯卡]秒	Pa·s
功、能、热	W，E	焦[耳]	J
功率	N	瓦[特]	W

3. 基本常数与单位

名称	符号	数值
重力加速度(标)	g	$9.80665 m/s^2$
玻尔兹曼常量	k	$1.38044\times10^{-23} J/K$
摩尔气体常量	R	8.314J/(mol·K)
气体标准摩尔体积	V_m	$22.4136 m^3/kmol$
阿伏伽德罗常量	N_A	$6.02296\times10^{23} mol^{-1}$
斯蒂芬-玻尔兹曼常量	σ	$5.669\times10^{-8} W/(m^2\cdot K^4)$
光速(真空中)	c	$2.997930\times10^{8} m/s$

4. 常用压强单位换算表

压强单位	Pa	kgf/cm^2	atm	bar	mmHg
Pa	1	1.019716×10^{-5}	0.9869236×10^{-5}	1×10^{-5}	7.5006×10^{-3}
kgf/cm^2	9.800665×10^{4}	1	0.967841	0.980665	735.559
atm	1.01325×10^{5}	1.03323	1	1.01325	760.0
bar	1×10^{5}	1.019716	0.986923	1	750.062
mmHg	133.3224	1.35951×10^{-3}	1.315789×10^{-3}	1.33322×10^{-3}	1

附录 2　干空气的物理性质(101.3kPa)

温度 t /℃	密度 ρ /(kg/m^3)	比热容 c_p /[kJ/(kg·K)]	导热系数 $\lambda\times10^2$ /[W/(m·K)]	黏度 $\mu\times10^5$ /(Pa·s)	普朗特数 Pr
−50	1.584	1.013	2.035	1.46	0.728
−40	1.515	1.013	2.117	1.52	0.728
−30	1.453	1.013	2.198	1.57	0.723
−20	1.395	1.009	2.279	1.62	0.716
−10	1.342	1.009	2.360	1.67	0.712
0	1.293	1.009	2.442	1.72	0.707
10	1.247	1.009	2.512	1.77	0.705
20	1.205	1.013	2.593	1.81	0.703
30	1.165	1.013	2.675	1.86	0.701
40	1.128	1.013	2.756	1.91	0.699
50	1.093	1.017	2.826	1.96	0.693
60	1.060	1.017	2.896	2.01	0.696
70	1.029	1.017	2.966	2.06	0.694
80	1.000	1.022	3.047	2.11	0.692
90	0.972	1.022	3.128	2.15	0.690
100	0.946	1.022	3.210	2.19	0.688
120	0.898	1.026	3.338	2.29	0.686
140	0.854	1.026	3.489	2.37	0.684
160	0.815	1.026	3.640	2.45	0.682
180	0.779	1.034	3.780	2.53	0.681
200	0.746	1.034	3.931	2.60	0.680
250	0.674	1.034	4.268	2.74	0.677
300	0.615	1.047	4.605	2.97	0.674
350	0.566	1.055	4.908	3.14	0.676
400	0.524	1.068	5.210	3.31	0.678
500	0.456	1.072	5.745	3.62	0.687
600	0.404	1.089	6.222	3.91	0.699
700	0.362	1.102	6.711	4.18	0.706
800	0.329	1.114	7.176	4.43	0.713
900	0.301	1.127	7.630	4.67	0.717
1000	0.277	1.139	8.071	4.90	0.719
1100	0.257	1.152	8.502	5.12	0.722
1200	0.239	1.164	9.153	5.35	0.724

附录3　水的物理性质

温度 t/℃	饱和蒸气压/kPa	密度 ρ /(kg/m^3)	焓 I /(kJ/kg)	比热容 c_p/ [kJ/(kg·K)]	导热系数 $\lambda\times10^2$/[W/(m·K)]	黏度 $\mu\times10^5$ /(Pa·s)	体积膨胀系数 $\beta\times10^4$/ (1/K)	表面张力 $\sigma\times10^3$ /(N/m)	普朗特数 Pr
0	0.6082	999.9	0	4.212	55.13	179.21	–0.63	75.6	13.66
10	1.2262	999.7	42.04	4.191	57.45	130.77	0.70	74.1	9.52
20	2.3346	998.2	83.90	4.183	59.89	100.50	1.82	72.6	7.01
30	4.2474	995.7	125.69	4.174	61.76	80.07	3.21	71.2	5.42
40	7.3766	992.2	167.51	4.174	63.38	65.60	3.87	69.6	4.32
50	12.3400	988.1	209.30	4.174	64.78	54.94	4.49	67.7	3.54
60	19.9230	983.2	251.12	4.178	65.94	46.88	5.11	66.2	2.98
70	31.1640	977.8	292.99	4.178	66.76	40.61	5.70	64.3	2.54
80	47.3790	971.8	334.94	4.195	67.45	35.65	6.32	62.6	2.22
90	70.1360	965.3	376.98	4.208	67.98	31.65	6.95	60.7	1.96
100	101.33	958.4	419.10	4.220	68.04	28.38	7.52	58.8	1.76
110	143.31	951.0	461.34	4.223	68.27	25.89	8.08	56.9	1.61
120	198.64	943.1	503.67	4.250	68.50	23.73	8.64	54.8	1.47
130	270.25	934.8	546.38	4.266	68.50	21.77	9.17	52.8	1.36
140	361.47	926.1	589.08	4.287	68.276	20.10	9.72	50.7	1.26
150	476.24	917.0	632.20	4.312	68.38	18.63	10.3	48.6	1.18
160	618.28	907.4	675.33	4.346	68.27	17.36	10.7	46.6	1.11
170	792.59	897.3	719.29	4.379	67.92	16.28	11.3	45.3	1.05
180	1003.50	886.9	763.25	4.417	67.45	15.30	11.9	42.3	1.00
190	1255.6	876.0	807.63	4.460	66.99	14.42	12.6	40.8	0.96
200	1554.77	863.0	852.43	4.505	66.29	13.63	13.3	38.4	0.93
210	1917.72	852.8	897.65	4.555	65.48	13.04	14.1	36.1	0.91
220	2320.88	840.3	943.70	4.614	64.55	12.46	14.8	33.8	0.89
230	2798.59	827.3	990.18	4.681	63.73	11.97	15.9	31.6	0.88
240	3347.91	813.6	1037.49	4.756	62.80	11.47	16.8	29.1	0.87
250	3977.67	799.0	1085.64	4.844	61.76	10.98	18.1	26.7	0.86
260	4693.75	784.0	1135.04	4.949	60.48	10.59	19.7	24.2	0.87
270	5503.99	767.9	1185.28	5.070	59.96	10.20	21.6	21.9	0.88
280	6417.24	750.7	1236.28	5.229	57.45	9.81	23.7	19.5	0.89
290	7443.29	732.3	1289.95	5.485	55.82	9.42	26.2	17.2	0.93
300	8592.94	712.5	1344.80	5.736	53.96	9.12	29.2	14.7	0.97
310	9877.96	691.1	1402.16	6.071	52.34	8.83	32.9	12.3	1.02
320	11300.3	667.1	1462.03	6.573	50.59	8.53	38.2	10.0	1.11
330	12879.6	640.2	1526.19	7.243	48.73	8.14	43.3	7.82	1.22
340	14615.8	610.1	1594.75	8.164	45.71	7.75	53.4	5.78	1.38
350	16538.5	574.4	1671.37	9.504	43.03	7.26	66.8	3.89	1.60
360	18667.1	528.0	1761.39	13.984	39.54	6.67	109	2.06	2.36
370	21040.9	450.5	1892.43	40.319	33.73	5.69	264	0.48	6.80

附录 4　水在不同温度下的黏度

温度 t/℃	黏度 $\mu\times10^3$/(Pa·s)	温度 t/℃	黏度 $\mu\times10^3$/(Pa·s)	温度 t/℃	黏度 $\mu\times10^3$/(Pa·s)	温度 t/℃	黏度 $\mu\times10^3$/(Pa·s)
0	1.7921	26	0.8737	52	0.5315	78	0.3655
1	1.7313	27	0.8545	53	0.5229	79	0.3610
2	1.6728	28	0.8360	54	0.5146	80	0.3565
3	1.6191	29	0.8180	55	0.5064	81	0.3521
4	1.5674	30	0.8007	56	0.4985	82	0.3478
5	1.5188	31	0.7840	57	0.4907	83	0.3436
6	1.4728	32	0.7679	58	0.4832	84	0.3395
7	1.4284	33	0.7523	59	0.4759	85	0.3355
8	1.3860	34	0.7371	60	0.4688	86	0.3315
9	1.3462	35	0.7225	61	0.4618	87	0.3276
10	1.3077	36	0.7085	62	0.4550	88	0.3239
11	1.2713	37	0.6947	63	0.4483	89	0.3202
12	1.2363	38	0.6814	64	0.4418	90	0.3165
13	1.2028	39	0.6685	65	0.4355	91	0.3130
14	1.1709	40	0.6560	66	0.4293	92	0.3095
15	1.1404	41	0.6439	67	0.4233	93	0.3060
16	1.1111	42	0.6321	68	0.4174	94	0.3027
17	1.0828	43	0.6207	69	0.4117	95	0.2994
18	1.0559	44	0.6097	70	0.4061	96	0.2962
19	1.0299	45	0.5988	71	0.4006	97	0.2930
20	1.0050	46	0.5883	72	0.3952	98	0.2899
21	0.9810	47	0.5782	73	0.3900	99	0.2868
22	0.9579	48	0.5683	74	0.3849	100	0.2838
23	0.9359	49	0.5588	75	0.3799		
24	0.9142	50	0.5494	76	0.3750		
25	0.8973	51	0.5404	77	0.3702		

附录 5　水的饱和蒸气压(–20～100℃)

温度 t/℃	压强 p		温度 t/℃	压强 p	
	mmHg	Pa		mmHg	Pa
–20	0.772	102.93	–15	1.238	165.06
–19	0.850	113.33	–14	1.357	180.93
–18	0.935	124.66	–13	1.486	198.13
–17	1.027	136.93	–12	1.627	216.93
–16	1.128	150.40	–11	1.780	237.33

续表

温度	压强 p		温度	压强 p	
t/℃	mmHg	Pa	t/℃	mmHg	Pa
−10	1.946	259.46	29	30.04	4005.20
−9	2.125	283.32	30	31.82	4242.53
−8	2.321	309.46	31	33.70	4493.18
−7	2.532	337.59	32	35.66	4754.51
−6	2.761	368.12	33	37.73	5030.50
−5	3.008	401.05	34	39.90	5319.82
−4	3.276	436.79	35	42.18	5623.81
−3	3.566	475.45	36	44.56	5941.14
−2	3.876	516.78	37	47.07	6275.79
−1	4.216	562.11	38	49.65	6619.78
0	4.579	610.51	39	52.44	6991.77
1	4.93	657.31	40	55.32	7375.75
2	5.29	705.31	41	58.34	7778.41
3	5.69	758.64	42	61.50	8199.73
4	6.10	813.31	43	64.80	8639.71
5	6.54	871.97	44	68.26	9101.03
6	7.01	934.64	45	71.88	9583.68
7	7.51	1001.30	46	75.65	10086.33
8	8.05	1073.30	47	79.60	10612.98
9	8.61	1147.96	48	83.71	11160.96
10	9.21	1227.96	49	88.02	11735.61
11	9.84	1311.96	50	92.51	12334.26
12	10.52	1402.62	51	97.20	12959.57
13	11.23	1497.28	52	102.1	13612.88
14	11.99	1598.61	53	107.2	14292.86
15	12.79	1705.27	54	112.5	14999.50
16	13.63	1817.27	55	118.0	15732.81
17	14.53	1937.27	56	123.8	16505.12
18	15.48	2063.93	57	129.8	17306.09
19	16.48	2197.26	58	136.1	18146.06
20	17.54	2338.59	59	142.6	19012.70
21	18.65	2486.58	60	149.4	19919.34
22	19.85	2646.58	61	156.4	20852.64
23	21.07	2809.24	62	163.8	21839.27
24	22.38	2983.90	63	171.4	22852.57
25	23.76	3167.89	64	179.3	23905.87
26	25.21	3361.22	65	187.5	24999.17
27	26.74	3565.21	66	196.1	26145.80
28	28.35	3779.87	67	205.0	27332.42

续表

温度 t/℃	压强 p mmHg	压强 p Pa	温度 t/℃	压强 p mmHg	压强 p Pa
68	214.2	28559.06	85	433.6	57811.41
69	223.7	29825.67	86	450.9	60118.00
70	233.7	31158.99	87	466.7	62224.59
71	243.9	32518.92	88	487.1	64944.50
72	254.6	33945.54	89	506.1	67477.76
73	265.7	35425.49	90	525.8	70104.33
74	277.2	36958.77	91	546.1	72810.91
75	289.1	38545.38	92	567.0	75597.49
76	301.4	40185.33	93	588.6	78477.39
77	314.1	41878.61	94	610.9	81450.63
78	327.3	43638.55	95	633.9	84517.89
79	341.0	45465.15	96	657.6	87677.08
80	355.1	47345.09	97	682.1	90943.64
81	369.1	49291.69	98	707.3	94303.53
82	384.9	51318.29	99	733.2	97756.75
83	400.6	53411.56	100	760.0	1013330.0
84	416.8	55571.49			

附录 6　饱和水蒸气表(以温度为准)

温度 t/℃	压强 p /kPa	密度 ρ /(kg/m³)	焓 I 液体 (kcal/kg)	焓 I 液体 (kJ/kg)	焓 I 蒸气 (kcal/kg)	焓 I 蒸气 (kJ/kg)	冷凝潜热 r (kcal/kg)	冷凝潜热 r (kJ/kg)
0	0.6082	0.00484	0	0	595	2491.1	595	2491.1
5	0.8730	0.00680	5.0	20.94	597.3	2500.8	592.3	2479.86
10	1.2262	0.00940	10.0	41.87	599.6	2510.4	598.6	2468.53
15	1.7068	0.01283	15.0	62.80	602.0	2520.5	587.0	2457.7
20	2.3346	0.01719	20.0	83.74	604.3	2530.1	584.3	2446.3
25	3.1684	0.02304	25.0	104.67	606.6	2539.7	581.6	2435.0
30	4.2474	0.03036	30.0	125.60	608.9	2549.3	578.9	2423.7
35	5.6207	0.03960	35.0	146.54	611.2	2559.0	576.2	2412.4
40	7.3766	0.05114	40.0	167.47	613.5	2568.6	573.5	2401.1
45	9.5837	0.06543	45.0	188.41	615.7	2577.8	570.7	2389.4
50	12.340	0.0830	50.0	209.34	618.0	2587.4	568.0	2378.1
55	15.743	0.1043	55.0	230.27	620.2	2596.7	565.2	2366.4
60	19.923	0.1301	60.0	251.21	622.5	2606.3	562.5	2355.1
65	25.014	0.1611	65.0	272.14	624.7	2615.5	559.7	2343.4
70	31.164	0.1979	70.0	293.08	626.8	2624.3	556.8	2331.2

续表

温度 t/℃	压强 p /kPa	密度 ρ /(kg/m³)	焓 I 液体 (kcal/kg)	焓 I 液体 (kJ/kg)	焓 I 蒸气 (kcal/kg)	焓 I 蒸气 (kJ/kg)	冷凝潜热 r (kcal/kg)	冷凝潜热 r (kJ/kg)
75	38.551	0.2416	75.0	314.01	629.0	2633.5	554.0	2319.5
80	47.379	0.2929	80.0	334.94	631.1	2642.3	551.2	2307.8
85	57.875	0.3531	85.0	355.88	633.2	2651.2	548.2	2295.2
90	70.136	0.4229	90.0	376.81	635.3	2659.9	545.3	2283.1
95	84.556	0.5039	95.0	397.75	637.4	2668.7	542.4	2270.9
100	101.33	0.5970	100.0	418.68	639.4	2677.0	539.4	2258.4
105	120.85	0.7036	105.1	440.03	641.3	2685.0	536.3	2245.4
110	143.31	0.8254	110.1	460.97	643.3	2693.4	533.1	2232.0
115	169.11	0.9635	115.2	482.32	645.2	2701.3	530.3	2219.0
120	198.64	1.1199	120.3	503.67	647.0	2708.9	526.7	2205.2
125	232.19	1.296	125.4	525.02	648.8	2716.4	523.5	2191.8
130	270.25	1.494	130.5	546.38	650.6	2723.9	520.1	2177.6
135	313.11	1.715	135.6	567.73	652.3	2731.0	516.7	2163.3
140	361.47	1.962	140.7	589.08	653.9	2737.7	513.2	2148.7
145	415.72	2.238	145.7	610.85	655.5	2744.4	509.7	2134.0
150	476.24	2.543	151.0	632.21	657.0	2750.7	506.0	2118.5
160	618.28	3.252	161.4	675.75	659.9	2762.9	498.5	2087.1
170	792.59	4.113	171.8	719.29	662.4	2773.3	490.6	2054.0
180	1003.5	5.145	182.3	763.25	664.6	2782.5	482.3	2019.3
190	1255.6	6.378	292.9	807.64	666.4	2790.1	473.5	1982.4
200	1554.77	7.840	203.5	852.01	667.7	2795.5	464.2	1943.5
210	1917.72	9.567	214.3	897.23	668.6	2799.3	454.4	1902.5
220	2320.88	11.60	225.1	942.45	669.0	2801.0	443.9	1858.5
230	2798.59	13.98	236.1	988.50	668.8	2800.1	432.7	1811.6
240	3347.91	16.76	247.1	1034.56	668.0	2796.8	420.8	1761.8
250	3977.67	20.01	258.3	1081.45	664.0	2790.1	408.1	1708.6
260	4693.75	23.82	269.6	1128.76	664.2	2780.9	394.5	1651.7
270	5503.99	28.27	281.1	1176.91	661.2	2768.3	380.1	1591.4
280	6417.24	33.47	292.7	1225.48	657.3	2752.0	364.6	1526.5
290	7443.29	39.60	304.4	1274.46	652.6	2732.3	348.1	1457.4
300	8592.94	46.93	316.6	1325.51	646.8	2708.0	330.2	1382.5
310	9877.96	55.59	329.3	1378.71	640.1	2680.0	310.8	1301.3
320	11300.3	65.59	334.0	1436.07	632.5	2648.2	289.5	1212.1
330	12879.6	78.53	357.5	1446.78	632.5	2610.5	266.6	1116.2
340	14615.8	93.98	373.3	1562.93	613.5	2568.6	240.2	1005.7
350	16538.5	113.2	390.8	1636.20	601.1	2516.7	210.3	880.5
360	18667.1	139.6	413.0	1729.15	583.4	2442.6	170.3	713.0
370	21040.9	171.0	451.0	1888.25	549.8	2301.9	98.2	411.1
374	22070.9	322.6	501.1	2098.00	501.1	2098.0	0	0

附录 7　饱和水蒸气表(以用 kPa 为单位的压强为准)

压强 p /kPa	温度 t/℃	密度 ρ /(kg/m³)	焓 I/(kJ/kg) 液体	焓 I/(kJ/kg) 蒸气	气化热 r /(kJ/kg)
1.0	6.3	0.00773	26.48	2503.1	2476.8
1.5	12.5	0.01133	52.26	2515.3	2463.0
2.0	17.0	0.01486	71.21	2524.2	2452.9
2.5	20.9	0.01836	87.45	2531.8	2444.3
3.0	23.5	0.02179	98.38	2536.8	2438.4
3.5	26.1	0.02523	109.30	2541.8	2432.5
4.0	28.7	0.02867	120.23	2546.8	2426.6
4.5	30.8	0.03205	129.00	2550.9	2421.9
5.0	32.4	0.03537	135.69	2554.0	2418.3
6.0	35.6	0.04200	149.06	2560.1	2411.0
7.0	38.8	0.04864	162.44	2566.3	2433.8
8.0	41.3	0.05514	172.73	2571.0	2398.2
9.0	43.3	0.06156	181.16	2574.8	2393.6
10.0	45.3	0.06798	189.59	2578.5	2388.9
15.0	53.5	0.09956	224.03	2594.0	2370.0
20.0	60.1	0.13068	251.51	2606.4	2354.9
30.0	66.5	0.19093	288.77	2622.4	2333.7
40.0	75.0	0.24975	315.93	2634.1	2312.2
50.0	81.2	0.30799	339.80	2644.3	2304.5
60.0	85.6	0.36514	358.21	2652.1	2393.9
70.0	89.9	0.42229	376.61	2659.8	2283.2
80.0	93.2	0.47807	390.08	2665.3	2275.3
90.0	96.4	0.53384	403.49	2670.8	2267.4
100.0	99.6	0.58961	416.90	2676.3	2259.5
120.0	104.5	0.69868	437.51	2684.3	2246.8
140.0	109.2	0.80758	457.67	2692.1	2234.4
160.0	113.0	0.82981	473.88	2698.1	2224.4
180.0	116.6	1.0209	489.32	2703.7	2214.3
200.0	120.2	1.1273	493.71	2709.2	2204.6
250.0	127.2	1.3904	534.39	2719.7	2185.4
300.0	133.3	1.6501	560.38	2728.5	2168.1
350.0	138.8	1.9074	583.76	2736.1	2152.3
400.0	143.5	2.1618	603.61	2742.1	2138.5
450.0	147.7	2.4152	622.42	2747.8	2125.4
500.0	151.7	2.6673	639.59	2752.8	2113.2
600.0	158.7	3.1686	670.22	2761.4	2091.1
700.0	164.7	3.6657	696.27	2767.8	2071.5

续表

压强 p /kPa	温度 t/℃	密度 ρ /(kg/m³)	焓 I/(kJ/kg) 液体	焓 I/(kJ/kg) 蒸气	气化热 r /(kJ/kg)
800.0	170.4	4.1614	720.96	2773.7	2052.7
900.0	175.1	4.6525	741.82	2778.1	2036.2
1×10^3	179.9	5.1432	762.68	2782.5	2019.7
1.1×10^3	180.2	5.6339	780.34	2785.5	2005.1
1.2×10^3	187.8	6.1241	797.92	2788.5	1990.6
1.3×10^3	191.5	6.6141	814.25	2790.9	1976.7
1.4×10^3	194.8	7.1038	829.06	2792.4	1963.7
1.5×10^3	198.2	7.5935	843.86	2794.5	1950.7
1.6×10^3	201.3	8.0814	857.77	2796.0	1938.2
1.7×10^3	204.1	8.5674	870.58	2797.1	1926.5
1.8×10^3	206.9	9.0533	883.39	2798.1	1914.8
1.9×10^3	209.8	9.5392	896.21	2799.2	1903.0
2×10^3	212.2	10.0338	907.32	2799.7	1892.4
3×10^3	233.7	15.0075	1005.4	2798.9	1793.5
4×10^3	250.3	20.0969	1082.9	2789.8	1706.8
5×10^3	263.8	25.3663	1146.9	2776.2	1629.2
6×10^3	275.4	30.8494	1203.2	2759.5	1556.3
7×10^3	285.7	36.5744	1253.2	2740.8	1487.6
8×10^3	294.8	42.5768	1299.2	2720.5	1403.7
9×10^3	303.2	48.8945	1343.5	2699.1	1356.6
10×10^3	310.9	55.5407	1384.0	2677.1	1293.1
12×10^3	324.5	70.3075	1463.4	2631.2	1167.7
14×10^3	336.5	87.3020	1567.9	2583.2	1043.4
16×10^3	347.2	107.8010	1615.8	2531.1	915.4
18×10^3	356.9	134.4813	1699.8	2466.0	766.1
20×10^3	365.6	176.5961	1817.8	2364.2	544.9

附录 8　常用流体流速范围

介质名称		条件	流速/(m/s)
过热蒸气		$D_g<100$	20～40
		$100\leqslant D_g\leqslant 200$	30～50
		$D_g>200$	40～60
饱和蒸气		$D_g<100$	15～30
		$100\leqslant D_g\leqslant 200$	25～35
		$D_g>200$	30～40
蒸气	低压	$p<0.98$MPa	15～20
	中压	$0.98\text{MPa}<p<3.92\text{MPa}$	20～40
	高压	$3.92\text{MPa}<p<11.76\text{MPa}$	40～60

介质名称	条件	流速/(m/s)
食盐水	含固体	2～4.5
	无固体	1.5
水及黏度相似的液体	p=0.10～0.29MPa(表)	0.5～2.0
	$p<0.98$MPa(表)	0.5～3.0
	$p<7.84$MPa(表)	2.0～3.0
	p=19.6～29.4MPa(表)	2.0～3.5
锅炉给水	$p>0.784$MPa(表)	>3.0
自来水	主管 p=0.29MPa(表)	1.5～3.5
	支管 p=0.29MPa(表)	1.0～1.5

续表

介质名称	条件	流速/(m/s)
一般气体	常压	10～20
高压乏气		80～100
氢气		≤8.0
氮气	p=4.9～9.8MPa	2～5
氧气	p=0～0.05MPa(表)	5～10
	p=0.05～0.59MPa(表)	7～8
	p=0.59～0.98MPa(表)	4～6
	p=0.98～1.96MPa(表)	4～5
	p=1.96～2.94MPa(表)	3～4
压缩空气	p=0.10～0.20MPa(表)	10～15
压缩气体	p<0.1MPa(表)	5～10
	p=0.10～0.20MPa(表)	8～12
	p=0.20～0.59MPa(表)	10～20
	p=0.59～0.98MPa(表)	10～15
	p=0.98～1.96MPa(表)	8～10
	p=1.96～2.94MPa(表)	3～6
	p=2.94～24.5MPa(表)	0.5～3.0
设备排气		20～25
煤气		8～10
半水煤气	p=0.10～0.15MPa	10～15
烟道气	烟道内	3.0～6.0
	管道内	3.0～4.0
工业烟囱	自然通风	2.0～8.0
车间通风换气	主管	4.5～15
	支管	2.0～8.0
硫酸	质量浓度 88%～100%	1.2
液碱	质量浓度 0%～30%	2
	30%～50%	1.5
	50%～63%	1.2
乙醚、苯	易燃易爆安全允许值	<1.0
甲醇、乙醇、汽油	易燃易爆安全允许值	<2

介质名称	条件		流速/(m/s)
蒸气冷凝水			0.5～1.5
冷凝水	自流		0.2～0.5
过热水	自流		2.0
热网循环水			0.5～1.0
热网冷却水			0.5～1.0
压力回水			0.5～2.0
无压回水			0.5～1.2
油及黏度较大的液体			0.5～2.0
液体(μ=50mPa·s)	D_g≤25		0.5～0.9
	25≤D_g≤50		0.7～1.0
	50≤D_g≤100		1.0～1.6
液体(μ=100mPa·s)	D_g≤25		0.3～0.6
	25≤D_g≤50		0. 5～0.7
	50≤D_g≤100		0.7～1.0
液体(μ=1000mPa·s)	D_g≤25		0.1～0.2
	25≤D_g≤50		0.16～0.25
	50≤D_g≤100		0.25～0.35
	100≤D_g≤200		0.35～0.55
离心泵(水及黏度相似的液体)	吸入管		1.0～2.0
	排出管		1.5～3.0
往复泵(水及黏度相似的液体)	吸入管		0.5～1.5
	排出管		1.0～2.0
往复式真空泵	吸入管		13～16
	排出管	p<0.98MPa	8～10
		p=0.98～9.8MPa	10～20
空气压缩机	吸入管		<10～15
	排出管		15～20
旋风分离器	吸入管		15～25
	排出管		4.0～15
通风机、鼓风机	吸入管		10～15
	排出管		15～20

附录9　管子规格

1. 水煤气输送钢管规格(摘自 YB 234-63)

公称直径		外径/mm	壁厚/mm		公称直径		外径/mm	壁厚/mm	
mm	in		普通管	加厚管	mm	in		普通管	加厚管
6	1/8	10.0	2.00	2.50	40	$1\frac{1}{2}$	48.0	3.50	4.25
8	1/4	13.5	2.25	2.75	50	2	60.0	3.50	4.50
10	3/8	17.0	2.25	2.75	70	$2\frac{1}{2}$	75.5	3.75	4.50
15	1/2	21.25	2.75	3.25	80	3	88.5	4.00	4.75
20	3/4	26.75	2.75	3.50	100	4	114.0	4.00	5.00
25	1	33.5	3.25	4.00	125	5	140.0	4.50	5.50
32	$1\frac{1}{4}$	42.25	3.25	4.00	150	6	165.0	4.50	5.50

注：(1) 本标准适用于输送水、压缩空气、煤气、冷凝水和采暖系统等压力较低的液体。

(2) 焊接钢管可分为镀锌钢管和不镀锌钢管两种，后者又称为黑管。

(3) 管端无螺纹的黑管长度为4～12m，管端有螺纹的黑管或镀锌管的长度为4～9m。

(4) 普通钢管的水压试验压强为20kgf/cm^2，加厚管的水压试验压强为30kgf/cm^2。

(5) 钢管的常用材质为A3。

2. 普通无缝钢管

1) 热交换器用普通无缝钢管(摘自 YB 231-70)

外径/mm	壁厚/mm	备注
19	2	(1) 括号内尺寸不推荐使用 (2) 管长有1000、1500、2000、2500、3000、4000及6000，单位是mm
25	2	
	2.5	
38	2.5	
57	2.5	
	3.5	
(51)	3.5	

2) 承插式铸铁管(摘自 YB 428-64)

公称直径/mm	内径/mm	壁厚/mm	有效长度/mm	备注
75	75	9	3000	
100	100	9	3000	
125	125	9	4000	
150	151	9	4000	
200	201.2	9.4	4000	
250	252	9.8	4000	

续表

公称直径/mm	内径/mm	壁厚/mm	有效长度/mm	备注
300	302.4	10.2	4000	
(350)	352.8	10.6	4000	不推荐使用
400	403.6	11	4000	
450	453.8	11.5	4000	
500	504	12	4000	
600	604.8	13	4000	
(700)	705.4	13.8	4000	不推荐使用
800	806.4	14.8	4000	
(900)	908	15.5	4000	不推荐使用

附录 10　IS 型单级单吸离心泵规格(摘录)

泵型号	流量/(m^3/h)	扬程/m	转速/(r/min)	汽蚀余量/m	泵效率/%	功率/kW	
						轴功率	配带功率
IS50-32-125	7.5	22	2900		47	0.96	2.2
	12.5	20	2900	2.0	60	1.13	2.2
	15	18.5	2900		60	1.26	2.2
	3.75		1450				0.55
	6.3	5	1450	2.0	54	0.16	0.55
	7.5		1450				0.55
IS50-32-160	7. 5	34. 3	2900		44	1.59	3
	12. 5	32	2900	2.0	54	2.02	3
	15	29. 6	2900		56	2.16	3
	3. 75		1450				0.55
	6. 3	8	1450	2.0	48	0.28	0.55
	7. 5		1450				0.55
IS50-32-200	7. 5	525	2900	2.0	38	2.82	5.5
	12. 5	50	2900	2.0	48	3.54	5.5
	15	48	2900	2.5	51	3.84	5.5
	3.75	13.1	1450	2.0	33	0.41	0.75
	6.3	12.	1450	2.0	42	0.51	0.75
	7.5	12	1450	2.5	44	0.56	0.75
IS50-32-250	7.5	82	2900	2.0	28.5	5.67	11
	12.5	80	2900	2.0	38	7.16	11
	15	78.5	2900	2.0	41	7.83	11
	3.75	20.5	1450	2.0	23	0.91	15
	6.3	20	1450	2.0	32	1.07	15
	7.5	19.5	1450	2.5	35	1.14	15

续表

泵型号	流量/(m^3/h)	扬程/m	转速/(r/min)	汽蚀余量/m	泵效率/%	功率/kW	
						轴功率	配带功率
IS65-50-125	15	21.8	2900		58	1.54	3
	25	20	2900	2.0	69	1.97	3
	30	18.5	2900		68	2.22	3
	7.5		1450				0.55
	12.5	5	1450	2.0	64	0.27	0.55
	15		1450				0.55
IS65-50-160	15	35	2900	2.0	54	2.65	5.5
	25	32	2900	2.0	65	3.35	5.5
	30	30	2900	2.5	66	3.71	5.5
	7.5	8.8	1450	2.0	50	0.36	0.75
	12.5	8.0	1450	2.0	60	0.45	0.75
	15	7.2	1450	2.5	60	0.49	0.75
IS65-40-200	15	63	2900	2.0	40	4.42	7.5
	25	50	2900	2.0	60	5.67	7.5
	30	47	2900	2.5	61	6.29	7.5
	7.5	13.2	1450	2.0	43	0.63	1.1
	12.5	12.5	1450	2.0	66	0.77	1.1
	15	11.8	1450	2.5	57	0.85	1.1
IS65-40-250	15		2900				15
	25	80	2900	2.0	63	10.3	15
	30		2900				15
IS65-40-315	15	127	2900	2.5	28	18.5	30
	25	125	2900	2.5	40	21.3	30
	30	123	2900	3.0	44	22.8	30
IS80-65-125	30	22.5	2900	3.0	64	2.87	5.5
	50	20	2900	3.0	75	3.63	5.5
	60	18	2900	3.0	74	3.93	5.5
	15	5.6	1450	2.5	55	0.42	0.75
	25	5	1450	2.5	71	0.48	0.75
	30	4.5	1450	3.0	72	0.51	0.75
IS80-65-160	30	36	2900	2.5	61	4.82	7.5
	50	32	2900	2.5	73	5.97	7.5
	60	29	2900	3.0	72	6.59	7.5
	15	9	1450	2.5	66	0.67	1.5
	25	8	1450	2.5	69	0.75	1.5
	30	7.2	1450	3.0	68	0.86	1.5
IS80-50-200	30	53	2900	2.5	55	7.87	15
	50	50	2900	2.5	69	9.87	15
	60	47	2900	3.0	71	10.8	15
	15	13.2	1450	2.5	51	1.06	2.2
	25	12.5	1450	2.5	65	1.31	2.2
	30	11.8	1450	3.0	67	1.44	2.2

续表

泵型号	流量/(m^3/h)	扬程/m	转速/(r/min)	汽蚀余量/m	泵效率/%	功率/kW 轴功率	功率/kW 配带功率
IS80-50-160	30	84	2900	2.5	52	13.2	22
	50	80	2900	2.5	63	17.3	
	60	75	2900	3.0	64	19.2	
IS50-50-250	30	84	2900	2.5	52	13.2	22
	50	80	2900	2.5	63	17.3	22
	60	75	2900	3.0	64	19.2	22
IS80-50-315	30	128	2900	2.5	41	25.5	37
	50	125	2900	2.5	54	31.5	37
	60	123	2900	3.0	57	35.3	37
IS100-80-125	60	24	2900	4.0	67	5.86	11
	100	20	2900	4.5	78	7.00	11
	120	16.5	2900	5.0	74	7.28	11

附录 11　4-72-11 型离心通风机规格(摘录)

机号	转速/(r/min)	全压系数	全压 /mmH_2O	全压 /Pa	流量系数	流量/(m^3/h)	效率/%	所需功率/kW
6C	2240	0.411	248	2432.1	0.220	15800	91	14.1
	2000	0.411	198	1941.8	0.220	14100	91	10.0
	1800	0.411	160	1569.1	0.220	12700	91	7.3
	1250	0.411	77	755.1	0.220	8800	91	2.53
	1000	0.411	49	480.5	0.220	7030	91	1.39
	800	0.411	30	294.2	0.220	5610	91	0.73
8C	1800	0.411	285	2795	0.220	29900	91	30.8
	1250	0.411	137	1343.6	0.220	20800	91	10.3
	1000	0.411	88	836.0	0.220	16600	91	5.52
	630	0.411	35	343.2	0.220	10480	91	1.51
10C	1250	0.434	227	2226.2	0.2218	41300	94.3	32.7
	100	0.434	145	1422.0	0.2218	32700	94.3	16.5
	800	0.434	93	912.1	0.2218	26130	94.3	8.5
	500	0.434	36	353.1	0.2218	16390	94.3	2.3
6D	1450	0.411	104	1020	0.220	10200	91	4
	960	0.411	45	441.3	0.220	6720	91	1.32
8D	1450	0.44	200	1961.4	0.184	20130	89.5	14.2
	730	0.44	50	490.4	0.184	10150	89.5	2.06
16B	900	0.434	300	2942.1	0.2218	12100	94.3	127
20B	710	0.434	290	2844.0	0.2218	186300	94.3	190

附录12　一些固体材料的导热系数

1. 常用金属材料的导热系数 λ/[W/(m·K)]

材料	温度 t/℃				
	0	100	200	300	400
铝	228	228	228	228	228
铜	384	379	372	367	363
铁	73.3	67.5	61.6	54.7	48.9
铅	35.1	33.4	31.4	29.8	
镍	93.0	82.6	73.3	63.97	59.3
银	414	409	373	362	359
碳钢	52.3	48.9	44.2	41.9	34.9
不锈钢	16.3	17.5	17.5	18.5	

2. 常用非金属材料的导热系数 λ/[W/(m·K)]

材料	温度 t/℃	导热系数	材料	温度 t/℃	导热系数
石棉绳		0.10～0.21	云母	50	0.430
石棉板	30	0.10～0.14	泥土	20	0.698～0.930
软木	30	0.0430	冰	0	2.33
玻璃棉		0.0349～0.0698	膨胀珍珠岩散料	25	0.021～0.062
保温灰		0.0698	软橡胶		0.129～0.159
锯屑	20	0.0465～0.0582	硬橡胶	0	0.150
棉花	100	0.0698	聚四氟乙烯		0.242
厚纸	20	0.14～0.349	泡沫塑料		0.0465
玻璃	30	1.09	泡沫玻璃	–15	0.00489
	–20	0.76		–80	0.00349
搪瓷		0.87～1.16	木材(横向)		0.14～0.175
木材(纵向)		0.384	酚醛树脂加玻璃纤维		0.259
耐火砖	230	0.872	酚醛树脂加石棉纤维		0.294
	1200	1.64	聚碳酸酯		0.191
混凝土		1.28	聚苯乙烯泡沫	25	0.0419
绒毛毡		0.0465		–150	0.00174
85%氧化镁粉	0～100	0.0698	聚乙烯		0.329
聚氯乙烯		0.116～0.174	石墨		139

附录 13　一些液体的导热系数

液体	温度 t/℃	导热系数 λ/[W/(m·K)]	液体	温度 t/℃	导热系数 λ/[W/(m·K)]
乙酸 100%	20	0.171	硫酸钾 10%	32	0.60
50%	20	0.35	乙醚	30	0.138
丙酮	30	0.177		75	0.135
	75	0.164	汽油	30	0.135
丙烯醇	25～30	0.180	三元醇 100%	20	0.284
氨	25～30	0.50	80%	20	0.327
氨水溶液	20	0.45	60%	20	0.381
	60	0.50	40%	20	0.448
正戊醇	30	0.163	20%	20	0.48
	100	0.154	100%	100	0.284
异戊醇	30	0.152	正庚烷	30	0.140
	75	0.151		60	0.137
苯胺	0～20	0.173	正己烷	30	0.138
苯	30	0.159		60	0.135
	60	0.151	正庚醇	30	0.163
正丁醇	30	0.168		75	0.157
	75	0.164	正己醇	30	0.164
异丁醇	10	0.157		75	0.156
氯化钙盐水 30%	30	0.55	煤油	20	0.149
15%	30	0.59		75	0.140
二硫化碳	30	0.161	盐酸 12.5%	32	0.52
	75	0.152	25%	32	0.48
四氯化碳	0	0.185	38%	32	0.44
	68	0.163	水银	28	0.36
氯苯	10	0.144	甲醇 100%	20	0.215
三氯甲烷	30	0.138	80%	20	0.267
乙酸乙酯	20	0.175	60%	20	0.329
乙醇 100%	20	0.182	40%	20	0.405
80%	20	0.237	20%	20	0.492
60%	20	0.305	100%	50	0.197
40%	20	0.388	氯甲烷	–15	0.192
20%	20	0.486		30	0.154
100%	50	0.151	正丙醇	30	0.171
硝基苯	30	0.164		75	0.164
	100	0.152	异丙醇	30	0.157
硝基甲苯	30	0.216		60	0.155
	60	0.208	氯化钠盐水 25%	30	0.57

续表

液体	温度 t/℃	导热系数 λ/[W/(m·K)]	液体	温度 t/℃	导热系数 λ/[W/(m·K)]
正辛烷	60	0.14	氢氧化钾 12.5%	30	0.59
	0	0.138～0.156	硫酸 90%	30	0.36
石油	20	0.180	60%	30	0.43
蓖麻油	0	0.173	30%	30	0.52
	20	0.168	二氧化硫	15	0.22
橄榄油	100	0.164		30	0.192
正戊烷	30	0.135	甲苯	30	0.149
	75	0.128		75	0.145
氯化钾 15%	32	0.58	松节油	15	0.128
30%	32	0.56	邻二甲苯	20	0.155
氢氧化钾 21%	32	0.58	对二甲苯	20	0.155
42%	32	0.55			

附录 14 壁面污垢热阻[(m^2·℃)/W]

1. 冷却水

加热液体温度/℃	115 以下		115～205	
水的温度/℃	25 以上		25 以下	
水的速度/(m/s)	1 以下	1 以上	1 以下	1 以上
海水	0.8598×10^{-4}	0.8598×10^{-4}	1.7197×10^{-4}	1.7197×10^{-4}
自来水、井水、湖水、软化锅炉水	1.7197×10^{-4}	1.7197×10^{-4}	3.4394×10^{-4}	3.4394×10^{-4}
蒸馏水	0.8598×10^{-4}	0.8598×10^{-4}	0.8598×10^{-4}	0.8598×10^{-4}
硬水	5.1590×10^{-4}	5.1590×10^{-4}	8.598×10^{-4}	8.598×10^{-4}
河水	5.1590×10^{-4}	3.4394×10^{-4}	6.8788×10^{-4}	5.1590×10^{-4}

2. 工业用气体

气体	污垢热阻	气体	污垢热阻
有机化合物	0.8598×10^{-4}	溶剂蒸气	1.7197×10^{-4}
水蒸气	0.8598×10^{-4}	天然气	1.7197×10^{-4}
空气	3.4394×10^{-4}	焦炉气	1.7197×10^{-4}

3. 工业用液体

液体	污垢热阻	液体	污垢热阻
有机化合物	1.7197×10^{-4}	熔盐	0.8598×10^{-4}
盐水	1.7197×10^{-4}	植物油	5.1590×10^{-4}

4. 石油分馏物

石油分馏物	污垢热阻	石油分馏物	污垢热阻
原油	$3.4394\times10^{-4}\sim12.098\times10^{-4}$	柴油	$3.4394\times10^{-4}\sim5.1590\times10^{-4}$
汽油	1.7197×10^{-4}	重油	8.698×10^{-4}
石脑油	1.7197×10^{-4}	沥青油	17.197×10^{-4}
煤油	1.7197×10^{-4}		

附录 15　管板式热交换器系列标准(摘录)

1. 固定管板式(代号 G)

公称直径/mm		159			273					400				600		800			
公称压强	/(kgf/cm²)	25			25					16, 25				10, 16, 25		6, 10, 16, 25			
	/kPa	2.45×10^3			2.45×10^3					1.57×10^3 2.45×10^3				0.98×10^3 1.57×10^3 2.45×10^3		0.588×10^3 0.98×10^3 1.57×10^3 2.45×10^3			
公称面积/m²		1	2	3	3	4		5	7	10		20	40	60	120	100		200	230
管长/m		1.5	2	3	1.5	1.5	2	2	3	1.5		3	6	3	6	3		6	6
管子总数		13	13	13	32	38	32	38	32	102	86	86	86	269	254	456	444	444	501
管程数		1	1	1	2	1	2	1	2	2	4	4	4	1	2	6	6	6	1
壳程数		1	1	1	1	1	1	1	1	1	1	1	1	1	1	1	1	1	1
管子尺寸/mm	碳钢	$\phi25\times2.5$			$\phi25\times2.5$					$\phi25\times2.5$				$\phi25\times2.5$		$\phi25\times2.5$			
	不锈钢	$\phi25\times2$			$\phi25\times2$					$\phi25\times2$				$\phi25\times2$		$\phi25\times2$			
管子排列方法		正三角形排列			正三角形排列					正三角形排列				正三角形排列		正三角形排列			

2. 浮头式(代号 F)

1) F_A 系列

F_A 系列具有以下特点：

(1) 列管尺寸一律为 ϕ19mm×2mm。

(2) 管子按正三角形排列，管中心距为 25mm。

(3) 壳程数为 1。

公称直径/mm		325	400	500		600		700		800	
公称压强	/(kgf/cm²)	40	40	16, 25, 40		16, 25, 40		16, 25, 40		25	
	/kPa	3.92×10^3	3.92×10^3	1.57×10^3 2.45×10^3 3.92×10^3		1.57×10^3 2.45×10^3 3.92×10^3		1.57×10^3 2.45×10^3 3.92×10^3		2.45×10^3	
公称面积/m²		10	25	80		130		185		245	
管长/m		3	3	6		6		6		6	
管子总数		76	138	228	224	372	368	528		700	696
管程数		2	2	2	4	2	4	2	4	2	4

2) F_B系列

F_B系列具有以下特点：

(1) 列管尺寸一律为ϕ25mm×2.5mm。

(2) 管子按正方形斜转45°排列，管中心距为37 mm。

(3) 壳程数为1。

<table>
<tr><td colspan="2">公称直径/mm</td><td colspan="2">325</td><td colspan="2">400</td><td colspan="3">500</td><td colspan="4">600</td><td colspan="2">700</td><td colspan="2">800</td></tr>
<tr><td rowspan="2">公称压强</td><td>/(kgf/cm^2)</td><td colspan="2">40</td><td colspan="2">40</td><td colspan="3">16, 25, 40</td><td colspan="4">16, 25, 40</td><td colspan="2">16, 25, 40</td><td colspan="2">16, 25, 40</td></tr>
<tr><td>/kPa</td><td colspan="2">3.92×10^3</td><td colspan="2">3.92×10^3</td><td colspan="3">1.57×10^3
2.45×10^3
3.92×10^3</td><td colspan="4">1.57×10^3
2.45×10^3
3.92×10^3</td><td colspan="2">1.57×10^3
2.45×10^3
3.92×10^3</td><td colspan="2">1.57×10^3
2.45×10^3
3.92×10^3</td></tr>
<tr><td colspan="2">公称面积/m^2</td><td>10</td><td>20</td><td>15</td><td>32</td><td>32</td><td colspan="2">65</td><td colspan="2">50</td><td colspan="2">95</td><td colspan="2">135</td><td colspan="2">180</td></tr>
<tr><td colspan="2">管长/m</td><td>3</td><td>6</td><td>3</td><td>6</td><td>3</td><td colspan="2">6</td><td colspan="2">3</td><td colspan="2">6</td><td colspan="2">6</td><td colspan="2">6</td></tr>
<tr><td colspan="2">管子总数</td><td>36</td><td>44</td><td colspan="2">72</td><td>140</td><td>124</td><td>120</td><td colspan="2">208</td><td>208</td><td>192</td><td colspan="2">292</td><td>388</td><td>384</td></tr>
<tr><td colspan="2">管程数</td><td>2</td><td>2</td><td>2</td><td>4</td><td>2</td><td>2</td><td>4</td><td>2</td><td>4</td><td>2</td><td>4</td><td>2</td><td>4</td><td>2</td><td>4</td></tr>
</table>

附录16　部分物质的安托万常数

物质	沸点(常压)/K	安托万常数		
		A	*B*	*C*
水	373.2	18.3036	3816.4	–46.13
氨	239.7	16.9481	2132.50	–32.98
甲醇	337.8	18.5875	3626.55	–34.29
乙烯	169.4	15.5368	1347.01	–18.15
乙烷	184.5	15.6637	1511.42	–17.16
乙醇	351.5	18.9119	3803.98	–41.68
丙烯	225.4	15.7027	1807.53	–26.15
丙醇	329.4	16.6513	2940.46	–35.93
丙烷	231.1	15.7260	1872.46	–25.16
正丁烷	272.7	15.6782	2154.90	–34.42
正丁醇	390.9	17.2160	3137.02	–94.43
正戊烷	309.2	15.8333	2477.07	–39.94
苯	353.3	15.9008	2788.51	–52.36
甲苯	383.8	16.0137	3096.52	–53.67
邻二甲苯	417.6	16.1156	3395.57	–59.46
间二甲苯	412.3	16.1390	3366.99	–58.04
对二甲苯	411. 5	16.0963	3346.65	–57.84
苯乙烯	418.3	16.0193	3320.57	–63.72
乙苯	409.3	16.0195	3279.47	–59.95
正己烷	341.9	15.8366	2697.552	–48.78
正庚烷	371.6	15.8737	2911.323	–56.51

续表

物质	沸点(常压)/K	安托万常数		
		A	B	C
正辛烷	398.8	15.9426	3120.29	−63.63
丙酮	329.4	16.6513	2940.46	−35.93
苯酚	455.0	16.4279	3490.89	−98.59
邻甲基苯酚		15.9150	3305.00	−108.00

注：安托万方程为 $\ln p^0 = A - \dfrac{B}{T+C}$。式中，$p^0$ 为纯组分的饱和蒸气压(mmHg)；A、B、C 为安托万常数；T 为热力学温度(K)。

附录 17　一些二元物系的气液平衡组成

1. 乙醇-水溶液气液平衡数据(p =101.325kPa)

液相中乙醇的摩尔分数	气相中乙醇的摩尔分数	液相中乙醇的摩尔分数	气相中乙醇的摩尔分数
0.00	0.000	0.45	0.635
0.01	0.110	0.50	0.657
0.02	0.175	0.55	0.678
0.04	0.273	0.60	0.698
0.06	0.340	0.65	0.725
0.08	0.392	0.70	0.755
0.10	0.430	0.75	0.785
0.14	0.482	0.80	0.820
0.18	0.513	0.85	0.855
0.20	0.525	0.894	0.894
0.25	0.551	0.90	0.898
0.30	0.575	0.95	0.942
0.35	0.595	1.00	1.000
0.40	0.614		

2. 乙醇-丙醇气液平衡数据(p =101.325kPa)

温度 t/℃	97.16	93.85	92.66	91.60	88.32	86.25	84.98	84.13	83.06	80.59	78.38
液相中乙醇的摩尔分数	0	0.126	0.188	0.210	0.358	0.416	0.546	0.600	0.663	0.844	1.0
液相中丙醇的摩尔分数	0	0.240	0.318	0.339	0.550	0.650	0.711	0.760	0.799	0.914	1.0

3. 正庚烷-甲基环己烷的气液平衡数据(p=101.325kPa)

液相中正庚烷的摩尔分数	气相中正庚烷的摩尔分数	液相中正庚烷的摩尔分数	气相中正庚烷的摩尔分数
0.031	0.035	0.559	0.578
0.058	0.062	0.599	0.618
0.095	0.103	0.6407	0.666
0.133	0.143	0.709	0.728
0.18	0.192	0.756	0.771
0.216	0.229	0.796	0.81
0.2715	0.289	0.843	0.8535
0.307	0.333	0.879	0.89
0.363	0.381	0.906	0.913
0.401	0.42	0.913	0.94
0.456	0.475	0.954	0.9625
0.501	0.521	0.98	0.986

附录 18　某些气体溶于水的亨利系数

气体	温度/℃															
	0	5	10	15	20	25	30	35	40	45	50	60	70	80	90	100
	$E\times10^{-6}$/kPa															
H_2	5.87	6.16	6.44	6.70	6.92	7.16	7.39	7.52	7.61	7.70	7.75	7.75	7.71	7.65	7.61	7.55
N_2	5.35	6.05	6.77	7.48	8.15	8.76	9.36	9.98	10.5	11.0	11.4	12.2	12.7	12.8	12.8	12.8
空气	4.38	4.94	5.56	6.15	6.73	7.30	7.81	8.34	8.82	9.23	9.59	10.2	10.6	10.8	10.9	10.8
CO	3.57	4.01	4.48	4.95	5.43	5.88	6.28	6.68	7.05	7.39	7.71	8.32	8.57	8.57	8.57	8.57
O_2	2.58	2.95	3.31	3.69	4.06	4.44	4.81	5.14	5.42	5.70	5.96	6.37	6.72	6.96	7.08	7.10
CH_4	2.27	2.62	3.01	3.41	3.81	4.18	4.55	4.92	5.27	5.58	5.85	6.34	6.75	6.91	7.01	7.10
NO	1.71	1.96	2.21	2.45	2.67	2.91	3.14	3.35	3.57	3.77	3.95	4.24	4.44	4.54	4.58	4.60
C_2H_6	1.28	1.57	1.92	2.90	2.66	3.06	3.47	3.88	4.29	4.69	5.07	5.72	6.70	6.70	6.96	7.01
	$E\times10^{-5}$/kPa															
C_2H_4	5.59	6.62	7.78	9.07	10.3	11.6	12.9	—	—	—	—	—	—	—	—	—
N_2O	—	1.19	1.43	1.68	2.01	2.28	2.62	3.06	—	—	—	—	—	—	—	—
CO_2	0.738	0.888	1.05	1.24	1.44	1.66	1.88	2.12	2.36	2.60	2.87	3.46	—	—	—	—
C_2H_2	0.73	0.85	0.97	1.09	1.23	1.35	1.48	—	—	—	—	—	—	—	—	—
Cl_2	0.272	0.334	0.399	0.461	0.537	0.604	0.669	0.74	0.80	0.86	0.90	0.97	0.99	0.97	0.96	—
H_2S	0.272	0.319	0.372	0.418	0.489	0.552	0.617	0.686	0.755	0.825	0.689	1.04	1.21	1.37	1.46	—
	$E\times10^{-4}$/kPa															
SO_2	0.167	0.203	0.245	0.294	0.355	0.413	0.485	0.567	0.661	0.763	0.871	1.11	1.39	1.70	2.01	—

附录 19　乙醇-水体系浓度与折射率的关系(25℃)

乙醇摩尔分数	折射率 n_D	乙醇摩尔分数	折射率 n_D
0	1.3325	0.5524	1.3632
0.0332	1.3380	0.5836	1.3632
0.07162	1.3438	0.6177	1.3633
0.1168	1.3490	0.6510	1.3632
0.1706	1.3538	0.6929	1.3631
0.2351	1.3575	0.7352	1.3630
0.3164	1.3600	0.7804	1.3625
0.4186	1.3620	0.8286	1.3621
0.4807	1.3628	0.8801	1.3615
0.5218	1.3630	1.0	1.3595

附录 20　常见气体的扩散系数

1. 一些物质在氢气、二氧化碳、空气中的扩散系数(0℃，101.3kPa)$D\times10^4/(m^2/s)$

物质	H_2	CO_2	空气	物质	H_2	CO_2	空气
H_2		0.550	0.611	NH_3			0.198
O_2	0.697	0.139	0.178	Br_2	0. 563	0.0363	0.086
N_2	0.674		0.202	I_2			0.097
CO	0.651	0.137	0.202	HCN			0.133
CO_2	0.550		0.138	H_2S			0.151
SO_2	0.479		0.103	CH_4	0.625	0.153	0.223
CS_2	0.3689	0.063	0.0892	C_2H_4	0.505	0.096	0.152
H_2O	0.7516	0.1387	0.220	C_6H_6	0.294	0.0527	0.0751
空气	0.611	0.138		甲醇	0.5001	0.0880	0.1325
HCl			0.156	乙醇	0.378	0.0685	0.1016
SO_3			0.102	乙醚	0.296	0.0552	0.0775
Cl_2			0.108				

2. 一些物质在水溶液中的扩散系数

溶质	浓度 /(mol/L)	温度 /℃	扩散系数 $D\times10^9/(m^2/s)$	溶质	浓度 /(mol/L)	温度 /℃	扩散系数 $D\times10^9/(m^2/s)$
HCl	9	0	2.7	NH_3	0.7	5	1.24
	7	0	2.4		1.0	8	
	4	0	2.1		饱和	8	1.08
	3	0	2.0		饱和	10	1.14
	2	0	1.8		1.0	15	1.77
	0.4	0	1.6		饱和	15	1.26
	0.6	5	2.4			20	2.04
	1.3	5	1.9	C_2H_2	0	20	1.80
	0.4	5	1.8	Br_2	0	20	1.29
	9	10	3.3	CO	0	20	1.90
	6.5	10	3.0	C_2H_4	0	20	1.59
	2.5	10	2.5	H_2	0	20	5.94
	0.8	10	2.2	HCN	0	zo	1.66
	0.5	10	2.1	H_2S	0	20	1.63
	2.5	15	2.9	CH_4	0	20	2.06
	3.2	19	4.5	N_2	0	20	1.90
	1.0	19	3.0	O_2	0	20	2.08
	0.3	19	2.7	SO_2	0	20	1.47
	0.1	19	2.5	Cl_2	0.138	10	0.91
	0	20	2.8		0.128	13	0.98
CO_2	0	10	1.46		0.11	18.3	1.21
	0	15	1.60		0104	20	1.22
	0	18	1. 71±0.03		0.099	22.4	1.32
	0	20	1.77		0.092	25	1.42
NH_3	0.686	4	1.22		0.083	30	1.62
	3.5	5	1.24		0.07	35	1.8

附录 21 几种常用填料的特性数据

1. 散堆填料

填料	尺寸/mm	材质	比表面积 $/(m^2/m^3)$	空隙率 $/(m^3/m^3)$	每立方米填料个数	堆积密度 $/(kg/m^3)$	填料因子 $/m^{-1}$	备注
拉西环	10×10×1.5	瓷质	440	0. 70	720×10^3	700	1500	直径×高度×厚度
	10×10×0.5	钢质	500	0. 88	800×10^3	960	1000	直径×高度×厚度
	25×25×2.5	瓷质	190	0. 78	49×10^3	505	450	直径×高度×厚度
	25×25×0.8	钢质	220	0. 92	55×10^3	640	260	直径×高度×厚度
	50×50×4.5	瓷质	93	0. 81	6×10^3	457	205	直径×高度×厚度

续表

填料	尺寸/mm	材质	比表面积/(m^2/m^3)	空隙率/(m^3/m^3)	每立方米填料个数	堆积密度/(kg/m^3)	填料因子/m^{-1}	备注
拉西环	50×50×2.5	瓷质	124	0. 72	8.83×10^3	673		直径×高度×厚度
	50×50×1	钢质	110	0. 95	7×10^3	430	175	直径×高度×厚度
	80×80×9.5	瓷质	76	0. 68	1.91×10^3	714	280	直径×高度×厚度
	76×76×1.5	钢质	68	0. 95	1.87×10^3	400	105	直径×高度×厚度
鲍尔环	25×25	瓷质	220	0.76	48×10^3	505	300	直径×高度
	25×25×0.6	钢质	209	0.94	61.5×10^3	480	160	直径×高度×厚度
	25	瓷质	209	0.90	51.1×10^3	72.6	170	直径
	50×50×4.5	瓷质	110	0.81	6×10^3	457	130	直径×高度×厚度
	50×50×0.9	钢质	103	0.95	6.2×10^3	355	66	直径×高度×厚度
阶梯环	25×12.5×1.4	塑料	223	0.90	81.5×10^3	97.8	172	直径×高度×厚度
	33.5×19×1.0	塑料	132.5	0.91	27.2×10^3	57.5	115	直径×高度×厚度
弧鞍形	25	瓷质	252	0.69	78.1×10^3	725	360	
	25	钢质	280	0.83	88.5×10^3	1400		
	50	钢质	106	0.72	8.87×10^3	645	148	
矩鞍形	25×3.3	瓷质	258	0.775	84.6×10^3	548	320	名义尺寸×厚度
	50×7	瓷质	120	0.79	9.4×10^3	532	130	名义尺寸×厚度
θ网形	8×8	镀锌铁丝网	1030	0.936	2.12×10^6	490		
鞍形网	10	镀锌铁丝网	1100	0.91	4.56×10^6	340		40 目丝径 0. 23～0. 25mm
压延孔环	6×6	镀锌铁丝网	1300	0.96	10.2×10^6	355		60 目丝径 0.152mm

2. 压延孔板波纹填料几何特性参量

填料型号	材质	峰高/mm	空隙率/%	比表面积/(m^2/m^3)	压强降/(mmHg/m)	理论板数
700y	1Cr18Ni9Ti	4.3	85	700	7	5～7
500x	1Cr18Ni9Ti	6.3	90	500	2	3～4
250y	1Cr18Ni9Ti		97	200	2.25	2.5～3

3. 丝网波纹填料几何特性参量

填料型号	材质	峰高/mm	空隙率/%	比表面积/(m^2/m^3)	倾斜角度/°	水力直径/mm	压强降/(mmHg/m)	理论板数
CY	不锈钢	4.3	87～90	700	45	5	5	6～9
BX	不锈钢	6.3	95	500	30	7.3	1.5	4～5